한국의 전통생태학 2

한국의 전통생태학 2

● 경관과 생활공간 읽기

이도원 외 엮음
서울대학교 환경계획연구소

사이언스 북스
SCIENCE BOOKS

◉ ── 엮으며

『한국의 전통생태학』 1권을 낸 지 3년 6개월 정도의 세월이 흘렀다. 책이 나온 다음 여러 사람들의 예기하지 못했던 격려가 있었다. 대학에서 교재로 사용한다는 분도 있었다. 많은 독자들은 다양한 분야의 사람들이 우리의 전통생태에 대해 새롭게 정리한 부분을 매력으로 꼽았다. 뜻밖에도 한국일보로부터 제45회 백상 출판 문화상을 수상하는 영예도 얻게 되었다. 이러한 격려와 영예는 작업을 계속하는 데 큰 힘인 동시에 의무감을 안겼다.

이제 『한국의 전통생태학』 2권을 세상에 내놓는다. 첫 작품이 주목을 받은 만큼 이 책의 서문을 쓰는 일은 부담이었다. 여러 사람의 다양한 글을 하나의 흐름 속에 엮을 만큼 공부를 하지 못한 탓도 있다. 엮은이는 1권을 낸 다음 전통생태 자료를 두루 찾기보다는, 관심을 두고 있는 특정 영역에 대한 실증적인 접근에 시간을 주로 보냈다. 발표 모임 동안, 그리고 혼자 있는 시간에 해 본 이런저런 고민이 짜임새 있는 모습으로 표출되기에는 부족한 상황이다. 이 무렵에 당도한 이메일이 서문 쓰기를 시작하는 단초가 되었다.

이메일 전갈에는 발신자가 소속된 학문 영역의 사람들이 전통생태 모임이라는 자리에 '들락거리는 모습'을 보며 우려가 된다는 표현이 들어 있었다. 그리하여 전통생태 모임에 동조하기 어려워하는 세계가 있다는 사실을 비로소 알게 되었다. 내 딴에는 공부를 해 보자고 시작한 활동이 왜 기존 모임을 허무는 모습으로 비춰졌을까? 발표 모임이 기존 학회 또는 학문 분야 안에 계신 분들의 심기를 건드릴 것이라는 생각을 해 보지 못했던 내게는 이 소식이 반성의 계기가 되었다. 새로운 모임으로 기존 학문 분야를 다치게 하는 일은 결코 없어야겠다.

그럼에도 불구하고 발표 모임은 울타리 없는 배움의 공간이 되기를 소망한다. 그러기 위해 특정인을 중심으로 뭉치는 집단이 되지 말아야 할 것이다. 많은 체계가 지도자에 따라 변모하는 위계 구조를 지니고 있지만 세상에는 중심이 뚜렷하지 않은 연결망 구조도 있다. 나는 어느 하나의 구성 요소가 빠져도 큰 타격을 입지 않는 연결망의 특성에 매력을 느낀다. 복합적인 문제가 점점 늘어나는 세상 안에서 연결망 구조를 선택할 수밖에 없다는 생각도 한다. 모임에 참여하는 분들이 동의한다면 나는 이 모임을 통해서 전통생태라는 분야의 주제를 발굴해 나가는 활동에서 연결망 구조도 배우는 연습이 가능함을 확인하고 싶다.

역사가 짧은 탓에 전통생태라는 단어 아래 들어올 범위는 아직 분명하지 않다. 지금까지 여러 전공 분야의 연구자가 참여한 것도 그러한 특성에서 비롯되었을 터이다. 모두는 아니라도 비교적 실증적인 자료가 부족한 내용이 다루어진 것도 사실이다. 이것은 모임의 초기 단계에서 나타나는 현상일 것이다. 어느 정도 관념적인 내용들이 쌓이면 실증적인 접근을 할 수 있는 방법론과 접목의 길이 생기리라 기대한다.

지금의 생태학은 매우 애매한 위치에 있다. 서양의 생태학은 생물학과 지리학의 성향을 아울러 지니고 탄생했다. 그런 생태학이 분과 학문의 대학 체계에 맞추어 생물학 안으로 들어앉으면서 인간의 삶을 벗어난 학문이 되었다. 모두 알다시피 아직까지 생물학은 자연과학의 세계 안에 빠져 있다. 그런데 20세기 중반부터 분자 생물학이 득세를 하며 같은 울타리 안에 있는 생태학은 심리적으로 그리고 실제로 힘겨운 국면을 맞았다. 역설적으로 여러 가지 복합적인 문제들이 불거지면서 공학과 인문사회과학을 비롯한 여러 분야에서 생태학에 기대를 거는 표현이 자주 등장한다. 그런 기대는 출발할 때부터 분명하게 드러낸 생태학의 통합적 접근에서 비롯되었으리라. 그렇게 매력적이기는 하지만 쉽지 않은 접근 방법을 무기로 삼고 있으니 생태학은 애매한 처지에 놓이게 된 것이다.

전통생태에 대한 기대

이 같은 문제 인식으로 보면 전통생태를 생물학의 일부로 국한할 수 없다. 그렇다고 서양의 생태학과 차별성은 있지만 명칭을 공유하는 만큼 생태학이 아니라고 말하기 어렵다. 『한국의 전통생태학』 1권에서 밝힌 바와 같이 오히려 우리의 전통생태학은 서구의 생태학을 넘어서는 전망을 지니고 있다. 그런 전통생태학에 엮은이가 걸고 있는 희망과 기대는 다음과 같다.

첫째, 기존 학문 분과에서 할 수 있는 것이라면 굳이 새로운 이름으로 등장할 필요가 없겠다. 지난 2월에 여섯 돌을 맞은 전통생태 모임은 남의 동네 사람들과 서로 만나기 쉬운 터전이다. 나는 이런저런 생각을 지닌 분들이 그저 이야기를 나눌 기회를 주는 모임의 기능에 주목한다. 반드시 그렇지는 않겠지만 ○○학회라는 이름을 지닌 모임은 주로 그들만의 집단으로 남의 동네 사람들이 기웃거리기에는 부담스러운 자리다. 더욱 안타까운 사실은 조그마한 나라에서 굳건한 울타리를 치고는 생태학이라는 이름 또는 내용의 생각들을 논의하고 싣는 학술지조차 몇 개로 쪼개 놓고 있다는 것이다. 미국과 같이 큰 나라에서도 생태학회 안에 1만 명이 넘는 전문가들이 모여 있는데 왜 우리나라에서는 회원이 수백 명도 되지 않는 군소 학회로 쪼개지는 방향을 선택했을까? 이런 세태 속에서 전통생태 모임은 누구나 와서 마음 편하게 앉아 보고 가는 공간이면 좋겠다.

둘째, 전통생태 모임이 충분히 무르익지 않은 생각들이라도 덧없이 사라지기 전에 담을 수 있는 그릇의 기능을 맡아 주면 좋겠다. 학자들의 세계에 엄정한 논증의 세계가 있다면 마음 편하게 풀어놓을 잡설의 세계도 있다. 어떤 학자들은 논증의 글이 아니면 잡글이라고 한다. 개인적으로 엄격한 논증으로 짜인 글이 아니면 잡글이라고 낮잡아 보는 태도에 동조하지 않는다. 그것은 그것대로 정보 전달에 중요한 역할을 맡고 있다. 무미한 논증의 글들이 바깥 세상에 담을 쌓고 있는 반면 넓은 독자를 겨냥한 글들의 책임감이 약한 것은 사실이다. 어느 쪽이든 장단점을 지닌다. 그 중간의 세계도 가능하고, 여전히 장점과 단점을 지니지만 차별성 있는 기능이 있다. 전통생태 모임은 그 중간의 세계 안에 들면 좋겠다. 마음 편하게 말을 걸어도 좋은 이 자리에서는 특히 가설 단계의 이야기를 해도 무방하다. 하나의 착상이 실증의 옷을 금방 입을 수 있으면 얼마나 좋겠는가? 그러나 잘 다듬으면 보석이 될 가능성이 있는 생각들이 모두 실증적인 무장을 하고 세상에 나타나지는 못한다. 사람들의 훌륭한 생각들이 머릿속에 맴돌다 세상에 표출되지도 못하고 사라진다면 이것 또한 사회적 손실이 되겠다는 생각이 들었다.

셋째, 관념에 매몰되지 말고 궁극적으로는 실증과 실천의 길과 연결되는 논의가 이루어지면 좋겠다. 생태학은 삶의 학문이다. 여기서 삶의 학문이라는 말에는 삶과 괴리되지 않는다는 뜻도 있고, 살림을 지향한다는 뜻도 있다. 삶과 살림에는 뭇생물뿐만 아니라 사람이 배제되지 않는다. 서양의 에콜로지(ecology)는 생물학이라는 자연과학 안에 자리를 잡으면서 사람을 생태계의 외부적인 존재로 밀어내었지만 적어도 우리의 전통생태에서는 언제나 사람이 함께했다. 그런 만큼 전통생태학은 궁극적으로 사람의 삶을 풍성하게 하는 실천의 길로 이어져야 한다. 실천은 실증적인 자료의 뒷받침 위에서 굳건하게 이루어질 수 있다. 우리의 전통적인 학문이 삶과 괴리된 적은 없지만 언제나 실증이 없어도 받아 주는 아량이 지나쳤던 문제도 있었다. 모임이 관념을 편안하게 풀어놓아 실증과 실천으로 잇는 길을 잉태할 수 있으면 좋겠다.

넷째, 전통적인 공부 방식과 현대 과학의 접근이 상보하는 자리가 되기를 빈다. 나는 이 부분에서 매우 조심스럽다. 전통과 현대라는 이름의 두 집단이 공통 분모를 찾지 못하고 다투는 모습을 가끔 본다. 우리의 고유한 분야로 자리를 잡은 어떤 영역 또는 그 영역의 사람들은 현대 과학적 분석이 결코 전통을 이해할 수 없고, 오히려 눈을 가리는 결과를 초래할 것으로 우려하기도 한다. 전통 안에 서양 과학의 접근이 닿을 수 없는 영역도 있을 터이다. 그러나 현대 과학적 접근이 전통 본질을 호도할 것이라는 태도에는 지나친 수세적 태도와 닫힌 마음이 똬리를 틀고 앉아 있다. 다른 패러다임을 가진 집단과 나누기를 아예 포기한다면 섞일 희망조차 없다. 지금은 서로의 사정을 인정하고 소통의 길을 찾아야 할 때다. 우리의 모임에서는 큰 차이도 겸손한 마음으로 받아들이고 함께 앉는 분위기가 지속되기를 빈다.

다섯째, 우리 생활과 주변 환경 속에 전통과 생태의 가치에 대한 발견과 탐구, 재해석의 기반이 마련되었으면 한다. 위의 두 가지 개념은 모두 잘못되면 박물화와 박제화의 위험에 처할 수 있다. 현대 한국인의 생활 속에 전통적 생활양식과 가치는 해가 갈수록 사라지고 있어 박물관에서나 찾아보게 될 상황이 되었다. 도시화되고 있는 현대 한국인의 생활에서 생태적 가치와 환경은 청계천식의 박제된 자연으로서 이해되고, 개발을 위한 정당화의 수단으로 전락되기 십상이다. (이명우)

여섯째, 전통문화의 해석과 보호, 생태계 원리 해석과 보존이라는 학술적 차원의 수동적 관점에서 복원과 복구라는 실천적·적극적 차원의 단계적 논의로 진행되길 바란다. 예를 들면 현재 진행되고 있는 하천 복원과 농촌 마을 계획, 단지 계획, 도시 계획과 관련된 관행적 설계와 시공에서 고려되어야 할 전통성과 생태성 등에 대한 논의도 필요하다. 따라서 시공현장 기술자, 계획가나 설계가, 담당 공무원 등의 이야기도 함께 듣고 논의할 수 있는 기회도 가졌으면 한다. (이명우)

전통 찾기는 첫새벽에 샘물을 길어 오듯이 전통에서 나를 길어 올리는 것이라고 생각한다. 우리의 바탕은 전통이 만들어 냈다는 생각 때문이다. 그러나 이것은 좀 멋있어 보이기 위해서 자신을 수식하는 것이고, 전통이 중요하다고 생각하는 강박관념이 그보다 앞선 이유일 것이다. 그런데 전통이 중요하다는 생각은 어디서 오는 것일까? 공부하는 사람이니까 남보다 더 깊어지기 위해서? 또는 남보다 한발 앞서기 위해서? 그도 저도 아니면 전통 사상을 무의식으로 가지고 있는 우리라서? 모두가 맞는 말일 것이다. 사람의 욕심은 끝이 없으니까! (신준환)

이렇게 반성하다가도 한편으로는 현대 과학의 질문 방식이 너무 왜소하다는 느낌 때문에 전통을 찾게 된다. '생태'라는 장은 엄청나게 넓은데, 현대 과학의 훈련을 받은 우리는 너무 한쪽에 치우친다는 생각이 드는 것은 어쩔 수 없다. 전통 시대의 다양한 접근 방식을 다시 찾자는 욕구가 일어나는 것이다. 우리가 전통을 찾는 근거는 좀 더 자유롭게 공부하고 싶다는 욕구, 이것이 본바닥이지 않을까? 전통과 욕구, 묘한 울림이 있는 결합이다. 이러한 결합에서 제대로 된 길을 찾으려면 더욱 여유가 있어야 되겠다. 무엇보다 먼저 나 스스로 좀 더 솔직해질 필요가 있다. 이것이 전통생태를 공부할 때 먼저 요구되는 것이라고 생각한다. (신준환)

원고 수집과 편집

이 책의 원고는 모두 전통생태 모임에서 발표한 결과물이다. 서울대학교 환경대학원 환경계획연구소의 재정 지원으로 2002년 2월 22일 시작되었으며 2007년 말까지 14회 진행된 전통생태 모임에서 발표된 내용의 일부라는 뜻이다. 모임의 초기에 발표된 원고 23개는 앞서 언급한 대로『한국의 전통생태학』이라는 제목으로 출간되었다. 발표자 섭외와 모임 준비는 박수진(지리학), 성종상(조경학), 윤순진(정치경제학), 이도원(생태학)이 맡아서 2007년까지 14회를 진행했다. 발표를 통해 81개의 원고가 모였고 1권에 수록하고 남은 58개의 원고 중에서 이번에 15개를 뽑았다.

결과적으로 여전히 책으로 엮이지 않은 원고가 43개나 된다. 그중에서 일부는 저자들이 원고를 발전시켜 단독저서를 내거나 다른 자료집에 넣었기 때문에 제외했다. 그리고 남은 일부를 뽑을 때는 적절한 숫자의 묶음이 되는 주제를 염두에 두었다. 『한국의 전통생태학』 1권이 좋은 반응을 받았지만 엮은이와 출판사에서 예상했던 대로 함께 묶기 어려운 주제들이 섞인 것이 흠이라는 비판이 있었기 때문이다. 이런 과정에서 묵히는 기간이 길어지고 출간하기 어려운 원고들이 있다는 데 생각이 미치면 마음이 무겁다. 발표를 준비하는 단계부터 신중한 기획을 하면 모든 원고를 포함시키는 출판이 가능하겠지만 섭외할 수 있는 발표자들이 아직 많지 않다. 일부 동료들을 서운하게 만든 현실은 그런 고충 때문이며 또 일부는 엮은이의 부족함에서 비롯되었다. 그런 만큼 앞으로 편집 책임과 원칙에 대해 공평한 진행이 이루어지는 위원회를 갖추어야겠다는 생각을 한다.

지금까지 발표된 주제들을 통해서 전통생태의 성격에 대한 사람들의 인식은 자연스럽게 두 가지로 정리된다. 하나는 옛 사람들의 생태지식을 담은 주제이다. 내용은 주로 잘 보존되어 있는 문헌과 전통 공간을 분석하는 방식으로 다루어졌다. 다른 하나는 우리의 고유한 자연경관 또는 전통적인 생활이 이루어지던 경관 안에 들어 있는 생태학적 특성을 담은 주제이다. 두 가지 성향에 따라 뚜렷하게 구분되는 글도 있고, 두 가지를 혼합한 경우도 있다. 모두 인류학 또는 고생태학 등의 분야에서 다루어졌을 것으로 짐작하지만 우리의 모임으로 한층 구체적이고 생태학적인 시각이 두드러졌다는 자부를 해본다.

우리의 접근은 아직 걸음마 수준이다. 우리의 현실은 아직 전통경관 안에 포함되어 있는 바람직한 내용을 서양 과학의 시각으로 읽는 수준에 머물러 있다. 흔히 듣는 "아는 만큼 보인다."라는 말처럼 우리 대부분은 서양식 공부로 눈을 뜨고 우리의 전통을 그 눈으로 읽는 형편이다. 이것은 지난 수십 년 동안 서양식 교육 체계에서 훈련받은 저자들의 한계이며 또한 다음 단계로 가기 위해 거쳐야 할 과정이다. 정녕 우리의 전통 속에 서양 생태학을 넘어서는 지혜는 없었겠는가? 이 책이 그런 지혜를 찾는 작업에 하나의 초석으로 작용하기를 희망한다.

수집한 원고를 검토하여 선정하고 짜임새 있게 목차를 갖추는 작업은 ㈜사이언스북스 편집부에서 애써 주었다. 이 기회를 빌려 좋은 책을 만들기 위해 애쓴 노력에 대한 감사의 마음을 전한다.

2008년 신춘

이도원이 쓰고

글쓴이들의 조언으로 보완

차례

엮으며 5

1부. 생명의 산과 마을숲

◉ ── 1장. 우리 민족에게 산이란 무엇이었는가? 19

원래 우리 민족에게 산은 위로는 하늘과 통하고 아래로는 세상과 연결되는 곳이다. 산은 조화의 세계이기도 했고, 현실 도피와 은일의 자리이면서 수련의 장이기도 했다. 그래서 산은 또한 뜻을 이루는 자리이다. 이런 산에 대한 경험은 기층성과 태고성을 띠고 있다. 그러나 역사가 흐르면서 산에 대한 느낌이 약해졌고, 민중은 산 때문에 핍박을 받는 일이 많았다. 조선 후기에 들면서 산에 대한 소유의식이 생겨나고 일제 시대에는 전통과의 갈등까지 겪게 된다. 요즘 인산인해로 산을 찾는 우리는 산에서 무엇을 구할 것인가? **신준환**

◉ ── 2장. 한국 원형경관과 산 53

우리 몸에 뿌리내린 편안한 공간은 우리를 키워낸 고향의 산과 들, 나무들의 어울린 모습이며 이들이 문화가 되어 친구를 만들고 자연에 대한 가치관을 만들어 '공간의 의미와 가치'로 자리 잡는다. 9개의 원형경관은 이런저런 모습의 고향 뒷동산과 앞뜰 실개천의 어울림이며, 이를 통해 우리가 자연과 주고받는 관계를 설명하고자 했다. 이 그릇들 속에 자연을 담아 아버지가 사셨던 고향과 나의 고향을 연결하고자 한 것이다. **권진오**

◉ ── 3장. 한국 전통의 수변 인공림 81

과거 조성된 전통 수변 인공림을 대상으로 수변 인공림의 변천, 현존하는 인공림 현황과 사례를 통한 특성을 분석하여 우리 주변에서 거의 사라져 버린 전통 수변 인공림의 중요성을 재조명하고자 하였다. 특히 수변 인공림은 범람으로부터 제방의 유실을 방지하는 수해 방지, 거센 바람을 막는 방풍, 화재를 막는 방화, 냉·난방 에너지 절감, 야생 동물의 생태 이동 통로 등으로 다양한 기능과 역할을 담당해 왔다. 따라서 잔존 수변 인공림을 보존하고, 황폐된 수변 인공림을 복구하고, 소멸된 수변 인공림을 복원하는 등의 작업은 수해를 예방하고, 수변 환경을 개선하고, 수변에 부족한 공원 녹지를 확대하는 효과적인 방법인 것이다. **장동수**

◉ ── 4장. 서울의 전통 도시숲 109

서울을 대상으로 근대화 과정에서 사라지지 않고 온전히 남아 있거나 그 흔적이 남아 있는 도시숲을 대상으로 도시숲의 조성 역사와 현황을 살펴보았다. 서울에 있는 전통 도시숲은 크게 궁궐 숲, 제사를 모시던 장소의 숲, 학교 숲, 고개 숲, 풍수지리상의 사산(四山), 하천 숲으로 구분되었다. 전통 도시숲에 대해 관심을 가져야 하는 것은 도시를 관리함에 있어 당초의 지형과 물줄기를 잘 활용하는 것이 도시 관리에 필요한 에너지와 노력을 줄일 수 있고, 이것이 시민들에게도 여러 가지로 이롭기 때문이다. **오충현**

● ── 5장. 한국 농촌 경관의 생물 상호 작용 연결망 145

이 글을 쓸 때 가진 물음은 "왜 농촌에는 다양한 새가 많지?"였다. 한국 농촌 경관에서 마을 주민과 생물은 오랜 시간 동안 상호 작용을 유지하여 왔는데, 이 관계를 가장자리 효과와 경관 보완, 상호 동시성이라는 경관 특성으로 검토해볼 필요가 있다. 이 과정에서 마을을 적극적으로 이해하고, 전통뿐만 아니라 모든 과학 또는 공부하는 젊은 학생들에게 이러한 공부하는 길이 있으니 같이 가자고 말하고 싶다. **박찬열**

2부. 바람과 물과 삶

● ── 6장. 풍수 사상에 담겨 있는 생태 개념과 생태 기술 165

풍수 논리에서 생태적 개념과 생태 기술과 관련이 있는 부분을 찾아서 해석했다. 구체적으로 수법(水法)과 명당 조건, 형국론, 양기의 입지를 소개하고, 현대 생태적 개념과 연결될 수 있는 가능성을 찾았다. 인간과 자연의 공존을 위해 자연환경과 인공 요소를 설계하는 과정으로 정의되는 생태 기술 측면에서 풍수를 검토하고 금기 사례와 수구 비보, 집안 구조와 담장 그리고 금산 제도를 사례로 소개했다. 풍수와 현대 생태학의 연결 고리를 검토하여 풍수 전공자와 응용 생태학자들이 공동 연구를 추구할 수 있는 길을 제시한 의미가 있다. **성동환**

● ── 7장. 경기도 마을의 비보 경관 197

경기도 마을의 비보 경관을 대상으로 역사적 기원, 형태 및 기능, 입지 특성 등에 관해 살펴본 것이다. 경기도에는 비보의 기원적 형태로서 사탑 비보뿐만 아니라 연기 비보가 강도 시기의 강화에 가궐과 이궁의 조성을 통해 이루어졌다. 고려 시대 강화 왕도에서 시작된 사탑 및 조산 비보는 조선 시기를 거치면서 읍치의 비보로 파급되었으며 이어서 조선 중·후기의 촌락 형성 및 발달 과정과 맞물리면서 경기도 지역의 촌락에서 조산, 숲, 못, 상징 조형물 등의 다양한 비보가 발달되었다. **최원석**

● ── 8장. 풍수와 조경 229

'자생 풍수적 원리가 실제 조경 설계에서 어떻게 반영되었는가?'라는 실천적 측면을 밝히고자 캠퍼스와 주택 공간 설계 및 시공 사례를 살펴보았다. 주변 환경의 해석과 공간축의 설정, 청룡 백호 개념에 의한 위요성과 중심성의 부여, 비보 개념으로의 조경 시설물과 식재 설계, 수공간 도입 방안을 논의했다. 자생 풍수의 명당 개념이 보물찾기처럼 찾아가는 명당이 아니고, 만들어 가고 치유해 가는 명당이라는 개념을 가지고 있어 현대적 조경에서의 의미가 높다는 점을 이야기하고자 했다. **이명우**

● ── 9장. 묘, 집, 마을, 도읍의 입지 조건에 관한 풍수적 고찰 257

우리나라 전통 경관 조성에 작용한 풍수 원리를 소개한 다음 묘와 집, 마을, 도읍 입지를 고찰했다. 앞에 나오는 여러 글들에서 언급하고 있는 풍수 원리를 이해하는 데 두루 도움이 되는 내용이다. 구체적으로 생기와 동기감응론을 다루고, 주택에 적용된 풍수 이론을 요약하고 설화와 함께 전통 가옥을 사례로 현장감을 확인할 수 있다. 전통 경관 조성에 깃든 풍수의 작용에 대한 소개는 장래 연구를 자극하는 요소가 되겠다. **고제희**

3부. 울타리 안의 전통생태

● ── 10장. 한국 전통 마을의 지속 가능성-왕곡마을의 사례 301

요즘 유행처럼 쓰이는 지속 가능성이라는 개념이 이미 사반세기 전에 발간된 『택리지(擇里志)』에서 거의 그대로 나타남을 밝힘으로써 우리의 전통적 사고방식에 현대적 가치들이 내재되어 있음을 알려준다. 그리고 강원도 고성의 왕곡마을을 사례로, 우리가 이른바 민속 마을로 보존하려는 마을들에 대해서도 원형 보존의 강박관념에서 벗어나 주민들이 환경적·사회적·경제적으로 온전한 삶을 지속할 수 있는 지속 가능한 방안을 모색하는 것이 필요함을 역설한다. **한필원**

● ── 11장. 전통 정주지 낙안읍성의 지속성 분석 335

지속 가능성 측면에서 낙안읍성이 600년이라는 기간을 지속할 수 있었던 원리 분석을 시도한 것이다. 낙안읍성은 임경업 장군의 유지를 받들어 마을의 공동체 조직 형성 및 자치 활동을 통해 마을의 아이덴티티 정립, 역사 문화 유산의 계승 및 보전 등 사회적 지속성을 유지하는 데 필요한 사회 시스템을 갖추고 있으며, 경제적으로는 농업을 기반으로, 관광 특화를 통해 경제적 부가가치를 제고해 나가고 있으며, 환경적으로는 지속 가능한 주거 밀도, 자연 정화 시스템 구축, 폐기물의 재활용, 우수 순환, 생태 건축 등을 통해 환경적 지속성을 확보하고 있다. **이규인**

● ── 12장. 양동마을에서 발견한 정주 원리 357

600여 년의 역사를 가진 양동마을을 대상으로, 오랜 시간 동안 내재되어 마을을 작동하여 온

생태적 정주 원리를 찾아보았다. 발전과 성장, 퇴락과 정체라는 이름 속에서 지속되어 온 양동마을의 변화 속에서 필자는 마을에 배어 있는 주민들의 삶을 담고 있는 '마을 공간', 삶 자체를 의미하는 '마을 생활' 그리고 삶을 영위하게 하는 '마을 생산'이라는 세 가지 유형의 잣대를 통해 9가지의 의문들에 대한 답을 구하고자 했다. 시대적 변화 과정 속에서 양동마을이 보유했던 정주원리에 대한 정확한 이해와 파악은 진정성(眞正性)을 온전히 갖춘 마을로 보전하기 위한 매우 중요한 사안이라고 할 수 있다. **강동진**

◉ ── 13장. 생태적 관점에서의 전통 건축 가치의 재조명 399

생태적 문제를 해결하기 위해 등장한 다양한 현대 건축의 기본적인 특성을 소개했다. 특히 도시에서 물 순환의 생태적 의미에 주목하고 현대 생태 건축에서 다루는 요소로 전처리 공법과 침투 공법, 저류 공법 등을 나누어 설명했다. 그러한 현대 건축 원리가 창덕궁 후원의 배수와 저수 요소에 반영된 생태적 측면을 연결하여 전통의 의미를 되살리고 있다. **김현수**

◉ ── 14장. 한국 전통 건축에서 찾아보는 생태 원리 417

전통 건축은 자연환경 조건을 반영하면서 고유의 풍토에 적응하고 발전해 온 건축물이라 할 수 있다. 한국 전통 건축에서 찾아 볼 수 있는 생태 원리는 크게 전통 사상에 나타나는 생태적 특성과 함께 자연환경과의 조화, 자연환경의 이용, 그리고 자연 재료의 사용을 들 수 있다. 전통 건축에 내재된 생태학적 원리와 요소들을 분석함으로써 전통 건축에 대한 이해와 함께 현대 건축에의 적용 가능성을 제시했다. **김정호**

◉ ── 15장. 윤증 고택에서 관찰한 열과 바람의 공간적 특성 437

전통 가옥의 대청은 한여름에 왜 시원할까?'라는 단순한 질문에 대해 실증적인 접근 방식으로 답하고 있다. 대청을 흙으로 비워두고 뒤란에 나무를 심음으로써 마당의 상승기류를 보충하기 위해 뒤란에서 대청을 통해 바람이 불어온다는 설이 그간 널리 알려져 왔다. 실험을 통해 윤증 고택은 자연 통풍 시스템을 지니고 있었으며 뒤란에서 불어오는 짧고 강한 바람이 대청에 있는 사람에게 시원함을 제공했다는 것을 밝혔다. 우리는 전통생태에서 다루어지고 있는 여러 주제들이 본 연구와 같은 실증적인 접근 방식을 이용하여 새로운 의미를 찾아내고 해석하기를 기대한다. **류영렬, 이도원**

1부

생명의 산과 마을숲

1장. 우리 민족에게 산이란 무엇이었는가?

1. 들어가는 말

우리나라에는 산이 보이지 않는 곳이 거의 없다. 지리 시간에 우리나라 지평선이 보이는 곳은 딱 한 군데, 전주에서 익산으로 가는 길에 있다고 배웠을 정도다. 따라서 우리는 산의 힘을 받고 태어나서, 산에 기대 살다가, 죽은 뒤에는 다시 산에 묻혀서 영생을 꿈꾸는 그런 사람들이 되었다. 그렇다고 우리나라는 높은 산들이 쭉 늘어서서 사람들에게 위압감을 주는 그런 산악 국가는 아니다.

산마루에 올라앉아 경관을 가만히 보고 있으면, 둥글둥글한 산들이 모여 서로서로 손을 잡고 강강술래를 도는 것 같이 그만그만한 높낮이가 끊어지지 않고 이어져서 하늘가 아득한 곳으로 사라진다. 우리 초가집은 이런 산을 닮았다. 특히 마을에 옹기종기 들어선 초가집들의 모임도 이런 산들의 모임과 닮았다. 높은 산이라 해 봐야 그저 옛날 초가집들이 늘어선 사이에 용마루 높은 기와집이 몇 채 들어서 있는 정도로만 보인다. 그러나 서기를 띠고 멀리 하늘에 이를 듯이 높이 솟아 있는 산은 경외감을 자아내기에 충분하다.

이렇듯 우리는 간혹 구름 속에 묻힐 듯이 높은 산은 천산(天山)으로 경외하고, 그 맥을 받아 마을을 품고 있는 산은 마을을 지켜 주는 진산(鎭山)으로 섬기고, 마을을 둘러싸며 물을 만난 주위의 산은 용산(龍山)으로 보아 길흉을 물었다. 또한 마을을 조성할 때에도 진산과 용산의 맥에 따라 조화로운 곳에 자리를 잡았으며, 지형적인 결함으로 수구(水口)가 허하다면 조산(造山), 가산(假山), 동수(洞藪) 등으로 비보(裨補)했다. 최원석[1]은 이러한 산과 인간의 상호 관계를 '산의 인간화'라고 불렀다.

이런 우리 민족은 산을 어떻게 봐 왔을까? 산의 옛 말은 오름이다. 오름은 '오르는 곳, 오르는 데'라는 뜻으로 한자말인 산이 들어오기 전부터 쓰인 고유어이다. '뫼'라고도 하는데 이것은 상당히 후기에 쓰인 것이다.[2] 그런데, 먹을 밥도 뫼라고 불렀다. 뫼가 '만물이 생산되는 곳'이라고 한 것은 먹을 것인 밥이 생산되는 곳이란 뜻이고, 또한 조상들의 주검을 모시는 곳을 '산소(山所)'라고 하는 까닭도 '뫼를 올리는 곳'이란 뜻이기 때문이라고 한다.[3] 고아시아 족의 곰 신화에서는 산이나 숲을 곰과 조상이 나오는 곳으로 보고 모든 것을 베풀어 주는 생명의 시원으로 이해했다.[4] 또한 우리 한민족도 산이 바람을 받아들여 잠을 재우고 바람을 일으켜서 내려 보내듯, 산이 우리가 사는 생활 환경의 기반을 성숙시키고 생활에 필요한 물자를 베풀어 준다고 생각했다.

이러다 보니 우리 민족은 이 땅에 와서 수천 년 동안 산의 짜임새를 들여다보고 또다시 1000년 동안 공을 들여 백두대간이라는 개념을 만들었고, 용의 조화를 꿈꾸며 산 속에서 삶과 죽음의 터를 잡아 왔다. 그런데 현대의 우리는 숲은 보지 못하고 나무만 보느니, 숲만 보다가 나무는 놓치고 있느니 하면서 숲은 보려고 노력하는데 정작 산은 보지 못하는 것은 아닌지 걱정이 된다. 관련 학계에서도 논의의 대부분은 숲에 초점을 맞추고 있다. 또 어떤 이들은 독일에서는 숲을 베고 심는 것을 당연하게 생각하는데, 우리 국민들은 그 정도 식견을 갖추지 못하고

---

1. 1992, 3쪽.
2. 안옥규, 1996, 232쪽.
3. 황진이, 1991, 6쪽.
4. 이정재, 1997, 69쪽, 70쪽, 139쪽, 240쪽.

있다고 안타까워한다. 과연 그런가? 식견의 차이가 아니라 그네들과 우리들이 경험한 역사가 달랐기 때문은 아닌가?

2. 산은 위로는 하늘과 통하고 아래로는 세상과 연결되는 곳이다

하늘을 숭배하는 사상과 관련해 우리 민족은 하늘을 향해 솟아 있는 산을 신성의 대상으로 인식했다. 산은 하늘과 맞닿아 있는 곳이자 속세와 가장 떨어져 있는 공간이기 때문이다. 또한 "금강산 그늘이 관동 팔십 리"라는 속담이 있듯이, 산이 세상과 연결되어 넓게 퍼져 있고 산이 깊으면 골도 깊다고 생각한다. 따라서 우리는 산의 품이 한없이 깊고 아늑하다고 느끼면서 자신도 의식하지 못하는 사이에 산으로부터 모성으로서의 위안을 받는다. 산은 멀리서 바라볼 때나 그 품속에 들어갔을 때나 인간의 마음을 편안하게 해 주는 곳이다. 『설문해자』에서도 "산은 베풂이다. 능히 기(氣)를 베풀고 퍼지게 해 만물(萬物)을 생성하게 한다."라고 했다. 불교에서도 입산(入山)은 완성을 향한 구도, 즉 상구보리(上求菩提), 하산(下山)이란 중생계의 교화, 즉 하화중생(下化衆生)을 뜻하며,[5] 이는 불산(佛山) 관념에서도 잘 드러난다.

불산은 부처와 산이 하나가 된 관념이다.[6] 이것은 『삼국유사』에서도 말하고 있는데, 부처와 산이 한 몸이 되는 것뿐 아니라 산이 지니고 있는 땅의 기운을 형상화한 관념까지도 엿볼 수 있다. 신라인들은 자신들이 살고 있는 이 땅이 바로 불국정토라고 생각했다. 양양의 낙산은 관음보살이 있는 곳이고, 오대산은 문수보살이 있는 곳이다. 『삼국유사』에 따르면 의상대사는 낙산에서 관음보살을 만났고,[7] 자장대사는 오

---

5. 구미래, 2000, 163쪽.
6. 최원석, 1992, 22쪽.
7. 고운기, 2001, 252쪽.

대산에서 문수보살을 만난 후[8] 하산해 중생들을 교화함은 물론 그들의 어려움을 해결해 주기도 했다.

수원시의 광교산(光敎山)이란 이름에 얽힌 전설도 재미있다. 광교산의 원래 이름은 광악산(光岳山)이었으나 고려 태조 왕건이 후백제의 견훤과 싸워 이기고 수원 부근 행궁에 머물 때 광채가 하늘로 솟아오르는 광경을 보고 '부처님의 가르침을 주는 산'이라고 한 다음부터 광교산으로 불리었다는 것이다.

일반적으로 북방 사회에서는 수렵 생활을 했기 때문에 하늘 중심의 신앙이 특징으로 나타나며 가부장적인 천부사상(天父思想)이 발달했으나, 남방 사회에서는 농경 생활을 해 토지가 생명의 원천이었기 때문에 땅 중심의 신앙이 특징으로 나타나서 여성신인 지모사상(地母思想)이 발달했다. 따라서 북방 부족 국가에서는 천신제(天神祭)가 발달한 반면에 남방 부족 국가에서는 귀신제(鬼神祭)가 형성되었다.[9]

천산(天山) 관념에서는 산을 보되 하늘 위주의 관념이었으니 산은 숭배의 대상이었다. 그런데 농경 사회로 들어서서 땅에 대한 인간의 의존도가 높아지면서 땅이 지닌 힘에 대한 믿음이 생겨났고, 물이 중요하게 되자 산을 보는 관념도 변해 산에는 정중동(靜中動)의 조화무궁한 기운이 있다고 생각하게 된다. 이 산은 천만 가지 형상을 가져서 크다가도 작아지고 일어나다가도 엎드리고 숨다가도 나타나는 등 변화무쌍하니 역시 용이란 이름을 얻었고, 또 하천에 이르러 물을 만나고 있었으니 용이란 이름을 빌어 용산(龍山) 관념으로 발전했다.[10]

처음 원시인들이 하늘을 보았을 때 무한한 높이와 초월적인 신성을 느끼고 하늘에 절대적인 신을 감지했는데 종교학에서는 이를 지고신(至高神)이라고 부른다. 그런데 이 지고신이 점점 "활동하지 않는 신"

---

8. 일연, 2001, 265~266쪽.
9. 김영진, 1996, 20쪽.
10. 최원석, 1992, 29~30쪽.

이 되고 그 대신 지고신의 아들이 인격화되어 땅으로 내려오는데 이 시기가 청동기 시대로 우리나라에서는 바로 부족 국가 시대이다.[11]

지고신, 즉 천신이 내려오는 곳은 산이었다. 고조선의 환웅이 하늘에서 태백산으로 내려왔듯이 신라 건국 이전의 6부 촌장들이 모두 하늘에서 산으로 내려왔다. 특히 환웅은 태백산 신단수에 내려와 자리를 잡고 앉았다. 신단수는 개체로서의 나무일 수도 있지만, 환웅이 앉았던 그 나무(神壇樹)를 포함하고 있는 신성한 숲, 곧 '신단수(神壇藪)'를 일컫는 말일 수도 있다.[12] 천신이 천산에 내려와서, 나무와 숲에 나타나 있으니 신, 산, 나무와 숲은 동일체였던 것이다. 이렇게 해서 단군 신화는 우리 민족 최초의 산신 신화가 되었다.[13]

더구나 단군의 어머니는 동굴 속에서 사람이 된 웅녀이므로, 단군 신화는 천부지모(天父地母) 사상을 고스란히 갈무리하고 있다.[14] 따라서 우리 민족은 산의 생김새와 마찬가지로 산신에 대해서도 위로는 하늘과 통하고 아래로는 세상의 곳곳에 뻗치는 영험함이 있어 하늘과 땅, 수풀과 하천, 식물과 동물, 비와 바람과 구름 등 모든 자연물들과 더불어 상생하는 가운데 온갖 조화를 부려 준다고 믿었던 것이다.

3. 그리고 산신의 영험은 하늘과 땅에 뻗친다

단군 신화에서 보듯이 산신의 신체(신성을 상징하는 신성한 물체)는 나무이자 숲이었다.[15] 나무나 숲을 곧 산신당이라 하는 것은 산신이 나무와 숲에 깃들어 있다고 보는 까닭이다. 즉 나무와 숲은 곧 산신이 머무는

---

11. 김영진, 1996, 16쪽.
12. 임재해, 2002, 37쪽.
13. 임재해, 18쪽, 24쪽.
14. 임재해, 16쪽.
15. 임재해, 28쪽, 36쪽.

집이라는 뜻이다.[16] 그래서 옛날에는 목수가 나무를 베기 전에 산신제부터 올렸다. 혹시 산신제를 올리지 않은 채 나무를 베다가 탈이 나면 그 즉시 산신제를 올리기도 했다. 부모가 죽어서 묘지를 쓸 때에도 먼저 산신제를 올린 다음에 일을 시작하며, 산소에 묘사를 지낼 때에도 산신고사부터 올린 뒤에 비로소 진설을 하고 묘사를 지냈다.[17]

내가 고향에서 묘사를 지낼 때에도 가장 어른이 되는 산소 주변의 거목이나 기암괴석을 찾아서 먼저 산신고사를 올렸는데, 내가 무서워하는 어른들이 무언가에 절하며 머리를 조아리는 것이 왠지 모르게 가슴을 울렸던 기억이 난다. 어린 아이들은 묘사에도 장난을 치고 까불거렸지만 절할 때만큼은 잠잠했다. 큰 나무의 밑동 아래에서, 큰 바위 밑에 있는 검은 굴 앞에서, 또는 본 적도 없는 먼 조상의 무덤 앞에서 무서웠던 할아버지, 코흘리개 꼬마 할 것 없이 모두 엎드려 머리를 조아리고 있는 가운데 조용한 숨소리만 이어지다가 제일 큰 어른이 기침을 하고서야 일어서는 것이었다. 이렇듯 보이지는 않지만 까불거릴 수 없는 그 어떤 힘에 대한 가슴 떨림은 그 이후로도 내내 자신을 엄숙하게 돌아보게 했다. 지금도 이런 일들이 내 아이들에게 우주의 깊은 곳을 꿈꿀 수 있도록 할 수 있을 뿐 아니라, 자신의 깊은 세계로 다가서게 한다고 믿고 있다.

옛 전설을 살펴보면 산신령이 사는 동네는 온갖 식물과 동물, 하다못해 잘 보이지 않는 미물까지도 공생하며 생명 공동체를 형성하고 있었다. 보통 산신령의 전령으로는 범이 많이 나타나지만, 생물은 모두 산신령의 전령이 될 수 있었다. 또한 미물이 없을 때에는 범도 무섭기만 한 것이 아니라 때로는 인정이 많고, 때로는 익살스러운 모습으로 등장하는 것이다. 이와 같이 산신은 복합체이지만, 화가 나면 무서운 재앙을 퍼붓는 것이 자연을 그대로 닮은 모습이다. 지금도 서낭당과 산

16. 임재해, 37쪽.
17. 임재해, 19쪽.

신각이 전국에 퍼져 있으면서 일정부분 자연 보전에도 기여하고 있다. 주변의 나무는 다 베어도 서낭당이나 산신각 주변의 나무는 그대로 놔두고 지형 훼손도 꺼리는 경우가 많다.

우리 신화에서 산은 신이 하늘에서 내려오는 공간이자 인간이 신선이 되려고 하거나 산신이 되어 들어가는 신성 공간이다. 고조선 이래로 천신이 산에 내려와 인간 세상을 통치하고, 인간의 왕이 죽어서 다시 산신이 됨으로써 산을 섬기는 제의적 전통은 국가 차원에서 계속되었다. 따라서 산신은 우리 민족을 있게 한 최고의 민족신이자 처음으로 민족국가를 수립한 최초의 국가신이다.[18] 이런 힘에 대한 믿음이 국가뿐 아니라 각 지방에서도 진산의 개념을 발전시킨 것으로 보인다.

4. 진산에 대한 숭배도 대단했다

진산이라는 개념은 크게는 국가에서부터 작게는 한 마을에 이르기까지 산에 대한 신앙이 일반화되었다는 것을 보여 준다. 삼국 시대부터 국가의 대소사와 관련해 제사를 자주 지냈는데, 백제나 신라에서는 국가의 진산으로 삼산(三山), 또는 오악(五嶽)을 설정해 나라의 평안과 번창을 기원했다. 특히 신라에서는 대사는 삼산, 중사는 오악, 소사는 여러 산에서 제사를 지내는 등 일정한 체계를 가지고 진산을 숭배했다. 삼산은 중국에는 없는 것이기 때문에 우리나라의 삼신 신앙에서 성립되었다고 볼 수 있다.[19] 고려 왕조는 태조 왕건이 산천의 도움으로 나라를 일으켰다는 믿음에 근거해 산악을 국가 수호와 왕실 보존의 진산으로 숭배했다. 조선 왕조에서도 이런 경향은 유지되어, 국토를 지키는 오악(五岳), 도성 및 나라를 지키는 산인 오진(五鎭)을 정해 국가 수호와 왕조

---

18. 임재해, 24쪽.
19. 김영진, 1996, 47쪽.

보존을 위해 제사를 지냈다. 각 주·군·현에서도 그 북쪽에 진산을 정하고 그 지역의 수호신으로서 산신을 받들었으며, 백성들은 산신에게 정성껏 제사를 지냈다.

진산은 꼭 최고봉만 되는 것이 아니라 인간 세계와의 관계에 따라 정해진다. 문경읍의 진산은 주흘산이지만 주흘산체에서 최고봉은 주흘산(1030미터)이 아니라 주흘영봉(1106미터)이다. 1996년에 국립지리원에서 발행한 1 대 2만 5000 도엽(안보)에는 주흘산이 최고봉인 1106미터 고지에 표시되어 있지만, 현지에서는 1030미터 고지를 주흘산이라 한다. 그 이유는 현장에 가 보면 쉽게 알 수 있다. 1030미터 고지에서는 문경읍이 잘 보이지만, 1106미터 고지에서는 산에 가려 잘 보이지 않는다. 진산은 자기 마을을 보고 도와줄 수 있어야 하기 때문에 1030미터 고지를 문경읍의 진산으로 삼아 주흘산이라 부르고, 1106미터 고지는 '영봉'이라는 이름을 붙여서 물리적인 최고봉의 대우를 해 준 것으로 볼 수 있다.

이때 산은 그 지역이나 그 국가를 수호해 주는 기능을 가지기도 했다. 따라서 민간 신앙에서의 산악과 산신은 지역 수호신의 성격을 가장 강하게 띠었다.[20] 이는 그 뿌리가 깊어서 적어도 삼국 시대부터 출발했다고 보아야 한다. 『삼국유사』에서는 신라의 삼산이 수호신의 역할을 하고 있는 것으로 표현하고 있고, 신라의 마지막 왕인 경순왕의 딸 덕주공주가 피난해 머물던 곳이라는 전설을 지닌 덕주산성이 월악산에 남아 있다. 고구려가 남긴 자취 가운데 첫 번째로 꼽을 수 있는 것도 산성이다. 고구려는 산성 중심의 방어 체제를 유지했기 때문이다.[21]

진산은 마을이나 부족의 북쪽에 경계를 지으며 자리 잡고 있고 사람들이 함부로 침범하지 않는 곳이었기 때문에 산은 곧 경계를 이루기도 했다. 후한서 동이전에 우리나라를 설명할 때, "그 풍속은 산천을 존

20. 구미래, 2000, 181~187쪽.
21. 전호태, 1999, 35쪽.

중한다. 산천에는 각기 부계(部界)가 있어 서로 간섭할 수 없다."라고 했다. 즉 산은 넘어 설 수 없는 경계이면서 신성한 자리이기도 했던 것이다. 산은 경계와 신성의 자리로서, 두 이질문화를 적당한 거리를 두고 조화시켜 주는 역할을 담당하기도 했다.

5. 산은 또한 조화의 세계이기도 했다

우리 민족에게 산은 조화의 세계이다. 역사적으로 땅에 대한 중심 사상이었던 풍수지리의 요체도 조화로운 땅을 찾는 것이다. 자체로서만 조화로운 것이 아니다. 외부의 불화도 받아들여 준다. 일반 민중이 떠올릴 수 있는 것 중에 가장 중요한 것은 피난처로서의 산일 것이다. 작게는 일상생활의 번잡함을 피하고, 크게는 제도권의 불화를 피할 수 있는 곳이다. 일상생활의 등산이 그렇고, 한국 전쟁 때의 피난처, 그리고 멀리는 십승지(十勝地)까지. 그러나 십승지로 들어오면 피난처에서 천지개벽(天地開闢)을 꿈꾸는 자리로 발전한다. 그래서 십승지는 개벽을 준비할 수 있도록 군사를 먹여 살릴 수 있을 정도의 규모가 되어야 한다. 어느 십승지나 충분히 자급자족할 만한 농토가 있다.[22] 최창조도 고려 시대와 조선 시대의 역사를 살펴볼 때, 풍수지리는 개혁 사상을 촉발한 것으로 보인다고 했다.[23]

산을 매개로 고난을 조화로 바꾸는 것은 일상생활에서도 나타난다. 옛날에 동네 아낙네들은 화전놀이를 했다. 남에게 맡길 수 없을 정도의 어린아이는 데리고 갔기 때문에 나도 따라간 적이 있다. 어릴 때 기억을 더듬어 보면 먼저 시어머니에게서 하루 말미를 얻는다. 이것도 개인적으로는 말하기 어려우니까 동네 아낙들이 나름대로 조직적으로

22. 최어중, 1992, 50~52쪽.
23. 최창조, 2002, 56~57쪽.

해결한다. 그러고는 먹을거리를 싸들고 산으로 들어간다. 동네 어른들 앞에서는 꿈도 못 꿀 춤도 춰 보고, 술도 마셔 본다. 오후 늦게는 술도 자제하고 한참 더 놀다가 술 냄새가 가실 때에 맞춰 내려와서, 시부모에게 저녁상을 차려 드리고 다시 일상으로 돌아간다. 억압된 자들이 나름대로 사회에 맞추어 가는 방편이다. 어쩌면 억압된 자들을 사회에 조화시키는 장치일 수도 있다.

　그들이 산꼭대기에서 부르던 노래, 그리고 구름 위의 상상봉에 올라가면 들려오는 음(音). 영화에 나오는 장면을 연상해서 그런지, 높은 산에 홀로 가면 어디선가 천상의 음이 들리는 것 같았다. 영화를 빗댔지만 나만 그런 줄 알았다. 그런데 이 글을 준비하면서 알아낸 것이 있다. 한명희에 따르면 다른 문화권에서 태초에 말씀이 있었다고 하듯이 우리 민족의 경우에는 태초에 산상의 음악이 먼저 있었던 셈이라고 한다. 곤륜산에서 죽관을 얻어 음의 기원을 삼았다는 중국의 예와 같이 『부도지』에서는 태초의 개벽을 산상(마고성(麻姑城))의 음에서 출발하고 있기 때문이다.[24] 여덟 가지의 음의 소리인 8려(八呂)에서 마고성이 나오고, 마고할미가 나왔으며 세상이 빚어졌다는 것이다.[25] 공자는 세상을 조화롭게 다스리는 데 음악을 매우 중요하게 생각했다. 마고성 신화는 하늘의 조화, 땅의 조화, 그래서 산은 위로는 하늘과 통하고 아래로는 세상과 연결시키는 조화의 세계라는 것을 보여 준다. 우리 민족에게 산은 사람의 마음을 편하게 하는 곳이다. 그런데 이질 문화를 조화시키는 기능을 가진 산은 기성세력에 반대하는 사람들의 도피와 은일의 자리가 되기도 했고, 나아가 여유를 가지고 심신을 수련할 수 있는 자리가 되기도 했다.

---

24. 한명희, 1993, 187쪽.
25. 한명희, 1999, 629쪽.

6. 산은 현실 도피와 은일의 자리이면서 수련의 장이기도 했다

사람들은 피치 못할 사정으로 현실 생활을 피하기 위해 산을 찾기도 했지만, 때로는 도피처로 찾았으나 산 속에서 생활하는 동안 새로운 철학과 인생관을 가지게 되어 초월하는 경우도 있었고, 또는 도피의식을 미화해 탈속과 자아실현을 도모하는 경우도 있었을 것이다. 어느 경우든 일방적이지 않고 사람과 산이라는 이미지가 상호 교감하면서 승화된 생활을 영위했다. 우리나라에서 현실 도피와 은일의 자리로 산을 찾아 마침내 새로운 정신적 경지를 개척한 사람으로 역사상 유명한 최초의 인물은 고운 최치원이다.

> 사나운 물결이 뭇 돌에 부딪쳐 산봉우리를 울리니
> 사람의 말은 지척이라도 분간할 수 없구나.
> 늘 세상의 시비가 들려올까 염려해
> 짐짓, 물이 온통 산을 감싸 흐르게 했도다.[26]

그러나 아마 우리나라에서 산 속에 은둔하면서 산수를 즐기고 노래한 최초의 사람은 신라 내해왕(奈解王, 재위기간 195~230년) 시대의 물계자(勿稽子)일 것이다. 물계자는 공을 쌓고도 두 번이나 상을 받지 못하자 불충과 불효를 핑계로 머리를 풀어헤치고 거문고를 메고서 세속의 모든 공리와 명예, 욕심을 버리고 산 속에 들어갔다. 그는 대나무의 곧은 성벽을 슬퍼하고 그것을 비유해 노래를 지었으며, 흐르는 시냇물 소리에 비껴 거문고를 타면서 노래를 지어 부르며 일생을 마쳤다고 전해진다.[27] 하지만 전해 오는 노래가 없어 고운의 시를 탈속을 잘 나타낸 최초의 시로 본다.[28]

26. 최치원이 가야산에 은거하면서 남긴 시. 손오규, 2000, 434쪽.
27. 손오규, 10~11쪽.

이외에도 신라 명필 김생, 고려 전기의 귀족 이자연과 곽여, 매월당 김시습, 농암 이현보, 퇴계 이황, 송제 나세찬, 송암 권호문, 다산 정약용, 고산 윤선도, 남명 조식 등 무수히 많지만, 여기서는 우선 그동안 잘 알려지지 않았던 부사 성여신(成汝信, 1546~1632년)을 들어 본다.

성여신은 지리산만 해도 홍류동 두 번, 청학동 다섯 번, 백운동 한 번, 천왕봉 한 번을 유람했는데, 그의 유람은 현실과의 부조화를 달래기 위한 것이었다. 그는 20대 초반 과거에 낙방한 뒤 사회 활동과 은일의 생활을 반복하다가 선친의 당부를 저버릴 수 없어 매우 늦은 나이인 64세 때(1609년) 과거에 응시해 생원, 진사시에 모두 합격했다. 68세 때(1613년) 다시 문과시험에 응시하고자 한양에 갔으나 세도가 어지러운 것을 보고 곧바로 낙향한 후 만년에 신선 세계에 몰입하는 경향을 보였다. 그 당시 지식인들이 지리산을 백두산에서부터 내려왔다는 뜻을 중시해 대부분 두류산(頭流山)이라고 부른데 비해 그는 71세 때 동지들과 함께 지리산 쌍계사 방면을 유람하고 신선 사상에서 나오는 이름인 방장산이라 부르며 「방장산선유일기(方丈山仙遊日記)」를 지었다.[29] 그러나 유학자로서 경세제민의 뜻을 평생 간직하고 있었기 때문에 신선 세계를 동경하면서도 산속에서 마음을 닦고 수련한 후에는 다시 세상에 나와 다른 사람들과 함께 선하게 살기를 노력했다.

이럴 때 산의 효력은 뜻과 생각을 맑게 한다는 데에 있다.[30] 우리 민족의 한시나 시조에서 보이는 산의 상징들 중에서 가장 중요한 것은 맑음과 밝음의 여러 이미지들이다.[31] 백두산과 태백산 모두 어원을 설명할 때 '밝은 뫼'라는 것에서 출발한다.

산은 선도의 요람으로 사람(人)이 산(山)에 들어가면 선(仙)이 된다.

28. 구미래, 2000, 153쪽.
29. 최석기, 204~205쪽.
30. 김우창, 1993, 79쪽.
31. 김우창, 1993, 97쪽.

산을 신성 공간으로 보는 산승(山僧)들과 도사(道士)들은 높고 깊은 산에 험하고 기괴한 바위와 깊은 못이 있는 곳을 찾아 수도의 자리로 삼았다. 깊은 산은 세속을 초월해 곡기를 끊고 솔잎을 씹으며 심신을 닦음으로써 살아서 자기 몸이 부처가 되거나 신선이 되어 하늘로 날아오르려고 하는 수도의 목표에 적합한 자리를 제공할 수 있는 것이다.[32] 그러나 산을 현실의 공간으로 생각하던 유학자, 선비들이 즐겨 살던 곳은 야트막하고 부드러운 산자락에다 그윽한 계곡을 따라 맑고 잔잔한 냇물이 흐른다. 너무 험하고 높은 산도 피하고 너무 깊고 물소리가 드센 곳도 피한다. 이러한 터는 평평한 들판과 높고 깊은 산의 중용(中庸)을 취한 것이라 할 수 있다. 유교 전통의 문화에서 삶과 죽음을 감싸고 우리의 사상을 잉태해 왔던 터는 높고 험한 산이 아니라 맑은 기상이 모인 산자락에 그윽한 계곡을 끼고 있는 아늑한 자리이다.[33]

퇴계는 "청량산은 험해서 노약자가 편안히 살 곳이 못된다. 더구나 청량산 앞에 낙천이 흐르지만 산중에서는 물이 지나가는 것을 알 수가 없다."라며, 진실로 청량산을 좋아했지만 그곳을 뒤로하고 도산에 머문 것은 도산이 산수를 겸했고 노약자가 살기 편하기 때문이라고 했다.[34]

'산과 물이 어울린 곳(山水間)'을 찾아들었던 선비들은 자신이 학문을 강론하고 인격을 수양할 생활의 터를 오랜 세월을 두고 매우 신중하게 골랐다. 터를 잡는 것도 수련의 한 과정이었던 것이다. 퇴계 이황이 자신의 집이나 서당을 지어 간 과정을 보면 생가인 노송정에서 출발해 삼백당, 선보당, 양진암, 한처암, 계상서당을 거쳐 결국 도산서당을 새로 지어 옮기면서 더욱 고요하고 경관이 아담한 곳으로 찾아가고 있다.[35] 이 은거(隱居)의 터에 아담한 정원을 꾸미거나, 수시로 주위를 멀

---

32. 금장태, 53쪽.
33. 금장태, 52쪽.
34. 손오규, 163쪽.
35. 금장태, 56쪽.

고 가까이 거닐며 빼어난 자연경관을 감상하면서, 산과 바위 혹은 시내의 물굽이에 이름을 붙이고 적극적으로 의미를 부여함으로써 자신의 사상과 연결된 주위의 생활 세계를 창조했다. 대표적인 경우로 팔경(八景)과 구곡(九曲)을 들 수 있다. 팔경이 산을 위주로 흩어진 경관이라면, 구곡은 한 줄로 이어져 흘러가는 물굽이를 중심으로 산과 물이 어울리는 경관이라는 점에 특징이 있다.[36] 주자가 지었던 무이구곡은 하류인 일곡(一曲)에서 상류인 구곡으로 거슬러 올라가기 때문에 마치 낮은 단계에서 높은 단계로 도(道)의 경지가 높아지는 것과 같다고 보거나 단순히 경치를 묘사하고 흥을 노래한 것으로 보기도 한다.[37]

성주군의 대가천에는 영남 오현의 한 사람으로 꼽히는 한강 정구(寒岡 鄭逑)의 자취가 어린 무흘구곡이 있다. 무흘구곡은 성주군 수륜면 양정교 바로 위의 봉비암을 1곡으로 해, 한강대(갓말소의 절벽)를 2곡, 무학동의 무학정과 배바위를 3곡, 영천동 선바위를 4곡, 영천동 사인암을 5곡, 유성리 옥류동을 6곡, 평촌리의 만월담을 7곡, 평촌리의 와룡담을 8곡, 수도리의 용소폭포를 9곡으로 해 김천시 증산면, 성주군 금수면, 가천면, 수륜면을 둘러서 활처럼 돌고 있다. 봉비암과 한강대는 너른 물길 옆에 우뚝 솟은 암벽이고, 무학정, 선바위, 사인암은 산간계류변의 경지에 자리 잡고 있는 암벽이며, 옥류동, 만월담, 와룡담은 산간계류의 암석하천으로 산과 물이 잘 어울린다. 특히 용소폭포는 용이 살다가 하늘로 올라갔다고 해 그 이름을 얻었는데, 17미터 높이의 폭포와 3미터 깊이의 소가 잘 어울리고 있다. 가뭄이 심하면 면민들이 모여 기우제를 지내는데, 제를 올리고 난 뒤 이 용소가 울면 틀림없이 비가 오며 그 울음소리는 10리 밖에서도 들을 수 있다고 한다. 한강은 이 곡마다 노래를 지어 붙이고 선비의 뜻을 세웠는데, 그 뜻을 기리고자 제자들이 제1곡 봉비암 앞에 회연서원을 세웠다. 이중환도 "산은 반드시 물과 짝한 다음

---

36. 금장태, 56쪽.
37. 금장태, 57쪽.

이라야 비로소 생성(生成)의 묘미를 다할 수 있다."라고 했는데,[38] 우리 민족은 이와 같이 산수간에서 수련하며 뜻을 세우고자 했다.

7. 그래서 산은 또한 뜻을 이루는 자리이다

조선 시대의 선비들은 청년 시절에 집중해 독서할 때는 더욱 고요한 분위기를 찾아 나섰다. 산자락의 집을 두고도 산 중턱에 있는 사찰을 찾아가는 일이 흔했다. 기도나 치성을 드리고 싶을 때는 여러 가지 종교인은 물론이고 민속 신앙인도 산으로 올라간다.[39] 태백산 망경사는 지금도 민속 신앙인들이 기도하러 오는 자리이다. 망경사에서 먹고 자면서 태백산 장군봉, 문수봉 등을 돌아다니며 철야 기도를 한다. 내가 그들과 같이 자면서 들은 말로는 1년에 한 번씩 그렇게 하지 않으면 자신들의 능력이 떨어진다고 한다. 두 가지 이유를 드는데, 자기들도 정기적으로 수련을 해야 하고, 또 그 동안 번 돈을 풀어서 세상을 먹여야 영험을 본다는 것이다.

단군 신화에서 곰이 웅녀(熊女)가 되고 단군을 잉태하여 낳았다는 이야기도 의미가 깊다. 땅 위에서의 삶이 척박해 잘 살아보려는 꿈이 하늘로 솟아오른다. 하늘에서는 인간 세계의 어려움을 헤아리고 신이 내려온다. 이 두 만남에서 고단한 삶의 상징인 곰이 제대로 된 삶의 상징인 사람이 되고자 기원해 웅녀가 되었다. 나아가 단군이 태어남으로써 '제대로 된 삶'이 끝없이 다시 태어나는 구조를 만든 것이다.[40] 뜻을 이루려는 기원이 완전한 삶에 대한 고집으로 나타나는 장면이다.

사람은 제대로 된 삶을 요구하며 신을 부르고, 신은 사람의 고집을

---

38. 이중환, 1977, 283쪽.
39. 금장태, 1993, 53쪽.
40. 정진홍, 1993, 43~44쪽.

꺾지 못하고 새로운 삶의 길을 열어 주며, 새롭고 바람직한 삶은 끝없이 되살아나는 이 땅에서, 산 속은 신의 세계이다. 단군은 죽은 것이 아니라 신이 되어 산 속으로 되돌아갔다.[41] 삼국 시대부터 조선 시대에 이르기까지 산신을 숭배하는 일은 그 역사가 매우 오래 되었다. 인류는 역사 이전부터 우주목(한민족의 경우 신단수) 아래에서 기도했을 것이다. 우리 민족은 국가에서 관장해 제사를 지낼 만큼 산신 신앙에 대한 관심이 매우 컸다.[42] 김광섭은 「산」이라는 시에서 사람의 일상과 산을 관계 짓고 "산은 양지바른 쪽에 사람을 묻고, 높은 꼭대기에 신을 뫼신다."라고 노래했다.[43]

「구지가」에서는 산봉우리에서 신의 도래를 요구하면서도 협박을 한다. "거북아 거북아 머리를 내놓아라. 그렇지 않으면 구워먹으리." 나는 원래 우리 민족의 정서가 한이라고 배웠는데, 이 노래는 우리 민족의 기층 정서의 의미를 다시 생각하게 했다. 이런 저런 생각에 산비탈 판자촌을 헤매고 돌아다니던 어느 날, 두 아낙이 머리채를 붙잡고 서로 엉겨 싸우고 있었다. 이때 옆에서 싸움을 말리던 어느 할머니의 절규. "빌어라 빌어. 빌면 하늘도 못 당한단다." 그러고 보니 우리 할머니도 항상 어딘가에 빌었던 것이 생각났다. 아이가 태어나도, 아이가 아파도, 아들이 어디 멀리 가도, 항상 삼신할미에게 빌고 빌었다. 빈다는 것은 힘을 받는 것이고, 두려움의 대상에 대해서도 비는 순간 언젠가 이루어질 것이라는 확신을 가지는 힘이 있었다. 이런 힘은 천신에서 지신으로 오면서, 남성에서 여성으로 오면서 그 의미를 갖는 것이다. 어디 우리 조상들 중 할아버지계(남자들)가 빌어서 극복하고, 빌어서 정복하는 것이 있었던가? 이는 산을 보는 관점에도 투영되어 있다.

국조신은 하늘나라의 신이 산에 내려와서 나라를 열고 다스리다가

---

41. 김열규, 2000, 5쪽.
42. 김욱동, 2000, 30쪽.
43. 김광섭, 1991, 99쪽.

다시 죽어서는 산신이 되는 경로를 밟고 있지만, 성모신은 한 나라의 시조의 어머니이거나 왕실의 여인 등으로 모성을 대표했다. 국조신은 왕조의 쇠망과 함께 그 숭배의 정도가 약해지는 것에 반해, 성모신은 오늘에 이르기까지 숭배의 대상으로 남아 있는 경우가 많다. 우리 민족은 박혁거세의 어머니인 경주 선도성모, 김수로왕의 어머니인 가야산의 정견모주, 고려 태조의 어머니라는 지리산의 성모를 역사 시대에도 매우 떠받들었고, 지금도 이들을 위해 제사를 지내고 있다.[44] 지리산의 성모는 여덟 딸을 모두 무당으로 만들어 팔도에 보내 민속을 다스리게 했다고도 하고, 지리산의 절에서는 석가모니의 어머니인 마야부인이라고도 했는데, 이런 일을 미신이라고 배척하던 유학자 김종직이나 김일손도 지리산 성모가 태조의 어머니인 위숙황후라는 점은 인정하면서 이러저러한 소원을 빌고자 했다.[45]

산은 소원을 들어주고 뜻을 이루는 자리였다. 전설에서는 정성이 지극하면 산삼과 같은 귀한 물건을 주는 곳이기도 하고, 계절을 거슬러 여름에 나는 산물을 겨울에 주기도 하는 곳이 산이다. 경기도 광명시 도덕산에는 죽어서도 뜻을 이루는 처녀귀신의 전설이 깃들어 있다. 이와 같이 산에서 뜻을 이루는 전설은 민간에 광범위하게 퍼져 있다.

8. 산에 대한 경험은 기층성과 태고성을 띠고 있다

단군 신화는 산에서 시작한다. 우리 민족을 여는 신화이기에 태고성을 띠고, 아직도 많은 이들의 가슴속에 남아 있기에 기층성을 띠고 있다. 산은 우리의 사회적인 기층성과 역사적인 태고성을 지탱해 주고 있다. 정진홍은 그 예를 산신도에서 들고 있다.

44. 구미래, 2000, 175~180쪽.
45. 최석기, 29~33, 85~87쪽.

아직 충분히 산재해 있는 산신도를 우리는 많은 경우 절의 산신각에서 만난다. 그러나 그 그림에서 불교적 상징을 지녔으리라는 어떠한 낌새도 확인할 수 없다. 다만 우리는 그것이 절을 이루는 구조물의 하나로 자리 잡고 있다는 사실, 오히려 그 그림에는 도교적 상징이랄 수 있을 신선임직한 주인공, 그리고 막연하게 전승되고 있는 산신의 구현이라 여겨지는 호랑이의 현존을 확인할 뿐이다. 하지만 동시에 우리는 이 같은 현상에서 또 다른 사실을 확인한다. 그것은 도교, 불교의 전승이 산경험, 그것이 담고 있을 구원론을 대치하고 있는 것이 아니라 그것을 바탕으로 새롭게 응집되고 있다는 사실이다. 도교적 신선의 주거가 본래 산이라고 하는 사실이 우리의 산경험의 도교 수용을 불가피하게 한 것이라는 자연스러움의 주장은 실은 우리의 산경험이 전제되지 않고는 불가능한 주장이다. 그리고 문화의 수직적 지배 구조라는 표층적 존재양태에서는 불교라고 하는 구체적인 실체가 힘의 정점에서 기능하고 있음에도 불구하고 문화의 수평적 존재 구조라는 의식의 심층적 존재양태에서는 비록 산신각이 가람의 한 모서리를 차지하는 초라한 것임에도 불구하고 그것이 중심이 되지 않을 수 없다는 사실이 새삼 돋보인다. 이러한 자리에 서서 보면 산경험의 기층성(基層性, 의식의 차원)과 태고성(太古性, 역사적 전승의 차원)은 그 응집을 설명하는 논리적 기반을 제공하는 것이 아닐 수 없는 것이다.[46]

민중이 다듬어 온 속담은 한두 사람의 의견으로 이루어진 것이 아니요, 수십 년 만에 성숙된 것이 아니다. 수백 년 혹은 수천 년을 내려오면서 무수한 우리 조상들이 무진장으로 우리말을 구사하는 동안에 공통되는 진리, 공통되는 표현 효과, 공통되는 어감의 결정체로서 성립된 것이다.[47] 이런 우리 속담에는 산에 관련된 것이 많다. 이 속담들을 보면 우리 일상생활에, 또 우리 가슴 속에 산이 얼마나 깊이 자리 잡고

46. 정진홍, 1993, 37쪽.
47. 이기문, vi쪽. 일석 이희승이 이기문의 속담사전 서에서 쓴 말.

있는지를 알 수 있다.

> 산 넘어 산이다./ 갈수록 태산이다./ 산에 가야 범을 잡지/ 금강산도 식후경/ 청산유수 같다./ 산보다 골이 더 크다./ 산은 오를수록 높고 물은 건널수록 깊다./ 산이 높아야 골이 깊다./ 산전수전 다 겪었다./ 십년이면 산천도 변한다./ 티끌모아 태산

이런 우리 산천을 중국인들은 무척 아름답게 본 듯하다. 도연명의 시에 지리산을 신선 세계에 나오는 방장산이라고 노래하고 있다.[48] 과거 중국인들은 우리나라를 청구(青丘)라고 불렀는데, 이는 중국의 관점에서 보았을 때 동해(황해) 건너 신선이 사는 나라라는 뜻이라고 한다.[49] 이 말을 받아들여 우리 조상들도 청구영언, 청구야담, 청구여지도 등의 이름을 쓰고 있다. 그러나 이런 미적 감각만으로는 민중을 파고드는 기층성을 확보하지 못했을 것이다.

앞에서 보았듯이 서민들의 고단한 삶을 지탱해 주는 산이기도 했다. "산이 울면 들이 웃고, 들이 울면 산이 웃는다."라는 속담이 있다. 우리나라의 산이 나무 없이 벌거벗고 있는 것을 비유한 말이니, 비가 오면 물이 져서 산은 사태가 나고 울지만 들은 농사가 잘 되어 웃는 것 같고, 날이 가물어 산이 헐지 않고 좋으면 들은 말라붙어 우는 듯하다는 데서 나온 말이라고 한다.[50] 그러나 농사가 흉년인 때 산에 도토리는 풍년이고, 산에 도토리가 흉년이면 농사가 풍년이라서 흉년에 서민들의 먹을 것을 제공해 주는 산이라는 뜻으로 해석할 수도 있다. 어쨌거나 산에 기대어 사는 일상에서 우러나올 수 있는 속담이다. 전설에서도 산에서는 여러 가지 산물이 나오고 산신령은 효심이 지극하면 안 가져

---

48. 최석기, 42쪽, 380쪽 등 곳곳을 보라.
49. 황인용, 김종성 편, 69쪽.
50. 이기문, 2001, 291쪽.

다주는 물건이 없다.

그만큼 우리 심성 공간에 산이 차지하는 비중이 높다고 할 수 있는데, 우리나라는 어디를 보아도 산이 보이기 때문에 산은 자연을 대표하는 형상이다. 그래서 우리는 남을 건성으로 대할 때 "건너 산 쳐다보기"라고 하고, 멍하니 쳐다보는 것을 "건너 산의 돌 쳐다보듯"이라고 할 수 있다. 이렇듯 우리가 살고 있는 공간에서 산이 보이지 않는 곳이 없기 때문에 그 산이 아름답든 추하든 그 산의 이미지가 우리 심성 공간 전체를 정복하고 있다는 주장도 있다.[51]

산에 대한 신화와 전설, 속담 등은 우리의 산(山)경험에 대한 태고성과 기층성을 동시에 보여 준다. 산경험은 태곳적 우리 민족을 잉태한 신화에서 출발해 전설과 속담을 엮으면서 지금 우리 민중의 저변 곳곳에 흐르고 있기 때문이다. 이런 경험에는 온 역사의 흐름과 온 나라의 이미지가 통합되면서 산은 또한 영원불멸의 상징이 된다. 그래서 우리는 "동해물과 백두산이 마르고 닳도록 하느님이 보우하사 우리나라 만세"라고 하는 것이다.

9. 그러나 역사가 흐르면서 산에 대한 느낌이 약해졌다

단군 신화의 구조를 보면 하늘(환인, 환웅)이 태백산의 웅녀(곰, 산의 지기)와 합해 단군(인간)이 된다. 이러한 '하늘이 산으로, 인간으로'의 구조는 이후의 다른 시조 신화에서도 반복된다.[52]

고조선과 마찬가지로 고구려, 백제, 신라의 시조도 천손(天孫)이었다. 그런데 남방 문화를 합쳐야 될 시기에 이르러 무왕은 용의 아들이 된다. 고려 태조 왕건도 백두산에서 내려온 천손의 자손인 작제건과 서

51. 최정호, 1993, 28쪽.
52. 최원석, 14쪽.

해 용왕의 딸인 용녀의 손자이다. 이 때문에 삼국 시대 후기와 고려 시대 자연신앙의 질서에서 천신보다는 산신과 용신이 더 중요한 기능을 가지게 된다. 즉 이러한 시대 변화에 따라 산과 물의 중요성이 전보다 커지고 일체화되며 인간화되기 시작한다는 것을 드러내고 있다. 이 시대까지는 산을 느끼는 힘이 강해진 과정이었다. 산은 우리 뜻을 이루어 준다고 믿을 정도였다.

그러나 공교롭게도 우리 민족이 산에서 느끼는 힘은 고려, 조선, 현대로 내려올수록 떨어지는 것으로 보인다. 김우창은 고려, 조선, 현대의 시를 검토하면서 산에 대한 의미의 변화와 더불어 산에 대한 느낌의 강도가 약해질 뿐 아니라 그 이미지마저 잔상(殘像)으로 남는 경향을 지적했다.[53] 부족 국가 시대는 자생적으로 전래된 제의(속제(俗祭)[54])가 형성된 시기였다. 삼국 시대는 이 속제가 발전하는 한편, 중국에서 전래된 제의(예제(禮祭)[55])를 수용하는 기간이었다. 그러나 고려 시대에는 속제가 쇠퇴하고 예제가 정착하기 시작했는데, 의종 때 교로도감(橋路都監)이었던 함유일은 신사(神祠)를 불태우고 헐어 버렸다.[56] 나는 이때가 산에 대한 믿음이 엷어지기 시작한 때라고 본다. 그러고 나서 조선 시대에 마침내 속제는 소멸하고 예제가 확립된 것이다.

이 과정에서 유교와 성리학자들의 힘이 크게 작용했던 것으로 보인다. 조선 사람도 산수를 매우 동경했고 산수를 자주 찾았다. 그러나 그들의 산수생활은 학문을 통한 수신이었다. 고려 시대에서와 같이 초현실적인 이상 세계를 동경하는 기풍은 찾아볼 수 없고, 현실 개혁에 의한 적극적이며 미래지향적인 자세를 견지했다. 이처럼 긍정적인 정신은 조선 사회를 발전적으로 이끌었지만 반면, '모르는 부분'에 대한

---

53. 김우창, 1993, 77~127쪽.
54. 김영진, 1996, 14쪽.
55. 김영진, 1996, 14쪽.
56. 김영진, 1996, 132~133쪽.

두려움이 너무 없었다. 서양의 현대 과학자 아인슈타인도 "우리가 직접 느낄 수 없는 질서가 이 세상을 유지하고 있다."라고 말했다.

조선 시대 사람들은 산에 대한 믿음을 미신이라며 서낭당을 없애는 데 앞장섰고, 이와 관련된 불교의 관습을 경멸했다.[57] 김일손은 오만방자할 정도로 거칠게 행동했다.[58] 사람들은 역사 의식에 매몰된 나머지 사람들의 내면 깊이에 있는 신화나 우주심의 중요성을 간과하고 무속과 불교를 배척한 것으로 보인다. 내면을 간과한 잘못은 그들이 의식적으로 애쓰는 것과 무의식적인 행동이 다르다는 점에서 알 수 있다. 사림파의 종조(宗祖)인 김종직은 하인들이 자연물에 의탁하는 것을 꾸짖으면서도[59] 자신은 바위에 올라가 발을 구르며 빙빙 돌게 하면 비가 온다는 속설을 믿고 사람을 보내 시험해 보니 효험이 있었다고 기록하고 있고,[60] 천왕봉에서 경치를 잘 볼 수 있도록 날씨가 화창하게 해 달라고 지리산 성모에게 빌고 있다.[61] 김일손도 산행과 노모의 건강을 위해서 지리산 성모에게 비는 제문을 지었다가 정여창과 논쟁 끝에 그만두고 만다.[62] 이로써 우주심과 같은 산에 대한 강렬한 느낌은 역사 전면에서는 사라지고 무의식이나 할머님계(여자들)를 통해서만 지금까지 이어져 오고 있는 실정이다.

그러나 이 부분의 논지를 세우기 위해 조상들의 이야기를 적어 둔 여러 문헌을 뒤지면서 느낀 점은 시대에 따른 변화도 있지만 개인차도 심하다는 것이다. 또 조선 시대 말에는 최익현의 한라산 기행[63] 등과 같이 산을 보는 기세가 살아날 조짐이 보이는 것도 꽤 있었다. 더구나 유

---

57. 최석기, 31~32, 38, 39쪽.
58. 최석기, 67~96쪽.
59. 최석기, 39쪽.
60. 최석기, 29쪽.
61. 최석기, 30쪽.
62. 최석기, 85~87쪽.
63. 김창흡 외, 1997.

림에도 산에 대한 느낌을 강화시킬 중요한 기반이 있다. 정구가 인용한 "산에 오름은 마음을 넓히기 위함이지 안목을 넓히기 위함이 아니다."[64]라는 주장이 그것이다. 이런 이해는 시대 차이나 유·불·선의 차이를 극복할 계기가 될 수도 있을 것이다.

또 하나 중요한 흐름은 고려 시대에서 조선 시대로 내려올수록 서민들이 중요하게 등장하고 그들의 현실적인 삶이 반영된다는 점이다. 생활의 걱정이 없는 귀족들의 상상적 놀음에서 벗어나서, 두 다리로 땅을 딛고 살아갈 길을 개척해야 할 현실로 방향을 튼 것이기도 하다. 그러나 이러한 노력에도 불구하고 조선 시대까지는 민중이 산을 즐겼다는 기록은 찾아보기 어렵다. 오히려 민중은 산 때문에 괴로운 생활을 영위하는 경우가 많았는데, 때로는 사태가 매우 절박한 지경에 이르는 경우도 많았다.

10. 또한 민중은 산 때문에 핍박을 받은 일이 많았다

하기노 토시오에 따르면 우리나라 산림 정책이 주나라 등 중국의 영향을 받아 고려 시대에는 당초 '무주공산(無主空山)'으로 여겨 사유 금지 및 공유제를 시행했지만 점차 국토 보전과 재원 조달 필요성 때문에 금산, 봉산 제도를 창설했다.[65] 그러나 배재수는 고려 시대의 봉산이라는 용어에 강한 의문을 표하면서 고려 시대에 봉산과 같은 기능이 있는 산림이 있는지는 모르나 이 용어는 조선 후기 산림 관리 제도와 용도림 제도를 대표하는 역사적인 용어로 보아야 한다고 주장했다.[66] 조선 시대에 들어와서는 한양 주변에 '금산'을 지정하고 산지 및 산림 보호에 힘

64. 김창흡 외, 1997.
65. 하기노 토시오, 배재수 역, 2001, 40쪽.
66. 하기노 토시오, 배재수 역, 2001, 41쪽.

쓰다가 후기로 들어와서 목재 조달의 필요성에 따라 '봉산'을 지정했다.

조선산림회에서 발간한 『조선임업사』에서는 "조선의 임야는 고래로부터 사점을 금하고, 특종의 산림으로 말할 수 있는 봉산, 금산 등을 제외하고는 소위 무주공산이라 해, 일반 서민의 자유 이용에 맡겨 두고 돌아보지 않는 바가 있으므로, 민중은 수시로 산에 들어가게 되고, 남벌폭채를 마음대로 했으며, 또는 부랑도들이 곳곳에 화전의 남경을 하는 등, 다만 산림의 광대한 혜택을 나쁘게 이용하는 데만 급급했고, 조금도 나무를 심고 보호하는 데는 뜻을 두지 아니했다."[67]라고 했다.

정약용은 『목민심서』에서 "산림이라는 것은 나라의 공부(貢賦)가 나오는 곳이니 산림에 대한 행정을 성왕이 소중히 했다."라고 했다.[68] 또한 조선 시대에는 국방을 위한 전함을 만드는 데 소나무가 중하게 이용되었고, 궁궐을 지을 때나 왕족들의 관을 만들 때에도 양질의 소나무가 필요했다. 따라서 국가적으로 보호하는 산림을 지정했는데, 이는 일반 사람들이 산을 이용하지 못한다는 것을 뜻한다.[69] 그런데 정약전에 따르면 이런 산에 소나무도 없는데 나무를 베는 것을 금하고, 또한 탐관오리들의 사적인 수탈도 자주 일어나 백성들의 피해가 심했다고 한다.[70]

백성들은 소나무 때문에 어려워졌다고 생각해 비밀리에 베는 등 온갖 꾀를 내어 소나무를 제거하고자 했다. 심지어 수탈에 견디지 못한 백성들 수천 명이 힘을 합쳐 수많은 도끼가 소리를 함께하며 나무를 베어 몇 리에 걸친 푸른 산을 하룻밤 사이에 벌거숭이산으로 만들고, 돈을 모아 뇌물을 후하게 주어 후환을 없애는 일도 발생했다.[71]

공산이 아닌 개인이 관리하는 산에서도 마찬가지였다. 자그마한

---

67. 산림청, 2000, 27쪽.
68. 정약용, 1985, 170쪽.
69. 배재수 등, 2002, 45~85쪽.
70. 정약전, 2002, 212쪽.
71. 정약전, 2002, 213쪽.

산을 소유한 사람이 소나무 수십 그루를 길러 집이나 배, 수레, 혹은 관의 재목으로 베어 쓰면 탐관오리가 공산의 소나무를 불법으로 베어 썼다고 우기면서 공산의 법조문을 빙자해 차꼬를 채워 감옥에 가두고 고문하는 등 죽일 죄를 다스리 듯하고, 심지어는 유배를 보내기까지 했다. 백성들은 공산의 소나무가 아니라 자기 산의 소나무라고 주장할 힘이 없었기 때문이다. "따라서 백성들이 소나무 보기를 독충과 전염병처럼 여겨서 몰래 없애고 비밀리에 베어서 반드시 제거한 다음에야 그만둔다. 어쩌다가 소나무에 싹이라도 트면 독사를 죽이듯 한다. 백성들이 나무가 없기를 바라는 것이 아니다. 자신이 편안한 길이 나무가 없는 데 있기 때문이다. 그리하여 개인 소유의 산에는 소나무가 한 그루도 없게 되었다."[72]

이런 일은 조정에 공납하는 황칠에서도 나타났다. 전남의 도서 지방에서는 아버지가 황칠을 다 대지 못해 관가에서 곤장을 맞자 아이들이 산에 있는 황칠나무를 밟아 없앴다는 이야기가 구전된다. 산에 황칠나무가 있어서 아버지가 저렇게 고초를 겪으니 차라리 황칠나무의 씨를 말려 버리면 우리 집안도 핍박받지 않을 것이라는 생각에서 그렇게 한 것이다.

11. 산에 대한 소유 의식 발생에서 전통과의 갈등까지

고려 말에도 권세가들이 산림을 비롯한 토지를 광범위하게 점유하고 이곳을 이용하는 백성들에게 세를 받거나 백성을 끌어들여 농장을 확대했으나, 조선 왕조의 개창과 함께 다시 "산림과 농토는 백성과 함께한다.(山林川澤 與民共之)"라는 원칙이 천명되었다.[73] 그러나 조선 전기

72. 정약전, 2002, 212쪽.
73. 배재수 등, 2002, 6~7쪽.

에도 어느 정도 토지의 사적 점유가 있었고, 조선 후기에는 본격적으로 소유 의식이 생겨났다.

조선 시대 16~17세기에 종족 질서가 형성되면서 사족층 위주로 산에 대한 송사가 발생하게 되었다. 18~19세기에 들어서서는 문중 의식이 심화되어 조상을 위하고 가문의 명예를 지키기 위해 치열하게 대립했다. 이런 대립은 조상의 묘를 쓰기 위한 묏자리를 확보하는 송사가 대부분이었는데, 18~19세기에 들어서서는 사족층뿐 아니라 중인 및 양인층까지 산에 대한 송사가 확산되는 경향을 나타내었다.[74]

이와 같은 경향은 산을 하늘의 뜻이 내려오는 외경의 대상이라든가 마을을 지켜 주는 친근한 대상이 아니라, 남으로부터 지키거나 빼앗고 내 권력을 지키는 대상으로 만들기 시작했다. 더구나 땔감을 산에서 채취해야 했기 때문에 산소의 소유자와 충돌하는 경우가 많아지기도 했다.

국가에서는 소나무를 함부로 베는 것을 금지하고 산소를 몰래 쓰는 것을 예방하기 위해, 송계의 결성을 적극 권장했다. 향촌 사회에서도 주변의 산지를 보호하고 공적인 목적의 목재를 충당하며, 마을 사람들의 기본적인 산림 이용을 도모하기 위해 송계를 만드는 것이 필요했다. 국가의 공용 산림에서 소나무를 사사로이 베지 못하게 하기 위한 송계는 철저하게 관 주도로 운영되었고, 묘산 금양을 위한 송계는 씨족 중심으로, 보역과 연료 확보를 위한 송계는 국가의 역에 대응하는 차원에서 자연촌 중심으로 시행되었다.

대부분의 송계는 그 특성상 한 가지 목적보다는 두세 가지 목적을 함께 추구하기 위해 결성된 것으로 나타나고 있다. 관 주도의 송계는 공용 산림의 금송을 주된 목적으로 하는 한편, 산의 관리를 책임진 각 동리의 송계에게 점유권을 인정해 필요한 시초(柴草)를 쓸 수 있도록 했다. 재지사족 주도의 송계는 묘산 금양을 주목적으로 하는 한편, 상하

---

74. 김경숙, 2002, 258~261쪽.

합계의 형태로 운영해 하계의 구성원들인 기층민들이 목재와 땔감과 꿀을 확보할 수 있는 경제적 혜택을 함께 도모할 수 있게 하거나 국가의 보역에 공동으로 대응할 수 있게 했다.[75]

그러나 이렇게 얻은 산에 대한 권리는 국가에서 부여한 수호의 권리였기 때문에 국가의 통제도 심했고, 타인의 침해도 많았다. 이는 현대적 의미의 일물일권적인 소유권 개념과는 구별된다. 18세기 후반 이후로는 산소를 쓸 산의 매매가 활성화될 정도로 사유권이 상당히 확립된 모습을 보이지만, 이와 동시에 남의 자리에 몰래 묘를 쓰는 행위가 끊이지 않고 산에 대한 송사가 계속 발생하는 모습은 사유권이 아직 확고하게 확립되지 못한 단계임을 나타낸다. 산림을 "백성과 함께한다.(與民共之)"라는 국가의 이상과 이에 상반되는 사유권의 성장이라는 현실적 상황이 공존하는 상태라고 할 수 있다.[76]

조선 시대 말에 오면, 예천 금당실 송계의 사례에서 알 수 있듯이,[77] 송계가 권력자가 공유지인 산을 사점하거나 남의 산을 빼앗는 기회를 제공하는 경우도 많았을 것이다.

물론 이때에도 우리 민족이 산에 대한 경외심을 완전히 버린 것은 아니었지만, 이러한 현실적인 모순을 안은 채 일제 식민통치 시대를 맞이했다. 더구나 36년간의 일제 암흑기와 해방 후 혼란기에 우리 전통과는 완전히 이질적인 서양의 현대 과학을 받아들이면서 전통적인 산관념을 멸시하고 산을 오로지 사회 발전의 장애물로만 보는 견해가 형성되었다. 많은 반성을 거친 지금도 대부분의 사람들이 산을 대할 때 무의식적인 행동과 의식적인 판단 사이에서 갈등을 보이고 있다. 그 단적인 예로 풍수지리는 미신이라 치부하면서도 조상의 묘를 쓸 때에는 명당을 고집하는 것을 들 수 있다.

75. 전영우, 김종성 편, 82쪽.
76. 김경숙, 2002, 262~264쪽.
77. 2004년 현지대담 및 안동문화연구소, 25~27쪽.

12. 나가는 말

우리 민족은 오랜 세월 동안 전통 속에서 익어 왔다. 이런 전통은 우리 개인의 무의식을 형성하고 있다. 물론 시대마다 역사 형성의 주체는 다르겠지만, 조화로운 삶을 영위하기 위해서는 전통과 소통하고 잘 어울릴 수 있어야 할 것이다. 우리의 전통 역사에는 지혜로운 경험이 많이 축적되어 있다.

「경국대전」에서는 경복궁과 창덕궁의 주산과 내맥에는 산배와 산록에 모두 경작을 금지했다. 외산인 경우에는 산배에서의 경작만 금지했다.[78] 또 외방에 금산을 정하고 벌목과 방화를 금지했다. 이숭녕(68쪽)은 이때의 방화는 사냥을 위한 방화이고 경작을 위한 방화는 나중에 나타난다고 보았다. 고려 시대에도 이 방화가 큰 문제였는데, 야수를 잡는 방법으로 그 통로에 함정을 파서 덮고 산에 불을 지르면 야수들이 우왕좌왕하다가 타서 죽는 것도 있지만 대개 통로를 따라 도망치다가 함정에 걸렸던 것이다. 그래서 귀족들의 놀이인 사냥을 위한 방화를 금지했다.

경작의 경우에도 난개발은 막았다. 「속대전」에 산허리로부터 위쪽을 개간 경작하는 것을 금하고, 산허리로부터 아래쪽은 묵은 밭은 문제 삼지 않으나 새로 나무를 베고 밭을 만드는 것은 일절 금한다고 나와 있다. 정약용은 여기서 산허리에 경작을 금하는 법은 마땅히 산 높이를 측정하는 기준이 있어야 한다고 주장했다. 산의 높고 낮음이 제각기 다른 것인즉 산허리의 높고 낮음 또한 제각기 다르기 때문에 법이 지켜지기 어렵다는 것이다.[79] 우리 조상들은 이렇게 환경 보전과 경제 발전의 조화를 다각도로 모색했다.

돌이켜보면, 우리 민족은 단군 신화를 비롯한 여러 가지 신화를 꿈

---

78. 이숭녕, 64쪽.
79. 정약용, 1985, 187쪽.

꾸면서 다음과 같은 산관념의 기층을 형성했다. 첫째, 산은 하늘만도 아니고 땅 만일 수도 없는 매개적 기능의 자리이다. 둘째, 산이라는 곳은 일상의 공간이 지니는 동질성이 단절되거나 해소되는 자리이다. 신의 강림이 이루어질 수 있는 곳이기 때문에 초월로 개념화되는 신의 자리이지 여기 지표의 어느 한 부분이라는 일상적 공간경험의 연속이 아니다. 속(俗)이기를 그만 둔 신성의 자리임을 보고, 혹은 그렇게 이야기 하면서 우리의 산(山)경험은 산을 신성 공간으로 수용하는 것이다. 셋째, 그러한 신과의 만남을 인간은 제의(祭儀) 몸짓으로 구현한다. 신사(神祀)를 세우고, 신당(神堂)을 짓고, 제단을 쌓아 거기에서 하늘과의 만남을 경험하며, 그 만남을 통해 삶의 닫힌 종국(終局)을 하늘을 향해 열어 놓는다.[80] 하늘이 산에 내려와 인간이 되고, 죽어서 다시 산으로 깃들어 나라와 마을의 수호신이 되니 하늘과 산과 사람은 상관적이라는 관념이 생긴다.[81] 그래서 산에 있는 나무는 함부로 자를 수 없다는 의식이 마음 깊은 곳에 자리잡게 되었을 것이다.

시간적으로는 천산, 용산, 인간화의 길을 걸었고, 공간적으로는 천산인 백두산에서 백두대간으로 맥이 뻗어 백산 계열의 산으로 이어지고 백두대간의 갈래인 정맥을 타고 온 산이 하천을 만나니 용산이 되었다.[82] 우리나라는 산수가 조화롭기에 산을 보되 물과의 관계가 동시에 떠오르니 용맥(龍脈)이라는 개념이 적합하다.[83] 우리나라는 산이 있으면 물이 흐르고, 물이 흐르는 사이에 산이 있다. 신경준은 「산수고(山水考)」에서 "하나의 근본에서 만 갈래로 나누어지는 것은 산이요, 만 가지 다른 것이 모여서 하나로 합하는 것은 물이다."라고 했다. 산과 물이 다른 기능을 가졌지만 하나로 조화되는 통일체로 본 것이다. 우리 민족은 용

80. 정진홍, 41~42쪽.
81. 최원석, 1992, 20쪽.
82. 최원석, 1992, 51쪽.
83. 최원석, 1992, 5쪽.

의 맥을 짚어 산을 찾고, 산을 얻으면 다시 물을 찾았다. 수많은 정자들의 위치를 보라. 언덕배기 전망 좋은 곳, 그러나 항상 물이 있는 곳에 위치하고 있다.

우리는 지금도 의식하고 있지는 못하지만 산에 의지하고 있다. 잔디밭에서도 한참 놀다가 쉴 때 우리가 어디를 등지고 앉는가를 살펴보자. 평지인 것 같지만 약간 경사진 곳이 있는데, 대부분 그리로 등을 두고 아래쪽으로 시선을 두고 앉아서 쉰다. 그래서 우리 조상들은 평야에서도 용의 맥을 찾아 산줄기를 연결했는지도 모른다. 국토 개발이 한창일 때, 호남 지방에서 경지 정리를 하고, 평야 한가운데에 마을을 만들어 주었다고 한다. 산자락에 있는 마을에서는 논까지 오는데, 시간이 많이 걸리기 때문이었다. 그러나 평야에 있는 마을에는 결국 사람이 살지 않고 모두 다시 산자락에 있는 마을로 돌아갔다고 한다. 효율보다는 편안한 자리가 더 중요했던 것이다. 이런 우리가 오늘에 무엇을 꿈꾸고 있는가? 산과 사람이 조화로운 세상, 그래서 모두 평안을 누릴 수 있는 세상, 이는 신화를 되살려 우주를 꿈꿀 수 있는 사람들만이 가질 수 있을 것이다.

신화를 꿈꾸는 것은 자신의 원형성에 대한 그리움 때문이다. 이제 전통이니 서양의 현대 과학이니 따질 필요가 없다. 이중에 살아가고 있는 나를 물어야 하기 때문이다. 그러면 역사와 신화의 소용돌이에 있는 나는 무엇인가? 세상을 보는 관점은 시대마다 다르고 사람마다 다르다. 나는 어디에 있는가? 산경험의 신성함을 찬미하다가도 귀족과 민중의 엇갈린 삶을 본 지금은 산에 대해 어떻게 정의해야 할까? 더구나 과거에 형성된 신화는 대부분 귀족들을 살찌웠다. 민중들은 신성한(?) 귀족들을 위해 희생되었다. 그러나 지금 남아 있는 신화는 그 당시 힘을 얻지 못했던 할머님계를 통해 유지되어 민중 속으로 파고들었다. 이것은 무엇을 의미하는가?

역사적 사건이 지금 우리에게 모두 의미를 가지는 것은 아니다. 더

구나 지금 우리가 아는 역사는 과거의 사실 그대로가 아니라 누군가 정리한 것을 우리가 재조직한 것이다. 이렇게 우리는 늘 역사를 만들고 있는 것이다. 그러나 역사 형성의 또 다른 모습은 신화를 만드는 것이다. 우리는 역사를 만든다고 의식하고 있지만, 우리가 의식하지 못하는 심층에서는 신화가 형성되어 나오는 것이다. 우리가 만들 때는 역사이지만, 남이 볼 때는 신화가 된다. 역사를 재조직한다는 것은 자신을 위해 신화를 만드는 것이다. 역사를 재평가한다는 것은 자신을 위한 신화로 색칠을 하는 것이다. 원시신화가 인간성의 원형을 보여 주는 집이라면, 지금 우리가 만드는 신화는 이런 인간의 속성을 나타내는 강물이기도 하다. 좋든 싫든 이런 신화 생성 의식은 역사를 돌리는 물레방아다. 이런 우리가 객관적일 수 있는가? 이런 우리가 무엇을 할 수 있을까?

그래서 지혜는 세상에서 구하는 것이다. 지혜는 자기가 가지고 있는 것이 아니다. 자신이 지혜롭다고 생각하는 순간 그는 아집에 사로잡히는 것이다. 자신의 권력을 휘두르는 것이다. 그렇다고 지식을 쌓는다고 지혜가 되는 것도 아니다. 지혜는 세상에 자신을 비출 수 있는 능력을 가질 때 일어나는 빛이다. 그래서 지혜는 머물지 않는다. 늘 그렇듯이 새로 구하지 않는 지혜는 지혜가 아니다. 이미 얻은 지혜는 지식일 뿐이다. 지혜는 역사와 이웃에서 얻어 내는 것이다. 이 중심에 우리 민족의 산이 있었다.

참고 문헌

구미래, 2000, 『한국인의 상징세계』, 교보문고.
금장태, 1993, 「한국사상의 고향으로서 산」, 최정호 편, 『산과 한국인의 삶』, 나남.
김경숙, 2002, 「조선후기 山訟과 사회갈등 연구」, 서울대학교 대학원 국사학과 박사
    학위 논문.
김광섭, 1991, 「성북동 비둘기」, 『한국대표시인100인 선집』, 미래사.

김열규, 2000, 『한국의 신화』, 일조각.
김영진, 1996, 「한국자연신앙연구」, 『한국민속문화총서 7』, 민속원.
김우창, 1993, 「산의 시학, 산의 도덕학, 산의 형이상학 : 산과 한국의 시」, 65~127쪽, 최정호 편, 『산과 한국인의 삶』, 나남.
김욱동, 2000, 『한국의 녹색문화』, 문예출판사.
김창흡 외, 1997, 『명산답사기』, 민족문화추진회.
배재수 · 김선경 · 이기봉 · 주린원, 2002, 「조선후기 산림 정책사」, 임업연구원 연구 신서 제3호, 278쪽.
산림청, 2000, 『조선임업사(상)』, 산림청.
손오규, 2000, 『산수문학연구』, 제주대학교 출판부.
안동대학교 안동문화연구소, 2004, 『예천 금당실 · 맛질 마을』, 예문서원.
안옥규, 1996, 『어원사전』, 한국문화사.
엘리아데, 멀치아, 정진홍 역, 1999, 『우주와 역사 : 영원회귀의 신화』, 현대사상사.
이기문 편, 2001, 『속담사전』, 일조각.
이숭녕, 1985, 『한국의 전통적 자연관』, 서울대학교 출판부.
이정재, 1997, 『동북아의 곰 문화와 곰 신화』, 민속원.
이중환 · 노도양 편, 1977, 『택리지』, 명지대학교 문고 23, 명지대학교 출판부.
일연, 고운기 편, 2001, 『삼국유사』, 홍익출판사.
임재해, 2002, 「한국인의 산 숭배 전통과 산신신앙의 전승」, 김종성 편, 『산과 우리문화』, 수문출판사.
전영우, 2002, 「산과 사람이 어울려 만든 문화유산, 송계」, 김종성 편, 『산과 우리문화』, 수문출판사.
전호태, 1999, 『고분벽화로 본 고구려이야기』, 풀빛.
정약용, 다산연구회 역주, 1985, 『목민심서 5』, 창작과비평사, 423쪽.
정약전 · 안대회 역, 2002, 「정약전의 송정사의」, 『문헌과 해석 20』, 문헌과해석사.
정진홍, 1993, 「산과 한국인의 종교」, 최정호 편, 『산과 한국인의 삶』, 나남.
최석기 외 역, 2000, 『선인들의 지리산 유람록』, 돌베개.
최어중, 1992, 『현장풍수』, 동학사.
최원석, 1992, 「풍수의 입장에서 본 한민족의 산 관념」, 서울대학교 대학원 지리학과 석사 학위 논문.
최정호, 1993, 「산과 한국인의 삶」, 최정호 편, 『산과 한국인의 삶』, 나남.
최창조, 2002, 「한국 자생 풍수의 특성」, 국제문화재단 편, 『한국의 풍수문화』, 도서출판 박이정.

하기노 토시오, 배재수 편역, 2001, 『한국근대임정사』, 한국목재신문사, 272쪽
한명희, 1993, 「산과 전통음악」, 170~188쪽, 최정호 편, 『산과 한국인의 삶』, 나남.
한명희, 1999, 「땅과 우리 음악」, 627~639쪽, 김형국 편, 『땅과 한국인의 삶』, 나남.
황인용, 2002, 「청구의 나라」, 69~72쪽, 김종성 편, 『산과 우리문화』, 수문출판사.
황진이, 1991, 「한국의 전통적 산악관 연구」, 서울대학교 환경대학원 환경조경학과 석사 학위 논문.

● 신준환(국립산림과학원 산림 환경부장)

◉ ── 2장. 한국 원형경관과 산

1. 들어가면서

'자연' 속에서 인간이 자연스럽게, 혹은 당연하게 서 있는 위치는 어디일까? 나무와 풀과 물, 돌 등과 함께 동등한 자연의 한 요소로 인식되고 있을까? 아니면 자연 요소들은 인간의 존엄성을 위해 인간의 통제 아래 존재하는 미물들일까? 자연에 대한 이러한 가치관 차이가 폭넓은 의미의 환경과 자연에 어떤 영향을 미칠까? 그리고 그 환경과 자연은 그러한 가치관을 가진 이들에게 어떠한 영향을 미칠까? 국토의 60~70퍼센트가 산인 우리의 자연은 어떻게 표현될 것이며, 그 결과 요약되는 경관은 어떤 대표성을 지니는가?

    일반적으로 환경이라고 하면 '우리가 살고 있는 세상에 대해 뭔가를 제공하는 물질적이며 생물적인 요소들'을 염두에 두게 된다. 환경은 종종 두 범주로 세분화되기도 하는데, '자연환경(natural environment)'과 '문화적(cultural) 및 인간 영향의 환경(human generated environment)'으로 구체화할 수 있을 것이다. 자연환경의 영향으로 사람들의 삶의 방식이 바뀌기도 하고, 또 반대로 사람들의 삶의 방식이 자연환경에 영향을 주기도 한다. 이러한 자연과 인간 사이에 주고받는 상호 작용의 산물로서 문화나 인간 영향의 환경이 형성·변화되고, 그 관계의 전체적 결과가 함축적으로 표현된 것을 경관(landscape)이라고 할 수 있다.[1]

○ ── 그림 1. 산과 물과 생활공간이 함께하는 우리나라의 전형적 경관 유형. 섬진강

○ ── 그림 2. 가장 인상 깊은 요소로 구성된 경관의 예 – 설악산 대청봉 (자료 제공 : 국립산림과학원 김영관)

○ ── 그림 3. 많은 비로 인한 계곡의 경관 구조 변화 – 청목산 (자료 제공 : 국립산림과학원 국강호)

인간이 자연의 통제자이든, 자연의 한 요소로서 공생해야 할 존재이든 간에, 환경의 한 부분으로서 자연에 미치는 영향을 고려할 때 환경 요소와 자연 요소에 대한 충분한 이해가 필요하다. 이러한 이해 과정은 "What goes on here?(대체 무슨 일들이 이곳에서 벌어지고 있는가?)"[2]로 명쾌히 표현되며, '생태학적 접근(ecological approach)'이라는 용어들이 사용되고 있다. ecology는 그리스 어 *oikos*가 어원인데, 이 단어에는 집이라는 의미가 포함되어 있다. 이를 확대 해석하면 '생태학적 접근'은 '인간의 집'인 '자연으로의 접근', '자연에 대한 이해' 등이라고 할 수 있다. 앞서 언급한 '자연의 통제자'로서의 미련을 버리지 못한 인간이 '집'을 위한 자신의 역할에 대한 반성과 이해를 추구하는 것은 아닐까? 그러나 인간과 자연 요소들이 동등한 관계를 유지하며 조화를 이룬 '생태'를 찾는다면 그 의미는 '생활 속의 환경과 자연 요소의 이해'일 수도 있다.

2. 원형경관의 정의

경관의 구성과 경관 요소들 사이에는 주체와 객체의 관계가 있다. '보는 주체', 즉 **영향을 주는 주체**와 '보여지는 객체', 즉 **영향을 입는 객체**의 관계가 성립된다. 그러나 이 주체와 객체는 고정적이지 않고 상황에 따라 달라질 수 있다. 인간 중심으로 생각하면 야생 동물들은 보여지기만 하는 것이지만, 동등 관계에서는 그들도 인간을 보고 있는 것이다. 또 기온과 강수량 등 기후에 따라 식물 분포가 크게 동서남북으로 달라져 따뜻한 지역의 식물은 추운 북쪽에서 살 수가 없고, 인간이 사는 집의 구조도 남쪽의 개방적인 ― 자형부터 북쪽의 ㅁ형까지 달

---

1. Kwon, 2003.
2. Steinitz, 1968.

라진다. 여기서 기후가 주체이고 식물 분포와 집의 구조가 객체인 것이다. 그러나 세부적으로 접근하면 상황은 달라진다. 산 때문에 요(凹)와 철(凸)이 심한 우리나라의 경우 좌우와 뒷면이 산으로 아늑하게 둘러싸이며 남향을 취하는 곳은 그 지역의 전체적인 기온이나 바람과 같은 기후 요소로부터 자유로울 수 있다. 이러한 공간에서는 산의 구조와 물이나 기타 경관적 요소들에 의해 기후(사실은 미기후)가 변화할 것이고, 그 결과로서 추위에 약한 식물 종과 같은 자연 요소들도 생활할 수 있다. 이것은 인간도 마찬가지다. 이 경우 주체와 객체는 위치가 바뀌고, 또다시 영향을 미치게 되어 끝없는 영향의 순환 고리를 형성하는 것으로 다음 절에서 이러한 순환의 과정(그림 4)을 구체적으로 설명하고 있다.

경관 주체와 객체의 상호 영향에 의해 변화하고 지속되는 경관의

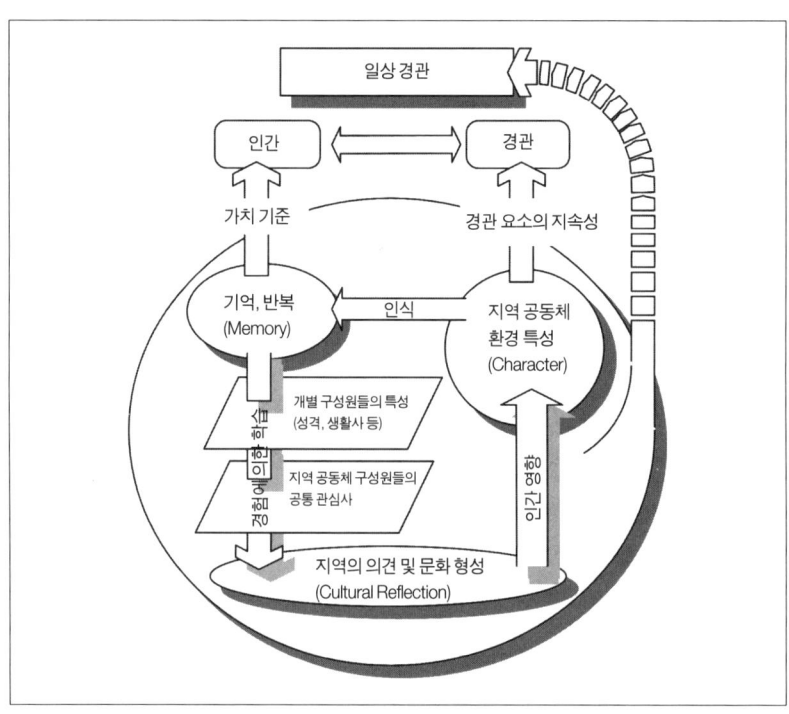

○── 그림 4. 인간과 자연환경과의 관계 및 상호 작용에 의해 형성·변화되는 경관(Kwon 2003)

○── 그림 5. 사람의 도움을 받는 대나무와 스스로 자리잡은 버드나무(황강변 합천 쌍책면)

발전 과정을 설명하면 그림 4와 같다. 물론 여기서는 경관의 주체가 사람인 경우를 대상으로 설명하고 있으나 실제로는 주변 환경에 포함된 모든 자연경관 요소들이 주체인 경우를 가지고도 경관을 설명할 수 있다. 그림의 '기억, 반복'에 해당하는 지점이 특별한 자연관이 없는 갓 태어난 어린아이라는 가정하에 예를 들어 설명하면 다음과 같다. 대나무(정확한 용어는 '대'이다.) 숲은 주로 우리나라의 남쪽 지방에 분포하며 흔히 마을 인근에 있다. 따라서 남쪽에서 태어난 한국인은 대나무를 사용하는 생활과 경험을 통해 대나무에 대한 상당한 지식을 얻으면서 성장하는 반면, 북쪽에서 태어나 대나무 숲을 접해 보지 못한 사람들은 대나무에 대해 막연한 느낌만을 가지거나 대나무를 '이질적인 자연환경 요소'로 받아들일 수도 있고 혜택보다는 다른 부정적인 요소로 왜곡된 대나무에 대한 자연관을 가질 수도 있다. 이러한 차이가 지식을 바탕으로 한 친환경적 관계로 발전되거나 혹은 무경험으로 인해 왜곡될 수도 있는 자연관으로 자리를 잡게 되고, 이 자연관이 다수의 사람들에 의해 지역의 의견으로 표현되면 '문화'의 형성에 반영된다.(그림 4. 지역의 의견 및 문화 형성) 표현된 의견은 그 지역 사회의 '자연환경'은 물론 '인간 영향의 환경'에 긍정적이든 부정적이든 영향을 미쳐 대나무 숲이 사라지거나 혹은 유지·발전된 결과가 지역 환경의 특성(Character)으로 자리 잡게 된다. 만약 대나무 숲이 있는 지역 환경이 형성되면 그 속에서 자라나는 다음 세대는 생활과 경험의 과정을 통해 그 환경 속에서 형성된 자연관을 자연스럽게 인식하게 되면서 지금까지의 과정을 반복하게 된다. 이러한 순환 고리의 진행 속에서 유사성을 가진 주체(지역 공동체)가 형성될 것이며 그 지역 공동체 구성원들의 가치관이 지역 환경의 경관에 대한 가치평가의 기준으로 자리 잡게 되고, 동시에 형성된 특성은 시간의 변화 속에서 지역 환경에 적응한 '지속성을 가진 경관 요소'가 되어 최종적으로는 주체와 객체(여기서는 인간과 경관 요소)의 상호 협조적인 관계를 구성한다.[3]

자연경관 요소와 문화의 상호 작용에 의한 경관 구조 형성에 대한 유사한 방식의 제언이 있다. Nassauer(1995)가 제시한 문화와 자연경관 사이의 되먹임에 대한 네 가지의 기본적 이해 방식은 다음과 같다.

> 첫째, 인간의 경관 개념, 인식, 가치관은 곧바로 경관에 영향을 미치며, 동시에 경관으로부터 역으로 영향을 입는다.
> 둘째, 문화적인 풍습이나 전통은 '사람의 생활환경'은 물론 '명백한 자연경관'을 포함한 모든 경관 패턴에 지대한 영향을 미친다.
> 셋째, 자연에 대한 문화적인 개념(자연관)은 '순수 생태적인 기능에 바탕을 둔 과학적인 구조'의 개념과는 다르다. 즉 경관은 경관 주체의 자연관인 문화로부터 많은 영향을 받게 되어 순수 생태학적 지식과 과정을 따르지 않는다.
> 넷째, 경관(표현된 경관, 보이는 경관)은 문화적 가치와 쌍방향으로 주고받는 관계"이다.

3. Kwon, 2003.

○ —— 표 1. 인간 활동과 자연경관의 상호 작용에 근거한 공동체의 인식 단계별 경관 개념(Kwon 2003)

용어 \ 개념	지역 공동체 내에서 어떻게 지각되는가?(지각 방식)	지역 사회에서 얼마나 인지되는가?(인지 정도)	지역 공동체 경관에 대한 역할
개별경관	흔히 '개인의 특성'으로 '이해'됨	각 개인적으로만 온전히 인지됨	독자적 개성 제공
일상경관	'공통의 관심사'로서 '동의'됨	다소, 대체로 인지됨	경관 다양성 제공
핵심경관	구성원 간에 '상호 공유'됨	많이 인지됨	다소의 다양성을 제공하지만 일정 기간의 경관 도태가 됨
원형경관	역사를 통해 공간을 특징짓는 '공통 분모'적인 요소가 됨	절대다수에게 인지됨	장기간에 걸쳐 '공간의 의미와 가치(sense of place)'적 요소를 제공하거나 전체적 틀을 만듦.

　　문화와 경관의 상호 작용과 발달 단계 및 인식 체계를 더 구체적으로 살펴보자. 공간의 경관적 가치를 설명하기 위해 그동안 사용된 용어들이 많다. 예를 들면, 'home', 'place identity',[4] 'place-based meaning', 'settlement identity'[5] 등이다. 이러한 용어들은 한 지역을 설명하기에는 무리가 없는 것으로 보이나, 체계적인 경관의 구성과 상호 작용 및 '지속성'을 설명하기에는 어려움이 많다. 표 1은 앞 절에서 설명한 경관 주체의 인식과 동의, 시간적 공통성에 따른 경관의 체계적 분류에 대한 것이다. 그림 4의 순환 고리에 따라 4단계로 구분했는데, '개별경관', '일상경관', '핵심경관' 그리고 이 기본 개념들을 바탕으로 한 '원형경관'이 그것이다. 구체적인 정의와 역할 및 기능은 다음과 같다.

4. Hull, 1994.
5. Feldman, 1990.

① 개별경관(Personal Landscape)——개인 혹은 개별적으로 선호되는 경관. 개별적 경험에 뿌리를 둔 개개인의 독특한 특성을 포함하고 있으며, 주위 상황과 여건에 따라 유동적이며 감성적이다.

② 일상경관(Ordinary Landscape)——작은 무리 구성원 간의 공통점으로 인식되는 경관. 일상생활 속에서 쉽게 볼 수 있는 경관으로서 경관의 다양성과 풍부성을 만든다.

③ 핵심경관(Kernel Landscape)——절대 다수의 지역 사회 구성원들에게 공통적으로 인식되는 경관. 일정 기간 동안(예를 들어, 현대의 한국인) 지속성과 다양성을 제공하며, 자연에 대한 전체 공동체의 태도와 자연관이 강하게 표현된다.

④ 원형경관(Prototype Landscape)——과거로부터 현재, 미래에 이르기까지 전체 지역 사회에 공통적이며 지속적으로 유지되는 요소들로 구성된 경관. 예를 들면 한 국가의 전체 역사를 통해 지속적으로 유지되는 경관이다. 과거와 현재 그리고 미래의 역사적인 모든 핵심경관들을 포함하며, 전체 역사 속에서 특정 공동체의 순수한 특성을 유지할 수 있도록 균형감을 제공해 그 공간의 가치와 의미를 표현한다. 이 경관의 특정 부분은 전체 역사를 통해 공유되어 커뮤니티 경관의 골격과 대표성을 만들며, 동시에 상대적으로 짧은 기간의 유행을 표현하기도 한다. 특정 공동체의 모든 구성원들로부터 인식되고 동의되는 경관을 의미한다. 그림 6, 7, 8은 이러한 단계별 경관의 발전과 정의를 그림으로 표현한 것이다.

'원형경관' 혹은 '근간이 되는 경관'(그림 8)은 "시간적 공간적 차원을 모두 수용하고 사회 구성원들의 개인적 자연관을 함께 수용할 수 있는 한 사회의 공통적인 경관 및 자연에 대한 가치관과 의식을 포함한 자연환경"이라고 정의할 수 있으며, 자연환경에 대한 생태적 해석의 기본적인 접근 방식에 적용될 수 있다. 이러한 가치관을 바탕으로 수행되

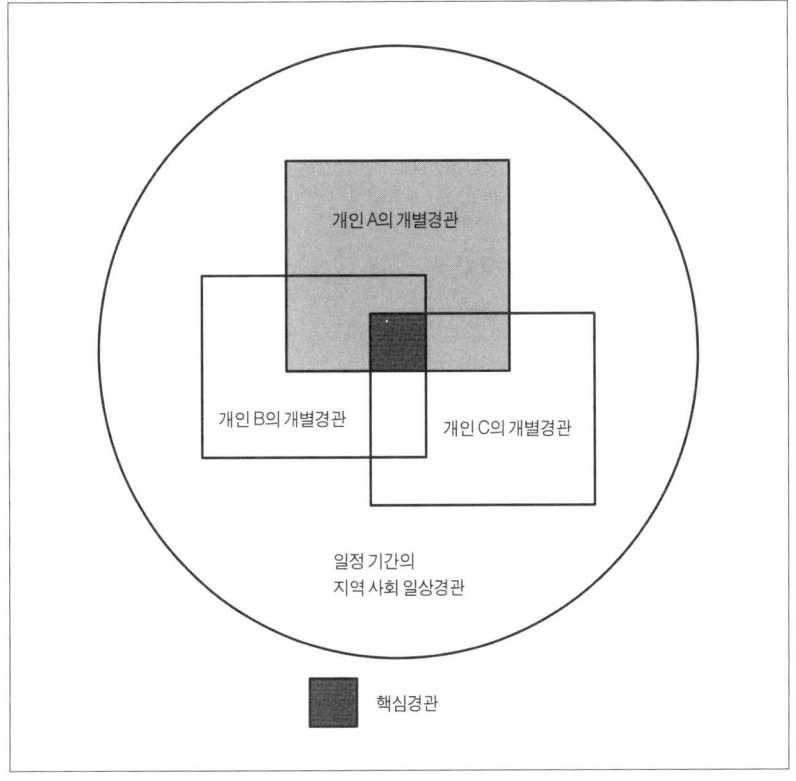

○──── 그림 6. 일정 기간 동안 지역 사회 구성원 간에 인식되는 일상경관 속의 핵심경관 개념도(Kwon 2003)

는 자연환경에 대한 이해와 활용은 사회 구성원들의 행동 및 일상생활 속에서 호응될 수 있고, 자연환경에도 순응하기 때문에 지속적으로 그 사회의 자연환경으로서 자리 잡을 수 있다.

원형경관을 이해하기 위해서는 우선적으로 핵심경관에 대한 접근이 필수적이며, 한 사회를 대표하는 복합성을 가진 핵심적인 경관을 찾기 위한 6단계의 과제가 있다.

첫째, 현실 세계의 경관 구조를 평가한다.
둘째, 경관의 진화 및 변천 과정을 이해한다.
셋째, 경관에 대한 영향을 평가하기 위한 체계적인 방법론을 개발한다.

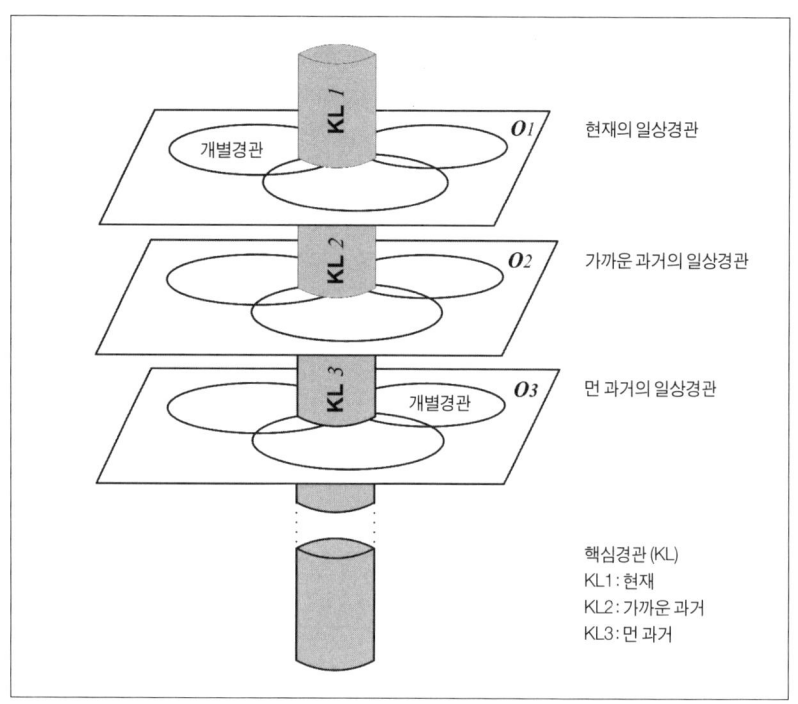

○──── 그림 7. 핵심경관의 경계 구분을 위한 기간적 범위와 공간적 규모 (Kwon 2003)

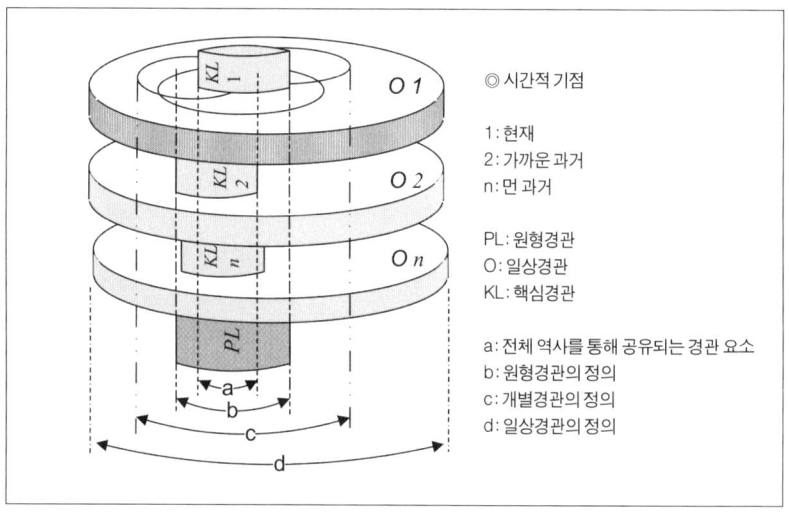

○──── 그림 8. 원형경관을 위한 단계별 경관 규모 및 시간적 정의에 대한 가설 모식도. 원형 판의 두께는 특정 시점 전후의 경관 형성 기간을 의미함.(Kwon 2003)

넷째, 경관 발전에 방해가 될 수 있는 충돌과 모순을 막기 위해 지역 사회 내에서 잘 받아들이고 흡수될 수 있는 문화적 수용력에 대한 요소를 찾는다.

다섯째, 미래의 변화에 대한 사전 준비를 할 수 있어야 한다.

여섯째, 따라서 미래 환경의 상징이 될 수 있는 요소들을 밝히기 위해 현재의 경관 변천 과정에 초점을 두어야 한다.[6]

지역 사회 내에서 핵심경관의 역할은 경관 '연결(link-up)'과 '특색 묘사(characterizing)'의 두 가지로 크게 요약될 수 있다. 우선 핵심경관은 지역 사회 구성원들 사이에서 하나의 상징으로 공유됨으로써 지역 사회의 동질성을 구성하는 데 촉매 작용을 하게 된다. 이는 첫째, 역사적으로는 그 지역 사회의 전체 역사를 통해 과거로부터 현재에 이르는 세대 간의 연결 고리 역할을 하며, 둘째, 현재의 지역 사회 구성원들 사이에서는 구성원들의 기억과 인식 속에 존재함으로서 실제적인 상호 연결의 고리가 되는 것이다. 또한 지역 사회의 독자적인 특성들이 핵심경관을 통해서 상징화된다. 핵심경관 요소들은 과거로부터 현재까지의 생활 과정이나 배경이 비슷한 지역 사회 구성원들이 자연스럽게 알아차림으로써 지역 사회의 공통 의견이 되는 것이다. 핵심경관 요소들은 자연과 인간 간의 지속적인 상호 작용을 만들어 경관 특성으로 포함시킨다.

'공간의 의미와 가치'로서 표현될 원형경관을 구체화하기 위한 전제 조건이 있다. 첫째, 해당 지역 사회의 성격과 특성을 바탕으로 주체와 객체, 즉 인간과 자연의 관계를 이해해야 한다. 둘째, 경관의 역사적인 변화 속에서 지속적으로 반복되는 경관 요소가 공간의 의미와 가치로 표현될 것이며, 주체와 객체의 상호 작용 및 영향을 반드시 검토해

6. Meinig, 1979.

야 한다.

3. 한국 원형경관의 기초가 되는 산림경관

지금까지 살펴본 이론적인 배경과 새로운 접근을 위한 조건들을 중심으로, 한국의 원형경관에 대한 인식과 이를 위한 핵심경관의 분석을 위해 지역 사회의 경관 요소 중 하나인 '산(山)'을 중심으로 살펴보고자 한다. 원형경관 형태의 일관성 있고 표준화된 이해를 도모하기 위해 기본적인 아홉 가지 형태의 지형에 근거한 한국적 경관 구조의 모식도를 바탕으로 각 유형별 특징과 핵심적인 경관 요소를 살펴보았다.

88개의 한국 경관 요소(landscape elements)를 ① Land-form Feature, ② Surface, ③ Tree, ④ Farmland, ⑤ Water, ⑥ Linear, ⑦ Point & Land-mark 등의 7개의 범주로 나누어 아홉 가지 기본적인 유형과 상호 관계, 우점 관계 그리고 유형별 특성을 살펴보았으며, 17개의 전체경관 구조(overall structure)와 관련된 미적 요소와 경관 인지(perceptual) 요소들도 검토했다. 더불어 한국의 자연경관에는 여기에서 설명되는 지형 형태들과 경관 요소들 이외에도 더 있을 것으로 보이나, 9개의 모식과 88개의 경관 요소들이 산을 중심으로 한 한국 원형경관의 67퍼센트 이상을 설명할 수 있는 핵심경관 요소임을 밝혀 둔다. 또한 이러한 유형 및 특성 분류가 우리나라의 현실에서 어떻게 실존하고 있는가에 대한 분석을 GIS/RS 기법과 현장 조사 등을 통해 살펴보았다.

3. 1. 원형경관을 위한 9개 모식도 및 개념[7]

3. 1. 1. 분지형 2개 유형

① 유형 1——대단히 넓은 들판이 산들로 위요(둘러싸임)된 형태. 강(江)과 같은 대규모의 선형(線型) 수 공간이 들판을 가로지르고 있음. 들판의 규모가 굉장히 크기 때문에 종종 위요된 특성이 쉽게 인지되지 않음.(그림 9의 왼쪽 모식도 참조)

② 유형 2——좁은 공간이 산으로 위요된 형태. 유형 1과 같이 위요된 구조적 특성을 가지고 있으나 들판의 규모가 대단히 협소하기 때문에 주위를 둘러싼 산이 상대적으로 가파른 급경사로 인지되는 형태.

○——그림 9. 분지형(Basin Type) 모식도: 유형 1(왼쪽) 및 유형 2(오른쪽)

3. 1. 2. 계곡형 3개 유형

① 유형 3——산으로 위요된 좁고 긴 들판이 물을 따라 통로의 끝으로 펼쳐진 형태이다. 강이나 시냇물이 좁고 긴 들판을 따라 흐르고 좌우로 산들이 감싸고 있는 길다란 통로형(corridor-shaped)의 계곡으로 구성된다.(그림 10 왼쪽 모식도 참조)

② 유형 4——유형 3과 거의 동일한 구조이나 통로의 가장 좁은 안쪽에 식별 가능한 큰 산이 계곡이 내려다보이는 곳에 위치한다.(그림 10

---

7. 여기서 활용된 9개 지형의 모식도는 독자적으로 모식화한 것과 Higuchi(1983)의 그림을 일부 수정 사용한 것이며, 7개의 범주와 88개의 경관 요소들은 Swanwick(1992)의 북유럽 경관 분석을 위한 지침을 바탕으로 한국적 경관 요소들을 중복되지 않도록 재구성한 것이다.

가운데 모식도 참조)

③ 유형 5——산으로 양쪽이 위요된 반달형(crescent-like) 들판을 따라 수 공간이 흐르는 형태이다. 반달의 안쪽에 위치한 산들은 바깥쪽에 비해 상대적으로 급경사를 이룬다.(그림 10 오른쪽 모식도 참조)

○──── 그림 10. 계곡형(Valley Type) 모식도 : 유형 3(왼쪽), 유형 4(가운데), 유형 5(오른쪽)

3. 1. 3. 병풍형 3개 유형

① 유형 6——평탄한 계곡이 큰 산을 등지고 계곡 좌우 옆구리(valley flanks)에 산이 위요된 형태이다. 전방의 대단히 넓은 들판이 가로지른 강에 의해 분리되어 있다.(그림 11 왼쪽 모식도 참조)

② 유형 7——인식 가능한 상대적으로 큰 산이 넓은 들판을 향해 다른 산들의 무리보다 돌출되어 있으며, 넓은 들판과 산들의 경계선에 강이 흐르는 형태이다. 산들이 병풍처럼 넓은 들판의 배경을 구성하고 있다.(그림 11 가운데 모식도 참조)

③ 유형 8——유형 7과 거의 유사한 산의 배치 구조를 이루나 강과 같은 물의 경관 요소가 없다.(그림 11 오른쪽 모식도 참조)

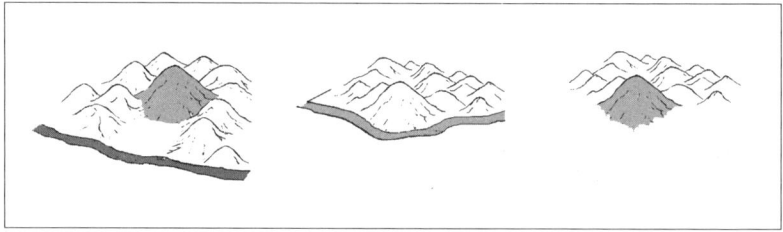

○──── 그림 11. 병풍형(Folding-screen Type) 모식도 : 유형 6(왼쪽), 유형 7(가운데), 유형 8(오른쪽)

3. 1. 4. 지표형 1개 유형

① 유형 9——넓은 들판 한가운데에 하나 혹은 한 무리의 산이 위치한다.(그림 12 모식도 참조)

○──── 그림 12. 지표형(Landmark Type) 모식도: 유형 9

4. 원형경관과 산의 유형별 특성 및 핵심경관 요소

4. 1. 경작분지형

경작분지형(Cultivated. Basin Landscape. 그림 9의 유형 1 참조)의 경관은 일반적으로 넓은 평야에 존재하며, 절벽이나 단애, 폭포 혹은 기암괴석 같은 직각적인 경관 요소의 존재는 미약하다. 야생초가 흔하고 침엽수와 활엽수가 거의 비슷한 비율로 분포하며 가로수처럼 선형으로 심겨진 나무들이 흔하다. 강변은 경계 처리가 되지 않은 수변선형(shoreline)보다는 제방으로 둘러싸여 있는데 이는 여기가 홍수의 위험으로부터 인위적으로 보호하려는 지역임을 의미한다. 또한 넓은 들판과 물이 경관 요소 '농경지'와 현저한 관계성을 보이므로 농경을 기초로 하는 경관형(agricultural based landscape)으로 분류되며, 특히 논농사와 연관되어 있다. 현대식 건축물로 상당히 변화된 지역이면서도 장승과 같은 전통적인 경관 요소가 상존하는 복잡성을 보이나, 사찰과 같은 종교적인 요소는 핵심경관 요소가 아니다. 전체 경관 구조는 위요되었으며 경관 형태

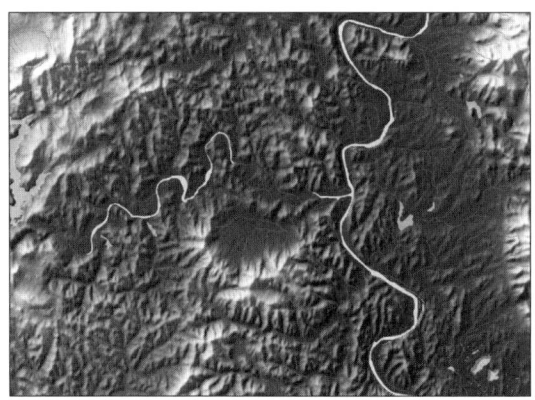

○──── 그림 13. 초계의 지형도(경작 분지형)

○──── 그림 14. 초계면의 전경

는 완경사(sloping)로 표현되고, 선형 요소(Linear features)는 곡선이며, 경관 패턴은 전반적으로 임의적이기보다는 질서정연한 경관 구조적 특성을 보인다. 우리나라의 대표적인 장소는 대구시, 경남 초계면, 거창 가조면 등이다.

4. 2. 종교적 분지형

산들에 바짝 둘러싸인 분지형인 종교적 분지형(Basin Holy Landscape,

○──── 그림 15. 해인사 지형도(종교적 분지형)

○──── 그림 16. 수락산 내원암

그림 9의 유형 2 참조) 경관 형태는 대단히 인상적인 바위(기암괴석) 요소가 분명한 경관 요소 중 하나로 작용하며, 지형은 평지라기보다는 '절벽이 있는 경사지'로 표현된다. 낙엽수에 기인한 아름다운 가을 단풍 경관을 가진, 수목의 밀도가 대단히 높은 경관 형태이며 '경작' 경관 요소는 거의 없다. 한국 계곡 경관의 대표적인 형태로 물길을 따라 크고 작은 폭포와 둑이 있다. 사찰(절) 혹은 장승과 같은 전통적인 경관 요소들이 특색을 이루고 현대식 건물의 출현은 대단히 낮다. 전체적 경관 지각(overall perception) 구조는 주위를 가까이에서 둘러싼 산들과 고밀도의 숲으로

인해 갑갑할 만큼 대단히 위요된 경관 형태이다. 또한 직선적인 선형 요소에 의한 수직적인 구조를 가진 이러한 형태는 합천 해인사를 비롯한 전국의 유명 사찰들이 있는 곳에서 흔히 보인다.

4. 3. 경작 통로형

경작 통로형(Corridor Cultivated Landscape, 그림 10의 유형 3)은 산으로 둘러싸인 경작 지역으로서 밭농사와 원예를 바탕으로 하는 경관 형태이다. 들판은 전반적으로 평탄하고, 계곡의 내부에 암석이나 절벽 경관 요소는 상대적으로 미약하다. 경작으로 인해 야생초보다는 가로수와 같은 선형의 수목 관련 경관 요소가 우점하며 숲은 상대적으로 빈약하다. 들판의 수 공간은 제방보다는 자연형의 수변 경계를 이루며, 작은 규모의 폭포들이 존재할 가능성이 있고 어느 정도 현대식 건물들이 도입된 곳이다. 전반적으로 들판은 수 공간을 따라 경지 정리된 단위 면적이 넓은 형태로 나타난다.

4. 4. 쿨데삭 종교형

쿨데삭 종교형(Cul-de-sac Holy Landscape, 그림 10의 유형 4)은 계곡과 벼랑과 기암괴석들로 특성화되는 산악 지형의 경관 형태이다. 들판의 규모는 크지 않고 수목의 분포는 낙엽수가 주요 수종이므로 가을의 단풍이 인상적인 곳이다. 평지의 부족으로 인해 선형의 수목 분포는 보이지 않으며, 논보다는 물이 적게 필요한 소규모 밭이 존재할 수 있다. 크고 작은 폭포가 다수 있으나 넉넉한 수변 공간은 존재하지 않으며, 사찰이 존재해 '종교적 분지형'과 상당히 유사해 혼돈될 수 있는 또 하나의 전통적 경관 형태이다. 사람들이 인식하는 경관은 양쪽으로 산들이 바짝 둘러싸고 있으며 꾸불꾸불한 선형의 복잡하고 예측 불허한 경관 형태

○──── 그림 17. 고봉산 지역의 3차원 지형도(경작통로형)

○──── 그림 18. 고봉산 전경

를 보이는 곳이다. 대표적인 곳이 한밤마을과 제2석굴암이 있는 팔공산 북쪽 계곡의 상단부이다.

4. 5. 반달 계곡형

반달 계곡형(Crescent Valley Landscape; 그림 10의 유형 5)은 전형적인 한국의 계곡 경관형으로서 계곡 안쪽이 기암괴석과 절벽으로 둘러싸인 형태이다. 넓은 들은 없으나 규모가 확대되면 들판이 반달의 바깥쪽에

○──── 그림 19. 군위측에서 본 팔공산 지형도

○──── 그림 20. 팔공산 한티고개에서 내려다 본 제2석굴암 및 한밤마을

분포한다. 다른 어떤 경관 형태보다 수목의 분포가 가장 높고 특히 상록수가 절대다수를 차지하는 곳이다. 전형적인 계곡 경관으로서 제방, 수변 공간 및 농경지와 같은 인위적인 경관 요소의 출현은 떨어지는 반면, 크고 작은 폭포가 흔히 보이는 곳이다. 현대화된 시설물보다는 전통적인 요소가 우점하며 전반적으로 구불구불한 선형의 급격한 경사지형으로 구성된 산들에 의해 둘러싸여 변화가 거의 없는 경관 패턴을 보이며 하회마을 주변, 임진강, 섬진강 등지에서 볼 수 있다.

○──── 그림 21. 반달계곡형의 전형적인 경관(영월 선암, 자료 제공 : 국립산림과학원 김철민)

○──── 그림 22. 경순왕릉 인근의 임진강변 전경

4. 6. 위요 경작형

위요 경작형(Enclosed Cultivation Landscape, 그림 11의 유형 6)은 우리나라에서 가장 흔히 볼 수 있는 전형적인 마을 경관에 접한 곳이다. 절벽이나 험준한 암석 요소들이 거의 없으며 첨예한 계곡들은 인식되지 않는다. 적정 규모의 논(문전옥답)이 가운데에 위치하고 강이나 대규모의 하천을 건너 굉장히 넓은 들판을 마주 보고 있다. 경사의 정도는 완만하고, 넓은 들판의 끝에서 산 쪽으로 붙어 있으므로 오히려 넓은 들판

○ ── 그림 23. 파주 지역의 장단반도에서 경순왕릉에 이르는 임진강 지역(자료 제공 : 국립산림과학원 오정학)

○ ── 그림 22. 규모가 큰 반달계곡형 섬진강 지역의 3차원 지형도(자료 제공 : 국립산림과학원 오정학)

은 공간 구조 인식에 크게 작용하지 않으며 들꽃과 같은 하층 식생이 발달해 있다. 가장 현저한 수목 요소는 선형으로 열식된 나무들이며, 여러 가지 형태의 마을 나무들, 특히 정자목, 당목 등 큰 마을 나무들의 출현 빈도가 높다. 산으로 위요된 공간 내의 들판은 크지 않으며 경작의 방식은 다양해 쌀, 채소, 화초 등이 골고루 재배되고 있고, 위요 공간과 넓은 들판 사이에 놓인 대규모의 수 공간이 인접해 있으므로 수변 공간은 넉넉하고, 제방의 역할이 선명히 작용하는 형태이다. 전통적으로 경계표의 역할을 해 온 경관 요소들이 보편적으로 분포하면서도 동시에 건물들은 상당히 현대화된 것으로 보인다. 경관의 전체적 구조는 팔걸이가 있는 안락의자 모양이다. 수경관 요소를 마주하고 꾸불꾸불한 선형 요소가 규칙적으로 반복되는 형태로서, 경상남북도의 산을 배경으로 위치한 마을들이 있는 곳에서 흔히 볼 수 있다.

4. 7. 대규모 경작형

대규모 경작형(Large Scale, Open Cultivation Landscape, 그림 11의 유형 7)은 전형적인 경작지로 인식되는 '크고 평탄한 들판 경관' 유형이다. 야생 초화류가 들판 곳곳에 분포하며, 수목은 침엽수가 우점하고 있다. 제방이 경관 구성의 중요한 요소로 작용하며 현대화된 시설물들이 많다. 전체적으로 인식되는 경관 구조는 위요된 면을 배경으로 해 넓은 들판을 접하고 있으며 규칙적이기보다는 자유롭게 인식된다. 전국적으로 넓은 들판의 경계선에서 주로 나타나는 경관 형태이다.

4. 8. 산악 정착형

산악 정착형(Mountainous Settlement Landscape, 그림 11의 유형 8)은 크고 작은 산으로 적절하게 둘러싸인 공간으로 그 사이에 절벽이 감싼 계곡들이 발달하고 있는 형태이다. 경작 요소는 존재하나 경관 구조에 미치는 영향은 미흡하고 나무 요소 역시 특별하게 한 요소에 의해 우점되지 않는다. 수변 공간은 넉넉하지 않고 크고 작은 폭포들로 구성된 가파른 물길이 일정 시점에서 저수지로 모여들어 상대적으로 제방 요소가 중요한 경관 요소로 인식된다. 따라서 그림에서 수 공간이 보이지 않더라도 산과 산 사이에 소규모의 수 공간이 숨어 있는 형태이다. 현대식 건물들은 거의 찾아볼 수 없고 사찰이 곳곳에 산재해 있는, 굴곡이 심한 선형들이 수직적인 공간 구조를 가지는 형태이다.

○ ── 그림 25. 황강변의 마을이 있는 전경

○ ── 그림 26. 청도의 산을 배경으로 한 전통적인 마을 전경

○ ── 그림 27. 월출산 지역 지형도

4. 9. 랜드마크형

랜드마크형(Landmark Landscape, 그림 12의 유형 9)은 굉장히 넓은 들판 가운데 하나로 연결된 구조를 가진 산이 랜드마크로서 존재하는 형태이다. 따라서 수평적인 들판에 대해 수직적 구조의 산은 상대적으로 높게 여겨지거나, 토양 침식 과정에서 잔존한 산이기에 때문에 암석이 노출될 가능성이 많아 경사의 정도가 과장되어 급경사로 인식된다. 또한 경작지 개간 과정에서 살아남았기에 산과 들판의 경계선이 급격한 경사를 이룰 가능성이 크다. 따라서 암석 혹은 절벽 경관 요소가 강하게 인식될 수 있다. 절벽에 의한 급격한 시선 변경이나 접근 불량 혹은 암반으로 인해 수목의 인식 정도는 낮고 야생 초화가 골고루 분포한다. 넓은 들판의 수평적인 경관 구조로 인해 물과 같은 수평적 경관 요소들은 상대적으로 낮게 인식되며, 끝없는 수평선과 직선 요소의 계속적인 반복으로 전체적인 경관 구조가 설명될 수 있다. 대표적인 곳이 월출산 지역으로 암석 노출이 심한 영암 쪽에서 인식되는 월출산과 완만한 구릉지의 차밭이 있는 강진 쪽에서 보이는 산은 다르게 인식될 수 있다.

5. 마치면서

이상과 같이 아홉 가지 형태의 경관 유형을 중심으로 한국 원형경관이 될 수 있는 경관 구조에 대해 살펴보았다. 이미 언급했지만 이들이 우리나라 산과 공간 구조의 모두를 설명할 수는 없을 것이다. 더불어 이러한 유형에 포함되지 않는 다른 형태의 구조 역시 존재할 것이다. 이러한 부분에 대한 지속적인 분석과 분류가 계속되어야 한다고 본다. 한편, 이들 아홉 가지의 유형 역시 대상지 공간의 규모에 따라 그 특성들과 우점 관계가 조금씩 변하는 것을 현장 조사를 통해 확인했고, 아홉

○ —— 그림 28. 영암에서 본 월출산 전경

○ —— 그림 29. 강진에서 본 월출산

가지의 유형 상호 간에 규모에 따른 주종 관계가 성립되는 것이 분석되었다. 예를 들면 반달 계곡형 내에서 인접한 산 쪽의 작은 공간들이 또 다른 형태의 유형을 이룬다는 것이다. 구례와 하동 간의 섬진강과 장단반도에서 경순왕릉에 이르는 임진강 유역의 경우 전체적으로는 반달 계곡형으로 분류되나, 섬진강의 한 면에 접한 하동의 악양마을 지역은 쿨데삭형과 위요 경작형을 동시에 보이고 있다. 따라서 차후 이러한 체계 관계를 바탕으로 지역의 대표 경관 유형의 분석을 통해 전체적인 경관 이해를 도모하는 한편, 하부 구조의 구체적인 분석에 의한 경관의 다양성에 대한 접근이 동시에 이루어지는 것이 바람직하다고 본다.

참고 문헌

Feldman, R. M., 1990, 'Settlement-Identity: Psychological Bonds with Home Places in a Mobile Society', *Environment and behavior* 22, 183~229.

Higuchi, T., 1983, *The Visual and Spatial Structure of Landscape*, The MIT Press and Cambridge Mass, Cambridge, Mass: London.

Hull, R. B., Lam, M. and Vigo, G., 1994, 'Place Identity ~ Symbols of Self in the Urban Fabric', *Landscape and urban Planning* 28 (2~3): 109~120.

Kwon, J., 2003, Landscape and Memory, In Kwon, J. and Kim, S. (Eds.), *Nature in Cities: Urban Open Space as Sense of Place in Korean Cities*, Seoul: Hakmun, 185~219.

Meinig, D. W., 1979, 'Symbolic Landscape', In Meinig, D. W. (Eds.), *The Interpretation of Ordinary Landscapes / Geographical Essays*, New York: Oxford University Press, 164~194.

Nassauer, J. I., 1995, 'Culture and Changing Landscape Structure', *Landscape Ecology* 10 (4), 229~237.

Steinitz, C., 1968, 'Meaning and Congruence of urban Form and Activity', *Journal of the American Institute of Planners* 34, 233~247.

Swanwick, C., 1992, *Landscape Assessment Principles and Practice: to the Countryside commission for Scotland*, In Glasgow: *Land Use Consultants*. 8~9.

● 권진오(국립산림과학원 산림생태과)

● —— 3장. 한국 전통의 수변 인공림

1. 서론

　　해방 후 지금까지 진행되어 온 하천 정비 사업은 대체로 본래 하천이 지닌 자연형의 흐름을 직선화하고, 제방 구역에 도로나 주차장, 공원 등 인공 지반의 둔치를 건설하는 것이었다. 이는 제방에 조성되었던 기존 수림을 벌목해 소멸시키는 방향으로 진행되어 수림 일부가 남아 있더라도 제방 위에 건설된 도로의 가로수로 활용되는 정도였다. 그나마도 시가지와 멀리 떨어져 사람들의 관심이 적은 지역의 제방 위 수림은 하천 정비 사업 과정에서 대부분 소멸되었다.

　　수변 지역 인공림 조성 관련 법규인 하천법 시행령 제19조의 2「식물의 식재」는 대통령령으로 정하는 식물을 잔디, 1년생 식물, 성목의 평균 높이가 1미터 미만인 다년생 수목의 묘목 및 화훼류로 제한했다. 하천 정비 사업을 통해 기존 교목성의 수목이 대부분 제거되고 설령 식재하더라도 1미터 이상의 수목 식재가 금지되어 왔다. 그러나 1997년 10월 30일 하천 구역에 나무를 심을 수 있도록 하천법 시행령이 개정되고 1998년 5월 27일 건설교통부에서 '하천 구역 내 나무심기 및 관리에 관한 기준'이 제시되면서 드디어 수변에 인공 식재가 가능하게 되었다. 이에 따라 최근 한강 선유도나 잠실 주변 둔치에 교목의 수목 식재가 이루어지고 있다. 그러나 이 기준은 하천의 이·치수 계획에 지장을 주지 않는 범위 내에서 수변 제방 구역에 나무를 심도록 하고 있어 과거 전통의 수변 인공림과 같이 대규모로 조성하는 데는 한계가 있어서 최근에는 5미터 이상 간격을 두고 단목으로 식재되고 있다. 어찌되었든 늦기는 했지만 수변 제방 구역에 교목의 식재가 가능하도록 관련 법규가 개정되어 향후 수변 인공림의 조성뿐만 아니라 기존 수변 인공림의 보존에도 큰 기여를 할 것이다.

전통의 수변 인공림 관련 연구는 김(1991)의 마을 원림 연구를 시작으로 장(2001)의 수해 방지림 연구에 이르기까지 총 8편이 진행되어 수변 인공림이 수해 방비, 방풍, 휴식, 경관 등 다양한 기능과 목적을 위해 조성되고 관리되어 온 대상임을 알게 해 주고 있다. 수변 제방 구역에 수림을 조성한 사례는 전국 하천에서 고르게 분포하고 있어서 수림이 제방의 안정 및 수해 방지에 긍정적 효과가 있음을 짐작할 수 있다. 그럼에도 불구하고 조성된 전통의 수변 인공림이 하천 정비 사업, 경지 정리 사업, 도로 개발 등으로 인해 대부분 소멸되었고 이제는 어느 하천이든 수변 인공림을 발견하기가 쉽지 않은 상황이다. 수변 인공림에 관한 가장 상세한 기록으로는 1938년 조선총독부 임업시험장에서 발간된 『조선의 임수(朝鮮の林藪)』를 들 수 있으며 여기에서는 수변 인공림의 현존 여부를 비롯해 역사적 배경에 이르기까지 상세한 사항이 기록되어 있다. 이 자료를 기초로 본 글에서는 수변 인공림의 역사적 변천을 분석했고 더 나아가 현존하거나 황폐되었지만 일부 잔존하는 수변 인공림의 지역별, 하천별, 입지별 분포 현황도 파악했다. 또한 수변 인공림의 유형별 사례를 분석해 전통 수변 인공림의 조성 배경과 경관 특성을 정리했다.

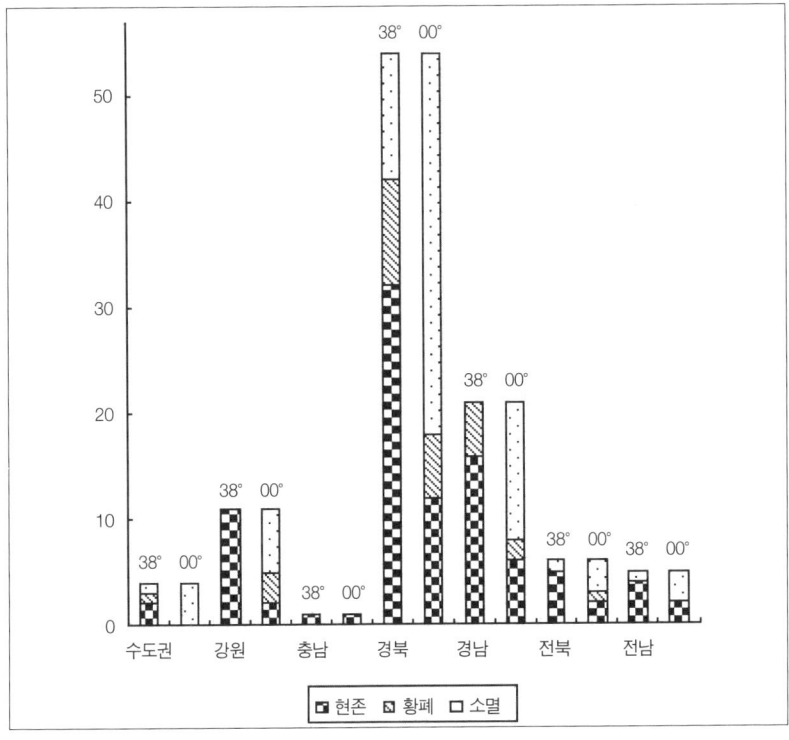

○ ―― 그림 1. 지역별 수변 인공림 변천 현황(1938년 『조선의 임수』참조)

2. 수변 인공림의 변천과 분포

1938년 『조선의 임수』에 나타난 수변 인공림은 총 102개소이고 당시 현존 71개소, 황폐 16개소, 소멸 16개소이다. 지역별로는 경북이 54개소로 가장 많고 다음으로 경남이 21개소, 강원이 11개소에 이르며 충북과 제주는 없다. 이중에 수변 인공림이 많은 경북의 수변 인공림은 1938년 당시 현존 수변 인공림은 32개소였으나 2000년에 12개소로 감소했고, 황폐 수변 인공림은 10개소였으나 6개소로 감소했고, 소멸 수변 인공림은 12개소였으나 36개소로 증가되었다. 종합적으로 보면 1938년 당시 수변 인공림은 71개소였으나 2000년에 25개소로, 황폐

○──── 그림 2. 『조선의 임수』에 기록된 수변 인공림의 1938년 현황

○ —— 그림 3. 『조선의 임수』에 기록된 수변 인공림의 2000년 잔존 현황

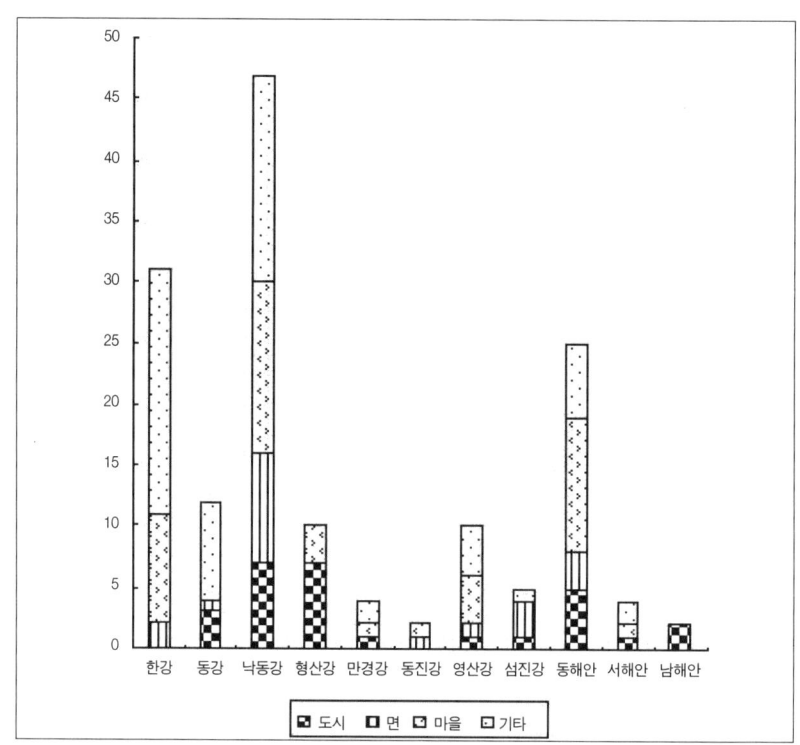

○ ── 그림 4. 유역별 수변 인공림의 분포 현황(1938년, 『조선의 임수』 참조)

16개소가 12개소로, 소멸 15개소가 65개소로, 현존 수변 인공림이 감소하고 소멸 수변 인공림이 대폭 증가했음을 알 수 있다.

이를 강이나 하천 유역에 따라 구분해 보면 1938년 『조선의 임수』에 나타난 수변 인공림은 낙동강 유역이 54개소로 가장 많고, 동해안 유입 소하천 유역이 21개소, 형산강 유역에 10개소이다. 수변 인공림이 많이 분포하는 유역인 낙동강의 수변 인공림은 1938년 당시 현존 28개소가 2000년에 10개소로 감소했고, 황폐 14개소가 2개소로 감소했고, 소멸 12개소가 42개소로 증가했다. 현존하거나 황폐된 수변 인공림이 급격하게 감소하고 소멸된 경우가 증가했다.

1938년 『조선의 임수』에 기록된 수변 인공림 중 당시 현존하는 수

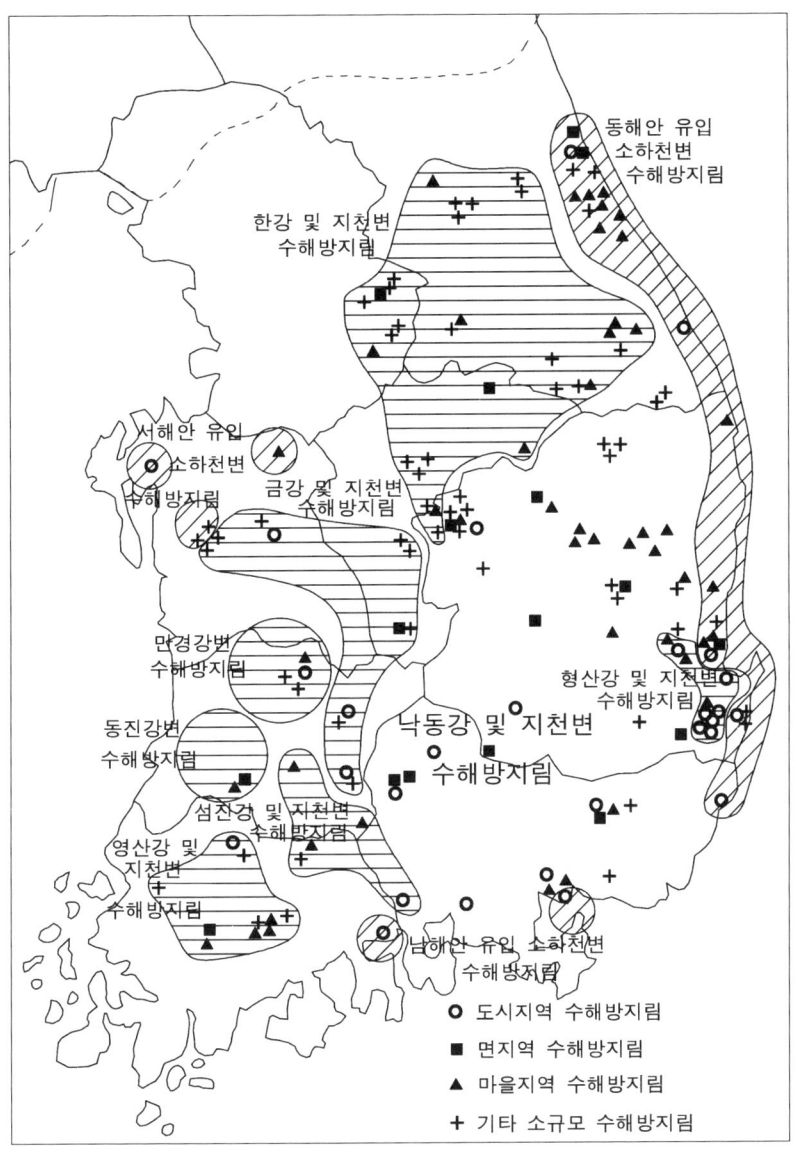

○──── 그림 5. 2000년 수변 인공림의 분포 현황

변 인공림 30개소에, 추가 발견된 122개소를 더해 2000년 현존하는 수변 인공림은 총 152개소에 이르고 있다. 여기서 추가된 수변 인공림 122개소는 경북과 강원에 각각 38개소와 29개소로 가장 많이 분포했고 그 외 지역에는 10개 내외가 분포했다.

2000년까지 지역별 수변 인공림 분포를 현장 답사를 통해 확인한 결과 경북 53개소, 강원 32개소, 경남 16개소, 전남 13개소, 전북 12개소 등의 순이다. 특히 도시 지역에 조성된 수변 인공림은 경북 18개소, 경남 11개소로 가장 많고 그 외는 3~4개소가 일반적이지만 경기와 충북에는 도시 지역에 수변 인공림이 전혀 출현하지 않고 있다. 마을 이하 규모에 조성된 인공림의 경우에도 경북 35개소, 강원 28개소로 많이 분포하고 있는데, 이것은 이 지역들의 지세가 험하고 자연 재해가 빈번하게 발생해 수변 인공림이 많이 조성되었고 인공림의 소멸에 영향을 주는 하천 정비 및 경지 정리 사업 등 개발 사업이 적었기 때문으로 판단된다.

유역별로 보면 낙동강 47개소, 한강 31개소로 유역이 넓은 경우 많은 수변 인공림이 분포하고 있으나, 도시 지역의 수변 인공림은 낙동강 16개소, 동해안 유입 소하천 8개소, 형산강 7개소의 순으로 한강 유역은 도시 지역 인공림이 거의 출현하지 않고 있다. 이것은 수변 도시 개발의 영향인 것으로 보인다. 낙동강 유역은 유역 자체가 경상북도와 경상남도에 걸쳐 있어 넓기 때문에 수변 인공림이 많이 출현하는 것으로 보이며, 동해안 유입 소하천 유역은 지형과 지세상 좁은 평탄지와 소하천 주변에 도시가 입지하게 되므로 수해 방지 및 방풍을 위한 수변 인공림이 필히 조성되었기 때문에 현존 수변 인공림이 많은 것으로 여겨진다. 형산강 유역 도시 지역에 인공림이 많은 것은 경주나 포항 지역에 수변 인공림이 비교적 잘 보전되어 있기 때문으로 보인다.

3. 수변 인공림 조경의 역사와 문화

정조 22년 11월 30일 『비변사』에 "종래에는 언덕과 산기슭의 도처가 벌거숭이가 되어 있어서…… 며칠 만 비가 내려도 하천변이 잘 무너져서 논밭이 모두 손실당하니, 어찌 버드나무 한 종류뿐이겠는가. 소나무, 가래나무, 흰느릅나무, 느릅나무, 노나무, 오동나무, 신나무, 옻나무도 안 될 것이 없다."라고 나온다. 이와 같이 산림 황폐가 수해를 낳고 이 수해로 인해 하천변이 붕괴되면 사람들은 엄청난 피해를 입게 된다. 이 악순환을 방비하는 가장 효과적인 방법이 수변 인공림의 조성인 것이다.

한편 정조가 24년 6월 1일에 수원 유수 서유린에게 다음과 같이 하유(下諭)한다. "평양의 성이 설치되었을 때 강 오른쪽에 길게 잇닿은 숲을 길렀고 선산 고을이 완성되었을 때도 시내 왼쪽에 역시 거대한 숲을 설치했다. 옛말에 '백 가구의 마을과 열 집의 저자라도 반드시 산을 등지고 시냇물을 둘러야 한다.'라는 것이 곧 그것이다. 우선 금년부터 나무를 심되 버드나무, 뽕나무, 개암나무, 밤나무 등 가리지 말고 많이 심어 숲을 만들어서 경관이 크게 달라지도록 하는 것이 또한 먼저 조처해야 할 일이다." 여기서 평양의 수변림은 대동강 강변의 장림(長林)을 가리키고, 선산은 감천변의 동지수(冬至藪)를 말한다.

평양의 장림은 『북학의』에 "우리나라에는 오직 평양 대동강가만이 수십 리 한길에 늘어선 수목이 아름다워 볼 만하다. 이 방법을 다른 곳에도 옮겨서 시행하면 10년 안에 큰 수풀이 될 것을 알지 못하고 있다."[1]라고 소개되고 있다. 이 장림은 아마도 가장 대표적인 수변 인공림이었다. "평양 대동강 동쪽 영제교로부터 동대원에 이르는 8킬로미터의 긴 띠 형의 수림으로 거기에는 수양버들을 위주로 느티나무, 시무나

---

1. 이석호 역, 1975, 278쪽.

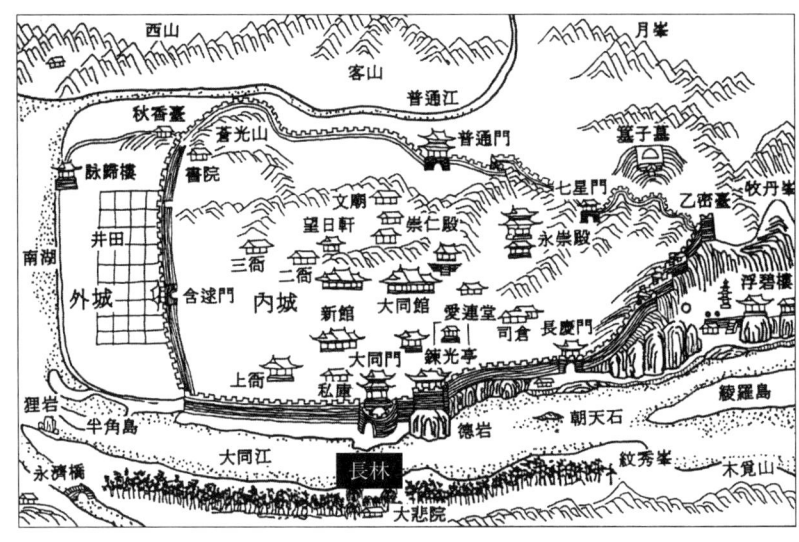

○ —— 그림 6. 평양의 장림

무, 사시나무, 백양나무가 4~5열로 우거져 있었다."[2] 고지도[3]를 보면 장림은 평양성의 대동강 건너편 강변을 따라 영제교부터 시작되어 대비원 건물을 지나 문수봉에 이르기까지 긴 선형을 이루고 있다.

한편 선산 감천변의 동지수는 선산 읍내 남교 이문동 지역에 있었다. 선산읍 근처를 서에서 동으로 흘러나가는 낙동강 지류 감천의 북쪽에 있는 낮은 구릉지인 동지산에 동서 방향으로 조성되었던 숲으로 수종은 팽나무, 느티나무, 신나무, 약밤나무[4]로 구성되었으나 현재는 소멸되었다. 현지 답사 결과 동지수의 일부로 판단되는 수변 인공림이 선산읍 서편 이문리 내 감천의 동안 제방 근처에 남아 있었다고 하는 점을 감안해 보면 동지수는 선산읍가의 남측을 회류하는 감천제방을 강화해 수해를 방지함으로써 선산읍과 인근 들판의 넓은 경작지를 보호

2. 리화선, 1989, 335쪽.
3. 『조선의 임수』, 1938, 부록 82 도1.
4. 『조선의 임수』, 1938, 100쪽.

하기 위한 수변 인공림이라 하겠다.

대사간 홍양호는 상소에서 "압록강가에 버드나무를 심으면 오리(五利)가 있습니다. …… 셋째는 물로 제방이 터지는 것을 막는 일(防齧潰)"[5] 이라며 버드나무 식재, 즉 수변 인공림의 제방 유실 방지 효용을 지적하고 있다. 실제 문종 1년 10월 29일 평안 함길도 도체찰사 황보인이 "온성부의 읍성 북면과 종성의 행성 외의 두 곳과 회령의 행성 외의 한 곳이 모두 큰물을 만나서 강안이 무너졌습니다. …… 청컨대 강변에 혹은 제방을 쌓고, 혹은 말뚝을 박으며, 내면 50척 땅에는 잡목을 빽빽하게 심었다고" 보고하고, 중종 23년 7월 30일에도 함경북도 병사가 "경성은 지형이 원래 낮고 좁아 서쪽과 북쪽 골짜기의 물이 영(營)의 성 밑으로 쏟아지게 되는데…… 신이 3월부터 입번한 군사들을 데리고 방천을 수축하되, 버드나무를 줄지어 심고 그 밖에다 석축"해 수변림을 조성했다고 보고하고 있다.

선조 38년 7월 23일에는 "영동은 강릉부 5리 밖에 남대천이라는 내가 있어, 전에 물이 넘치는 것을 막기 위해 냇가에 나무를 심고 제방을 튼튼히 쌓았다고" 한다. 이것 역시 제방 유실을 방지하기 위해 잡목과 버드나무 수변림을 조성했음을 보여 준다. 그 외에도 숙종 27년 5월 14일에 함경북도 병사 홍하명이 두만강 서쪽 강물 범람에 대한 대책으로 "피해가 더욱 심한 곳에다 느릅나무와 버드나무를 꽂아서 울타리 같은 모양을 만들고 그 안쪽으로 토석을 메운다면, 느릅나무와 버드나무가 뿌리를 내리게 되어 서로 연결되어 버티는 방법이 될 것 같습니다."라고 해 범람을 방지하기 위한 느릅나무와 버드나무의 수변림 조성을 제안하고 있다.

수해 방지 기능뿐만 아니라 방화나 방풍을 고려한 경우도 있다. 순조 9년 3월 21일에 함흥부 위유사 박종훈은 이렇게 이야기 한다. "옛날

---

5. 『조선왕조실록』, 정조 5년, 1781. 임경빈, 1993, 150쪽에서 재인용.

경신년 고 중신 박문수가 감사로 있을 적에 수화(水火)의 환란을 우려해 강가에 제방을 쌓고 수목"을 심었으며, 이 수변림은 "성읍을 위호하고 풍수를 막자는 뜻인 것이니, 옛사람이 설시(設施)한 데에서 깊고도 원대한 계획"[6]을 알 수 있다.

조선 시대 법전인 『경국대전』에 "제언(提堰)은 수령이 매년 춘추에 관찰사에게 보고하고 수축한다. 새로 쌓을 곳은 왕에게 보고한다. 여러 읍의 제언은 안팎에 잡목을 많이 심어 터지거나 헐리지 않도록 한다. 제언 및 비보소(裨補所)의 숲(林藪) 안에서 나무를 베고 경작하는 자는 장(杖) 80에 처하고 거기에서 얻은 이득은 들추어서 관에 몰수한다."[7]라고 하고 있다. 제언은 하천과 저수지 제방으로서 조선 시대 농업 중심의 사회에서는 가장 중요한 대상이었다. 따라서 나라에서 법으로 정해, 축조 시 필히 수변 인공림을 조성하게 하고, 원활한 관리를 위해 제방별로 관리 대장을 만들고 법으로 벌목과 경작을 엄격하게 금지해 온 것이다. 이 때문에 오늘날까지 그 모습을 알 수 있는 수변 인공림이 남아 있는지도 모른다.

4. 수변 인공림 사례

4. 1. 서울의 청계천과 한강변 수변 인공림

조선 시대에는 서울의 강과 하천 유역 수해를 대비한 제방 축조와 같은 수변 공사가 빈번하게 이루어졌는데 『조선왕조실록』에 따르면 태종, 세종, 영조 등의 시대에 자주 이루어졌다. 제방 축조 시 흙이나 돌

---

6. 『조선왕조실록』, 순조 9년 3월 23일 비국의 상소.
7. 한국정신문화연구원 역, 1985, 151쪽.

이 주로 활용되었고 그 제방 위에는 버드나무류와 같이 뿌리의 세근이 탁월하게 발달해 제방을 견고하게 하는 수목류를 식재함으로써 수변 인공림을 조성했다. 서울의 경우 이 수변 인공림은 청계천변과 한강변으로 나누어 볼 수 있다.

조선 시대 서울의 청계천변 인공림과 관련되어 1407년(태종 7년) 4월 20일에 천변에 있는 각 집으로 하여금 각각 양쪽 호 안에 방축을 축조하고 나무를 심게 했다는 기록이 있다. 1470년(성종 원년) 9월 26일에는 도성 내의 경작을 금지하고 식재할 곳을 조사한 결과 동대문 밖 여러 곳에 민가가 있어 배수가 불량하고 성이 침수될 위험이 있으니 경작을 금하고 그 일대에 걸쳐서 양류(楊柳)를 식재했다는 기록이 있다. 1773년(영조 49년) 6월 무술(戊戌)에는 개천 준설 공사 때 흙으로 제방을 다진 후에 버드나무를 심었으나 오래 견딜 수가 없어 준천사에서는 매년 목책으로 호안해 그 붕괴를 예방했다는[8] 기사가 있어 버드나무 인공림을 확인할 수 있다. 가장 최근으로는 1938년 『조선의 임수』에 "현 종로 6가 청계천 북안에 직경 150센티미터 정도의 회화나무 거목을 시작으로 마장동의 경원선 철도 북안에 흉고 직경 30~45센티미터 정도의 버드나무 10여 주, 동대문 밖 창신동 호안에는 능수버들 소목들이 있었고, 청계천의 분류인 정릉천의 제기동 지역 서쪽 제방에는 흉고 직경 50센티미터 정도의 느티나무와 소나무 68주의 소임대(疎林帶)"[9]가 있었다고 한다. 이를 통해 청계천변 인공림의 옛 모습을 추측해 볼 수 있다. 이 청계천변의 인공림은 대표적인 수해 방비림이면서 그 형태상 하천이 서울을 관통해 거의 선형을 이루므로 긴 선형의 인공림 경관이 사산(四山)에서 연결된 궁궐숲과 동대문 근처 수구막이, 동대문 밖 버들숲 등과 연결되는 매개였을 것으로 보인다.

---

8. 『서울 600년사 2권』, 215쪽.
9. 『조선의 임수』, 362쪽.

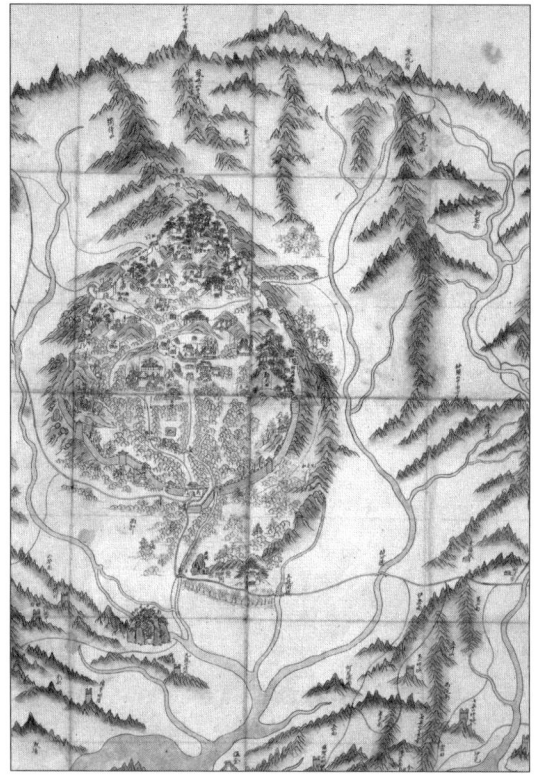

○──── 그림 7. 「준천계첩」과 「한양도성도」(1780년)

1780년「한양 도성도(漢陽都城圖)」에 이 동대문 밖 청계천변에 수구막이 버들숲의 경관이 묘사되어 있는데 그 규모가 경복궁 지역보다 더 넓게 그려져 있다. 이 밖에도 영조가 청계천 준설 작업을 완료했을 때 오간수문 근처로 행차한 모습을 그린「준천계첩(濬川稧帖)」[10]에 청계천변 인공림의 모습이 상세하게 묘사되고 있다. 전체적으로 버드나무류가 우점하고 있는 것으로 보이나 버드나무 외에도 느티나무나 회화나무로 보이는 다양한 활엽수로 인공림이 구성되었음을 알 수 있다.

동대문 밖 청계천변 인공림은 마장동과 군자동을 거쳐 성수동 일대에 이른다. 이중 대표적인 것으로 과거 말을 기르는 전관(箭串, 살곶이) 목장 버드나무 인공림을 들 수 있다. 전관은 조선 초기에는 군사들이 훈련하는 강무장(講武場)과 아울러 수렵장 혹은 말을 기르는 목장으로 활용되었다.

『증보문헌비고』에 보면 "살곶이 목장은, 세상에 전해 오기를, 처음에 설치했을 때에는 광나루에 속했던 까닭에 간사한 백성들이 나라의 말을 훔쳐서 배에 싣고 갔다. 그래서 사복시(司僕寺)에서 이러한 염려 때문에 그 폭을 줄이고 버드나무를 심어 엮어 맴으로써 바람을 막고 말이 달아나는 것을 막았다."[11]라고 해 버드나무 수림대가 조성되었음을 알 수 있다.「살곶이 목장 지도」(1789년과 1802년 사이 그려진 것으로 추정)는 "미요문에서 광나루문까지 2210보 거리에 줄지어 버드나무를 심어 그 길이는 대략 3447미터가 된다."[12]라고 이 수림의 규모를 묘사하고 있다.(1보가 대략 156센티미터고 미요문은 대략 살곶이다리 옆이 된다.) 그리고 1938년 『조선의 임수』는 한강 지류 중랑천의 동안 지역에 동서 연장 1킬로미터로 장안평의 전관 목장 외곽 제방에서 광주가도를 관통해 뚝섬 한강 강변까지

---

10. 버클리 대학교 동아시아 도서관 아사미 컬렉션(Asami Collection), 미국 소재 서울학 사료 탐사 성과물 참조.
11. 『증보문헌비고』 권 125 병고 기사. 류기선, 1994, 39쪽 재인용.
12. 류기선, 1994, 41~42쪽.

흉고 직경이 최대 60센티미터이고 보통 40센티미터인 버드나무 170주가 심어져 있다고 기록하고 있다.[13]

> 화양정 아래 풀밭이 가없는데,
> 보이는 곳 모두가 그 예날 말 놓아 기르던 곳이네.
> 들판을 가로 지른 다리 千바리의 무우밭으로 이어지고,
> 돌담 둘린 사이엔 만 그루 버들이 늘어졌구나.[14]

이 전관, 즉 살곶이의 버드나무숲은 서울에 있는 독특한 인공림의 한 유형으로 목장의 경계 및 울타리 기능과 아울러 청계천의 물줄기와 잘 어우러져 오가는 사람들에게 휴식처와 그늘을 제공하기도 하는 절승(絶勝)의 수변 인공림이었을 것이다.

한강변 인공림은 대표적 경승지였던 서호의 서강과 망원정, 마포와 절두산(切頭山), 남호의 용산 그리고 동호의 두모포와 제천정 등의 한강변에 있어 왔다. 이 한강변의 인공림은 청야영수(淸野嬰守, 맑고 푸른 들을 수호한다.)를 위해 조성되었고, 적군의 도하를 군사적으로 방어하기 위한 목책 용도로 조성되고 보호되어 왔다.[15] 현재 한강변 산 지역에 존재했던 송림은 주택 건축이나 개발로 인해 대부분 소멸되었으나 버드나무숲은 한강 종합 개발 이전까지 뚝섬 유원지나 한강 남안 예전 강변도로에 남아 있었다. 현재도 한강대교 노들섬, 당산철교, 잠실대교 등의 강북 강변도로 근처에 이와 유사한 버드나무 숲을 발견할 수 있다.

과거 한강변 나루는 도성으로 출입할 때는 반드시 통과해야 될 관문으로서 교통상의 중요한 지점이 되는 동시에 한편으로는 남쪽에서

---

13. 『조선의 임수』, 368쪽.
14. 『서울 600년사』 2권, 975~976쪽. 신광수의 시.
15. 『서울 600년사』 1권, 352~353쪽.

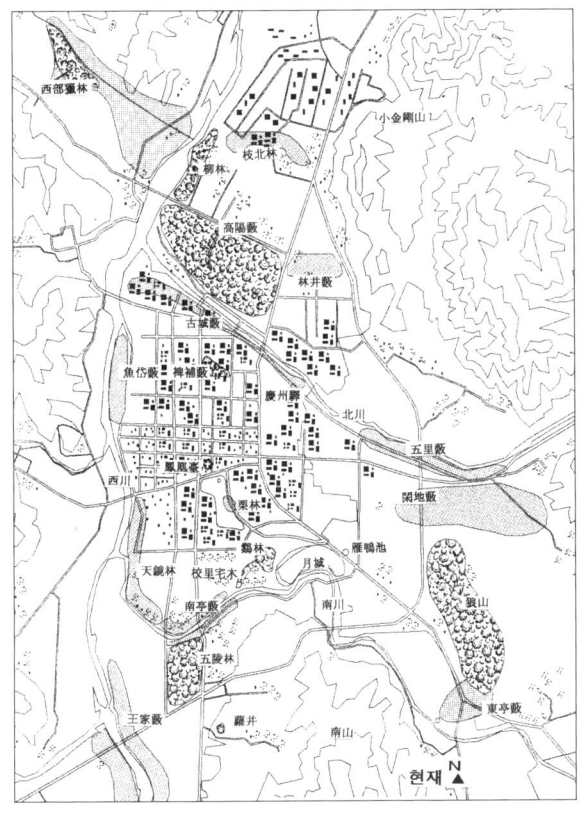

○ —— 그림 8. 경주시 수변의 인공림 현황

오는 외침의 자연적인 방어선이었다. 이 나루 주변에는 숲을 조성해 사람들의 쉼터로 활용하기도 했다. 대표적 사례로 양화진을 들 수 있다. 양화진은 강 건너 양천·강화로 통하는 나루로 도성 밖 서쪽의 교통·국방의 요지였을 뿐만 아니라 그 옆의 버드나무 숲은 강변의 명소로 유명했다.

마을에 잇따른 버드나무 숲 一千가지나 드리웠고,
섬을 덮은 구름과 연기 한 줄로 가로질러 있네.

○ ── 그림 9. 도로 공사 후 이식된 유림

○ ── 그림 10. 하천 도로 개발 이전 유림 단면 배치도

버들꽃 날아 떨어지는데 버들실이 드리웠고,
烟波江上 비 뿌리는 배에 어부들 나가네.[16]

양화진(楊花津)이라는 지명 자체가 버드나무가 많은 데서 유래한 것처럼 실제 양화진 주변에는 버드나무가 많았다. 일제 시대 『조선의 임수』에서 그 모습이 확인된다. "한강 우안 합정동에 흉고 직경 70센티미

---

16. 『서울600년사』 2권, 983쪽.

터 능수버들 4주가 있고, 하류 소천 주구에 흉고 직경 150센티미터이고 수간이 텅 빈 느티나무 1주가 있고, 강 건너 선유봉에는 소나무 유령목이 자라고 있다."[17]

4. 2. 서울 이외 지역 수변 인공림

4. 2. 1. 유림

고대 신라 경주시의 경우에는 북천, 남천, 서천이 경주 시가지의 삼면을 에워싸고 있어 많은 수변림이 조성되어 왔다. 북천의 경우에는 상류로부터 오리수(五里藪, 남안)-고양수(高陽藪, 북안)-산조수(山棗藪, 남안), 남천의 경우에는 산유림(神遊林, 북안)-동정수(東亭藪, 남안)-교리택목(校里宅木, 북안)-남정수(南亭藪, 북안)-오릉림(五陵林, 남안)-천경림(天鏡林, 북안), 서천의 경우에는 왕가수(王家藪, 동안)-어대수(魚岱藪, 동안)-유림(柳林, 동안)-서부렵림(西部獵林, 서안)[18] 등의 수변 인공림이 조성되었다. 그 위치를 보면 이 수변 인공림들이 수해 방지를 위한 것임을 알 수 있다. 그 위치가 남, 남동, 북서편의 계곡들이 시가지를 향해 열려 있는 곳인 것을 볼 때 바람막이 기능도 고려했음을 알 수 있다.

경주의 현존하는 수변림 중 가장 대표적인 숲인 고양수는 고성수, 논호수라고도 하며 현재는 황성 공원으로 불린다. 경주시 북천 북안에 위치한 이 수림 내에는 경주 도서관과 경주 종합 운동장이 있다. 이 숲은 경주 북천이 경주 서천 형산강과 합류되는 지점에 위치해 형산강변 유림과 연이어 위치한다. 고양수와 유림은 홍수로 인한 북천과 서천의 제방 유실이나 범람으로부터 황성동 일대의 비옥한 전답을 보호하기 위해 조성된 수변 인공림이다. 특히 유림은 황성동 일대의 경작지에 물

---

17. 『조선의 임수』, 351쪽.
18. 장동수 외 2인, 1996에서 정리.

○──── 그림 11. 함양 상림내 농수로와 숲

○──── 그림 12. 함양 상림 단면 배치도

을 공급하는 유림보의 물이 흘러 들어오는 양측 제방 위에 조성된 버드나무와 팽나무의 숲이다. 이 유림은 최근 강변 도로 신설 공사로 인해 소멸될 위기에 처하기도 했으나 현재는 도로 개발 후 가로 녹지대로 이식해 놓은 상태이다. 그러나 가로 녹지대가 기존 유림의 지대보다 높고 이식 후 숲의 생육 상태가 불량해 고사목이 발생되고 있다.

4. 2. 2. 함양 상림

경남 함양읍의 북서측에서 흘러 함양읍을 감아 돌아 흘러나가는 위

○ ── 그림 13. 담양 관방제림

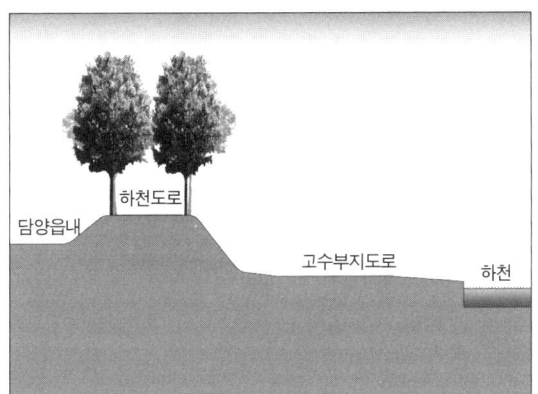

○ ── 그림 14. 담양 관방제림 단면 배치도

천의 맑은 물을 따라 울창한 수풀을 이루고 있는 대관림은 위천 제방을 따라 읍시가지를 감아 돌아 감싸는 모양을 이루고 있다. 원래는 10리에 이르는 울창한 숲 전체를 대관림이라 했으나 숲의 중간 지역이 읍시가지로 개발되면서 상림(上林)과 하림(下林)으로 양분되었다가 하림은 소멸되어 고목 서너 그루만 남아 오늘날에는 상림을 대관림이라 부르고 있다. 상림은 3만 6000평의 장방형 숲으로 운동장을 포함해 크고 작은 누각과 정자가 녹음 사이에 위치하고 있고 느티나무, 이팝나무, 굴참나무, 때죽나무, 서어나무, 층층나무 등 활엽수 위주의 다양한 수종이

○ ── 그림 15. 밀양 긴늪숲 전경

○ ── 그림 16. 밀양 긴늪숲 단면 배치도

있다.

    숲 내에는 농수로 쓰이는 맑은 물이 관통해 흐르고 있다. 구읍지의 기록에 따르면 위천은 원래 함양읍성을 스쳐 넓은 들의 복판을 꿰뚫어 흘러 매년 홍수로 농토와 가옥의 유실이 심했는데, 신라 진성여왕 때 최치원이 함양군 태수로 재직 중 치수를 위해 현재의 상림에서 하림까지 둑을 쌓아 물을 돌리고 나무를 심고 조림했다고 한다.[19]

19. 신경남일보, 1990. 6. 6.

4. 2. 3. 담양 관방제림

전남 담양 관방제림은 담양천변의 둑을 따라 약 2400미터에 이르는 노거수의 긴 하천변 숲이다. 이 숲은 수해 시 담양천의 범람으로부터 담양읍의 가옥들을 보호하기 위해 인조 26년(1648년) 당시 부사 성이성이 제방을 축조한 후에 조성한 호안림으로 약 300년의 역사를 지니며, 관에서 방재 목적으로 제방을 구축했다 해 '관방제림'이라고 지칭되고 있다. 현재 이 제방은 남산리의 동정 부락에서 천변리의 우시장까지 연결되어 담양읍 도심 지역을 휘돌아 에워싸고 흐르는 담양천 남안에 조성되어 있어 담양읍민들의 피서와 휴식을 위한 공원적 기능을 다하고 있다.

이 숲은 느티나무, 벚나무, 서어나무, 팽나무, 왕버들, 버즘나무의 고목들로 구성되어 과거부터 담양읍 시가 지역과 농토를 수해로부터 보호해 왔다. 관방제림이 위치한 수변은 완만한 둔치와 얕은 수심의 담양천의 좋은 경관이 있을 뿐만 아니라 접근성도 양호해 많은 사람들이 이 숲을 찾고 있다.

4. 2. 4. 밀양 긴늪숲

밀양 긴늪숲은 예전부터 주민 공동의 송계림으로 조성·관리되어 온 수변 인공림이다. 현재는 밀양에서 밀산교를 건너 청도와 울산으로 길이 나뉘는 삼거리의 하안을 따라 1300미터가량 이어진다. 이 숲이 조성되기 전에는 강의 수면이 높고 경작지가 낮아 수해가 극심하던 곳으로 강과 경작지 사이에는 긴 늪이 형성되어 있었다. 이곳을 메운 후에 숲을 이루었다 해 '긴늪숲'이라고 한다.

이 숲은 약 100년 전 마을 주민이 땅을 제공해 숲을 조성하면서 처음 만들어졌고, 매년 계속해서 둑을 쌓고 그 위에 조림을 해 왔는데 그 결과 초기에는 경작지가 불과 약 2만 평이던 것이 이제는 12만 평에 달할 정도로 확장되었다. 현재는 유원지로 개발되어 마을 주민으로 구성

○──── 그림 17. 울산 태화강 죽림 상류 지역

○──── 그림 18. 울산 태화강 죽림 단면배치도

된 기회 송림 보우회가 숲을 운영·관리하고 있다. 이 긴늪숲은 바람과 수해를 방비하는 보안림인 동시에 넓은 경작지를 확보키 위해 수변에 축조된 100미터 정도의 넓은 방축 지역에 울창하게 조성된 소나무 인공림이다. 방풍에도 효과가 높을 것으로 판단된다.

4. 2. 5. 울산 태화강 죽림

울산시 태화강 죽림은 강변 둔치를 따라 조성된 대나무 수변 인공림으로 과거 활과 화살을 만들기 위한 군사적 목적으로 조성되어 보호되어 왔다. 그나마도 지금까지 하천 정비 사업 등의 인위적 개발로 인한 피해를 덜 받아 온 것은 교목만을 하안에 심지 못하게 한 과거 하천 법규의 영향 탓으로 판단된다. 태화강 죽림과 매우 유사한 대나무 인공림의 사례로 도시 지역에 있는 경남 진주의 남대천 관죽전을 들 수 있다. 경남 진주시는 풍수지리상 비봉형의 형국이라 알려져 봉황의 서식과 번식을 위해 비봉산에 오동나무 숲과 봉황의 알자리를 조성하고 진주 사방에 봉황의 먹이가 되는 대숲을 조성[20]했는데 이 대나무숲 중에 남쪽에 있는 것이 남대천 관죽전이다. 이 숲은 촉석루 건너편의 남강 제방을 따라 약 2.7킬로미터에 걸쳐 형성되어 있다. 과거 임금에게 진상하는 죽순이나 대나무의 주산지로서 예전부터 관리를 두어 엄격히 관리해 왔다

5. 결론

1938년 『조선의 임수』에 기록되었던 수변 인공림은 지역별로 경북, 경남, 강원에, 유역별로는 낙동강, 동해안 유입 소하천, 형산강 유역에 많이 있었으나 최근에는 대부분 소멸했다. 최근까지 조사된 수변 인공림을 종합해 보면 1938년과 동일하게 분포하고 있다. 지역별로 경북과 강원에 많이 분포하고 있으며, 유역별로는 낙동강, 한강, 동해안 유입 소하천에 많이 분포한다.

조성 당시 수변 인공림은 오늘날과 같은 홍수 흐름에 대한 과학적 분석보다는 관습적이고 경험적 측면에서 조성되었을지라도 아직까지 별다른 문제없이 양호한 수림을 형성해 수해 방지 및 제방 강화 기능을 수행해 왔다고 볼 수 있다. 과거 제방 위 수변 인공림은 홍수로 인한 제

20. 김한배, 1987, 128쪽.

방 유실과 하천의 범람을 방지하는 효과를 고려해 조성했던 것으로 수변 인공림은 제방을 수목의 주간과 잎으로 보호해 격류나 호우의 타격으로 인한 제방의 훼손을 줄이고 유속을 감소시킨다. 더욱이 수변 인공림의 생육이 왕성해지면 주근이 확장되고, 뿌리의 얼개가 제방의 토석(土石)과 결합되면 제방의 토석이 유실되는 것을 방지한다. 또한 제방 구역의 인공림은 제방 위에 그늘 지역과 그늘 없는 지역을 형성해 인공림이 없는 건조한 제방보다는 일정한 수분을 유지함으로써 다양한 지피류나 관목 같은 식물의 도입과 성장을 촉진하고 결국에는 제방의 식피율을 높이게 되어 제방의 유실을 예방하게 되는 것이다.

오늘날 콘크리트의 하천 제방이 주변 물의 순환을 차단함으로써 생물이 성장할 수 없는 건강하지 못한 제방 환경을 이룬다면, 수변 인공림이 조성된 토석 제방은 이보다는 침투와 흡수가 적절히 조화되는 투수층을 형성해 유수 흡수 및 배출을 조절하고, 하천 내 유량의 급속한 증가를 막고, 적절한 수분을 함유해 제방 지반의 안정과 생물의 피복을 가능하게 해 주어 환경 재해에 유연하게 대처할 수 있는 건강한 제방 환경을 갖추게 한다.

수해 방지 외에도 수변 인공림은 주거지나 경작지를 가로지르는 하천을 따라 조성되어 거센 바람을 부드러운 미풍으로 바꾸어 화재의 확산을 방지하고, 추위나 더위를 완화해 주고, 냉·난방 에너지를 절감해 주기도 한다. 또한 수변 인공림은 주변 서식 동물이 즐겨 찾는 생태 터널, 즉 산이나 들의 육상 생태 환경과 하천의 수상 생태 환경을 연결하는 생태적 이동로로 활용된다. 예를 들어 육지와 바다가 풍부한 생물 자원을 가진 해안의 갯벌을 통해 연결되는 것과 마찬가지로 수변 인공림이 조성된 하천 제방 지역은 산이나 들과 하천의 생물 자원을 연결해 풍부한 천혜의 자연 자원을 갖추도록 한다.

현존하는 수변 인공림일지라도 수목의 동공 발생, 뿌리 노출, 토양 유실, 고사 피해가 일어날 수 있으며, 아울러 하천 정비 사업으로 인해 하천과 인접해서는 직선형의 콘크리트 둔치와 접하고 반대로는 도로, 주택지, 농경지 등과 접하고 있어 주차장 또는 각종 오물이 버려지는 공터로 남아 있기가 쉽다. 따라서 우선 수목 보호대나 수목 덮개를 설치하고 숲 전체로는 경계 철책을 설치해 이용으로 인한 수변 인공림의 피해를 줄이는 것이 시급하다. 아울러 주변의 이질적 토지 이용으로 인해 피해를 입을 수 있는 인공림 주변에는 완충 공간을 확보해야 한다. 아울러 계속해서 수변 인공림이 잔존할 수 있도록 하기 위해서는 후계수를 식재해야 한다. 이처럼 새로운 수변 인공림을 조성할 경우 기존의 주변 수림과 연계 가능한 수종을 선정하고 유령목을 식재해 장기간의 성장을 유도하는 것이 바람직하다. 따라서 현존 수변 인공림을 보존하며 황폐된 수변 인공림을 개선하고 소멸된 수변 인공림을 복원하거나 새롭게 수변 인공림을 조성함으로써 수해 예방, 환경 개선, 부족한 공원 녹지 확대 등의 효과를 기대할 수 있을 것이다.

참고 문헌

고대민족문화연구, 1975, 『大典會通 戶典 田宅』.
남연화 외 1인, 1999, 「전통 마을숲의 유형과 특성에 관한 연구」, 《한국정원학회지》 통권 27호.
류기선, 1994, 「조선사복시 살꽂이 목장」, 《박물과 휘보》 5호, 서울시립대학교 박물관.
리화선, 1989, 『조선건축사』, 과학백과사전종합출판사.
서울시시사편찬위원회, 1977, 『서울 600사 1권』.
서울시시사편찬위원회, 1978, 『서울 600사 2권』.
서호석 외 5인, 1995, 『한국의 전통 환경보전림』, 산림청 임업연구원.
이석효 옮김, 1975, 『북학의』, 대양서적.
임경빈, 1993, 『우리 숲의 문화』, 광림공사.
장동수 외 1인, 1993, 「마을 園林의 景觀意味에 관한 硏究」, 《한국조경학회지》 통권

48호.

장동수 외 1인, 1994,「韓國傳統部落의 堂숲과 水口막이」,『마을숲』, 열화당.

장동수 외 1인, 1994,「한국 傳統都市숲의 分布, 類型, 機能, 林相에 관한 연구」, 《국토·도시계획학회지》통권 72호.

장동수 외 1인, 1995,「韓國 傳統都市숲의 變遷特性과 要因에 관한 硏究」, 한국정원학회지 통권 17호.

장동수 외 2인, 1995,「傳統都市숲의 실용적 기능에 관한 연구 Ⅰ」,《국토·도시계획학회지》통권 78호.

장동수 외 2인, 1996,「慶州 邑藪의 變遷에 관한 연구」,《국토·도시계획학회지》통권 83호.

장동수 외 3인, 1998,「강원도 동해안지역 정주지 구성요소로서 풍숲의 경관과 그 효용에 관한 연구」,《한국정원학회지》통권 23호.

조선총독부 임업시험장, 생명의 숲국민운동 옮김, 2007,『조선의 임수』.

한국정신문화연구원, 1985,『經國大典』.

『朝鮮王朝實錄』.

『增補文獻備考』권 125 兵考 기사.

● 장동수(한경대학교 조경학과 교수)

◉ ── 4장. 서울의 전통 도시숲

1. 머리말

　전통 도시숲이라는 말은 흔히 사용하는 용어는 아니다. 하지만 이 단어가 주는 느낌은 그리 생소하지 않다. 도시에 숲이 있다면 오랜 옛 날부터 보전되어 오는 숲이 전통 도시숲이 아닐까 하고 연상할 수 있기 때문이다. 필자 역시 이런 생각에서 크게 벗어나지 않은 취지에서 검토를 시작했다.

　전통이란 사전적인 의미로는 역사적으로 전승된 물질 문화, 사고와 행위의 양식, 사람이나 사건 등에 대한 이미지, 여러 가지의 상징 등을 의미한다. 전통이란 사회가 급격히 변혁되거나 또는 대량으로 유입이 되는 이질 문화와 만날 때 두 가지 입장으로 평가된다. 오래된 문화 유산을 바람직하다고 여기는 입장과, 전통은 발전을 가로막는 누습(陋習)이라고 하여 물리치려는 입장이다. 일반적으로 다른 것과 비교해 예로부터 내려오는 양식이 뛰어나다고 평가되는 것을 전통이라고 하는 경우가 많다.

　또한 전승된 양식을 다른 새로운 양식보다 뛰어난 산물이고 미풍이라고 보는 사고방식을 전통주의라고도 한다. 전통주의에서는 전통을 사회 질서의 기반이라고 여기며, 새로운 양식은 예로부터 내려오는 미풍이나 안정을 뒤흔들어 어지럽히는 요소라고 간주한다. 시간적으로 본다면 이런 배타적 감정이 어떤 새로운 문화의 형성을 막는 저항 원인이 되고, 공간적으로는 그 감정이 문화적 우월감과 결합함으로써 편협한 지역 근성이나 민족주의를 발전시키는 촉진제가 되기도 한다.

전통주의가 강하고 근대적 조직 구조가 확립되기 이전의 사회를 일반적으로 전통 사회라고 한다. 또한 진보나 발전이 바람직스럽다고 여겨지는 시대에 전통은 과거에 만들어진 무지의 소산이요 진보의 장애물이라고 간주되는 경향이 강하다. 그러나 이와 같은 진보 사조가 거꾸로 전통의 발전을 촉진하는 경우도 적지 않다. 외발적(外發的)인 충격을 계기로 새로운 상황에 적응하도록 전통이 재구성·재해석되는 경우가 있기 때문이다. 이 경우 전통은 과거 그대로가 아니라 과거의 특정 부분이 새로운 양식과 조합되어 재생산된 것이다. 이런 뜻에서 전통은 반드시 정체적인 것이라고 할 수는 없고, 오히려 창조의 요소가 되기도 한다. 사회의 변혁이 아무리 격렬하다 하더라도 사회는 과거의 문화 유산을 모두 없애 버리고 계속 존속할 수는 없다. 사회 구성원의 소속감을 지속시키기 위해서라도 구성원의 공감을 불러일으키는 전통은 어느 정도 보전하여 지킬 필요가 있다. 하나의 민족이 지닌 전통의 핵심이 상당히 큰 변동을 겪고 나서도 계속 존속·유지되는 것은 이런 연유 때문이다.[1]

이런 측면에서 이 글에서는 전통 도시숲을 우리 민족이 큰 변화의 과정을 거치면서도 사라지지 않고 아직까지 남아 있거나 의미를 가지는 도시숲이라는 개념으로 한정하고자 했다. 특히 이 글의 대상이 서울의 도시숲이므로 조선 시대 이후에 조성된 숲으로서 일제 시대와 한국전쟁·산업화 등의 격변기를 거치면서도 사라지지 않고 남아 있는 도시숲을 대상으로 했다.

다음으로 살펴볼 내용은 도시숲이라는 개념이다. 도시숲은 쉽게

---

1. 『파스칼 백과사전』, 동서문화사, 2005.

생각하면 도시 내부나 그 주변에 있는 숲이라고 생각할 수 있다. 도시숲에 대한 문헌을 살펴보면 1972년 일본의 임업 경영 연구소에서 발간한 『도시림』이라는 책에서는 도시숲을 "인공계의 대표격인 도시와 자연계의 대표격인 삼림이라는 서로 대립 구조인 개념의 합성어"라고 소개하고 있다. 또 도시숲의 정의를 "인공계의 지배 공간인 도시적 생활공간 안에 있는 삼림이나 수목군을 형성하고 있는 녹지, 일본 수목 보존법에서 규정한 단일목(單木)과 줄지어 심어진 나무(並木)까지를 포함한다."라고 정의하고 있다.[2] 독일에서 사용하는 도시숲은 일본에서 정의한 개념에 비하면 매우 부분적인 의미를 가지는데, 독일의 경우 도시숲(Stadtwald)이란 시정부에서 소유한 재산으로서의 산림을 의미하며 일반적으로 생산 목적의 경제림을 의미한다.[3] 도시숲에 관한 캐나다나 미국의 문헌을 살펴보면 이들 국가에서는 도시숲(urban forest)을 도시 안에 있는 숲, 공원, 정원, 가로수 등의 도시 내 녹색 공간(urban green space)의 개념으로 사용하고 있다. 이 경우 독일과 같이 도시 정부에서 소유한 산림(municipal forest)과는 별도로 넓은 의미의 개념 정립이 필요하여 도시숲(urban forest)이라는 용어를 사용한다고 이유를 설명하고 있다.[4]

이상에서 살펴본 바와 같이 도시숲은 국가 및 도시에 따라 다소 다른 개념으로 사용될 수 있지만 넓은 의미에서는 도시 내 녹색 공간을 의미한다고 해도 큰 오해는 없을 것으로 생각된다. 이 글에서도 도시숲의 의미를 넓은 의미에서 도시 안에 있는 녹색 공간이라는 의미로 사용하고자 한다.

---

2. 일본 임업 경영 연구소, 1972, 『도시림』, 1쪽.
3. 앞의 책, 2쪽.
4. W. Grey, 1974, *Urban forestry*, 서문 xi쪽.

2. 한양의 조영 원리

한양이 조선의 수도로 정해지기까지의 과정은 이 글을 통하지 않더라도 널리 알려져 있다. 조선 왕조를 창건한 태조 이성계는 즉위한 지 26일 만인 1392년 8월 13일 한양으로 천도할 것을 하명했다. 다른 제도에 대해서는 전 왕조로부터의 탈피를 서서히 추진했으나 천도에 관한 문제를 이렇게 서둘렀던 이유에 대해 태조 스스로가 "역성 혁명을 한 군주는 반드시 도읍을 옮겼다."라고 설명하고 있다. 태조는 이처럼 건국 초기부터 천도를 서둘렀지만 실제 천도가 결정된 것은 2년이 더 경과한 태조 3년(1394년) 8월 하순이 되어서였다. 이렇게 천도가 늦어진 것은 송도를 고수하려는 신하들의 저항과 계룡산 산록이나 무악산 남쪽이 더 적합하다는 풍수 시비가 있었기 때문이다.

1394년 9월 1일 신도궁궐조성도감(新都宮闕造成都監)을 설치하고 여드레 후인 9일에 권중화, 정도전 등의 신하 6명을 한양에 보내 종묘·사직·궁궐·도로 등의 터를 정하게 했다. 이들이 송도로 돌아간 것은 동월 23일이었으니, 약 보름 동안의 짧은 기간에 북악을 주맥으로 하고 궁궐과 사직, 종묘 등의 터를 정한 새 수도의 청사진을 그렸던 것을 알 수 있다. 태조는 이를 바탕으로 그해 10월 25일 새 수도로의 이전을 시작했고, 28일에 한양부 객사(客舍)[5]를 이궁(離宮)[6]으로 하여 한양에 정착했다. 그리고 그해 12월 3일 새 수도의 이전 공사를 시작하는 기공식을 올렸다.

그로부터 장장 30년에 걸친 새 수도 건설이 시작되었다. 여기서 30년이라는 기간은 세종 10년(1428년)까지의 기간을 의미하는데 한양의 간선 도로망 개설 공사가 이때 비로소 끝났기 때문이다. 이처럼 오랫동

---

[5] 고려·조선 시대에 각 고을에 둔 관사. 객관(客館)이라고도 함.
[6] 임금이 멀리 거둥할 때 임시로 머무르는 별궁으로 행궁(行宮) 또는 행재소(行在所)라고도 함.

안 수도 건설 공사가 진행된 것은 1398년(태조 7년)에 발생한 왕자의 난과 개경으로의 수도 재이전(1399년), 다시 추진된 한양 수도 이전(1405년, 태종5년)과 같은 정치 불안 등의 한계가 있었기 때문이다.

수도 한양의 조영 원리는 널리 알려져 있는 것처럼 풍수지리설이 주요 근간을 이룬다. 한양의 조영 원리는 수도 이전 계획 당초부터 확정되어 있었다. 그것은 종묘·사직·궁궐·도로 등을 권중화·정도전 등이 왕명에 따라 그려서 바쳤다는 그림의 설명이나 그로부터 33년 후인 세종 9년(1427년) 11월에 간선 도로의 개설을 논의할 때 "도로의 너비를 태조가 이미 결정했다."라고 하는 데서도 알 수 있다. 도성(都城)[7]의 조영 원리에 관해서는 정확하게 기록을 해 두지 않고 있으나 왕도 건설에 궁궐을 사이에 두고 왼쪽 편에 종묘(宗廟)[8]를 두고, 오른쪽 편에 사직(社稷)[9]을 둔 것이라든가, 간선 도로 건설에 『주례』 동관(周禮 冬官)[10]의 사례를 참고했다는 기록이 있는 것으로 보아 풍수리지설 이외에도 『주례(周禮)』의 「동관고공기(冬官考工記)」를 조영 원리의 근간으로 했음이 명백하다.

『주례』는 중국 주나라 시대의 관직 제도를 기록한 책이며 흔히 주나라의 환공이 저술했다고 알려져 있으나 신빙성에는 의문이 있다. 진시황의 분서갱유(焚書坑儒)[11]를 맞아 『주례』 역시 거의 대부분 멸실되었다. 한나라 때에 고자료(古資料) 등이 나와서 『주례』의 많은 부분이 복구되었는데, 당시 한대의 사상이 크게 가미된 것이라는 것이 오늘날의 통설이다. 그럼에도 불구하고 『주례』 「동관고공기」의 원리는 한나라 이후

---

7. 한 나라의 수도와 수도를 둘러싼 성곽.
8. 조선 시대 역대의 왕과 왕비 및 추존(追尊)된 왕과 왕비의 신주(神主)를 모신 왕가의 사당.
9. 국토의 신인 사(社)와 곡식의 신인 직(稷)을 아우르는 말로 이들에게 제사하는 곳을 사직단(社稷壇)이라고 함.
10. 『주례』는 주나라의 관제(官制)를 기록한 책으로 총 4권(춘·하·추·동권)이 있으며, 도성의 조영 원리는 동관(冬官)의 「고공기(考工記)」에 기록되어 있음.
11. 진시황이 학문의 자유를 억압할 목적으로 460여 명의 선비를 생체로 매장하고, 진나라 외에 다른 나라의 역사를 다룬 역사서, 농업 등 실용적인 목적을 지닌 책을 제외하고 거의 모두 책을 불태운 사건.

중국은 물론 우리나라와 일본의 주요 도성 조영 원리로 존중되었다.

『주례』「동관고공기」도성 조성에 관한 본문을 살펴보면 "왕의 도성은 사방 9리이며, 각 변에 3개의 문을 설치하고, 성내에는 동서 방향과 남북 방향의 간선 가로가 9줄씩 있으며, 각각의 도로 폭은 9개의 수레가 나란히 통과할 수 있는 폭"이라고 기록하고 있다. 또 "중앙에 왕궁이 있고, 왕궁의 동쪽에 종묘, 서쪽에 사직, 북쪽에 시장을 배치하고, 이들 중심시설을 둘러 시민들이 거주하되 그 바깥을 성벽으로 두르는 것이 이상적인 왕도의 모습이다'."라고 기록하고 있다.

하지만 『주례』「동관고공기」의 도성 계획은 당나라의 장안성과 같이 평지 지형을 대상으로 계획한 것이므로 지형을 고려하지 않은 평면적인 계획이라는 한계가 있다. 이런 이유에서 그 원리를 그대로 적용하는 것은 불가능한 일이었기 때문에 동양 삼국에서는 도성을 조영할 때 그 원리를 적용하되 현지 여건에 따라 조금씩 변화시켜 적용하는 것이 일반적이었다. 이를 비교적 충실히 따른 예로는 당나라의 장안성과 낙양성, 명나라와 청나라의 북경성 등이 있다.

이 기준을 바탕으로 한양의 도시 배치를 살펴보면 정궁인 경복궁을 중심으로 동쪽에 종묘, 서쪽에 사직을 두고 있다. 다만 『주례』의 조영 원리와는 달리 궁궐 앞의 동쪽으로 시장(육의전)을 둔 것은 북쪽에 백악이 위치한 한양의 지형을 고려했기 때문이다. 성문의 경우에도 전체적으로 8개의 성문을 두어 처음부터 각 변마다 3개의 성문을 둔다는 원칙을 지키지 않은 것을 알 수 있다. 이렇게 12개의 성문을 8개로 축소한 것은 장안성이나 낙양성과는 달리 한양성의 규모가 작고 사방이 산으로 둘러싸여 있다는 지형상의 이유 때문인 것으로 판단된다.[12]

---

12. 한양의 조영 원리는 손정목, 1989, 「일제강점기 도시계획연구」의 68~78쪽을 요약 정리했음.

3. 서울 전통 도시숲의 유형과 내용

앞서 살펴본 바와 같이 한양은 풍수지리설과 『주례』「동관고공기」를 주요 조영 원리로 하여 조성되었다. 이런 점에서 한양의 도시숲은 매우 정형적인 배치 구조를 가졌다. 한양의 도시숲은 풍수지리설에 따라 결정된 한양성 외곽의 도시숲과 『주례』「동관고공기」에 따라 조성된 한양성 내부의 도시숲으로 나뉜다. 한양성 외곽의 도시숲은 풍수지리상 네 방위를 지키는 좌청룡(左青龍)·우백호(右白虎)·북현무(北玄武)·남주작(南朱雀)[13]에 해당하는 산들이다. 순서대로 살펴보면 당시 낙타산(駱駝山) 혹은 타락산(駝酪山)으로 불렸던 낙산, 인왕산, 북악산(백악), 남산이 그것이다. 이 도시숲들은 산림이라는 지형적인 특성상 쉽게 사라지지 않고 오늘날까지 보존되고 있다. 다음으로 도성 내부에는 『주례』「동관고공기」에 따라 조성된 궁궐 숲과 종묘 숲, 사직단 숲 등을 살펴볼 수 있다.

하지만 조영 원리에 따라 정형적으로 배치된 도시숲 이외에도 한양성 내부와 외부에는 별도의 도시숲들이 존재했다. 이런 숲들로는 제사를 지내던 선농단(先農壇)[14]이나 선잠단(先蠶壇)[15] 주변의 숲, 성균관이나 중등 교육 기관인 사학(四學)[16] 주변의 학교 숲, 청계천 주변의 하천 숲, 지맥의 손상을 우려하여 보호했던 크고 작은 고개 주변의 숲, 민속 신앙의 대상으로 보호된 서낭당이나 부군당(府君堂)[17] 부근의 숲 등이 있었다.

---

13. 중국 설화에서 청룡(青龍)·백호(白虎)·현무(玄武)·주작(朱雀)은 하늘의 4신을 이룬다. 한국에서는 풍수용어로 사용되는데, 이들 4신은 하늘의 사방(四方)을 지키는 신으로 알려져 있다.
14. 조선 시대와 중국에서 농사와 인연이 깊은 신농씨(神農氏)와 후직씨(后稷氏)를 주신으로 모시고 풍년 들기를 기원하던 제단.
15. 누에치기를 권장하던 선잠제(先蠶祭)를 지내던 제단. 서울의 동대문 밖에 있었음.
16. 조선 시대 양반가의 자제들을 가르치기 위하여 서울에 설치했던 동·서·남·북학 네 곳의 중등 교육 기관.
17. 서울과 경기도 지역에서 마을의 수호신을 모시는 신당. 부군당(附君堂), 부근당(付根堂), 부강당(富降堂) 등으로도 부름.

한양에 있었던 도시숲을 유형별로 구분하여 살펴보면 다음과 같다.

3. 1. 서울의 궁궐 숲

궁궐 숲은 궁궐 내·외부에 있는 숲을 말한다. 기록상 한양에 조성된 최초의 궁궐은 경복궁이다. 경복궁은 조선 왕조의 정궁(正宮)이었지만 세조의 왕위 찬탈이 이곳에서 이루어짐에 따라 이후 왕들이 이곳을 꺼려하여 정궁의 보조 역할을 하던 창덕궁이나 창경궁이 정궁의 기능을 대신했다. 임진왜란 때 3대 궁인 경복궁·창덕궁·창경궁이 모두 불타 버리자 새로운 이궁인 덕수궁과 경희궁이 건립된다. 이외에도 작은 규모의 이궁이 한양성 안에 다수 있었지만 그 규모가 협소하여 일반 사대부집과 큰 차이가 없었으므로 이 글에서는 우선 3대 궁과 임란 이후에 등장한 2개 궁을 중심으로 살펴보았다. 마지막으로 임금이 거처한 궁은 아니었지만 흥선대원군의 사저였던 운현궁이 아직까지 일부 그 규모를 유지하고 있으므로 운현궁까지를 궁궐 숲의 고찰 대상으로 삼았다.

3. 1. 1. 경복궁

경복궁은 조선 왕조의 정궁이다. 경복궁은 서울에 있는 궁궐 중에 가장 먼저 지어진 궁궐로서 태조 이성계가 한양 천도를 강행한 다음 해인 1395년에 건립되었다. 최초의 경복궁은 현재의 경복궁과는 달리 매우 검소하게 건립되었으며, 그 규모도 300여 칸에 불과했다. 그 후 태종이 경회루를 건설하고, 세종이 각종 건물을 증축하면서 그 규모가 커졌다. 하지만 세조 때 사육신 사건이 발생하는 등 여러 가지 문제들이 겹치게 되자 경복궁의 동쪽에 있는 이궁인 창덕궁이 주로 이용되면서 경복궁은 궁궐로서의 기능이 축소되었다. 특히 1592년 임진왜란 당시 완전히 불타게 되어 그 후 250년 동안 잡초만 무성한 상태로 방치되었다. 그 후 흥선대원군은 4년간의 어려운 공사 끝에 1894년 경복궁을 복원했다. 복원 당시 전체 궁궐은 총 7225칸의 규모였으며 궁궐 밖에도 별도로 489칸의 공간을 두었다고 하니 개국 초기의 궁궐 규모에 비하면 복원 후 약 200배 이상이 되는 엄청난 규모였다. 하지만 이렇게 어렵게 복원된 경복궁은 복원이 완료된 지 1년 후인 1895년 궁궐 내에서 일본 낭인들이 명성황후를 시해하는 사건이 발생하자 고종황제가 덕수궁으로 거처를 옮기면서 불과 1년 만에 궁궐의 기능을 상실했다. 그 후 1910년부터 경복궁 안에 있는 대부분의 전각들이 철거되고 일제 시대 박람회장으로 이용되다가, 1926년에는 조선 총독부 청사가 이곳에 건립되었다.[18]

경복궁은 궁궐로서는 평탄하지 않은 역사를 지녔지만 풍수지리상 한양의 중심에 위치하고 있어 백악에서 연결된 산림이 궁 안으로 자연스럽게 연결되어 있다. 또한 이곳에서 발원한 작은 개울들이 청계천의 시작이 되어 한양의 중앙을 거쳐 한강으로 흘러 들어가도록 되어 있다.

경복궁에는 후원에 있는 자연 산림 외에도 만세산(萬歲山), 아미산(峨眉山) 등의 인공 동산이 조영되었는데, 아미산은 크게 원형이 손상되지 않은 채로 현재까지 남아 조선 시대 궁궐 조경을 연구하는 데 중요한 자료가 되고 있다.

3. 1. 2. 창덕궁

창덕궁은 조선의 2대 왕인 정종이 왕자의 난 이후 개성으로 수도를 이전했다가 태종이 왕위에 오른 후 다시 한양으로의 천도를 추진하면서 조성된 이궁이다. 태종은 한양 재천도와 함께 1405년(태종 5년) 창덕궁을 건립했는데, 정궁인 경복궁과는 달리 법도에 따르지 않아 아늑하고 자연스러운 느낌이 드는 궁궐이다. 창덕궁은 정궁인 경복궁 동쪽

---

18. 문화재청 경복궁 홈페이지(http://gbg.cha.go.kr) 자료 재구성.

에 위치하고 있기 때문에 흔히 동쪽 궁궐이라는 의미로 동궐(東闕)이라고 불렸다. 창덕궁은 세조 이후 많은 왕들이 이곳에 주로 머물며 정사를 살폈기 때문에 조선 왕조 역사상 가장 많은 왕들이 거처한 궁궐이기도 하다. 하지만 창덕궁 역시 임진왜란 당시 경복궁·창경궁과 함께 불타는 수난을 겪었다. 창덕궁은 1610년 광해군이 복원 후 정식으로 법궁(法宮)[19]으로 삼으면서, 고종이 경복궁을 복원하기 전까지 조선의 정궁으로 이용되었다.[20]

경복궁과 달리 창덕궁은 일자형 배치 구조가 아니고 골짜기에 주요 전각을 배치하여 백악에서 연결되는 구릉과 조화를 이루어 궁궐을 조성했다는 특징이 있다. 창덕궁 후원의 숲은 일제 시대를 거치면서도 크게 훼손되지 않고 보호되어 도시숲의 천이 과정을 살펴볼 수 있는 중요한 자원이기도 하다. 창덕궁의 궁궐 숲과 관련된 자료로는 조선 시대 말에 작성된 동궐도(東闕圖)[21]가 있다. 이 그림에는 동궐에 있는 전각들뿐만 아니라 구릉에 있던 수목들까지도 자세하게 묘사되어, 당시 궁궐 숲의 수종 구성도 살펴볼 수 있다. 당시 주요 수종은 소나무였으나 현재는 대부분 갈참나무를 중심으로 하는 참나무 군집으로 변화하여 약 200년 동안 소나무 군집에서 참나무 군집으로 천이가 이루어졌음을 알 수 있다.

3. 1. 3. 창경궁

창경궁은 성종 14년(1483년) 지어진 이궁이다. 이 궁은 원래 세종이 상왕인 태종을 모시기 위해 1418년에 지었던 수강궁 터에 지어진 궁궐이다. 성종은 창경궁을 새로 지은 것이 아니라 오늘날로 보면 리모델링

---

19. 국왕이 기거하는 공식 궁궐들 가운데서 으뜸이 되는 궁궐.
20. 문화재청 창덕궁 홈페이지(http://www.cdg.go.kr) 자료 재구성.
21. 조선 후기의 왕실에 소속된 화원들이 동궐인 창덕궁과 창경궁의 전각 및 궁궐 전경을 조감도식으로 그린 2점의 16폭 궁궐 배치도.

(remodeling)이라는 개념으로 수강궁을 대폭 수리하여 새롭게 만든 다음 이름을 창경궁(昌慶宮)이라 붙이고, 여러 대비들의 거처로 활용했다. 선왕의 부인인 대비의 거처는 원래 왕의 침전 뒤쪽에 배치하여 아침·저녁으로 왕이 문안을 하는 것이 원칙이었다. 그러나 성종 때는 사정이 달랐다. 성종의 할아버지인 세조의 비(정희왕후), 작은 아버지인 예종의 계비(안순왕후), 성종의 생모인 덕종의 비(소혜왕후)가 모두 살아 있었다. 경복궁이나 창덕궁에 대비전을 여러 채 지어 이 분들을 모두 모시면 해결이 되었으나, 경복궁은 세조가 조카인 단종의 왕위를 불법적으로 빼앗은 곳이어서 세조의 자손이 거처하기 민망했다. 그래서 13세의 어린 나이로 어렵게 왕위를 계승한 성종이 통치자로서의 권한을 확보하는 데 방해가 될 것을 염려한 웃어른들이 스스로 지혜를 모아 상왕과 그 비가 살던 수강궁에 나가 사는 방법을 모색했던 것이다. 그 후 창경궁은 1592년 임진왜란 중에 불타 버렸으나, 1616년 광해군이 창경궁을 복원하면서 이곳에 명정전을 짓고 정사를 살펴 단순한 이궁의 역할에서 벗어나 고종 때까지 정식 궁궐의 기능을 수행했다. 그러나 순종 3년인 1909년 일제는 순종을 위로한다는 명분으로 많은 전각들을 헐어 버린 후 이곳에 동·식물원을 조성했다. 그 후 이곳은 1983년 서울대공원으로 동물원을 이전할 때까지 창경원이라는 이름으로 운영되다가 복원되어 그해 12월 창경궁이라는 이름으로 환원되었다.[22]

창경궁은 창덕궁과 언덕 하나를 두고 인접하여 창덕궁 후원 숲을 공유하고 있는 궁이며 숲속의 식생도 큰 차이가 없다. 일제 시대를 거치는 동안 궁궐 내의 전각과 산림이 훼손되는 큰 변화가 있었으나, 동물원을 이전한 후 복원되었다.

22. 문화재청 창경궁 홈페이지(http://cgg.cha.go.kr) 자료 재정리.

3. 1. 4. 덕수궁

덕수궁 터는 원래 조선 태조의 계비 신덕왕후 강씨의 무덤인 정릉이 있던 곳이다. 그 흔적은 아직도 정동이라는 이름 속에 남아 있다. 정릉이 태종 때 현재의 정릉동으로 옮겨진 후 그 자리에는 성종의 형 월산대군의 개인 저택이 들어섰다. 1592년 임진왜란 때 선조가 피난을 갔다가 이듬해 10월 서울로 돌아와서 거처할 왕궁이 없자, 왕실의 개인 저택 중에서 가장 규모가 컸던 이곳을 임시 궁궐로 삼아 행궁(行宮)[23]으로 사용하기 시작했다. 이때 규모가 좁아서 인근에 있던 계림군과 심의겸의 저택을 합하여 궁내로 편입시키고, 정릉동 행궁이라고 불렀다.

선조가 1608년 2월 이곳 침전에서 승하하고, 광해군이 이곳에서 왕위에 즉위했다. 광해군은 즉위 직후 잠시 창덕궁으로 거처를 옮기고 즉위 3년(1611년) 행궁을 경운궁으로 이름을 고쳐 부르게 했고, 다시 경운궁으로 돌아와 왕궁으로 사용했다. 광해군 7년(1615년) 다시 창덕궁으로 옮기면서 이곳에는 선조의 계비인 인목대비만 거처하게 되었다. 1618년에는 광해군이 인목대비의 존호를 폐지하고 유폐시키면서, 경운궁을 서궁(西宮)이라 낮추어 부르게 되었다. 1623년 인조반정이 일어나자 인목대비의 명으로 광해군이 폐위되고, 선조의 손자 능양군이 이곳에서 즉위하니 그가 인조이다. 인조는 즉위 원년(1623년) 7월에 선조가 거처하던 침전인 즉조당과 석어당만 제외하고 경운궁을 월산대군 후손에게 돌려주었다.

경운궁은 고종 말년에 왕이 이곳으로 거처를 옮기면서 갑자기 궁궐로서의 모습을 갖추게 되었다. 경운궁이 왕궁으로 다시 사용된 것은 1896년 명성황후가 경복궁에서 시해되자 고종이 아관파천(俄館播遷)[24]하여 러시아 공사관 옆에 있던 경운궁에 헌종의 계비인 왕태후 홍씨와 태

---

23. 왕이 행차할 때 머물던 별궁.
24. 명성황후가 살해된 을미사변 이후 신변에 위협을 느낀 고종과 왕세자가 1896년 2월 11일부터 약 1년간 왕궁을 버리고 러시아 공사관으로 옮겨 거처한 사건.

자비의 거처를 옮기고, 그 후 고종이 1897년 2월 2일 경운궁으로 돌아오면서부터이다. 그때부터 이곳은 다시 경운궁이라 부르게 되었다. 이때를 전후하여 궁내에는 많은 건물들이 지어졌고 궁궐의 영역도 넓혀졌다. 덕수초등학교 · 경기여자고등학교 옛터와 미국 대사관저 서쪽 지역 등은 당초 경운궁 영역이었으나 비운의 근대사와 함께 궁궐 영역을 여러 대사관과 개인들에게 넘겨주어 현재의 영역은 2만 평에도 미치지 않을 정도로 축소되어 있다. 1907년에는 고종황제가 순종에게 양위한 후 이곳에 거처했는데, 이때부터 고종황제의 장수를 비는 뜻에서 덕수궁이라 부르게 되었다.[25]

덕수궁은 조선 왕조의 다른 궁과 달리 뒤편에 산이 아닌 작은 언덕이 있고 사방이 열린 곳에 자리 잡고 있다. 고종이 이곳에서 열강의 세력과 맞서며 정치를 한 것은 한양 도성 구조를 경운궁을 중심으로 재편하려 한 의도에서였다. 당시 이와 같은 왕도의 개조를 통한 국권 회복 계획은 황태자인 순종이 추진했다. 이런 계획은 이미 서구에서도 조르주유젠 오스만(George-Eugene Haussmann)[26]이 추진한 파리 개조 계획 등 유사 사례가 있었으나, 일제의 국권 침탈로 이를 이루지 못한 아쉬움이 크다.[27]

덕수궁은 지리적인 특성상 앞서 조영된 다른 궁궐들과는 달리 궁궐의 뒤편에 큰 산을 의지할 수 없어 오밀조밀한 구릉들로 구성된 궁궐 숲이 있었다. 하지만 이 숲의 규모도 현재의 덕수궁 숲의 면적보다는 훨씬 큰 면적이었으며 러시아 공사관 터, 미국 대사 관저, 덕수초등학교, 경기여자고등학교 터에 이르는 넓은 면적이었다. 덕수궁의 궁궐 숲

---

25. 문화재청 덕수궁 홈페이지(http://www.deoksugung.go.kr) 자료 재구성.
26. 프랑스 정치가. 1853년부터 17년 동안 센 주 주지사를 지냈음. 재임 기간 동안 인구 급증으로 인한 비위생적인 환경과 끊이지 않는 폭동 및 바리케이드의 도시로 알려진 파리를 개조하기 위해 시내 도로망과 상 · 하수도 정비 및 많은 공원 설치 등에 힘썼음.
27. 1994년 개최된 서울학 국제 심포지엄 자료집 『도시와 역사』 11~20쪽 재정리.

은 아직도 이 시설들 속에 부분적으로 남아 있어 예전 숲의 모습을 짐작할 수 있게 해 준다.

3. 1. 5. 경희궁

경희궁은 선조의 다섯째 아들인 정원군의 저택이었다. 광해군은 새문동 궁에 왕기(王氣)가 있다는 이야기를 듣고 정원군 사저를 빼앗아 그 터에다 궁궐을 세워 경덕궁이라고 했다. 인조반정 이후 인조는 인경궁(덕수궁)을 헐어 창경궁을 복원하는 데 활용했으나 경덕궁은 친부인 정원군의 저택이었던 까닭에 그냥 두었다. 그 후 영조는 경덕궁을 경희궁이라고 개칭했다. 경희궁은 이후 역대 왕들이 자주 이용했으며, 창덕궁·창경궁과 함께 조선 후기의 이궁의 역할을 했다. 고종 초년 경복궁을 중건한 후 경희궁은 빈 궁궐로 남게 되었다. 하지만 광무 5년인 1901년과 1904년 사이에는 당시 고종이 거처하던 경운궁(덕수궁)과 연결하기 위해 다리가 연결되기도 한 것으로 보아 경희궁은 대한제국 시대까지 궁궐로서의 가치를 인정받고 있었던 것으로 보인다.

하지만 고종의 강제 퇴위와 일제의 침략이 본격화되면서 일제는 통감부 중학교(현재의 서울고등학교)를 경희궁에 세우고 1922년 6월에는 경희궁 동편에 전매국 관사를 지으면서 그 부지로 2만 5500평을 떼어냈고 1927년과 1928년에는 경희궁 남쪽 도로를 확장하면서 일부를 도로로 편입시킨 후 궁궐 건물들은 대부분 매각했다.[28]

경희궁의 후원은 인왕산과 연결되는 궁궐 숲이었는데, 그 경치가 아름다워 정자가 많이 있었다고 알려져 있으나 현재는 흔적을 찾을 길이 없다. 다만 아직도 일부 언덕이 남아 있고, 이곳에 아까시나무들이 자라고 있어 과거 이곳이 숲이었다는 것을 짐작할 수 있게 해 준다.

---

28. '궁궐 가는 길' 홈페이지(http://seoul.pr.co.kr) 경희궁 자료 재구성.

3. 1. 6. 운현궁

운현궁은 왕이 정사를 살피던 궁궐이 아니라 흥선대원군의 사저로서 고종이 12세까지 살던 곳이다. 서울에 있던 궁들 중 실제 임금이 거주하지 않은 궁들은 대부분 사라졌으나 운현궁은 아직까지 유지되고 있어 역사적인 가치가 큰 궁이다. 하지만 운현궁 역시 일제 시대를 거치면서 그 면적이 축소되고, 건물만 몇 채 남아 있어 예전의 모습을 상실했다. 특히 일제 시대에 건립된 양관(洋館)[29]은 전체적으로 운현궁과 부조화를 이루고 있으며, 양관의 건설 과정에서 궁 안의 동산이 크게 훼손되어 현재는 궁궐 숲의 흔적을 찾아보기 어렵다. 집안에 고종황제가 어렸을 때 타고 놀던 소나무가 있었다고 하는 등의 기록이 있는 것으로 보아 운현궁에는 일정 규모의 동산이 있었을 것으로 추정되지만 현재는 남아 있지 않다. 다만 양관과 사랑채 사이에 남아 있는 수림대가 과거의 흔적을 일부 보여 주고 있다.

3. 2. 제사를 모시던 도시숲

3. 2. 1. 종묘

종묘는 조선 왕조의 왕과 왕비 그리고 죽은 후 왕으로 추존된 왕과 왕비의 신위를 모시는 사당이다. 종묘는 태조 3년(1394년)에 한양으로 도읍을 옮기면서 짓기 시작하여 그 이듬해에 완성되었다.

종묘는 동 시대 단일 목조 건축물 중 연건평 규모가 세계에서 가장 크나, 장식적이지 않고 유교의 검소함이 깃든 건축물이다. 종묘는 건축물뿐만 아니라 주변 숲까지 잘 보존되어 있어 1995년에 유네스코 세계문화 유산으로 등록되었다.[30]

---

29. 서양식으로 지어진 건물.
30. 문화재청 종묘 홈페이지(http://jm.cha.go.kr) 자료 재구성.

종묘 숲은 당초 창덕궁 및 창경궁과 연결되어 백악의 숲과 지맥을 서울의 중심까지 잇고 있었으나, 1930년 종묘와 창덕궁 사이에 도로가 개설되면서 숲이 단절되었다. 이 상태는 오늘까지도 계속되고 있다. 1980년대 이후에는 서울 도심의 대기 오염이 심화되면서 종묘 숲의 수종이 갈참나무에서 대기 오염에 강한 때죽나무로 급속하게 변화하고 있는 것도 특징이다. 최근 창덕궁 숲속에 사는 너구리가 종묘까지 내려오는 것이 시민들의 눈에 띄어 언론에 보도된 바 있다.

3. 2. 2. 사직단

사직단은 태조 3년(1394년)에 고려의 예를 따라 제사를 드리던 곳으로, 땅의 신을 제사하는 국사단은 동쪽에, 곡식의 신을 제사하는 국직단은 서쪽에 배치되어 있다. 단 위 동쪽에는 청색, 서쪽에는 백색, 남쪽에는 적색, 북쪽에는 흑색, 중앙에는 황색 흙을 덮었다. 단의 높이는 길한 숫자인 3에 맞추어 3척만큼 세 단의 장대석으로 쌓았다. 또한 단의 모양은 네모인데 국토의 신인 '사(社)'와 오곡의 신인 '직(稷)'이 모두 땅과 연관되므로 땅을 상징하는 사각형으로 만든 것이다.

사직단은 종묘와 함께 중요하게 여겨 중춘(仲春), 중추(仲秋), 동지(冬至)가 지난 후 세 번째 되는 해일(亥日)을 택하여 1년에 세 번 제사를 지냈으며, 가뭄이 들었을 때는 기우제를 지내기도 했다. 사직단 제사는 한일합방 이후 폐지되었다. 1897년 고종은 황제에 오르자 이곳을 태사(太社), 태직(太稷)이라고 고쳐 불렀다. 사직단은 일제 시대 공원으로 조성된 후 오늘에 이르고 있다. 왕권의 상징이자 나라의 기반이었던 종묘와 사직이 다른 점이 있다면, 종묘는 나라에 한 군데밖에 설치하지 못하는 반면 사직은 한양은 물론 각 지방의 행정 단위마다 설치하여 제사를 지냈다는 점이다.[31]

---

31. 디지털 한국학 홈페이지(http://www.koreandb.net) 사직단 자료 재구성

사직단은 북으로 인왕산과 바로 연결되어 있었으나, 일제 시대 이후 초등학교 건립, 공원 조성 등으로 인해 인왕산과의 연결이 단절되었다. 하지만 아직도 비교적 경내에 수목이 많이 남아 있고, 북쪽 언덕에 인왕산과 연결되었던 흔적이 일부 남아 있다.

3. 2. 3. 원구단

원구단(圓丘壇)은 환구단(圜丘壇)으로도 불리며 다른 이름으로 원구단(圓丘壇)·원단(圓壇)·원단(圓壇)이라고도 하는 둥근 언덕 모양으로 쌓은 국왕의 제천단(祭天壇)이다. 조선 초기부터 원구단이 마련되어 있었으며 기록에 보면 원단이라는 말을 더 많이 사용했다. 원구단의 위치는 한강의 서강 또는 남부라 한 것을 보면 지금의 용산구 한남동 부근인 것으로 추측된다. 이곳에서는 풍년을 기원하는 기곡(祈穀) 또는 기우(祈雨) 등 기원제(祈願祭)와 감사제가 거행되었는데, 왕이 친히 거행하거나 중신을 보내어 거행하기도 했다.

조선 초기의 원단은 중간에 폐지되었다가 고종 때 다시 설치되었다. 즉 고종이 대한제국이라고 국호를 고치고 황제에 즉위하면서 남별궁 터에 원구단을 만들게 하고 광무 2년(1898년)에서 그 이듬해에 걸쳐 단 경내에 황궁우(皇穹宇)를 지었다. 남별궁은 지금 중구 소공동 조선호텔 터에 있었던 것으로, 조선 초기에는 공주의 사저였고, 선조 때는 왕자 의안군의 집으로 이용했는데, 임진왜란 때부터는 남별궁이라고 부르면서 중국 사신의 숙소로 사용되었다. 이 원구단은 1913년에 철거되고 그 자리에는 조선호텔이 들어서게 되었는데, 팔각 3층의 황궁우는 지금까지 보존되어 있다. 이 황궁우는 천·지의 신위를 봉안하던 곳이다. 2000년 10월 28일 서울시에서는 원구단을 공원화하여 시민들에게 개방했다.[32]

---

32. 서울 600년사 홈페이지(http://seoul600.visitseoul.net) 원구단 자료 재구성.

원구단은 조선 시대 말에 조성된 곳이지만 당초 동산과 같은 지형을 가지고 있어 도성 안에서도 일부 도시숲이 남아 있었던 것으로 추측된다. 지금도 원구단 주변에는 소규모의 숲이 남아 있어 과거 숲이 있었음을 짐작하게 해 준다.

3. 2. 4. 장충단

장충단은 남산의 동북쪽 기슭에 있으며 이곳은 도성의 남쪽을 수비하던 남소영(南小營, 어영청의 분영)이 있던 자리이다. 1895년 8월 20일 명성황후 시해 사건이 발생하자 당시 궁내부 대신 이경직, 시위대장 홍계훈 등 많은 장병들이 일본 자객들을 물리치다가 순직했다. 이에 고종 황제는 그들의 영령을 위로하고자 1900년 11월 장충단이라는 사당을 짓는데, 그 자리가 지금의 신라호텔 영빈관 자리이다.

이후 1908년까지 매년 춘추로 제사를 올렸다. 그러나 사당은 한국전쟁 중 파괴되고 1969년에는 장충단에 세워졌던 비가 현재의 자리로 옮겨졌다. 장충단이 공원으로 된 것은 1919년의 일이다. 일제는 민족정기를 말살하기 위하여 이토 히로부미(伊藤博文)를 추모하기 위해 박문사라는 사당을 이곳에 세우고 공원을 조성했으나 광복 후 일제가 세운 건물은 모두 철거되었다.[33] 하지만 장충단 공원은 아직까지 공원으로 이용되고 있으며, 공원 초입에 장충단비만이 초라하게 서 있어 복원이 필요하다.

장충단은 당초에는 현재의 공원 위치뿐만 아니라 신라호텔 인근을 포함하는 상당한 면적이었을 것으로 추정된다. 하지만 현재는 장충체육관 및 신라호텔 건설, 도로 개설 등으로 현재와 같은 규모로 축소되었고, 이마저도 추모의 개념과는 동떨어진 작은 공원 같은 형식을 취하고 있어 복원이 필요한 지역이다.

---

33. 서울 600년사 홈페이지(http://seoul600.visitseoul.net) 장충단 자료 재구성.

3. 2. 5. 선농단

선농단은 조선 초부터 농업과 관련이 있는 고대 중국의 신농씨(神農氏)와 후직씨(后稷氏)에게 매년 선농제(先農祭)[34]를 지냈던 제단이다. 선농의 기원은 삼국 시대까지 소급되며 고려 시대를 거쳐 조선 시대까지 이어졌다. 조선 시대에 와서는 농본 민생 정책(農本民生政策)을 표방하여 제례가 이전보다 더 빈번하게 행해졌다. 경칩 후 길한 해일(亥日)을 골라 제례일로 정하면 국왕은 사흘 전부터 목욕재계하고 당일 새벽에 여러 중신과 백성들이 참여한 가운데 제사를 올렸다.

제사가 끝나고 날이 밝으면 국왕이 친히 선농단 부근의 친경지(親耕地)[35]에서 쟁기로 밭을 가는 시범을 보였는데 이를 친경례(親耕禮)라고 했다. 왕이 몸소 농사를 실천함으로써 중신들과 만백성에게 농사의 소중함을 일깨우려 했던 의식이었다.

선농제를 지내고 나서 국왕과 조정 중신들은 물론 서민들에 이르기까지 함께 밭을 간 후에 행사에 참여한 모든 사람들의 수고를 위로하기 위해 소를 잡아 국말이 밥과 술을 내렸는데, 그 국밥은 선농단에서 내린 것이라 하여 '선농탕(先農湯)'이라 불렸다. 이것이 오늘날 설렁탕의 유래가 되었다고 알려져 있다.

선농단에서는 국왕이 벼를 베는 행사나 기우제가 열렸다. 선농제향(先農祭享)과 친경(親耕)은 조선 시대 마지막 황제인 순종 융희 3년(1909년)까지 이어져 내려오다가 1910년 한일합방 이후 중단되었다.[36]

선농단은 임금이 직접 쟁기를 잡을 정도이고, 많은 사람들이 이를 구경할 수 있었던 것으로 보아 현재보다는 더 큰 면적이었을 것으로 추정되지만 정확한 기록이 남아 있지 않다. 또한 일정 규모의 숲도 함께

---

34. 서울 동대문 밖 전농동 선농단에서 신농씨와 후직씨에게 임금이 풍년을 기원하며 지낸 제사.
35. 임금님이 직접 농사를 짓는 땅.
36. 서울 600년사 홈페이지(http://seoul600.visitseoul.net) 선농단 자료 재구성.

있었을 것으로 추측되지만 현재는 천연기념물 240호로 지정된 향나무만이 남아 있을 뿐 과거의 흔적을 찾기 어렵다.

3. 2. 6. 선잠단

우리 조상들은 예부터 농사와 함께 양잠을 매우 중시하여, 역대 왕실에서는 권농(勸農)과 권잠(勸蠶)정책을 적극 장려하기 위하여 왕은 친경을 하고, 왕비는 권잠례(勸蠶禮)[37]를 행하여 신하와 백성들에게 솔선수범했으며, 특히 양잠의 풍요를 기원하는 국가적인 의식으로 매년 음력 3월에 선잠제(先蠶祭)를 거행했다.

선잠제는 고려 시대 매년 늦은 봄 길한 사일(社日)[38]에 선잠 서릉씨(西陵氏)의 신위를 모시고 지낸 것으로 되어 있으며, 조선 시대에는 농본민생 정책이 더 강화되어 정종 2년(1400년) 3월 처음 선잠제를 지냈고, 태종 13년(1413년) 4월 제사 제도를 대사(大祀, 증조(曾祖), 사직(社稷)), 중사(中祀, 선잠(先蠶), 선농(先農)), 소사(小祀, 마조(馬祖))로 정하여 선잠제를 선농제와 함께 주요 제사로 모셨다.

성종 2년(1471년) 성북동 선잠단을 다시 축조하고, 성종 8년(1477년) 창덕궁 후원에 채상단(採桑壇)을 신축하여 왕비가 선잠제를 직접 행했다. 선잠제는 대한제국 말인 순종 2년(1908년) 7월에 선잠단 신위를 선농단 신위와 함께 사직단으로 옮겨 배향한 후 중단되었다. 선잠단 유적은 성북구 성북2동 성북초등학교 입구에 있으나, 현재는 이곳이 선잠단이었다는 표석만 남아 있다.

제사를 지내던 다른 장소와 마찬가지로 선잠단 주변 역시 숲이 우

---

37. 왕비가 직접 누에치는 시범을 보이는 의식.
38. 춘분·추분에서 가장 가까운 무일(戊日). 사(社)는 토신(土神)을 뜻함 봄·가을로 두 번 있으며 춘분 때를 춘사(春社), 추분 때를 추사(秋社)라고 함. 춘사는 3월 17~26일, 추사는 9월 18~27일에 있음. 이날 여자는 바느질을 하지 않고 남자는 농사를 쉬며, 이웃끼리 나무 밑에 제수를 차려놓고, 춘사에는 곡식의 성육을 빌고 추사에는 추수를 감사하는 뜻에서 지신(地神)과 농신(農神)에게 제사를 지냈음.

거져 있고, 선잠단의 특성상 뽕나무가 숲을 이루었을 것으로 추정되지만 1910년 선잠단의 흔적 사진을 보면 거의 숲이 남아 있지 않아 대한제국 말기의 황폐한 산림과 국내 현실을 살펴볼 수 있다.

3. 2. 7. 동묘

동묘(東廟)는 삼국지에 등장하는 중국의 유명한 장군인 관우를 제사하는 사당으로서 원래의 이름은 동관왕묘(東關王廟)이다. 관우는 무운(武運)과 재운(財運)의 수호신으로 중국인들의 신앙 대상인데 당나라 중기부터 제사를 올렸다고 한다. 종로구 숭인동에 있는 서울 동묘는 임진왜란 당시 조선과 명나라 군대가 관우 신령의 도움으로 왜군을 물리쳤다고 생각하여 명나라의 신종이 비용과 친필을 보내 선조 32년(1599년) 착공하여 2년 뒤에 완공한 것이다.[39]

서울 동묘는 높은 단위에 자리 잡고 있는 단층의 건물로 구성되어 있는데, 건물 안에는 관우의 목조상과 그의 친족들의 상이 있다. 건물 안쪽은 화려한 장식이 돋보이는데 건물 전체의 모습이 우리나라의 다른 건축물들과는 달리 중국의 영향이 강하여 색다른 모습이다.

동묘는 넓은 면적은 아니지만 사당의 품격을 지키기 위해 많은 나무들이 식재되어 있는데, 과거에는 그 규모가 현재보다는 더 넓었을 것으로 추정된다. 동묘의 수목들은 국가에서 조성한 소규모의 제사 터 혹은 사당에 있는 도시숲 공간이라는 의미를 가지고 있다.

3. 2. 8. 부군당 및 사당

앞서 살펴본 단유(壇壝) 이외에도 한양과 그 주변에는 많은 종류의 제사 터들이 있었다. 이들 중 대표적인 제사 터로는 병마(病魔)를 막기 위해 제사를 지내던 마단(禡壇)[40]과 일반 서민들에게 고래로 내려오던 풍

---

39. 서울의 문화재 홈페이지(http://sca.visitseoul.net), 동묘 자료 재구성.

습에 따라 치성을 드리던 서낭당 혹은 성황당, 한강변에서 풍어와 안전을 빌던 부군당 등이 있다. 이중 부군당 등의 일부 제사 터들은 아직도 한강변의 마포구, 용산구 등의 높은 지대에 부분적으로 남아 있다.

부군당은 대개 한강변의 높은 언덕에 위치하는 것이 보편적이며, 신목(神木)으로는 느티나무, 은행나무, 회화나무 등이 심겨져 있다. 지역 주민들은 대부분 부군당으로 부르지만 부군묘로 되어 있는 경우도 있다. 부군당의 유래는 서낭당에서 유래된 경우와 남이 장군 또는 김유신 장군 등을 모시던 신당(神堂)에서 유래된 경우 등 매우 다양하며 경우에 따라서는 부군당이라 부르지 않고 공민왕 사당, 남이 장군 사당 등과 같이 사당으로 부르는 경우도 있다. 과거에는 사당 주변에 신목을 비롯하여 서낭당과 같이 비교적 많은 수목들이 있는 마을숲으로 조성되어 있었을 것으로 추정되지만 현재는 대부분 한두 그루의 신목만이 남아 있는 것이 일반적이다. 하지만 신목의 경우 일반적으로 400년 이상 된 고목들이 보편적이며 그동안 많은 변화 과정을 거쳐 왔음에도 불구하고, 지역 주민들이 신목을 훼손했을 경우 동티를 탈 수 있다는 터부(taboo) 때문에 비교적 보존 상태가 양호한 편이다.

3.3. 학교 숲

한양에는 오늘날의 대학에 해당하는 성균관과 고등학교에 해당하는 4부 학당이라는 국립 교육 기관이 있었다. 이들 교육 기관은 성균관에 부속된 양현고(養賢庫)[41]에서 장학금을 주어 운영했는데, 성균관대학교로 이어진 성균관을 제외하고는 근대 신학문의 도입과 함께 모두 사라졌다. 이 학교들에는 전각 이외에도 후원에 크고 작은 학교 숲이 있었

---

40. 전염병을 막기 위해 제사를 지내던 제사 터.
41. 조선 시대 성균관 유생들의 식량을 공급하던 기관.

는데, 성균관 이외의 학교 숲은 거의 대부분 사라지고 남아 있지 않다.

3.3.1. 성균관

성균관은 조선 시대 최고의 교육 기관이다. 최고의 학부 기관으로서 '성균(成均)'이라는 명칭이 처음 사용된 것은 고려 충렬왕 때인 1289년에 그때까지의 최고 교육 기관인 국자감(國子監)의 명칭을 '성균'이라는 말로 개칭하면서부터다. 충숙왕 때인 1308년에 성균관으로 개칭되었고, 공민왕 때에는 국자감으로 명칭이 바뀌었다가, 1362년에 성균관이라는 이름을 되찾았다. 조선 건국 이후 성균관이라는 명칭은 그대로 존속되어, 새로운 도읍인 한양의 숭교방 지역에 대성전과 명륜당·양현고 및 도서관인 존경각 등의 건물이 완성되면서 그 모습을 갖추기 시작했다.

성균관은 태학(太學)으로도 불리었으며, 중국 주나라 때 제후의 도읍에 설치한 학교의 명칭인 반궁(泮宮)으로 지칭되기도 했다. 조선 시대의 교육 제도는 과거 제도와 긴밀히 연결되어서, 초시(初試)[42]인 생원시(生員試)와 진사시(進士試)[43]에 합격한 유생에게 우선적으로 성균관 입학 기회를 주었다. 성균관 유생의 정원은 개국 초에는 150명이었으나, 1429년(세종 11년)부터 200명으로 정착되었다. 성균관 유생은 기숙사격인 동제(東齋)와 서제(西齋)에서 생활했으며, 출석 점수 원점(圓點)을 300점 이상 취득해야 대과 초시에 응시할 수 있었다. 유생의 생활은 엄격한 규칙에 의해서 이루어졌으며, 자치적인 활동 기구로 제회(齋會)가 있었다. 유생은 기숙사 생활을 하는 동안 국가로부터 학전(學田)과 외거 노비(外居奴婢) 등을 제공받았으며, 교육 경비로 쓰이는 전곡(錢穀)의 출납은

---

42. 조선 시대 각종 과거의 제1차 시험.
43. 고려 및 조선 시대에 과거에 합격한 사람에게 주던 칭호의 하나. 초시 및 복시(覆試)에 합격하여 사류(士類)에 참열(參列)할 자격을 얻었다는 의미를 지니며, 성균관에 입학하는 자격을 지닐 뿐만 아니라, 하급 관원으로 임용될 수도 있었음.

양현고에서 담당했다.

유생은 또한 당대의 학문 및 정치 현실에도 매우 민감하여 문묘종사(文廟從祀)[44]나 정부의 불교 숭상 움직임에 대해 집단 상소를 올렸으며, 그들의 요구가 받아들여지지 않으면 권당(捲堂)[45] 또는 공관(空館)[46]이라는 실력 행사를 하기도 했다. 조선 전기 학문의 전당으로서 관리의 모집단으로 주요한 기능을 한 성균관은 조선 후기에 이르면서 교육 재정이 궁핍화되고 과거 제도가 불공정하게 운영되면서 그 기능이 약화되었다. 1894년의 갑오개혁은 성균관의 역사에서 중요한 굴절을 이루는 계기가 되었다. 갑오개혁이 단행되면서 과거 제도가 폐지되고, 근대적인 교육 개혁이 추진되면서 일정한 변모를 겪게 되었다. 성균관은 개화의 흐름 속에서 한국의 전통적인 유학과 도덕을 지켜 나가는 방향으로 전환되었으며, 1946년 성균관대학교의 설립으로 그 전통이 계승되었다.[47]

성균관은 창경궁 북쪽의 북악산 아랫자락에 위치하여 풍부한 학교 숲이 유지되었을 것으로 추정되고, 조선 시대에 제작된 한양 지도에도 넓은 숲이 표현되어 있으나, 현재는 그 상당 부분이 대학 및 주택가로 개발되었다. 하지만 아직도 삼청동에서 성균관으로 넘어가는 지역에 상당 부분의 산림이 보존되어 있어서 예전의 경관을 일부나마 간직하고 있다.

3. 3. 2. 사학

사학(四學)은 고려의 제도를 이어받아 조선 초기에 설치된 중등 국립 교육 기관으로 초기에는 동부와 서부 2개소에 학당을 두었으나, 태종 11년(1411년) 중·남·북부 학당이 신설되어 5부 학당으로 운영되었

---

44. 학덕이 있는 사람의 위패를 문묘나 사당·서원 등에 모시는 행위.
45. 수업 거부.
46. 성균관 유생들이 행하던 일종의 동맹 휴학.
47. 성균관 홈페이지(http://www.skkok.com) 역사 자료 재구성.

다. 이중 북부 학당이 세종 27년(1445년)년 중부 학당에 편입되어 4부 학당으로 운영되었고, 세조 12년(1466년) 관제 개혁을 하면서 동·서·남·북부 학당을 통칭하여 사학(四學)이라고 칭했다.

사학은 독립적인 교육 기관이라기보다는 현재의 대학 부속 고등학교와 같이 성균관에 부속된 중등 교육 기관이었다. 입학은 15세 전후의 연령이 많았고, 사대부 자제는 물론 서인(庶人)[48]의 자제까지 입학이 가능했다. 총 정원은 각 100명으로 한성부 내 자제들이 많이 입학했지만 한성부 주변이나 지방에서도 입학했다.[49]

사학은 대한제국 말기까지 유지되었으나 관학의 쇠퇴와 신교육 기관의 설립으로 자연 소멸되었으며 사학을 본떠 만들어진 이화학당·배재학당과 같은 신교육 기관이 그 명맥을 계승하여 오늘에 이르고 있다.

이중 대표적이었던 서학(西學)을 살펴보면 서학은 한성부 서부 여경방에 위치하고 있었는데, 현재의 조선일보사 자리이다. 서학이 입지해 있던 터는 고종 때 영친왕의 모친인 엄비가 거주하도록 경선궁을 꾸몄다는 기록이 남아 있는 것으로 보아 덕수궁과 인접하여 비교적 넓고, 수림이 양호했던 것으로 추측된다. 현재의 조선일보사와 덕수초등학교의 담장이 있는 곳에는 옛 지형과 숲이 일부 남아 있어 예전의 모습을 짐작할 수 있게 해 준다.

3. 4. 고개 숲

한양에는 지형 특성상 크고 작은 많은 고개가 있었다. 하지만 근대화 과정에서 대부분의 고개들이 평탄화되고 도시로 개발되면서 현재는

---

48. 벼슬이 없는 서민.
49. 서울 시사 편찬위원회, 1998, 『서울의 고개』, 76~78쪽 재정리.

대부분 지명만 남아 있을 뿐, 그 흔적을 찾기가 어렵다. 한양의 고개들은 도성을 조성하던 조선 시대의 토목 기술로는 시가지로 개발하는 데 한계가 있었기 때문에 많은 고개들이 수림이 우거진 도시숲의 형태로 남아 있었던 것으로 추정된다. 이 고개들 중 숲에 대한 기록이 남아 있는 고개를 중심으로 살펴보면 다음과 같다.[50]

3. 4. 1. 솔재 숲

종로구 중학동 (구)한국일보사 사옥과 건너편 미국 대사관 직원 관사 사이에 있던 고개를 솔재, 한자로는 송현(松峴)이라고 했다. 이것은 고개 주위에 소나무가 빽빽하게 들어서 있어서 붙여진 지명이다. 이곳의 소나무 숲은 솔재뿐만 아니라 수송동과 중학동에 걸쳐 무성했다고 한다. 지금은 그 흔적이 거의 남아 있지 않지만 미국 대사관 직원 관사 내부에 일부 숲이 남아 있고, 이곳의 지명이 송현동이라고 되어 있어 명칭으로나마 소나무 숲의 흔적이 남아 있다.

이 지역에 대한 기록으로는 『태종실록』 13권 태조 7년 4월 임신조에 "경복궁 좌강(左岡)의 소나무가 번성하므로 인근의 인가를 철거하도록 명했다."라고 기록되어 있는 것으로 보아 이 일대의 소나무는 국가에서 보호할 만큼 울창했음을 알 수 있다.

3. 4. 2. 자하문고개(창의문고개) 숲

종로구 청운동에서 부암동으로 넘어가는 고개의 이름이 자하문 고개 혹은 창의문고개이다. 이 명칭은 고개마루턱에 자하문이 있어서 붙여진 이름이다. 자하문의 정식 이름은 창의문으로 이 문의 아랫동네 이름이 자핫골(지금의 청운동)이라서 흔히 자하문이라고 불렀다. 창의문은

---

50. 고개 숲에 관한 내용은 앞의 책 『서울의 고개』에서 수목이나 숲과 관련된 기록이 있는 내용을 발췌하여 요약했음.

도성의 4소문(小門)의 하나로 도성의 북문인 숙청문은 명목상의 문일 뿐 실제로는 창의문이 그 기능을 수행했다. 창의문 주변의 숲에 대한 기록은 없으나, 이곳의 경치를 그린 겸재 정선의 창의문도(彰義門圖)에 소나무 숲이 잘 표현되어 있고, 1890년에 촬영된 사진에도 소나무 숲의 모습이 확실하게 나타나고 있다.

3. 4. 3. 새문고개 숲

새문고개는 경희궁에서 서대문 교차로로 넘어가는 고개이다. 이곳을 과거 새문고개라고 부르고 지금은 새문안길이라고 부르게 된 유래는 새문 고개에 있던 돈의문(서대문)을 새문이라고도 불렀기 때문이라는 설이 있다. 또한 돈의문이 위치한 새문고개가 경복궁의 좌우 팔과 같은 위치에 있어 지맥을 손상시키지 않기 위해 이 문을 폐쇄하고 서전문이라는 작은 문을 새로 내었기 때문에 문을 닫는다는 의미의 색문(塞門)이라고 불렀는데 그 이름이 변하여 새문이 되었다는 설이 있다.

고개 이름의 유래에서도 살펴볼 수 있듯이 새문 고개는 문을 닫으면서 지맥을 보호하기 위해 소나무를 심었다는 기록이 있고, 이곳이 경희궁의 바로 서쪽에 위치한 곳이기 때문에 경희궁 안에 있던 숲이 자연스럽게 이곳까지 연결되어 있었을 것으로 추정된다. 하지만 지금은 고개의 흔적만 남아 있을 뿐 경향신문사 사옥과 고려병원 등 크고 작은 건물들이 들어서서 숲의 흔적은 찾아보기 어렵다. 다만 경향신문사 동편에서 (구)러시아 공사관 건물로 연결되는 언덕 부분에는 아직도 개발이 미치지 않은 일부 숲이 있어 그 흔적을 짐작해 볼 수 있다.

3. 4. 4. 배오개 숲

배오개(梨峴)는 중구청과 동국대학교 입구에 걸쳐 있던 고개 이름으로 고개 입구에 배나무가 여러 그루 심겨져 있었기 때문에 배고개라고 부르던 이름에서 유래되었다는 설과 이 고개의 숲이 매우 울창하여 한낮에도 고개를 넘기가 무서워 길손 100명이 모여야 넘는다고 하여 백고개라고 불렀는데 이 명칭이 변하여 배오개가 되었다는 설이 있다.

이름에서 살펴볼 수 있는 것처럼 이곳에는 무성한 숲이 있었던 것을 알 수 있지만 현재는 그 흔적이 거의 남아 있지 않아 동국대학교 교정의 경사진 언덕에 있는 숲으로 그 흔적을 짐작해 볼 수 있다. 배오개 아래에는 채소와 과일, 곡물을 파는 배오개 시장이 있었는데 이 시장이 오늘날 광장시장의 모태이다.

3. 4. 5. 잣배기고개 숲

잣배기고개는 서울대학교 병원 입구에서 연건동으로 넘어가는 고개이다. 이 고개에는 잣나무가 많아서 잣배기고개라 불렀다고 한다. 이 고개 주변에 명나라 멸망 후 명나라의 지사(志士)들이 조선으로 망명하여 살았다. 그래서 마을 이름을 신민동(新民洞)이라고 불렀다. 이 고개 숲은 현재는 그 흔적을 찾아보기 어려우며, 서울대학교 의과 대학 안에 일부 남아 있는 숲에서 그 흔적을 가늠해 볼 수 있다.

3. 4. 6. 동소문고개 숲

동소문은 혜화동에서 돈암동으로 넘어가는 고개에 있던 문으로 원래 명칭은 혜화문이다. 동소문 문루의 천장은 다른 문들과는 달리 용이 아닌 봉황이 그려져 있는 것이 특징이다. 이것은 이 일대가 울창한 숲을 이루고 있어서 온갖 새들이 몰려들어 혜화문 밖의 농사에 피해가 컸으므로 새들의 피해를 막기 위해 새들의 왕격인 봉황을 그렸다고 한다. 이로 미루어 볼 때 혜화문 주변은 도성 안에서도 특히 산림이 우거진 지역이었음을 알 수 있다. 하지만 현재는 주택가로 개발되어 그 흔적이 거의 남아 있지 않지만, 가톨릭대학교 안에 소나무 숲이 일부 남아 있어 그 흔적을 짐작할 수 있다.

3. 5. 사산

사산(四山)은 풍수지리상 도성의 네 방위를 보호하는 산림이다. 사산은 좌청룡·우백호·북현무·남주작에 해당하는 산들이다. 서울에서는 각각 타락산(현재의 낙산), 인왕산, 북악산, 남산이 이에 해당한다. 사산은 경관적으로 매우 중요한 위치를 차지하고 있어, 조선 왕조 초기부터 사산을 보호하기 위한 사산감역관(四山監役官)이라는 관직을 따로 두고 관리했다. 특히 사산에는 금표(禁標)[51]를 설치하여 도성 안의 사산 외에도 도성 밖의 사산 영역까지 함께 관리했다.[52]

3. 5. 1. 낙산

낙산은 동소문에서 동대문에 이르는 구릉으로 이루어진 산이다. 산의 모양이 낙타의 모양과 같다고 하여 낙타산, 타락산, 낙산 등으로 불렀다. 한양의 좌청룡에 해당하는 산으로 산이 높지 않고 경치가 좋아 산자락 아래 도성 안에는 권문세가들이 거주했고, 도성 밖에는 가난한 선비들이 주로 거주했다. 『지봉유설(芝峰類說)』을 남긴 이수광은 도성 밖 안산 자락에 있는 비우당에 거주했는데, 안산 자락의 하나인 지봉(芝峰)이 그의 집 뒤에 있었기 때문에 호를 지봉으로 삼았다고 알려져 있다.

낙산은 소나무 숲이 울창하고 계곡물이 풍부하여 도성 안에서도 손에 꼽는 명승지였으나, 일제 시대에 소나무 숲이 모두 벌채되고 한국 전쟁을 거치면서 판자집들이 들어서게 되어 과거의 경관을 모두 잃었다. 특히 1960년대 말 이곳에 시민 아파트가 들어서면서 산림으로서의 기능을 완전히 상실했다.

서울시에서는 1999년부터 이곳에 있던 시민 아파트와 난립한 무

---

51. 조선 시대 도성 외곽에 민간인 통제 구역을 설정하고 그 경계에 세운 통행 금지 표지.
52. 서울 시사 편찬위원회, 1997, 『서울의 산』, 95~177쪽 재정리.

허가 주택들을 철거한 후 소나무를 심고 공원을 조성하여, 낙산 공원이라 부르고 있다.

3. 5. 2. 인왕산

인왕산은 도성의 서쪽에 위치한 산으로 풍수지리상 우백호에 해당하는 산이다. 인왕산은 암벽이 발달하여 나무가 잘 자라지 않을 것처럼 보이지만 조선 시대에는 호랑이가 살았다고 전해질 정도로 봉우리 아래는 울창한 숲을 간직하고 있었다. 1968년 1월에 무장 간첩들이 청와대를 습격하는 길로 사용되었기 때문에 그 후 1993년 4월까지 25년 동안 입산이 전면 통제되었다.

인왕산이라는 이름은 인왕경(仁王經)이라는 불경에서 비롯되었을 것으로 추측된다. 인왕경은 부처님이 여러 나라 왕들을 위해 설법한 것으로 통치술에 관련된 내용을 담은 불경이다.

인왕산 정상에는 매바위와 정상을 휘감는 것 같은 치마바위가 보인다. 치마바위는 단경왕후 신씨의 이야기로 유명하다. 단경왕후는 중종인 진성대군의 원비(元妃)[53]이면서 신수근의 딸이다. 연산군의 폭정을 못 이긴 중신들이 중종반정을 일으켜 영의정 신수근을 주살하고, 성종의 둘째 아들 진성대군을 옹립했다. 억지로 왕이 된 중종은 아내 신씨를 염려하여 재빨리 왕후로 봉했다. 하지만 신수근을 주살하고 반정을 일으켰던 중신들은 신씨를 역적의 딸이라고 주장하며 중종에게 몰아낼 것을 강요했다. 중종과 반정의 주모자들 사이에 살벌한 긴장감이 감돌자 이를 보다 못한 신씨가 남편을 위해 물러나며, 살아 있는 동안 인왕산 바위에 붉은 치마를 널어 놓겠다는 약속을 남겼다. 중종은 얼마 동안은 아내를 그리워하며 경회루에서 인왕산 바위를 살폈다. 그러나 곧 아름다운 궁녀들 품에서 단경왕후를 잊었다. 하지만 단경왕후는 그 후

---
53. 임금의 정실(正室)부인.

51년 동안 세상 떠나기 전날까지 하루도 빠짐없이 인왕산 바위에 치마를 널었다고 한다.

겸재 정선은 「인왕제색도(仁王齋色圖)」라는 그림을 남겼는데 그는 조선 시대 인왕산의 경관을 사진으로 보는 것처럼 자세하게 묘사하고 있다.

3. 5. 3. 남산

남산의 본래 이름은 인경산이었으나 태조 이성계가 1394년 풍수지리에 의해 도읍지를 개성에서 서울로 옮겨 온 뒤, 도성의 남쪽에 있는 산이라는 의미에서 남산으로 지칭되었다. 남산은 풍수지리상으로는 남주작에 해당하고 또 도성의 안산(案山)[54]으로 중요한 산이다. 조선 시대 초기 나라의 평안을 비는 제사를 지내기 위하여 산신령을 모시는 신당을 북악산과 남산에 세웠으며 남산에 세운 신당에는 목멱대왕(木覓大王)이라고 불리는 산신을 모시고 있어 목멱 신사라고 불렀고, 또한 나라에서 세운 신당이므로 국사당(國師堂)이라고도 했다. 이때부터 인경산은 목멱산 혹은 목멱으로 불렸다.

1925년 일제는 남산의 국사당을 헐고 남산 식물원이 있던 남산 서사면에 조선 신궁이라는 일본 신사를 세웠다. 이때 헐린 국사당 건물은 인왕산으로 옮겨져 지금까지 내려오고 있다. 일제는 또 1925년 장충단을 공원으로 조성한 뒤 그 일대에 벚나무 수천 그루를 심는 등 민족 정신의 상징으로 여겨지던 남산을 훼손했다. 1940년 3월 남산을 '남산 도로 공원'으로 지정하면서 남산은 전체 지역이 공원으로 지정되어 현재에 이르고 있다. 한국 전쟁을 전후해 월남한 사람들이 남산 주변에 집단으로 거주하여 남산은 다시 심각하게 훼손되었다. 광복 이후 월남하거나 귀국한 동포들이 남산 남쪽에 만든 주거 지역을 해방촌이라고

---

54. 풍수학상의 네 요소의 하나로 집터나 묏자리의 앞쪽에 있는 산.

부른다.

서울시에서는 남산에 들어선 잠식 시설을 이전하여 자연경관을 회복하고 시민 공원으로서의 기능을 높이기 위하여 1991년부터 1998년까지 8년간 '남산 제 모습 가꾸기' 사업을 진행했다. '남산 제 모습 가꾸기' 사업으로 (구)안기부 시설, 외인 아파트 및 외인 주택 시설이 모두 철거되었고, 철거 지역에 야외 식물원 등과 같은 녹지가 조성되었다.

3. 5. 4. 북악산

북악산은 한양성의 북현무(北玄武)이자 경복궁의 주산(主山)[55]이다. 산세가 좌우 균형을 이루면서 중심부가 반듯하게 솟아 있어 마치 갓 피어난 꽃봉오리와 같은 느낌을 주는 산이다. 북악산은 백악산 혹은 백악이라고도 부른다. 북악산 아래는 한양 제일의 명당이라고 하여 한양 천도와 함께 경복궁이 건립되었으며 일제 시대에는 조선 총독부 관사와 총독부 건물이 들어선 바 있다. 광복 후에는 경무대와 청와대가 대를 이어 자리 잡고 있다. 북악산은 조선 시대부터 그 출입이 엄격하게 통제되었으며, 최근까지도 일부 지역을 제외하고는 출입이 통제되었다. 따라서 서울의 다른 숲에 비해 비교적 보존 상태가 양호하다. 그러나 2007년 4월 1일 '사적 및 명승' 제10호로 지정되면서 부분 개방되기 시작했다.

3. 6. 하천 숲

4대문 안의 큰 하천으로는 청계천이 유일하다. 청계천은 인왕산과 북악의 남쪽 기슭, 남산의 북쪽 기슭에서 발원하여 도성의 중앙을 흐르다가 북쪽에서 내려오는 정릉천 및 성북천과 합류한 후 다시 중랑천 본

---

55. 풍수설에서 집터, 묏자리, 도읍 터 등의 뒤쪽에 위치하고, 운수 기운이 매였다고 하는 산. 주롱(主龍).

류와 합류하여 한강으로 흘러가는 도시 하천이다. 2005년 복원 공사가 완료된 청계천은 조선 시대에는 총 14개의 지천이 청계천으로 합류하는 것으로 기록되어 있지만, 현재는 성북천과 정릉천을 제외하고는 모두 복개되어 그 흔적을 찾을 수 없다. 청계천은 한양 천도와 함께 도성이 건설되면서부터 한양의 주요 배수구 역할을 했다. 기록상으로는 태종, 세종, 영조 때 대규모 준설 공사 및 석축 공사를 한 것으로 되어 있다. 그 후에도 고종 때부터 일제 시대인 1942년까지 지속적으로 준설한 기록이 있다.

청계천은 조선 시대에는 단순하게 개천으로 불렸고, 모든 기록에도 개천으로 나와 있으나 일제 시대에 '조선 하천령'이란 법을 제정하면서 청계천으로 명칭을 바꾼 것으로 알려져 있다. 이 명칭은 청계천의 상류를 청풍계천(淸風溪川)으로 부르던 것을 줄여서 부른 것으로 보인다.

태종 이후 계속 정비해 왔던 청계천은 영조 36년(1760년) 가장 큰 준천 공사를 실시했는데, 규모나 비용 측면에서 조선 개국 이래 가장 큰 준설 공사였다. 당시 공사 진행을 영조가 직접 참관했는데, 그 기록이 현재도 그림으로 남아 있다.

청계천 주변의 하천 숲은 하천 정비 작업을 하면서 식재한 버드나무들로 이루어졌던 것으로 짐작되며, 조선 시대에 그려진 그림이나 지도에 그 모습이 나와 있다. 주요 수종은 능수버들, 버드나무, 참느릅나무로 추정된다. 한편 준설 공사에서 나온 흙은 하천 인근 특히 오간수문 근처에 쌓아 인공산을 만들었다. 이로 인해 조산동(造山洞)이라는 지명이 생겼는데 일제 시대에 방산동(芳山洞)이라는 이름으로 바뀌었다. 청계천 준천 공사 때 만들어진 작은 구릉들은 방산동, 산림동, 주교동 등에 산재되어 있었는데 이들 모래언덕이 허물어져 청계천으로 유입되지 않도록 풀과 나무를 심어 동산을 가꾸었을 것으로 추정된다. 하지만 1890년대 이후 이 동산의 흙과 모래를 종로 개수용 성토재 및 각종 건축물의 건축 재료로 이용하면서 사라졌다.[56]

4. 맺음말

　지금까지 조선 시대에 서울 안팎에 있던 여러 가지 종류의 도시숲을 살펴보았다. 지금은 궁궐 숲이나 종묘, 성균관과 같은 일부 도시숲을 제외하고는 조선 시대의 원형을 짐작할 수 있는 도시숲이 거의 남아 있지 않은 실정이다. 최근 자연환경에 대한 관심이 많아지면서 서울에서도 다양한 형태의 자연환경 복원 사업들이 추진되고 있다. '남산 제 모습 가꾸기' 사업이나 청계천 복원 공사와 같은 일련의 작업들이 대표적이며, 이들은 서울을 쾌적하고 아름답게 만들어 나가고자 하는 시민들의 열망을 담은 사업들이다. 하지만 이런 사업들은 당초의 취지와는 달리 경우에 따라서는 오히려 자연환경을 훼손할 수도 있다는 우려를 낳기도 한다. 이런 우려의 근본을 살펴보면 당초 그 땅이 가지고 있는 지세나 물의 흐름을 이해하지 못한 데서 오는 경우가 많이 있다.

　전통 도시숲에 대한 연구는 이런 점에서 오늘날 우리가 도시 생태계를 복원해 나가는 바른 방향을 제시해 줄 수 있다. 예를 들어 청계천 복원과 함께 고려해 볼 수 있는 서울의 남북 녹지축 연결을 그 예로 들 수 있다. 얼마 전까지 서울시 도시 기본 계획을 살펴보면 종묘와 남산을 녹지로 연결하여 도시 녹지축을 복원해야 한다는 계획이 있었다. 그리고 이 계획 추진을 위해 세운상가를 철거하고 공원 녹지를 조성하는 등의 여러 가지 대안들이 제시되었지만 큰 효과를 거두지는 못했다. 하지만 자세히 살펴보면 남산과 종묘는 지형 특성상 청계천을 중심으로 유역(流域)을 달리하고 있으므로 녹지로 연결하기보다는 청계천으로 흘러드는 작은 개울을 복원하여 연결하는 것이 원래 모습에 가까운 방법이다.

　물론 조선 시대와는 여러 가지로 많은 변화가 있었기 때문에 과거와 똑같은 형태의 복원이 반드시 바람직한 것은 아니다. 하지만 오랫동

---

56. 서울 시사 편찬위원회, 2000, 『서울의 하천』, 197~249쪽 재정리.

안 다듬어진 지형이나 물의 흐름을 참고하여 도시를 관리하는 것은 물이나 바람의 흐름이 자연스럽게 진행되어 여러 가지로 도시에 이로운 관리방법이 될 것이다.

앞으로 이 글에서 다룬 내용을 근간으로 실제 현장 조사와 발굴되지 않은 자료를 보완하여 실제 우리나라의 도시숲 관리와 도시 생태계 복원에 대한 충분한 자료로 이용될 수 있도록 더 깊이 있는 연구가 진행될 수 있게 되기를 바라며 글을 줄인다.

참고 문헌

'궁궐 가는 길' 홈페이지(http://seoul.pr.co.kr).

디지털 한국학 홈페이지(http://koreandb.net).

문화재청 경복궁 홈페이지(http://gbg.cha.go.kr).

문화재청 덕수궁 홈페이지(http://www.deoksugung.go.kr).

문화재청 종묘 홈페이지(http://jm.cha.go.kr).

문화재청 창경궁 홈페이지(http://cgg.cha.go.kr).

문화재청 창덕궁 홈페이지(http://cdg.cha.go.kr).

서울 600년사 홈페이지(http://seoul600.visitseoul.net).

서울 시사 편찬위원회, 2000, 『서울의 하천』, 197~249쪽.

서울 시사 편찬위원회, 1998, 『서울의 고개』, 76~78쪽.

서울 시사 편찬위원회, 1997, 『서울의 산』, 95~177쪽.

서울의 문화재 홈페이지(http://sca.visitseoul.net).

서울학 연구소, 1994, 서울학 국제 심포지엄 자료집 「도시와 역사」, 11~20쪽.

성균관 홈페이지(http://www.skkok.com).

손정목, 1989, 『일제 강점기 도시계획 연구』, 일조각, 68~78쪽.

일본 임업 연구소, 1972, 『도시림』, 1쪽.

W. Grey, 1974, *Urban Forest*, 서문 xi쪽

● 오충현(동국대학교 환경생태공학과 교수)

⦿ — 5장. 한국 농촌 경관의 생물 상호 작용 연결망

1. 들어가면서

한국의 농촌 경관[1]은 숲, 논, 밭, 하천, 묵밭, 길, 집 등이 어우러진 짜임으로 숲이 우세하다.[2] 마을 주민은 이 경관에서 오랜 기간 동안 곡식을 생산하고 다양한 생물과 살아왔다. 농촌 경관에 서식하는 조류의 종 및 개체수를 조사하면, 숲 지역보다 다양한 종이 관찰된다. 이 글은 농촌 경관에서 다양한 생물이 어떠한 상호 작용을 갖고 있는지 생물종과 마을 주민 간 상호 작용은 어떠한지 그리고 어떤 연구 노력이 있어야 하는지 제안하고자 한다.

1. 1. 생물 상호 작용 연결망이란 무엇인가?

생물 상호 작용 연결망은 셋 이상의 생물 상호 작용을 말하며 직접적인 두 종 간 상호 작용이 제 3의 생물에게 간접적 영향을 미치는 것을 포함한다.[3] 경쟁, 포식, 기생은 생물 종 간의 직접적 상호 작용으로 볼

---

1. '농촌 경관'은 우리말로 '마을'이 적합할 수도 있다. 마을은 논, 밭, 집, 길, 동산숲, 비보 숲 등 토지 이용과 오랫동안 주민과 자연환경이 대화하는 과정에서 얻은 역사적 과정도 포함하고 있다고 생각된다. 이도원으로부터 수정.
2. 이도원, 2001.
3. Morin, 1999.

수 있다. 뻐꾸기가 뱁새의 둥지에 알을 맡기는 것은 두 종 간의 관계를 연구한 것이라고 볼 수 있다. 예를 들어 미국에서는 서식지의 파편화로 갈색머리들소새(brown-headed cowbirds, *Molothris ater*)의 밀도가 증가해, 이 조류의 탁란 상대인 소형 조류의 개체군이 감소했다.[4] 서식지 파편화는 간접적으로 소형 조류의 개체군을 감소시켰다고 볼 수 있다. 한편, 먹이망(food web)은 생물의 먹고 먹히는 관계를 나타내는 것으로 먹히는 종이 포식자에 대항하는 방어 기작은 고려하지 않은 측면이 있다.

생물 상호 작용 연결망을 다루는 연구는 조작 실험(manipulation experiments)이 쉽고 2차원 공간에서 가능한 해양의 조간대 지역에서 이미 1970년대부터 실시되어 왔다.[5] 육상에서도 2차원적 공간인 사막에서 실시되었다.[6] 숲의 동물은 이동성이 강한 생물로서 3차원적인 공간에서 이해할 필요성이 있으며, 1990년 이후에 육상 생태계에서 연구가 시작되었다.[7] 그러나 생물 상호 작용 연결망 연구는 생물종 간의 상호 작용뿐만 아니라, 인간의 역사적, 문화적 영향을 고려할 필요성이 있으며, 이러한 고려는 생태계를 통합적으로 분석할 수 있고, 생태계의 실질적 관리에 쉽게 이용될 수 있는 장점이 있다.

1. 2. 한국 지형 체계, 농촌 경관, 마을숲

몬순 기후에 속하고 여름의 집중 호우와 겨울의 차가운 북서풍을 받는 한국의 기후적 특성에서, 한국인은 전통적으로 지형 체계를 나무의 모양으로 인식해 왔다. 한국의 지형 체계는 백두대간을 큰 축으로 해 이에 분지된 정간이 동해, 서해, 남해로 흐르는 모습을 하고 있다. 마을

---

4. Thompson et al. 2002.
5. Paine, 1966, 1974, 1980.
6. Brown et al. 1986.
7. Hino, 2001.

은 정간과 정간 사이에 분포해 나뭇잎 모양으로 분포하고 있다.[8] 이 지형체계로 경작물의 생산성을 유지할 수 있는 흙과 양분은 집중 호우와 바람에 따라 산림과 주거지, 경작지, 하천, 바다의 방향으로 흘러간다. 이에, 한국인은 전통적으로 마을의 입구 또는 해안가에 숲을 조성하여 마을의 생산성을 유지하고 마을의 부족한 부분을 채우고자 했다고 볼 수 있다. 그러므로 한국의 농촌 경관은 논과 밭 등의 경작지와 집 그리고 마을 입구의 비보 숲과 뒤편에 위치한 동산을 아우르고 있는 경관이며 마을 입구에 위치한 비보 숲은 농촌 경관의 독특한 경관 요소이다.[9]

2. 농촌 경관과 생물

2.1. 농촌 경관에서 대표적 생물

자연 숲과 농촌 경관에 각각 둘러싸인 동일한 크기의 숲을 비교할 경우, 농촌 경관이 있는 숲에서 관찰되는 생물종의 수가 많고 종 구성도 상이하다. 그러면, 왜 농촌 경관에 서식하는 생물종은 다양하고 많으며, 주로 어떤 종으로 구성되었을까?

농촌 경관에서 생물 다양성은 가장자리 효과(edge effects), 경관 보완(landscape complementation), 상호 동시성(mutual synchronization) 등 세 가지 경관 특성과 관련이 높다.(그림 1, 2) 첫째, 가장자리 효과는 유사한 두 서식지가 연속으로 있는 경우, 각 서식지를 선호하는 종과 겹쳐진 서식지를 선호하는 생물종이 동시에 나타나, 두 서식지가 두 종류 이상의 생물종을 유지할 수 있음을 나타낸다. 둘째, 경관 보완은 생물이 생

---

8. 이도원과 신준환, 2003.
9. Lee and Park, 2003.

○ ── 그림 1. 봄철 모내기 때 농촌 경관에서 나타나는 가장자리 효과, 경관 보완, 상호 동시성(경기도 이천 송말숲)

○ ── 그림 2. 모내기 철에 땅강아지를 잡아먹는 찌르레기(경기도 이천 송말숲)

활사(life stage)에 따라 서로 다른 필수적 서식지에서 살아가는 경우, 이 두 서식지가 가까이 위치하여 상호 보완할 수 있는 경관에서 나타난다.[10] 예를 들어 봄이 되면 마을 앞의 논은 물로 채워지고 올챙이, 애반딧불이 유충 등 수서 생물과 흰뺨검둥오리의 서식지가 된다. 올챙이와 애반딧불이 유충은 뭍으로 이동하여 각각 개구리와 애반딧불이가 된다. 이 과정에서 물과 뭍의 서식지는 경관 보완으로 두 생물종의 생활사에 영향을 준다. 이렇게 농촌 경관에 물과 뭍이 동시에 존재하는 것은 마을 주민이 오랫동안 벼농사를 행하면서 만들어진 산물이다. 모내기철 땅을 갈아엎는 과정에서 겨울을 땅속에서 보낸 땅강아지(mole cricket, *Gryllotalpa orientalis*)는 지표면에서 지렁이와 식물의 뿌리를 먹어 치우지만, 찌르레기는 이 시기에 새끼를 기르기 위하여 땅강아지를 포식한다. 농부의 모내기, 물과 뭍의 관계, 찌르레기의 새끼 기르는 시기 등은 농경 문화에서 농부와 생물이 상호 작용에 의해 형성된 상호 동시성이라고 할 수 있다.

한편, 한국의 농촌 경관을 대표하는 생물종 중 포유류로 고라니(water deer, *Hydropotes inermis argyropus*)가 있다.(그림 3) 고라니는 한국의 고유 아종으로 북부 지방과 남부 지방 등 전국적으로 숲 가장자리에 서식하며 물을 비롯한 습지를 선호하는 종이다.[11] 농촌 경관에서 분포하는 조류 중 백로류는 마을 뒷편의 소나무 숲에 둥지를 짓고, 먹이는 논과 하천에서 어류와 수서 생물을 주로 이용한다. 경기도 양평군 강하면 항금리의 농촌 경관에서 조사된 조류 중 후투티, 귀제비, 노랑할미새, 딱새, 때까치, 노랑턱멧새, 찌르레기는 농촌 경관의 인가와 논과 관련성이 높은 조류이다.[12] 한국의 농촌 경관에서 처가집, 기와집 등 전통적 주거 공간은 마을 주민과 뭍 생물의 보금자리였다. 인가에 서식했던 야

---

10. Dunning et al. 1992, David and Ruscoe, 2003, Pope et al. 2000.
11. 윤명희, 1992, 최서윤, 2003.
12. 박찬열과 이우신, 2002.

○──── 그림 3. 한국 농촌 경관의 대표적 포유류, 고라니

○──── 그림 4. 논이나 하천의 개펄과 짚을 이용하여 만든 제비둥지 (사진 제공: 조재형, 강원도 인제)

생 동물 중 구렁이,[13] 제비, 쥐는 우리의 조상과 삶을 함께해 왔다. 우리의 농촌 경관에서 논은 항상 물을 일정 수위로 담고 있는 지역으로서, 다양한 수서 생물이 서식하고 있는 곳이다. 항금리 지역에서 관찰된 백로류, 개구리를 주 먹이 자원으로 이용하는 때까치, 수서 곤충을 주로 먹는 노랑할미새 등은 농촌 경관 중 논과 하천을 선호하는 조류이다. 한편, 번식 초기에는 개구리를 선호하지만 번식 후기에는 매미를 선호하는 것으로 알려진 붉은배새매는 마을숲에 둥지를 틀고 농촌 경관에서 번식하는 대표적 맹금류이다.(그림 5, 6) 또한, 논 자체는 수심 30센티미터 이내의 얕은물 서식지(shallow habitat)로 작용하여, 우리나라의 오리류 중 텃새인 원앙 및 흰뺨검둥오리가 수서 생물을 먹이 자원으로 이용하는 곳이다. 그리고, 제비와 귀제비는 논이나 하천의 개펄과 짚을 이용하여 둥지를 만드는 종으로서 농촌 경관을 선호하는 종이다.(그림 4)

2. 2. 비보 숲에서 서식하는 조류 군집의 특성

Park 등(2006)은 전남 함평군 상곡리, 향교리, 안영, 감산마을과 전북 고창군 연화리, 전남 영광군 법성포, 화순군 내리 등 7개 비보 숲에서 점 조사법(point census)으로 조류 군집을 조사해 비보 숲에만 서식하는 조류 종을 기록했다. 7개 지역에서 총 30종의 조류를 관찰했으며 나무 구멍에 둥지 짓는 새 4종, 나무 구멍에 둥지 트는 새 7종, 땅과 덤불에 둥지 트는 새 8종, 숲 지붕층에 둥지 트는 새 6종, 민가에 둥지 트는 새 2종으로 나눌 수 있었다.(그림 7) 나무 구멍을 둥지로 이용하는 새가 전체 비율의 41퍼센트로 다수 관찰되는 특성을 나타내고 있다. 관찰 빈도는 딱따구리류와 같은 나무 구멍에 둥지를 짓는 새와 박새류와 같은 나무 구멍에 둥지를 트는 새의 수치가 높은 것으로 나타났다.(그림 8) 이

---

13. 백남극과 심재한, 1999.

○ ── 그림 5. 붉은배새매의 둥지

○ ── 그림 6. 붉은배새매의 모습

러한 조류 군집의 특성은 산림성 조류 군집과 유사한 특성을 나타내는 것이다. 이는 비보 숲이 산림과는 떨어져 마을의 입구 또는 경작지 앞에 위치하지만, 딱따구리류가 둥지를 만들기에 충분한 직경의 큰 임목이 다수 생육하는 것과 관련이 있는 것으로 판단된다. 영국과 유럽 지역의 농촌 경관에서 관목숲(hedgerows)이 생물 다양성에 중요한 것으로 다수 제기되었으나,[14] 지형의 굴곡이 심한 한국의 지형에서 경작지의 영양분 용탈을 방지하고 마을에 불어오는 바람을 막고 보태기 위해 인위적으로 조성된 비보 숲은 오늘날에 이르러 나무 구멍을 둥지로 이용하는 종(cavity nester)에게 중요한 비오톱(biotope)인 것으로 판단된다.[15]

2. 3. 비보 숲이 있는 경관과 없는 경관의 조류 군집 특성

Park 등(2006)은 경기도 양평군 보룡리에서 비보 숲이 있는 경관(보룡 1리)과 없는 경관(보룡 2리)에서 조류 군집 특성을 비교했고, 경관 내 조류의 조각(patch) 이용을 분석했다.(그림 9) 두 경관에서 토지 이용 패턴은 유의한 차이를 나타내지 않았으나 비보 숲이 있는 경관에서 조류 종수 및 개체수가 유의하게 높았다.[16] 비보 숲이 있는 경관에서 평균 23종이 관찰되었고, 원앙, 붉은배새매, 소쩍새, 후투티, 호반새, 파랑새, 큰오색딱다구리 등, 비보 숲을 둥지 자원으로 이용하는 종이 나타났다. 관찰된 조류가 선호한 조각은 두 경관에서 차이를 보였는데 비보 숲이 있는 경관에서 비보 숲을, 비보 숲이 없는 경관에서는 논을 선호하는 것으로 나타났다.(그림 10) 비보 숲이 있는 경관에서는 조류가 주로 경관 내에서 이동하는 비율이 높았으나, 비보 숲이 없는 경관에서는 외부로

---

14. Dmowski and Kozakiewicz, 1990, Estrada et al, 2000, Fahrig and Merriam, 1985, Formann and Baudry, 1984, Wegner and Merriam, 1979.
15. Park et al. 2006.
16. Park et al. 2003.

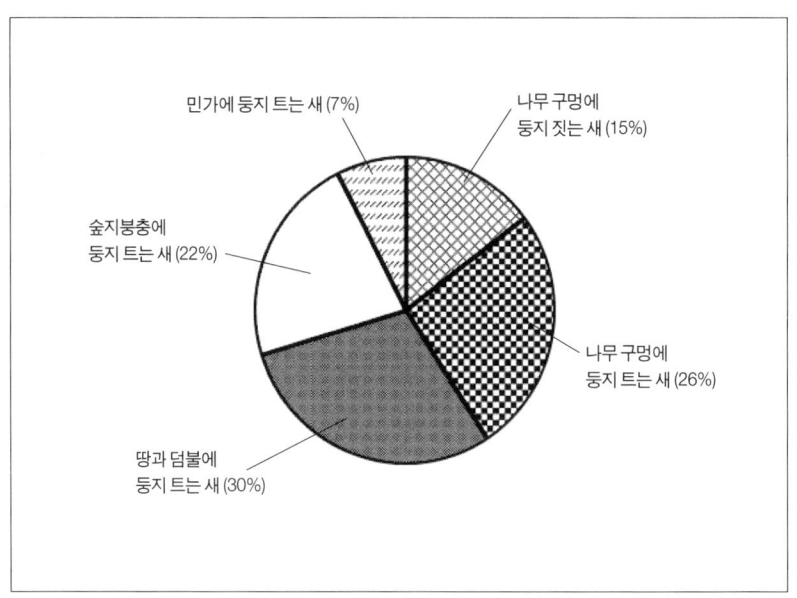

○──── 그림 7. 7개 비보 숲에서 조류 군집의 종 조성(Part et al. 2006)

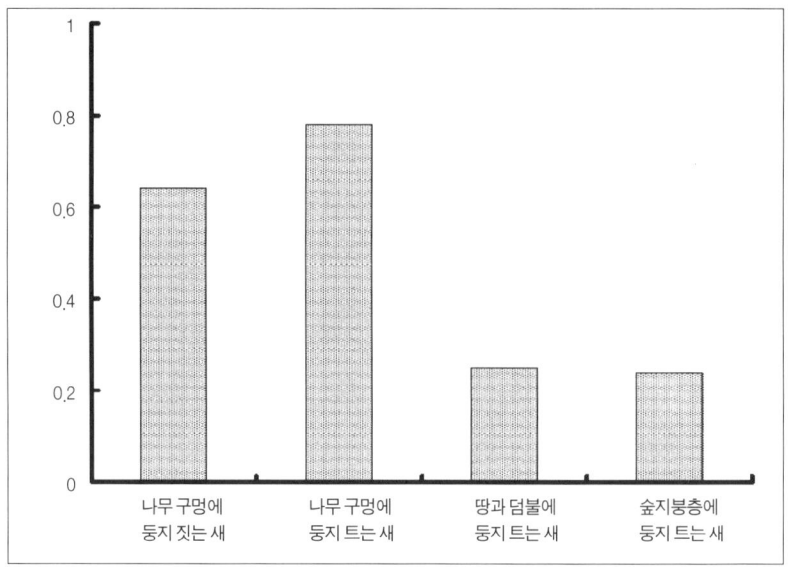

○──── 그림 8. 7개 비보 숲에서 관찰된 조류 군집별 관찰 빈도(Park et al. 2006)

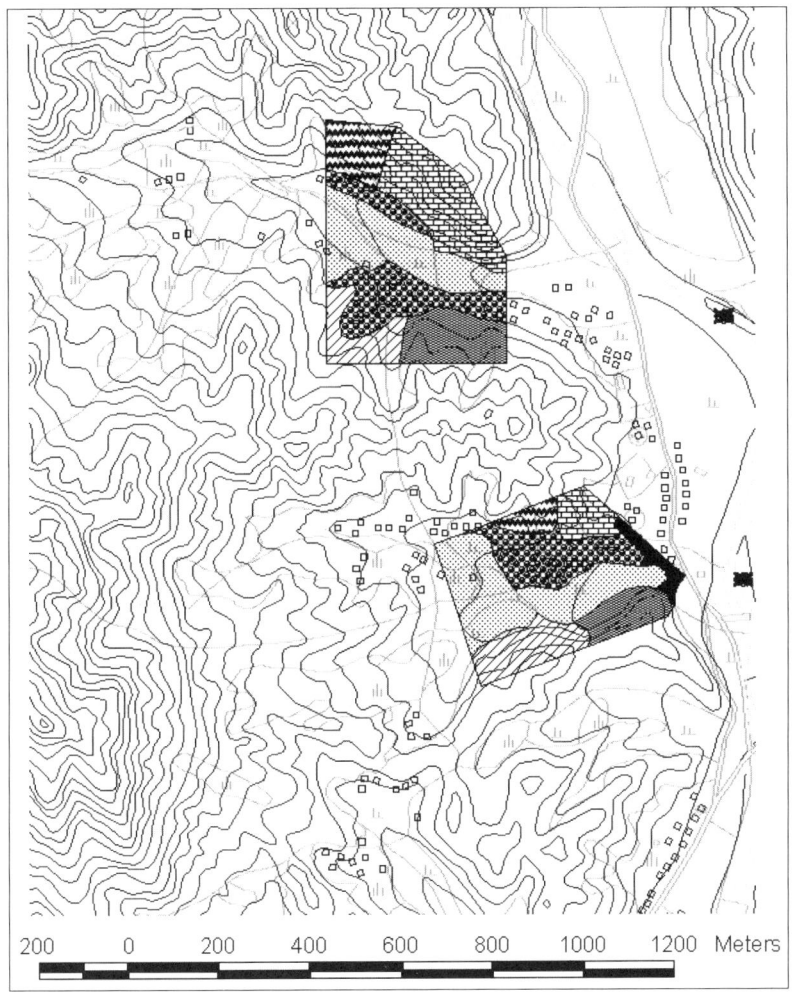

○ ──── 그림 9. 비보 숲이 있는 경관(아래)과 없는 경관(위)(Park et al, 2003)

이동하는 비율이 높았다.(그림 11) 비보 숲이 있는 경관에서 내부에서 이동 비율이 높다는 것은 농촌 경관의 물질과 에너지를 최대한 활용하는 짜임새 있는 상호 작용 체계가 형성되어 있음을 간접적으로 나타낸다고 판단된다.

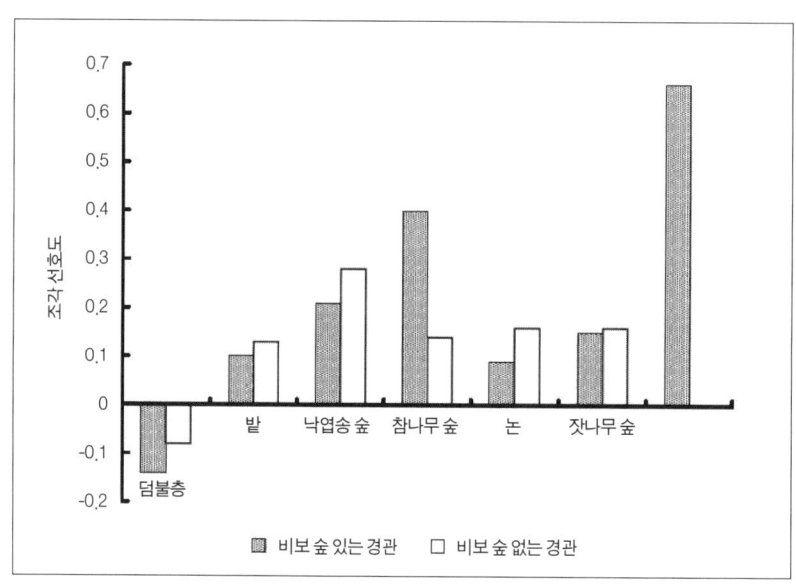

○──── 그림 10. 두 농촌 경관에서 조류의 서식지 선호(Park et al. 2003)

2. 4. 농촌 경관에서 생물 상호 작용 연결망

그림 12는 비보 숲이 있는 경기도 양평군 보룡리 농촌 경관에서 생물 상호 작용 연결망을 개념적으로 표현한 것이다. 수 공간이 우세한 논 생태계에서는 다양한 생물이 시기에 따라 출현해 상호 연결되어 있음을 알 수 있다. 숲 생태계는 크게 참나무 숲과 동산 숲, 비보 숲으로 나눌 수 있는데, 비보 숲은 나무 구멍을 둥지로 이용하는 새들에게 둥지를 제공한다. 숲 생태계의 낙엽은 영양분으로서 작용해 숲과 논에 영양분을 제공한다. 인간이 정주하는 집은 제비의 둥지 자원으로 이용되며 인간은 논으로부터 쌀을, 참나무 숲에서 도토리묵과 버섯자목을, 동산 숲으로부터 땔감을 이용해 왔다. 또한, 마을 주민은 비보 숲을 조성해 재해를 막을 수 있고 마을의 문화적 자부심을 느끼면서 살고 있다. 농촌 경관은 물 생태계와 숲 생태계가 공존하는 지역으로 서식지의 이

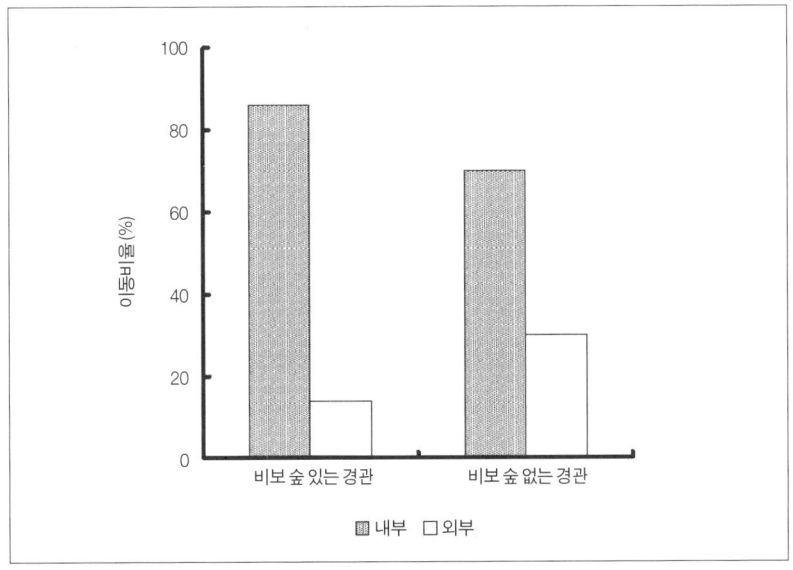

○ ——— 그림 11. 두 농촌 경관에서 조류의 외부와 내부의 이동(Park et al, 2003)

질성이 높다. 농촌 경관에서 서식지의 이질성과 조류 종수는 정(正)의 상관 관계가 있는 것으로 알려져 있다.[17] 한국의 농촌 경관에서도 서식지의 이질성이 생물 종수에 영향을 미치는 인자로 작용할 것으로 예상되지만, 비보 숲은 나무 구멍을 둥지로 이용하는 원앙, 딱다구리류와 숲 지붕층에 둥지를 트는 붉은배새매, 파랑새의 중요한 둥지 자원으로 이용됨으로써, 생물 다양성에 미치는 비보 숲의 비중이 크다.

2. 5. 동물 개체군과 참나무 숲을 유지하기 위해서 도토리는 어느 정도 이용해야 하는가?

그림 13을 보면 참나무 숲의 도토리를 인간이 이용함으로써 인간

---

17. Jeanneret et al., 2003, Atauri and Lucio, 2001.

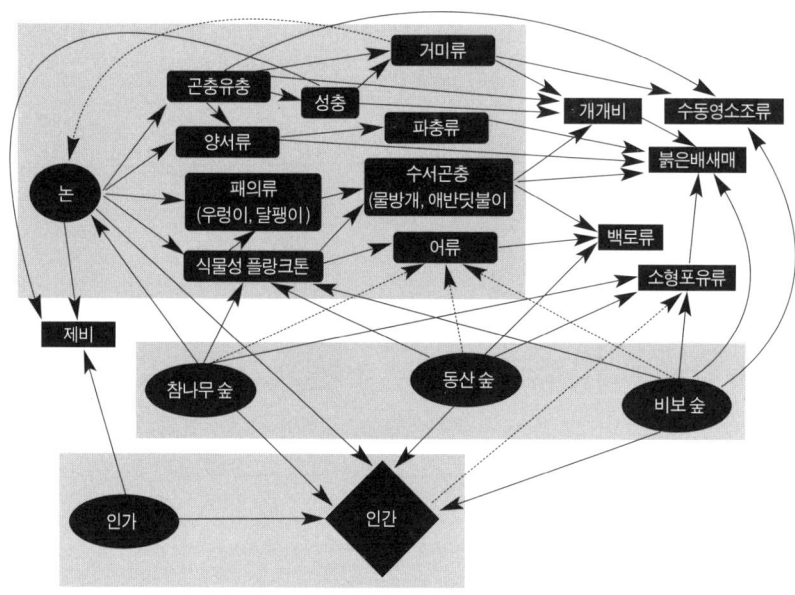

○ ── 그림 12. 보롱 농촌 경관에서 생물 상호 작용의 개념도

은 동물과 경쟁 관계에 있다고 볼 수 있다. 한국에서 전통적으로 도토리묵을 민간에서 다수 이용해 왔는데, 이 도토리의 이용이 참나무 숲과 동물개체군의 유지에 어떤 영향을 주는지 알아보고 적정한 도토리 이용량은 얼마인가를 추정해야 한다. 이를 위해 참나무류의 도토리 생산량, 인간의 도토리 이용량, 동물(소형 포유류, 다람쥐, 어치 등 일부 조류)의 도토리 이용량을 실측해야 한다. 도토리 생산량은 해마다 일정한 것이 아니라 변이가 있으며, 다른 동물에 의해서 오히려 변이가 증폭될 수도 있음이 제기되었다.[18] 도토리의 생산량이 과다할 경우, 도토리 이용은 도토리 발아율 증가로 발생하는 경쟁을 오히려 감소시켜 큰나무로 되는 비율에 나쁜 영향을 주지 않을 수도 있지만, 도토리 생산량이 적을 경우, 도토리 이용은 동물 개체군의 감소에 영향을 미치고 큰 나무로 되

18. Masaki et al., 2003.

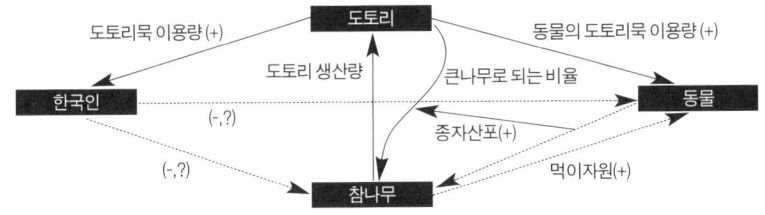

○ ──── 그림 13. 한국인, 도토리 생산량, 동물 밀도 간 상호 작용의 개념도

는 비율에도 영향을 줄 것으로 예측된다는 가설을 세울 수 있다.

3. 결론

한국 농촌 경관에서 마을 주민과 생물은 오랜 시간 동안 상호 작용을 유지하여 왔는데, 이 관계를 가장자리 효과, 경관 보완, 상호 동시성이라는 경관 특성으로 이해했다. 전통적인 경작 체계에서 생물 다양성은 높은 것으로 알려져 있으나,[19] 어떤 기작에 의해 생물 다양성이 높은지를 파악하기 위해서는 마을 주민과 생물종 간의 상호 작용을 면밀히 살펴야 한다. 특히, 한국의 농촌 경관에 분포한 독특한 비오톱인 비보숲이 농촌 경관의 생물 다양성에 어떤 역할을 하는지 구명해야 한다. 한국인은 예로부터 도토리의 타닌과 사포닌을 제거해 주식이 부족할 시기에 즐겨 먹어 왔으며, 최근에는 반찬으로 즐겨 먹고 있다. 한국인의 도토리 이용 행태가 참나무 및 동물의 생존에 어떤 영향을 미치는지 알아보고 자연과 공존할 수 있는 현명한 이용 방안을 강구해야 한다.

우리는 녹지가 부족한 각박한 도시에서 살아가고 있다. 지금 도시에 살고 있는 성인은 유년기를 시골에서 보낸 이들이 많을 것이다. 종

---

19. Balmford et al., 2001, Hughes et al., 2002, Luetz and Bastian, 2002.

종 자녀에게 이야기하는 시골의 추억 중, 메뚜기와 개구리를 잡아먹었다는 이야기를 할 것이다. 이제 회색빛 도시에서 살아가는 자녀들에게 보여 주고 싶은 것은 외국에서 유행한 최첨단 공원이 아니라, 어른들의 가슴에 남아 있는 농촌 경관과 마을숲의 모습일 것이다. 마을숲과 농촌 경관을 연구하고 보전하는 것은 어렸을 적 아련히 숨겨 둔 마음속 시골의 기억을 이끌어 내어 메마르지 않은 삶을 만들고 이를 자식에게 보여 주려 하는 도시인의 마음을 복원하는 연구라고 생각된다.

4. 농촌 경관에서 조그마한 추억

논의 물을 하천으로 보내는 조그마한 고랑이 논둑 사이에 있는데, 논둑은 돌을 쌓아서 만들기도 한다. 돌이 쌓여 있는 공간에 물이 흐르면 다양한 수서 생물이 산다. 이 중 참게(*Eriocheir sinensis*)는 어렸을 적 내 기억에 남아 있는 생물 중 하나이다. 참게는 돌로 쌓인 논둑의 돌과 돌 사이 공간에 집을 짓고 살아간다. 참게 집은 돌과 돌 사이에 진흙이 부드럽게 쌓인 물살이 약한 곳이었다. 중학교 2학년까지는 논가 고랑에서 아버지, 형, 동생들과 함께 참게를 잡았던 기억이 있다. 참게를 잡으려고 서늘한 곳에 사는 지렁이를 강아지풀대에 꿰고, 내 바지를 꿰매던 흰 북실로 미꾸라지를 시누대(신이대를 전라도에서 부른 말)에 칭칭 감아 맨다. 비수리(*Lespedeza cuneata*) 뿌리를 둑방에서 캐다가 며칠 말려서 시누대에 넣어 훌랑개를 만드는데 훌랑개가 개울물에 잠기면 강아지풀보다 더 부드러워진다. 가을에 미꾸라지와 지렁이가 매달린 시누대를 고랑가의 돌 틈에 두면 어디선가 나타나는 참게를 한번에 훌친다. 참게 앞발만큼 털이 많아지고 투박해진 내 손을 물끄러미 바라보니 옛날 그 참게와 고랑 냄새가 일지만, 이제 참게는 섬진강의 지류 및 몇 지역에서만 볼 수 있는 생물이 되었다.

참고 문헌

Atauri, J. A. and de Lucio, J. V., 2001. The role of landscape structure in species richness distribution of birds, amphibians, reptiles and lepidopterans in Mediterranean landscapes, *Landscape Ecology* 16: 147~159.

Balmford, A., Moore, J. L., Brooks, T., Burgess, N., Hansen, L. A., Williams, P. and Rahbek, C., 2001, Conservation conflicts across Africa, *Science* 291: 2616~2619.

Brown, J. H., Davidson, D.W., Munger, J. C. and Inouye, R. S., 1986, Experimental community ecology: the desert granivore system, Diamond, J. & Case, T. J. (eds). *Community ecology*: 41~62. Harper & Row, New York.

David, C. and Ruscoe, W. A., 2003, Landscape complementation and food limitation of large herbivores: habitat-related constraints on the foraging efficiency of wild pigs, *Journal of animal ecology* 72: 14-26.

Dmowski, K. and Kozakiewicz, M., 1990, Influence of a shrub corridor on movements of passerine birds to a lake littoral zone, *Landscape ecology* 4(2/3): 99~108.

Dunning, J. B., Danielson, B. J. and Pulliam, H. R., 1992, Ecological process that affect populuations in complex landscapes. *Oikos* 65: 169-175.

Estrada, A., Cammarano, P. and Coates-Estrada, R., 2000, Bird species richness in vegetation fences and in strips of residual rain forest vegetation at Los Tuxtlas. Mexico, *Biodiversity and Conservation* 9: 1399~1416.

Fahrig, L. and Merriam, H. G., 1985, Habitat patch connectivity and population survival, *Ecology* 67: 1762~1768.

Forman, R. T. T. and Baudry, J., 1984, Hedgerows and hedgerow networks in landscape ecology, *Environment Management* 8: 499~510.

Lee, D. and Park, C. R. 2003, Ecological perspectives from bibosoop: a typical Korean type of village grove, *International symposium 50th Anniversary of the College of Life and Environmental Sciences*. Korea University. Seoul.

Lee, D. and Shin, J. H., 2003, Hierarchy concept embedded in the Baekdudaegan System, *Korean Journal of Quaternary Research* 17: 17~26 (in Korean with English abstract).

Luetz, M. and Bastian, O., 2002, Implementation of landscape planning and nature conservation in the agricultural landscape a case study from Saxony, Agriculture,

Ecosystem and Environment 92: 159~170.

Masaki, T., Sakurai, S., Suzuki, W., Osumi, K. and Kanazashi, T., 2003, Long-term dynamics of seedfall of Quercus crispula at three stands, Northern Japan, Proceeding of joint meeting of IUFRO working groups, *Genetics of Quercus and Improvements and Silviculture of Oaks*, Tsukuba, JAPAN.

Morin, P. J., 1999, *Community ecology*, Blackwell, Oxford.

Paine, R. T., 1966, Food web complexity and species diversity, *American Naturalist* 100: 65~75.

Paine, R. T., 1974, Intertidal community structure: experimental studies on the relationship between dominant competitor and its principal predator, *Oecologia* 15: 93~120.

Paine, R. T., 1980, Food webs: linkages. interaction strength and community infrastructure, *Journal of Animal Ecology* 49: 667~685.

Park, C. R., Shin, J. H. and Lee, D., 2003, Vegetation structure and patch use of birds at the BIBOSOOP of Korean traditional rural landscapes, Proceeding of joint meeting of IUFRO working groups, *Genetics of Quercus and Improvements and Silviculture of Oaks*, Tsukuba, JAPAN.

Park, C. R., Shin, J. H. and Lee, D., 2006, Bibosoop: A Unique Korean Biotope for Cavity Nesting Birds, *Journal of Ecology and Field Biology* 29(2): 75-84.

Pope, S. E., Fahrig, L. and Merriam, G., 2000, Landscape complementation and metapopulation effects on leopard frog populations, *Ecology* 81(9): 2498-2508.

Thompson, F. R., Donovan, T. M., DeGraff, R. M., Faaborg, J. and Robinson, S. K., 2002, A multi-scale perspective of the effects of forest fragmentation on birds in eastern forests, *Studies in Avian Biology*, 25: 8-19.

Wegner, J. F. and Merriam, G., 1979, Movements by birds and small mammals between a wood and adjoining farmland habitats, *Journal of Applied Ecology* 16: 349~357.

박찬열, 이우신, 2002, 「농촌경관에서 파편화가 조류 군집에 미치는 영향」,《한국환경생태학회지》16(1): 22~33.

백남극, 심재한, 1999, 『뱀-지성자연사박물관 1』, 지성사, 198쪽.

윤명희, 1992, 『야생동물』, 대원사, 142쪽.

● 박찬열(국립산림과학원 산림생태과)

2부

바람과 물과 삶

6장. 풍수 사상에 담겨 있는 생태 개념과 생태 기술[1]

1. 머리말

풍수 사상에 담겨 있는 생태 개념과 생태 기술이란 주제는 솔직히 감당하기 버거운 대상임을 먼저 밝힌다. 그러면서도 이런 커다란 주제로 글을 쓰는 이유는 이 글을 통해 풀어야 할 과제들을 함께 고민하고 토론하며 지혜를 모으는 데 조금이나마 기여를 할지도 모른다는 생각이 있기 때문이다.

대개 우리나라 사람들은 풍수를 개방적 혹은 객관적으로 보기를 주저하는 것 같다. 그런 이유는 풍수를 연구하는 연구자들의 책임이 일차적인 것이지만, 풍수의 전통이 제대로 계승되지 못했고, 현대적으로 재해석되지 못한 측면이 있기 때문이다. 기실 풍수는 조선 시대의 과거 시험에서 문·무과를 제외한 잡과에 해당되는 실용 기술학이었다. 잡과로 분류되었던 조선 시대의 실용 기술학이 현대에 들어와서는 모두 한의사(醫官), 동시 통역사(譯官), 판검사(律官) 등의 전문 기술직으로 탈바꿈했고, 사회적으로도 선호도가 높고 인정받는 직종이 되었다. 반면에 풍수(地官)는 전근대적인 직종으로 남아 있는 실정이다. 풍수는 현대

---

[1] 이 글은 제5회 "우리나라 전통생태 세미나"(2003년 서울대학교 환경대학원 주최)에서 발표한 글을 보완하여 《대동문화연구》 제50집(2005년)에 게재했던 논문을 수정 보완한 글임.

사회로 들어오면서 학문적인 재해석을 통한 현대적 적용에 성공하지 못했으며, 실용기술학의 건강한 측면이 제대로 계승·발전되지 못했기 때문에 여전히 구시대의 유물로 치부되는 경향이 있다. 이런 이유 때문에 일반인들의 풍수 인식은 말할 것도 없고, 풍수를 연구하는 사람들조차도 풍수의 정의와 의미, 쓰임새에 대해 각기 다른 의견을 갖고 있다. 이렇듯 연구자들 사이에 서로 다른 지향이 나타나는 것이 당연한 일이긴 하지만, 학문적으로 풍수의 본질적인 측면, 연구 주제 및 적용의 범위와 한계 등에 대해서는 상당한 견해차가 있는 것이다.

풍수는 한국인의 삶에 커다란 영향을 미쳐 왔고 또 오랜 세월 동안 공간적으로 투영되어 왔다. 옛 한국의 경관을 이해하는 데 풍수가 중요하다는 인식이 널리 퍼지면서 지리학, 건축학, 조경학 분야에서 풍수와 관련된 많은 연구가 진척되었다. 그럼에도 불구하고 풍수가 갖는 현대적인 의미에 대한 구체적인 논의나 현대적인 적용 가능성에 대해서는 활발한 연구가 이루어지지 않고 있다.

이런 사정을 감안해 풍수를 생태학적 관점에서 논리 구조를 파악해 보는 것은 중요한 의미가 있다. 풍수의 현대적 의미를 살펴보는 것은 풍수의 부정적인 측면을 벗겨내고 긍정적인 측면을 수용해 현대적으로 적용하는 데 대단히 중요하기 때문이다. 또한 우리나라 사람들이 오랫동안 풍수적인 관점에서 환경을 인식하고 이를 공간상에 투영시킨 이유를 밝히는 데 도움을 줄 수 있기 때문이다. 풍수가 부정적인 측면을 갖고 있으면서도 오랜 세월 동안 우리 민족에게 영향을 미쳐 온 이유는 전통생태적 지혜와 생명력이라는 긍정적인 요소가 담겨 있기 때문일 것이다. 따라서 이 글에서는 환경과 생태에 관한 현대 과학의 성과와 지식을 바탕으로 풍수 논리 속의 생태 개념과 생태 기술을 추려내고 의미를 해석해 보고자 한다. 전통 속에 숨어 있는 슬기로움과 지혜를 다양한 분야에서 찾아내고 재구성하려는 시도가 시작되고 있는 요즘 이러한 시도는 생태학의 개념을 더 풍부하게 할 수 있는 계기가 되는 동시에 풍수의 긍정적인 측면을 다양하게 해석하는 학제적 연구의 계기가 될 수도 있을 것이다.

2. 풍수 논리 속의 생태 개념

2. 1. 풍수 이론의 수법(水法)이 갖는 생태 개념

'풍수'란 말에서 이미 상징되듯이 물은 풍수에서 중요한 의미가 있다. 풍수 이론에서 명당을 이루는 중요한 요소로서 물길을 보는 것이 득수법(得水法)이다. 풍수에서는 물이 기를 머무르게 하는 작용을 하는 것으로 여긴다.

풍수 고전 중의 하나인『금낭경(錦囊經)』에서는 "기는 물에 닿으면 그 자리에 머무른다.(氣界水則止)"라고 했다. 그래서 하천이 구불구불하게 흘러와서 터를 중심으로 둥글게 감싸안고 돌아나가야 기를 모을 수 있다고 본다. 풍수 이론에 따르면 물을 만나면 산은 멈추게 된다. 두 갈래의 물이 모이는 곳에 내맥(來脈)이 멈추는데 이 내맥이 내룡(來龍)이다.

또 다른 풍수 고전인『설심부(雪心賦)』에서는 "뭇 산들이 머무는 곳에 진정한 혈(穴)이 있으며, 뭇 물들이 머무는 곳에 진정한 명당이 형성된다.(衆山止處是眞穴, 衆水聚處是明堂)"라고 했다. 산과 물이 모이는 곳은 우리 민족의 거주 입지 조건이 알맞은 곳일 수밖에 없다. 그런 곳은 경제적으로도 산이 우리에게 줄 수 있는 것과 물이 우리에게 줄 수 있는 것을 고루 갖춘 장소가 된다. 물이 크면 교통에 유리한 점도 많다. 구체적으로 장소를 정할 때 물을 구할 수 없는 자리라면 물과 속성이 같은 길(도로)을 대용으로 하는 경우도 있다. 물이나 길 모두 흐름, 유동의 성질을 갖는 것이기 때문이다.[2]

풍수 이론에서는 물의 흐름이 굴곡을 유지하는 것이 좋은 물길이며 직충(直沖), 준급(峻急)한 물길은 좋지 않은 것으로 여긴다.³ 혈을 향해 내지르는 듯하거나 쏘는 듯이 달려드는 물길은 좋지 않은 것으로 여긴다. 직류하며 변화가 없는 물길은 자연성이 없으므로 굴곡을 이루며 흐르는 물길이 생기가 있는 물길이다.

또한 풍수에서는 물길의 흐름이 성(城)과 같은 상태로 여기고 이를 다섯 유형으로 나누어 그 길흉을 파악하기도 한다.

> 금성수(金城水)는 둥글어서 둘러싸고, 수성수(水城水)는 굴곡하고, 토성수(土城水)는 평평하고 모가 나서 각이 되니 모두 길하고, 화성수(火城水)는 뾰쪽해 사류(射流)하고, 수성수는 곧은 것이니 모두 흉하다. 혈을 싸고돌아 흐르는 것은 금성(金城)이요, 목(木)은 곧게 일직선으로 흐름이요, 화(火)는 인자(人字)의 모양이요, 수성(水城)은 지현굴곡(之玄屈曲)의 형태이며, 토성(土城)은 평정해 모여 간다.⁴

물길은 구불구불해 굴곡이 많은 것을 좋은 것으로 여긴다. 그렇기 때문에 뾰족해서 쏘는 듯한 화형이나 곧은 물길인 목형은 좋지 않다. 특히 명당과 혈을 찌르듯이 치고 들어오는 물길과 배역하는 물길은 좋지 않다.

수성(水城)의 길흉은 물길이 굴곡(屈曲)해 조당(朝堂)으로 흘러오면 길하다.

---

2. 최창조, 1993, 『한국의 풍수지리』, 민음사, 239쪽.
3. 『雪心賦』, 卷二, 「論水法」에서는 물길의 흐름에 대해 다음과 같이 그 좋고 나쁨을 표현하고 있다. "좋은 물길은 산의 양쪽에서 흘러와 함께 만나는 물길(交), 물이 나가는 곳(水口)을 막고 있는 산이나 바위가 있는 곳의 물길(鎖), 베를 짜는 것과 같이 물의 오고 감이 之玄屈曲을 이루는 물길(織), 여러 물이 흘러나와 한 곳에 모인 물길(結) 등이다. 반면에 좋지 않은 물길은 청룡이나 백호를 끊고 지나가며 명당의 기운을 파괴하는 물길(穿), 혈 앞의 명당을 깎으면서 지나가는 물길(割), 화살이 지나가는 것 같이 급하고 곧게 지나가는 물길(箭), 좌우의 옆구리를 화살이 쏘고 들어오는 듯한 물길(射) 등이다."
4. 『雪心賦』, 卷二, 「論水法」, "水城有五, 金木水火土是也, 金城蟠環, 水城屈曲, 土城平正, 皆吉. 火城尖射, 木城直撞, 皆凶. 玉髓經云, 抱墳宛轉是金城, 木是牽牛上繞, 火類倒書人字樣."

만약 모형(木形)의 수성(水城)으로 가슴을 곧게 치고 들어오면 명당의 기운을 흩어지게 해 반드시 집안이 파괴되고 가산이 탕진되는 흉함이 있게 된다. 물길이 향(向)을 환포(環抱)해 들어오면 유정(有情)한 것이다. 만약 물길이 토성(土城)의 형(形)으로 거꾸로 향 밖으로 싸고돌면 반배(反背)한 것이니 무정(無情)한 것이므로 좋지 않다.[5]

배역하는 물길(反背)은 밖을 향해 흘러가는 물길로 물이 배반하면 이에 따라 산도 배반해 무정(無情)하게 되기 때문에 좋지 않은 것으로 여긴다. 또한 수성의 물이 혈과 명당의 가운데로 찌르듯이 치고 들어오는 듯한 것은 아주 좋지 않은 것으로 여긴다. 물길의 형세를 나누어 보는 것은 산이 적은(平洋之地) 땅에서는 물길의 흐름으로 그 형세를 헤아려야 하기 때문이다. 그래야 물길이 명당과 혈을 안고 흐르는 것인지, 배역하며 흐르는 것인지, 구불구불하게 굴곡을 이루면서 유장하게 흐르는지 알기 쉽기 때문이다. 풍수에서 물이 산을 둘러싸면 생기가 머물게 된다는 관념은 에너지 유출이나 순환이라는 개념과 상관 관계가 있을 것으로 추측된다.

풍수에서 좋은 물길로 여기는 것은 유장하고 구불구불하며 자연스러운 흐름을 이루는 것이다. 이와 같은 물길은 생태적으로 건강하고 종의 다양성이 높게 나타나는 물길이다. 에너지 흐름의 관점에서 보면 하천은 불완전한 생태계이다. 에너지 흐름의 일부 또는 대부분은 인접한 육상 생태계로부터 들어가는 유기물에 기초하고 있다. 흐르는 물의 생태계는 물살이 세고 밑바닥이 굳은 여울과 부드러운 침전물이 쌓이는 소(沼)가 연속적으로 반복된다. 유속이 빠른 여울은 전형적인 하천 환경으로, 하상 물질이 딱딱한 바위와 자갈로 이루어진 경우 녹조와 수생이

---

5. 『雪心賦』, 卷二, 「論水法」, "夫水屈曲來朝斯爲吉也, 若水形水城撞胸直撞, 則衝散堂氣, 必有破家蕩業之凶. 水來環抱向內其有情也. 若水土城反抱向外, 則必反而無情, 必主人性拘不和心强不善也."

끼 등이 부착되어 있으며 연한 점토질로 구성되어 있으면 저서 생물이 나타난다. 소의 하상 물질은 대체로 미세한 점토질이 많으며 유속이 느리므로 풀에는 이매패(二枚貝)와 잠자리목, 하루살이목이 나타나고, 플랑크톤도 존재하며 유영 동물이나 어류 등이 군집을 이룬다.[6]

하천은 시간이 흐름에 따라 곡률을 크게 하고 유속도 감소한다. 구불구불하게 흐르는 것(蛇行)은 하천의 자기 조절 작용으로 인해 생기는 자연스러운 현상이다. 유속은 하천의 각 지점마다 다르고 시간상으로도 변화가 심하다. 유속의 변화로 서식 환경의 여러 요소가 달라지기 때문에 하천 각 부분의 생물상도 상이하게 나타난다.

하도의 개수(改修, channelization)는 하도를 직강화하고 하천의 여울과 소 체계를 파괴하기 때문에 종의 다양성이 감소하게 되는 바람직하지 못한 결과를 가져온다. 하도를 개수하면 하폭이 수심에 비해 넓어지게 되고 수온이 상승하며, 하상 물질의 분급이 불량하게 되어 다양하던 서식처가 단순화된다. 또한 유속이 빨라짐으로써 어류의 휴식처가 없어져 결국 종의 다양성이 감소하게 된다.[7] 종의 다양성이 유지되기 위해서는 풍수에서 이상적인 물길로 여기는 자연스럽게 형성된 구불구불한 하천의 상태가 유지되어야 한다.

2. 2. 명당을 형성하는 산의 조건이 갖는 생태 개념

흔히 우리가 말하는 명당, 즉 좋은 땅이란 비유하자면 어머니의 품안 같이 따뜻하고 편안한 곳을 말한다. 동식물이 잘 자라고 몸과 마음이 넉넉해져 하는 일들이 잘 되는 장소, 생태적으로 건강한 곳이 명당이다. 풍수에서 좋은 땅으로 대변되는 명당을 이루는 조건이 되는 것은

---

6. 박동원, 손명원, 1992, 『환경지리학』, 서울대출판부, 47쪽.
7. 박동원, 손명원, 1992, 같은 책, 47~48쪽.

무엇보다도 산이다. 산에서부터 명당이 만들어지는 것이다. 산의 건강함은 명당을 형성하는 첫 번째 조건이다. 산은 명당의 뿌리이고, 명당은 산이 맺은 꽃이요 열매이다. 이런 점에서 볼 때 산은 우리 국토에 백두산의 정기를 전달하는 선(線)이 되고, 우리 국토에 널려 있는 수많은 명당은 백두산의 기운이 갈무리되어 멈춘 점(點)이 된다. 예컨대 한양의 명당이라 할 수 있는 경복궁 명당 자리는 백두대간에서 뻗어 온 산줄기가 한북 정맥(漢北正脈)으로 이어져 북악산 자락까지 이어지는 선에 연결된 생기(生氣)를 가득 머금은 점이 된다. 혈맥이 뻗어나가 서로 통하듯이 모든 산줄기가 연결되어 있고, 산줄기와 산줄기의 결절점에 명당이 형성되는 것이다.

산과 물로 연결된 기운(線)이 머무는 곳(點)이 명당이 되므로, 선이 제대로 연결되지 않은 점은 명당의 조건을 갖출 수 없다. 따라서 우리가 사는 수많은 명당은 결국 백두산에서 뻗어 내린 수많은 산과 관련이 있으며 이러한 산에 의해 생기는 물과 불가분의 관계에 있는 것이다. 사람이 살아야 할 곳은 산이 아니라 명당이다. 그런데 명당이 중요할수록 명당의 근원인 산의 중요성은 커진다.

풍수에서는 명당의 조건을 살필 때 일차적으로 생기를 전달하는 산의 흐름을 살핀다. 산의 흐름이 생기발랄해 튼튼하고, 힘차며, 손상되지 않고 잘 연결되었는지를 면밀하게 살핀다. 산줄기가 끊어지지 않고 흐름이 좋다는 것은, 과장해서 말하면 생태적으로 건강한 조건을 부여받았다는 말과 같은 것이다. 짐승이나 땅이나 모두 뭉쳐야 살고 흩어지면 죽는다. 무리 속에 들어 있는 동식물은 보호될 수 있지만, 거기서 이탈하면 생존에 위협을 받는다. 산줄기가 갈라져 끊어지면, 생물은 나뉘어 생존이 어렵게 되고, 산은 풍화와 침식이 잘 일어나 파괴되기 쉽다. 산이 끊어진 곳에서 산사태가 잘 일어나는 것을 보면 이를 쉽게 이해할 수 있다.[8]

우리 주변의 동식물들이 줄어드는 원인은 산의 파괴에 있다. 산이 파괴되면 동식물들의 보금자리가 줄어드니 무리를 이루어 스스로를 보호할 수 없어서 결국 멸종될 수밖에 없다. 동식물이 살 수 없는 땅은 결국 사람도 살 수 없는 땅이 된다. 풍수가 산의 건강성을 따지는 것은 바로 자연과 인간의 공생공멸 관계를 강조하기 위한 까닭이다.

『금낭경』에는 명당을 형성시킬 수 없는 산의 조건에 대한 설명하고 있다. 비록 장사를 지낼 수 없는 산에 대한 설명이기는 하지만, 결국 명당 형성의 조건을 갖추지 못한 산에 대한 설명으로 보아야 한다. 여기서 명당을 형성하지 못하는 산의 조건으로 든 것은 동산(童山), 단산(斷山), 과산(過山), 독산(獨山), 석산(石山)이다. 이 다섯 산에 대한 설명에는 생태학적인 관점이 들어 있기 때문에 대단히 흥미롭다.

동산은 바위가 흘러내리고 산이 부서져 초목이 자라지 못하는 산을 말한다. 풍수에서는 초목이 울창해야 생기가 넘치는 것으로 보기 때문에 동산에는 명당이 형성되지 않는다.[9]

단산은 산이 끊기고 잘려 버린 산을 말한다. 기는 산을 따라 흐르는 것인데 산이 잘려서 끊겨 버리면 기가 따라오지 못할 것이기 때문에 생기를 전달할 수 없게 된다.[10] 동식물의 이동이 산을 따라 자유롭게 이루어져야 생태적으로 건강함을 유지할 수 있다는 생각이라 할 수 있다.

과산은 산세가 머물지 않고 빗겨 지나가는 산을 말한다. 풍수에서는 산의 가지가 일어나면 기도 그를 따라 일어나고 산의 가지가 그치면

---

8. 한동환, 성동환, 최원석, 1994, 『자연을 읽는 지혜』, 푸른나무, 63~64쪽.
9. 『錦囊經』, 「山勢篇」, "氣는 生으로써 和가 있는 것이다. 따라서 童山에는 장사를 지낼 수 없다(氣以生和, 而童山, 不可葬也)". 이에 대한 註文은 다음과 같다. "음양이 沖和하고 초목이 울창하고 무성해야(欝茂) 생기가 있는 법인데, 이제 동산은 바위가 흘러내리고 산이 부서져 풀이 마르고 險怪하여 초목이 살지 못하니 그래서 동산이라 하는 것이다. 그러므로 장사를 지내서는 안 된다.(沖陽和陰, 欝草茂林, 乃有生氣. 今童山, 謂崩岩破壟, 焦枯險怪, 不生草木, 而后謂之童山, 故不可葬也)"
10. "氣는 形을 따라 오는 것이니, 그러므로 斷山에는 장사를 지낼 수 없다.(氣因形來, 而斷山, 不可葬也)" 註文은 다음과 같다. "기는 丘壟之骨과 岡阜之支를 따라 흐르는 것인데, 산이 이미 단절되었다면 기가 따라오지 못할 것이니 그러므로 장사를 지낼 수 없는 것이다.(所謂, 丘壟之骨·岡阜之支, 氣之所隨, 山旣斷絕, 氣不隨來, 故不可葬也)"

기도 따라 모인다고 본다.[11] 따라서 머물지 않고 빗겨 나가는 산에는 생기가 모이지 않고 명당이 형성되지 않는다.

독산은 뒤로 기댈 산이 없어 기맥이 없고 앞으로 응해 주는 산이 없는 경우를 말한다.[12] 홀로 우뚝 솟은 산은 전후좌우로 응해 주는 산이 없고 뒤가 연결되지 않아 산의 연결성이 없기 때문에 마찬가지로 명당을 형성할 수 없다.

마지막으로 흙이 없는 석산에는 명당이 형성되지 않는다. 풍수에서는 기가 흙을 따라 흐르는 것으로 여기기 때문에 흙이 없고 돌로만 구성된 석산에는 생기가 모이지 않는다.[13]

이처럼 명당이 형성되기 위해서는 산줄기가 잘 연결되고 초목이 울창해야 한다. 풍수에서는 산줄기에 손상이 생기게 되면 여기서 뻗어 오는 줄기들이 손상을 받게 되고, 또한 산골짜기에서 흘러내리는 물줄기들이 마찬가지로 손상을 받게 되는 것으로 여긴다.

일찍이 대동여지도를 제작한 김정호는 "산줄기는 땅의 힘줄(筋)과 뼈대(骨)이고, 물줄기의 흐름은 땅의 혈맥(血脈)"[14]이라고 했다. 산의 등쪽(背)은 차가운 북풍을 막고 산의 품쪽(面)은 양기를 모아 사람이 살 수 있는 땅을 만들어 준다. 산의 품과 등은 산에서 흘러내린 물길을 통해

---

11. "氣는 勢로써 멈추는 것인데, 따라서 過山에는 葬事를 지낼 수 없다.(氣以勢止, 而過山, 不可葬也)"
12. "氣는 龍으로써 모이는 것인데, 그러므로 獨山에는 장사를 지낼 수 없다.(氣以龍會, 而獨山, 不可葬也)" 주문은 다음과 같다. "혈장이 있는 명당은 뒤로 산이 있고 앞으로 應함이 있으며 좌우로 둘러 감싸안음이 있어서 뭇 산들이 環合해야 비로소 吉地가 되는 것인데, 독산은 말하자면 뒤로 기댈 산이 없으니 氣脈이 없고 앞으로는 朝對가 없어 안산(橫案)이 없는 것이니 그래서 獨이라 이르는 것이다.(後岡前應, 左回右抱, 衆山環合, 乃爲吉地. 獨山謂後無岡壟, 又無氣脈, 前無朝對, 又無橫案, 然後謂之獨也)"
13. "氣는 土로 인해 行하는 것인즉 [토가 없는] 石山에는 장사를 지내지 못한다.(氣因土行, 而石山不可葬也)" 주문은 다음과 같다. "土는 氣의 體니 土가 있어야 氣가 있게 된다. [그런데] 石山에는 土氣가 없으니 기의 따름이 있을 수 없는 고로 장사를 지낼 수 없다. 一行이 말하기를 葬者는 생기에 의지해야 한다고 했는데, 石에는 생기가 없으니 장사를 지낼 수가 없는 것이라고 했다.(土者氣之體, 有土斯有氣, 石山無土氣, 所不隨, 故不可葬. 一行曰, 葬者乘生氣, 石無生氣, 故不葬.)"
14. 김정호, 『靑邱圖』 凡例, "山脊水波爲地面之筋骨血脈"

서 구별할 수도 있는데 물길이 크고 긴 쪽으로 산이 품을 벌린 경우가 많다. 물길을 잘 만들었다는 것은 그만큼 산이 그 물길이 흘러나오는 계곡 방향으로 품을 크게 벌렸다는 것을 의미하기도 한다. 이처럼 산이 있음으로 해서 방향성이 없던 들판에 일정한 흐름과 질서가 생성될 수 있다. 나무와 풀이 사람에게 먹을거리를 제공해 주는 것은 산의 이차적인 베풂이다. 산의 베풂은 물질적인 자원에 있는 것보다는 땅에 사람이 근접할 수 있는 질서를 부여하는 데 더 큰 의의가 있다. 풍수에서 말하는 산이 생기를 전달한다는 의미는 이처럼 더 근원적인 삶을 일굴 수 있는 환경 자체를 제공한다는 의미로 해석할 수 있다.

2. 3. 풍수 형국론의 생태 개념

형국(形局)이란 터의 특징을 사람, 혹은 동식물에 비유해 그 터의 특성이나 장소감(場所感)을 설명하는 것을 말한다. 산천은 외형상 다양한 모습을 띠고 있다. 이 다양한 산천의 겉모양에는 각각 그에 상응하는 기운이나 정기가 내재해 있다는 생각이 형국론의 출발점이 된다.[15] 즉 산천의 겉모양은 각각 그에 상응하는 기운이나 정기가 모인 것이라는 전제하에 보거나 잡을 수 없는 정기를 구체적인 형상에 비겨 표현한다. 장소에 의미를 부여해 땅의 특성을 설명하는 사고방식은 어떤 장소가 갖고 있는 자연의 질서 체계를 생명체에 비유함으로써 땅의 기운과 특성을 온전히 드러내고자 하는 목적에서 비롯되었다. 마을, 절, 집터에 특징적인 의미를 적극적으로 부여함으로써 우리 선인들은 장소에 대한 정체성과 안정감, 애착심을 가질 수 있었다. 어느 장소에 대한 독특한 장소감을 갖게 하고, 그 땅의 특성에 애착심을 갖게 한 것은 땅에 대한 풍수 형국론의 생명력 있는 비유로 인해 가능했다. 형국론은 땅을

---

15. 최창조, 1984, 『한국의 풍수 사상』, 민음사, 179쪽.

살아 있는 유기체로 간주하는 풍수의 특성을 잘 반영하는 것이다.

풍수에서는 혈과 명당 주위 환경을 사람이나 동식물, 혹은 인간이 만들어 낸 사물에 비유해 풍수 형국으로 파악하는 경우가 많다. 이런 특정한 풍수 형국의 경관 속에 사는 사람들은 그 지역 풍수 형국의 조화를 깨뜨리는 행위를 엄격하게 금했다. 이런 자연에 대한 태도는 자연에 대한 한국인의 재래 환경 관리 사상과 인간 생태학적면에 큰 영향을 미쳤다.[16]

풍수의 형국론에 따라 의미가 부여된 장소는 다양한 상징과 은유를 지닌 공간이 된다. 이와 같은 사례는 조선 정조의 화성 건설에서 잘 나타난다. 수원 화성을 건설하는 과정에서 정조는 화성 성곽의 남북 길이가 너무 좁게 획정되어 있는 것을 지적하고 남북이 버들잎 모양으로 터를 잡아 민가가 철거되지 않게끔 성을 확장해서 쌓도록 했다. 그런데 흥미로운 것은 이런 지시가 현실적인 측면에서 이루어졌으면서도 지세에 대한 상징적인 의미와 결부된다는 것이다.[17]

성곽 공사를 하면서 처음 성터로 잡은 것은 지금 서문에서 북수문이 있는 사이를 직선으로 연결하는 것이었던 듯하다. 이때 북문이 들어설 위치에 이미 지어진 인가를 다수 철거해야 할 문제가 생겼다. 여기에 대해 정조는 북문 위치를 계획보다 더 바깥쪽으로 확장해 인가를 성 안으로 수용하고 남문과 북문 거리도 더 넓게 잡으라고 명한 것이다.[18]

정조는 성곽의 범위를 확장해 남북이 긴 버들잎 모양의 성 터를 잡고 동시에 세 굽이로 꺽이게 川자 모양을 상징해서 성을 쌓도록 지시했다. 현재 화성의 형태를 보면, 화양루를 잎자루(葉柄)로 해 동북공심돈을 잎의 끝부분이 되도록 버드나무잎의 형태를 모방해 성을 축조했다.

---

16. 윤홍기, 2001, 「왜 풍수는 중요한 연구주제인가?」, 《대한지리학회지》 36. 4, 대한지리학회, 351쪽.
17. 성동환, 2001, 「顯隆園 遷園과 華城건설을 통해 본 正祖의 풍수지리관」, 『韓國思想史學』 17, 한국사상사학회, 157~158쪽.
18. 김동욱, 1996, 『18세기 건축사상과 실천, 수원성』, 발언, 122쪽.

또한 화성은 화홍문으로부터 남수문까지, 그리고 장안문(북문)에서 팔달문(남문) 방향으로 하천과 도로와 가옥들이 남북 방향으로 병행하고 있어 마치 川자의 형태를 띠고 있는 모습이다. 이와 같이 화성의 내부를 관통하는 수원천변의 수계를 따라 많은 수량의 버드나무가 식재되어 버드나무가 경관의 주요소를 이루는 도시를 조성했다.[19]

유천(柳川)이라는 지명에 맞게 버들잎 모양으로 터를 잡고 내와 같이 구불구불하게 성을 쌓으라고 지시한 것을 통해, 장소에 상징성과 의미를 부여하는 정조의 탁월한 풍수적 정서를 엿볼 수 있다. 정조의 지시는 현실적인 측면에서 보았을 때에는 철거해야 할 인가를 성안으로 수용하기 위해 성곽을 더 확장시키는 것이었지만, 풍수적 측면에서 보았을 때에는 지리적 요소에 상징과 은유를 부여해 그 땅에 대해 장소감을 불러일으켜 화성에 대한 장소감을 더욱 두드러지게 한 것이다. 여러 봉우리가 한 뫼를 에워싸 마치 무수히 많은 꽃잎들이 꽃심을 받치고 있는 듯한 지세가 화산이라고 설명하는 것이나 화(花)가 화(華)와 통용되는 것에 착안해 화성이라는 이름을 붙인 정조의 풍수적인 발상[20]은 형국론의 의미를 새롭게 해석할 수 있는 여지가 된다.

풍수에서 형국론은 서로 짝을 이루며 대응하고 서로 교섭하는 대대적 지리가 특징이다.[21] 형국론에서는 그 풍수 형국의 주체에 걸맞는 마주보는 안대(案對. 주산 가까이에 있는 낮은 안산과 멀리 있는 조산을 통틀어 일컫는 말)의 산천 형세를 구비해야 길격(吉格)이 된다고 본다. 예를 들어 장군형국에는 삼군을 거느리는 안대가 마주해야 하며(將軍對坐形, 三軍案), 엎드린 호랑이 형국에는 호랑이 머리의 안대가(伏虎形, 虎頭案), 반월형국에는 북두칠성의 안대가(半月形, 七星案), 옥녀가 단장하고 있는 형국에는

---

19. 김학범, 윤종태, 2002, 「화성(유천성)과 버드나무에 관한 연구」,《한국정원학회지》20. 4, 한국정원학회, 48~49쪽.
20. 성동환, 2001, 앞의 논문, 158~159쪽.
21. 임재해, 2002, 『민속문화의 생태학적 인식』, 당대, 195쪽.
22. 최창조, 1990, 『좋은 땅이란 어디를 말함인가』, 서해문집, 329쪽.

거울의 안대가 마주하고 있어야 한다.(玉女端粧形, 鏡案)[22]

풍수 형국은 일반적으로 지세가 상생의 관계에 놓여 있는 장소를 길격으로 보지만 상극의 관계에 있는 지세를 길격으로 보는 경우도 많다. 예컨대 호랑이 앞에 조는 개(伏虎形 - 眠犬案), 날아가는 새 앞의 풀벌레(飛禽形 - 草虫案), 지네 앞의 지렁이(蜈蚣形 - 蚯蚓案), 뱀 가는 길에 달려드는 개구리(行蛇形 - 逐蛙案) 등이 이런 형국에 해당된다.[23] 이런 상극 관계에 있는 풍수 형국을 길격으로 보는 이유는 형국의 주체와 그 안대(案對)가 서로 긴장 관계에 놓여 있어야 생명력이 넘치는 것으로 해석하기 때문이다. 예를 들어 제비머리 형국과 뱀 형국을 하고 있는 풍수 형국에서는 뱀이 살아서 제비를 노리고 있어야 제비가 도망가고자 하는 날개짓을 해 땅이 생명력을 발휘하게 된다고 보기 때문이다. 그렇지 않고 뱀이 죽어 있으면 제비는 위기를 느끼지 않고 안일하게 머물러 있어 명당 구실을 할 수 없는 것으로 본다.[24] 늙어서 노회하기 이를 데 없는 쥐가 풍요로운 들판에 내려오는 형국(老鼠下田形)에는 마주 보는 곳에 고양이산이 있어야 제격이다. 능숙한 쥐가 들에 내려왔으니 의식이 족하다. 그래서 교만해질 우려가 있다. 그런데 앞에 고양이산이 있으면 언제나 주의력을 잃지 않기 때문에 좋은 명당으로 해석한다.[25] 곡식을 담아 고르는 기구인 체와 관련된 명당에는 곡식을 고르고 남은 겨가 쌓인 겨무더기라 불리는 둔덕이 체 명당 앞에 있어야 한다. 겨무더기를 먹으려는 개에 해당되는 산이 있고 반대편에는 겨무더기를 지키는 호랑이 산이 있다. 그래서 개는 겨무더기를 향해 뛰어들다가 흠칫해 웅크린 형상을 하고 있다. 체와 겨와 개와 호랑이가 서로를 북돋우고 견제하는 상승의 조화를 이루어야 공간의 안정성을 유지한다고 보는 것이다.[26] 위의 사

---

23. 최창조, 1990, 같은책, 329쪽.
24. 임재해, 2002, 앞의 책, 195~196쪽.
25. 최창조, 1990, 앞의 책, 351쪽.
26. 최창조, 1997, 『한국의 자생 풍수 1』, 민음사, 248쪽.

레들은 생물 간의 적절한 긴장 관계가 생태적 다양성과 건강함을 유지할 수 있다는 사실을 풍수 형국에 반영한 것으로 볼 수 있다.

공주 사곡면 화월리에는 명당골이라는 마을이 있다. 밝고 맑은, 풍수적으로 좋은 터란 뜻을 그대로 마을 이름으로 쓰고 있는 이 마을에는 형국 해석이 아주 독특하다. 마을의 형국 배치는 명당골을 중심으로 해서 까마귀산, 뱀산, 누에산, 쇠파리산, 개구리산으로 구성되어 있다. 시체 모양의 논밭이란 의미의 싯들(屍野), 까마귀가 시체를 쪼아먹는 모양의 까마귀산(金烏啄屍形), 개구리를 쫓아가는 모양의 뱀산(長蛇追蛙形), 잠두형(蠶頭形)의 누에머리산, 누에를 노리는 쇠파리산이 있다.[27] 이렇게 다양한 형국을 가진 산들은 모두 단순히 산의 형세만으로 의미가 부여된 것은 아닐 것이다. 기맥과 산이 갖고 있는 다양한 특성을 모두 종합해 동물들의 생태적 특성을 담은 것으로 볼 수 있다. 주변의 생태적 특성을 자신이 살고 있는 땅에 부여한 것은 그 땅에 사람만이 살고 있는 것이 아니라 주변의 모든 동식물들과 더불어 살고 있다는 인식을 표현한 것으로 생각할 수도 있겠다.

우리나라에는 고을과 마을 곳곳에 풍수 형국이 산재해 있다. 이런 풍수 형국을 파괴했을 때 일어나는 일들을 전하는 풍수 설화가 상당히 많다. 이 풍수 설화들은 땅을 단순한 흙으로 생각하지 않고 살아 있는 유기체로 인식하는 생태적인 인식을 담고 있다. 특히 풍수 형국을 훼손해 혈을 자른 설화는 전국에 널리 전승되고 있다. 혈을 끊으니 피가 흘러나왔다는 풍수 설화는 땅을 예사로 보지 않고 인체와 같이 기혈에 따라 붉은 피가 흐르는 생명체로 인식하는 전형적인 사례이다.[28] 땅의 생명성을 주목하고 땅의 이해를 통해 좋은 땅을 가려내고 결함 있는 땅을 보완하는 가운데 땅을 훼손하지 않으면서 땅과 더불어 조화롭게 살아

---

27. 최창조, 1997, 같은 책, 196~198쪽.
28. 임재해, 2002, 앞의 책, 188쪽.

가고자 하는 삶의 태도는 땅과 인간의 관계를 올바르게 설정한 풍수지리적 자연 이해 방식이자 생태학적 자연 적응 방식이라 할 수 있다.[29]

2. 4. 양기의 입지가 갖는 생태 개념

풍수 이론에 따르면 산 사람들의 생활공간에 대한 이론(陽宅)과 죽은 사람들의 영면의 장소를 잡는 이론(陰宅)은 서로 다르지 않다. 다만 양택이 음택과 다른 점은 그 지세가 넓어야 하며 국면이 좁지 않아야 한다는 것이다.[30] 양택과 음택의 터를 판단하는 방법에는 큰 차이가 없지만 산과 물의 취합이 얼마나 크고 작은 가에 따라 양택의 경우에도 큰 도읍과 작은 고을이나 마을이 들어설 터로 구별한다. 인구 부양력이나 식수 및 생활 용수의 공급, 대지의 확보라는 측면에서 이와 같은 양기풍수 이론은 대단히 합리적이라 할 수 있다.[31]

풍수에 따르면 평야에서는 명당을 이루는 조건으로 물길의 조건(得水)을 우선적인 입지 조건으로 고려한다. 반면에 산곡에서는 바람을 갈무리하는 산의 조건(藏風)을 더욱 중시한다.[32]

평야와 산곡의 지형적 조건의 차이에 따라 풍수에서 중요하게 여기는 고려 조건을 달리 적용하는 것은 생태적으로 중요한 의미를 갖는다. 평야의 경우에는 대강(大江) 연변에 마을이나 삶터가 입지하기 때문에 수해와 한해와 같은 강의 피해에 대한 대책이 먼저 마련되어야 한다. 따라서 수류(水流)에 관계되는 득이나, 파(破), 수구(水口) 등 득수에 대한 고려를 중시해야 한다. 반면에 산곡의 경우에는 산곡의 저지를 향

---

29. 임재해, 2002, 같은 책, 184쪽.
30. 『雪心賦』, 卷四, 「論陽宅」, "若言陽宅何異陰宮, 最要地勢寬平, 不宜堂局逼窄."
31. 최창조, 1984, 앞의 책, 253~254쪽.
32. 『陽宅大全』, 卷之五, 「陽基總論」, " 却有平支?山谷之不同, 平支得水爲美, 山谷藏風爲佳."; 『雪心賦』, 「論陽宅」, "만약 산곡에 살고자 한다면 무엇보다도 凹風을 두려워 할 것이며, 평야의 경우 得水를 반드시 먼저 챙기라(若居山谷最 · 凹風, 若在平洋先須得水)."

해 부는 바람인 요풍(凹風)에 대한 두려움 등 국지기후적인 영향력의 중요성 때문에 주변 산세의 환포(環抱) 또는 장풍(藏風)에 더 주의를 기울여야 한다.[33] 산곡과 평야에서 어떤 경우에는 물의 조건이 우선시되고, 어떤 경우에는 산의 조건이 우선시되는 생태적인 이유는 무엇일까?

우선 산곡에서 바람을 갈무리하는 것이 중요한 이유는 산곡이 평야에 비해 비교적 좁은 넓이에서 에너지 입력과 보존 능력에 의해 분포가 달라지기 때문이다. 따라서 이질적인 에너지 분포가 공기 흐름을 유발함으로써 바람은 중요한 문제가 된다. 특히 산곡의 경우에는 긴 세월 동안 형성된 자연수림으로 지표의 생물층이 농경지보다 수직으로 분화되어 있고 햇빛에 대한 식물들의 경쟁이 평야에서보다 더 크기 때문에 에너지 분포와 함께 바람이 중요한 환경인자가 된다. 반면에 평야에서는 에너지 분포와 바람의 흐름이 산곡에 비해서 동질적이나 물의 분포는 여전히 이질적이다. 따라서 평야에서는 에너지 분포 또는 바람보다 물의 분포가 뭇생물들의 활동에 결정적인 요소가 된다.[34]

3. 풍수 논리 속의 생태 기술

3. 1. 풍수 금기의 생태 기술

생태 기술(ecotechnology)은 인간과 자연의 공존을 위해 자연환경을 포함하고 있는 인간 사회의 구성 요소에 대한 설계 과정으로 정의할 수 있다.[35] 본 논문에서는 '생태 기술'이라는 말을 인간과 자연의 공존을

---

33. 최창조, 1984, 『한국의 풍수 사상』, 민음사, 254~255쪽.
34. 이도원, 2003, 『한국 옛 경관 속의 생태지혜』, 서울대출판부, 40~41쪽.
35. 이도원, 2003, 같은 책, 87쪽.

위해 우리 선인들이 지속적으로 실천해 왔던 전통적인 환경, 혹은 생태 관리 기술 전반을 지칭하는 말로 정의해 논의를 이끌어나가고자 한다.

우리 선인들의 공간 활동은 풍수의 논리에 맞게 명당의 규모나 그 땅이 담을 수 있는 용량, 혹은 그 땅의 특성을 감안해 주위 환경과 조화되게 인위를 가했다. 명당이나 풍수 형국의 형태와 크기에 따라 인간이 그 지역에서 개발할 수 있는 것의 한계점을 제시한다는 점에서 풍수는 한국형 성장 한계의 관점을 내포하고 있고 한국형 환경 관리의 일면을 보여 주고 있다.[36]

행주 형국과 관련된 풍수 금기와 이로 인해 나타나게 된 독특한 경관은 생태 기술과 관련된 흥미로운 주제가 될 수 있다.

평양은 행주형으로 알려져 있다. 풍수 형국론에서 행주형이란 사람과 물건을 가득 싣고 장차 떠나려고 하는 배의 형상을 하고 있는 지세를 말한다. 배에는 항상 사람과 물건이 가득하기 때문에 이 지세에 마을이나 읍이 들어서면 많은 사람과 물산이 모여 흥청거리는 풍요의 중심지가 되는 것으로 믿었다. 이런 행주 형국의 경우에는 우물을 파지 않는 풍수적인 금기가 있다. 우물을 파면 배가 가라앉는다는 풍수적인 금기 때문이다. 따라서 행주 형국의 경우 우물을 파지 않고 강물이나 냇물을 길어서 식수로 사용했다.

『택리지』「복거총론(卜居總論)」의 산수조에는 강거의 대표적인 곳, 평양을 설명하는 부분에서, "평양의 지세는 (물 위에) 배가 지나가는 형국(行舟形)이므로, 우물 파는 것을 꺼린다. 온 읍 사람들이 공리를 막론하고 모두 강물을 길어다 일상생활에 쓴다. 땔나무를 운반하는 길이 멀어서 땔나무가 아주 귀하니 이것이 흠이다."라고 기록되어 있다.

『택리지』의 기록으로 보아 평양의 지세를 행주형으로 본 것은 연원이 아주 오래된 것 같다. 그리고 우물을 파지 않는 풍수 금기 관행도

---

36. 윤홍기, 2001, 「왜 풍수는 중요한 연구주제인가?」, 《대한지리학회지》, 36. 4, 대한지리학회, 350쪽.

그 세월이 만만찮음을 알 수 있다.

또 다른 기록은 지금으로부터 100년 전쯤에 쓴 외국인의 평양에 대한 글이다.

> 평양은 강으로부터 급작스럽게 치솟아 있는 분지에 위치해 있었다. ······ 나는 붐비는 나룻배 위에서 말을 탄 채 맑게 반짝이는 대동강을 건넜다. 강 건너 어두운 수문 안은 온통 물바다였고 종일 물지게꾼으로 붐비고 있었다. ······ 도시 안에는 우물이 전혀 없었는데 그 이유는 놀랍게도 성벽이 배 모양의 지역을 둘러싸고 있어서 그곳에 우물을 파면 배가 침몰한다는 미신 탓이었다.[37]

위의 글은 1890년대의 평양 대동강을 묘사한 영국의 여류 지리학자 이사벨라 버드 비숍의 글이다. 흥미롭게도 1897년 당시 물지게꾼들이 연신 대동강물을 길어 가고 있었는데 이유인즉 평양이 행주형이라 우물을 파지 않는다는 미신 때문이었다고 놀라움을 표시하고 있다.

봉이 김선달이 한양의 허풍선에게 일금 4000냥에 대동강을 팔았다는 이야기가 나올 수 있었던 것은 평양에 우물이 없어 모두 물을 길어다 먹었기 때문이다.[38] 비숍의 글을 통해 구한말까지도 이런 관행이 지속되었다는 것을 알 수 있다.

우물을 파지 않는 풍수 금기는 행주형이라는 형국의 조화를 깨뜨리지 않으려는 옛 사람들의 노력 때문이었다. 이렇게 우물을 파지 않고 강물을 길어다 먹으려면 수고를 감수하지 않으면 안 된다. 지역의 단위가 하회마을과 같이 비교적 작은 지역이면 그것이 가능할지 몰라도, 평양과 같이 큰 규모의 대도시에서 우물을 파지 않고 강물을 길어

---

37. 이사벨라 버드 비숍, 이인화 옮김, 1994, 『한국과 그 이웃나라들(Korea and Her Neighbours)』, 살림, 356~357쪽.
38. 윤홍기, 2001, 「한국 풍수지리 연구의 회고와 전망」, 《韓國思想史學》17, 한국사상사학회, 54쪽.

먹게 하려면 뭔가의 강제가 있었거나 그렇지 않으면 우물에서 나는 물이 그다지 먹는 물로서 적합하지 않았기 때문일 것이다. 아마도 우물에서 나오는 물은 장기가 많았거나, 맛이 없었거나, 먹고 나면 탈이 난다거나, 아무튼 먹을 만한 물이 되지 못했으니 강물을 길어먹었을 것이다. 물론 우물을 파지 않는 것은 그런 식수로서의 부적합성이란 문제말고도 약한 지반의 안전 상태를 유지하기 위한 풍수적 금기였다고 생각할 수도 있다. 우물을 마구 파 지반을 교란시키면 지하수의 흐름이나 지반의 안정 상태가 유지되기 어려울 수도 있다. 이런 경험적 사실을 옛 사람들은 이미 알고 있었기 때문에 그런 금기가 생긴 것이 아닐까 추측해볼 수 있다.

또 다른 사례는 안동 하회마을에서도 볼 수 있다. 행주 형국으로 잘 알려진 하회마을의 경우 마을의 중심을 이루고 있는 부분은 뻘과 모래를 함유한 세립질이기 때문에 대수층(帶水層)이 형성되기 어렵다. 뻘과 모래로 이루어진 토양은 물을 함양하고는 있으나 잘 내뿜지 않는 성격을 갖고 있다. 따라서 하회마을에서는 우물을 파지 않는 것이 좋다. 만약 우물을 파게 되면 지반이 침하되기 때문이다. 지하수 개발을 하는 사람들의 말을 들어 보면 뻘과 모래로 이루어진 땅에서는 지하수를 찾기가 어려울 뿐만 아니라 설사 찾았다 하더라도, 그 물을 지하수로 사용하게 되면 반드시 지반의 침하를 가져오게 된다고 한다. 그리고 이런 땅에서 나는 물은 탄산칼슘($CaCO_3$) 성분이 많이 들어 있는 센물(硬水)이고, 유기 물질이 많이 함유되어 있어 식용수로 적합하지 않다고 한다.

행주 형국의 땅에는 배의 순항에 필요한 여러 부대 시설물들을 갖추게 되면 아주 좋은 것으로 믿었다. 예를 들어 키, 돛대, 배말뚝, 뱃사공 등을 갖추어야 한다고 믿었다. 마을 주변에 있는 적당한 산이나 나무, 언덕 등은 곧잘 배의 시설이나 장치로 여겨졌다.[39]

---

39. 이필영, 1995, 『마을 신앙의 사회사』, 웅진출판사, 52~57쪽.

이와 같은 인식들은 자신의 정주 공간을 풍수 사상을 통해 인지하고, 그에 걸맞는 어떤 조치들을 취함으로써 정주 공간의 안정을 강화하려는 노력으로 이해해야 할 것 같다. 이렇게 자신이 사는 땅을 질서가 있는 곳으로 해석하고 의미를 부여함으로써 자신의 삶터를 '살 만한 땅'으로 굳게 믿도록 했다.

3. 2. 수구와 마을숲의 생태 기술

풍수 이론에 따르면 수구(水口)는 명당 앞을 흐르는 명당수가 합해져서 밖으로 흘러나가는 것을 말한다. 풍수에서는 수구가 좁은 것을 좋은 것으로 여긴다. 풍수적으로 좋은 땅이 되려면 청룡과 백호 등과 같은 명당 주위의 산들이 명당을 안고 둘러싸야 하기 때문에 명당의 왼편과 오른편의 산이 서로 감싸 안는 형국이 된다. 따라서 그 사이를 흐르는 물도 청룡과 백호가 서로 안고 있는 좁은 사이를 흐르게 된다. 이렇게 명당수가 밖으로 빠져나갈 때 흘러가는 물이 잘 보이지 않을 정도로 좌우의 산들이 에워싸고 있는 경우에 흔히 "수구가 좁다.", "수구가 잘 짜여져 있다.", 혹은 "수구가 잘 여며져 있다."라는 표현을 쓴다. 반면에 청룡과 백호가 멀찍이 떨어져 있는 사이로 물을 흐를 때는 "수구가 벌어졌다."라는 표현을 쓴다.

수구가 좁게 잘 짜이면 청룡, 백호가 잘 감싸기 때문에 명당이 외부에 노출되지 않는다. 방어에 유리할 뿐만 아니라 심리적으로도 편안한 느낌을 받는다. 반대로 수구가 벌어져 있으면 물은 그만큼 쉽게 빠져나가고 좌우의 산들이 잘 감싸고 있지 못하기 때문에 명당이 외부에 쉽게 노출된다. 『택리지』에는 수구에 대한 다음과 같은 기록이 있다.

무릇 수구가 엉성하고 널따랗기만 한 곳에 비록 좋은 밭 만 이랑과 넓은 집 천 간이 있다 하더라도 다음 세대까지 내려가지 못하고 저절로 흩어져 없어진다. 그러므로 집터를 잡으려면 반드시 수구가 꼭 닫힌 듯하고 그 안에 들이 펼쳐진 곳을 눈여겨보아서 구할 것이다. 산중에서는 수구가 닫힌 곳을 쉽게 구할 수 있지만 들판에서는 수구가 굳게 닫힌 곳이 어려우니 반드시 거슬러 흘러드는 물이 있어야 한다. 높은 산이나 그늘진 언덕이나, 역으로 흘러드는 물이 힘 있게 판국을 가로막았으면 좋은 곳이 된다. 이런 곳이라야 완전하게, 오랜 세대를 이어 나갈 터가 된다.[40]

풍수에서는 수구를 양택이나 음택에 상관없이 대단히 중요한 것으로 여긴다. 수구가 닫혀 있지 못해 부득이 하게 수구막이를 하게 되는 방법 중에 전형적으로 나타나는 것이 마을숲이다. 수구막이 혹은 수구맥이는 열려 있는 수구를 닫아 준다는 의미의 풍수적 배경을 갖는 마을숲이다. 여기서 수구막이는 마을 앞쪽으로 물이 흘러가는 출구이지만 지형상 개방되어 있는 마을의 앞부분을 은폐하기 위해 가로로 길게 늘어서 심은 인공의 마을숲을 지칭한다. 수구는 단지 물이 흘러나가는 물리적 의미의 수로를 지칭하는 것일 뿐만 아니라 마을의 풍수지리적 형국이 지니고 있는 상징적 의미들, 즉 복락, 번영, 다산, 풍요 등의 상서로운 기운이 함께 흘러나간다고 믿는 심리적인 의미의 출구이다.[41]

대부분의 마을숲이 조성되는 것은 풍수적으로 허결함이 있는 곳을 비보하기 위한 것이었다. 마을숲은 풍수적으로 허한 곳을 메우거나 형국을 완성하는 비보적 의미와 좋지 않은 기운을 차단해 보호하는 의미로 이루어진다. 여기서 비보적인 의미는 풍수상의 땅기운을 보호하거나 땅 기운의 연결 또는 보완을 위한 것이다. 수구가 열려 마을이 황량한 들판처럼 외부에 완전히 개방되지 않도록 숲이나 담, 울타리 등의 비보책을 사용해 마을을 다소 폐쇄된 공간으로 만든다. 그러면 마을은

40. 李重煥, 『擇里志』, 「卜居總論」, 地理條.
41. 김학범·장동수, 1994, 『마을숲』, 열화당, 103쪽.

한층 안정된 상태에 놓이게 된다. 이런 조치를 취한 마을은 개방과 폐쇄가 적절히 혼합된 공간이 된다. 마을숲은 이렇게 환경심리학적 측면에서 완충 공간의 구실을 해 거주민들의 심리적인 안정감을 추구하는 데 도움을 주는 것이기도 했지만 그 외에도 생태적으로 중요한 의미를 갖고 있다.

안동 하회마을의 수구에 자리 잡고 있는 만송정의 소나무숲은 마을을 하천 침식으로부터 보호하고 물질을 여과하는 기능을 갖고 있었을 것이다. 또한 식생 완충대로서 마을 옆을 흘러가는 큰 강물의 속도를 완충하여 하천의 물이 감아 돌아가는 동안 방벽을 보호하는 기능도 가질 수 있다.[42] 하회마을은 범람원이라는 평탄한 지형에 마을이 입지하고 있어 배수가 원활하지 않았을 것이다. 따라서 마을에서 배출되는 오염 물질들은 경사지에 자리 잡은 마을에 비해 정화되는 속도가 느리고 그 결과 지하수가 오염되기 쉽다. 이 물질들이 만송정의 소나무 숲을 거쳐 가는 동안 어느 정도 정화되고 여과될 수 있을 것이다.[43]

조선 시대에도 한양의 수구를 비보하기 위해 조산(造山)을 쌓거나 나무를 심었던 사실을 실록 기록을 통해 알 수 있다. 문종 때 문맹검은 한양 수구의 취약함을 보완해야 한다는 글을 올리면서 수구에 조산을 만들고 나무를 심으며 수구 쪽에 살기를 원하는 사람들에게는 토지를 나누어 주고 살게 하자는 주장을 하기도 했다.[44]

선조 때 활약했던 박상의는 관왕묘(東廟)를 앉힐 터를 정하면서 사당을 동대문 밖의 조산 옆에 세우는 것이 수구를 관쇄(關鎖)할 수 있는 좋은 곳이라 했다. 기가 빠져 나가는 수구의 허결처에 사당을 세워 기의 누설을 막고 도성의 풍수적 환경을 더 낫게 하려는 의도가 들어 있

---

42. 이도원, 2004, 『전통 마을 경관요소들의 생태적 의미』, 서울대출판부, 44쪽.
43. 이도원, 2004, 같은 책, 45쪽.
44. 『文宗實錄』 2년 3월 壬申. 문종 대의 문맹검에 대해서는 다음을 참고할 것. 김두규, 2000, 『조선 풍수학인의 생애와 논쟁』, 궁리, 123~132쪽.
45. 김두규, 2000, 같은 책, 306쪽.

었다.[45]

한양 이외에도 조선 시대에는 대부분의 촌락에 숲을 조성해 바람, 모래, 홍수 등 재해를 방지하고, 풍수상 공간 구성의 결점을 비보하거나 흉한 지형을 압승(壓勝)했다. 마을숲을 보존하기 위해 여기에 신성성, 신앙성이 부여된 경우도 있다. 예전에 수구막이로서의 기능을 담당하던 마을숲은 요즘에 와서는 공원이나 버섯재배장으로 바뀌기도 하지만 대부분의 마을숲은 마을의 공동 소유로 관리되어 오기 때문에 아직도 보호·보존되는 경우가 있다.[46]

풍수에서 수구가 닫혀 있는 것을 이상적인 터로 여긴 이유는 마을이 자리 잡은 유역을 하나의 닫힌 계로 조성하기 위한 것으로 볼 수 있다. 수구를 닫히게 하기 위해 벌인 노력들은 양수가 쉽지 않던 시대에 농업에 절대적으로 중요했던 물을 슬기롭게 이용하기 위한 것이었다. 경사에 따라 이용하는 물을 최대한 가까운 장소에 묶어 두거나 흐름의 속도를 늦추어 물이 마을(명당) 내부에 머물 가능성을 증대시키기 위한 것으로 수구가 잘 짜인 터를 잡고 인공적인 조형물을 조성하거나, 산림 수문학적 산지 관리를 한 것으로 볼 수 있다.[47] 마을숲은 사람의 생활공간에서 물이 빠져나가는 흐름을 지연시킴으로써 전체적으로 물의 이용도를 높일 수 있었다.[48] 이와 같이 마을숲은 마을의 경관을 보완하기 위한 것일 수도 있지만, 그보다는 농경에 필수적인 수자원을 좀 더 슬기롭게 이용하고 마을 환경의 생물종 다양성을 높여 마을 환경의 건강함을 보장받기 위한 전통적인 생태 기술로 해석할 수도 있다. 물론 이와

---

46. 대표적인 사례가 경북 안동군 임하면 내앞마을(川前里)에 전해져 내려오는 開湖松의 보호에 관한 完議文에 잘 나타난다. "선조가 마을 수구를 비보함으로써 가문의 터전과 가묘를 보호하기 위하여 개호송을 심었다. 따라서 선조를 높이고 종가를 중히 생각하는 자는 선조의 사당과 종가가 있는 내 앞을 지키는 이 소나무를 보호하는 데 힘을 다해야 한다." 金德鉉, 1986, 「傳統部落의 洞藪에 관한 硏究」, 《地理學論叢》 13, 서울대지리학과, 360쪽.

47. 이도원, 2003, 앞의 책, 63~64쪽.

48. 이도원, 2003, 앞의 책, 65쪽.

같은 같은 생각은 좀 더 실증적인 실험과 관찰을 통한 계량적인 검증이 필요하다.

3. 3. 뒤란과 마당, 담장의 생태 기술

산기슭에 기대고 앞으로 물길을 끼고 있는 우리네 마을의 집 뒤는 산과 접하게 되고 이곳은 자연과의 경계가 된다. 풍수에서 이상적인 주택의 배치의 하나는 전저후고(前低後高)의 원칙을 지키는 것이다. 주택 배치에서 전저후고의 원칙을 지키고자 하는 이유는 배수를 원활하게 하고 더 많은 일조량을 얻을 수 있고, 좋은 전망을 갖기 위함이다. 이상적인 주택의 배치에 따라 지어진 집은 넓지 않은 산기슭을 깎아 만든 경우가 많다. 따라서 산사태가 날 위험 요소를 안고 있다. 이런 위험을 없애기 위해 남부 지방에서는 집 뒤에 흔히 대나무숲을 조성한다. 대나무숲은 그 발달된 근경이 서로 얽히고 설켜 지면을 안정화시켜 준다. 대나무가 갖고 있는 특성인 근경은 사면부 토사 유실을 방지해 주는 효과적인 사방 장치가 된다. 뒤란에 조성된 화계는 산기슭을 깎아 만든 집터를 안정시키는 토목적인 해결 장치였다. 반면에 뒤란에 심긴 대나무숲은 더 생태적인 해결책인 셈이다. 집 뒤의 대나무숲은 집의 풍치를 돋우고 사면을 안정화시키며, 차가운 북풍을 차단하는 미기후 조성의 기능을 갖고 있으면서 동시에 경제적인 효용 가치도 갖고 있다.[49]

풍수의 관점에서 건물을 배치하는 경우에는 건물 터 가운데에서 생기가 집중되는 곳인 혈에 가장 중요한 건물을 앉혔다. 풍수 국면에서 가장 높은 위계 또는 중심이 되는 것은 혈이므로, 마을의 경우 혈 자리에는 일반적으로 종가나 입향조의 집, 일반 주택의 경우 본채, 사찰의

---

[49] 성종상, 2000, 「다시 현실과 전통의 틈에서 - 향리 일상에서 배울 만한 것들」, 『조경과 비평 LOCUS 2』, 조경문화, 2000, 92~93쪽.

경우 대웅전, 서원의 경우 강당, 향교의 경우 대성전이 자리를 잡았다. 혈 앞의 명당에는 명당에 해당되는 마당이 있었고 나머지 건축물들은 중요도에 따라 주변의 지세에 맞추어 배치되었다.

명당과 혈이 전후로 배치되는 풍수의 원칙은 궁궐 및 사찰, 서원, 일반 주택의 배치에도 그대로 적용되었다.[50]

건물 가운데에 마당을 두는 중정형 배치는 우리 전통 건축의 일반적인 경향이다. 이럴 경우 남쪽으로 개방적인 배치를 이루어 따뜻한 햇빛과 활발한 자연의 기운을 받아들일 수 있다. 동시에 나머지 세 면이 갇혀 있는 구조는 받아들인 양명한 기운을 빠져나가지 않게 보전하는 역할도 한다. 이렇게 함으로써 중정 구조는 건물을 둘러싸는 주위 산지의 형국과 닮은 동일한 구조를 띠게 되었다. 이것이 곧 풍수에서 말하는 명당의 의미였다. 그 결과 본래 있던 자연 지세 속의 명당과 이것을 닮은 인공 조영에 의한 명당이라는 두 겹의 명당 구조가 형성되어 상충되지 않고 하나가 되었다. 곧 풍수에 의해 형성되는 자연적인 지형상의 축이 그대로 건물들 사이의 조합을 결정짓는 건축적인 축이 됨을 의미했다.[51] 자연의 섭리에 맞춘 풍수의 공간 구성과 건물 배치는 질병을 막고 건강을 유지시켜 주며 하는 일마다 잘 된다는 적극적인 사고방식을 가지게 했다.[52]

풍수에서는 마당을 양기를 받아들이는 곳으로 여긴다. 태양이 여름에 높이 뜨고 겨울에는 비스듬히 쪼이는 중간 각도에 차양을 내게 되면 여름에는 더운 햇빛을 차단하고 겨울에 따뜻한 햇빛을 받아들일 수 있게 되는데 처마가 바로 이런 역할을 한다. 한옥의 창은 겨울에 햇빛을 받아들이는 데 효율을 높여 주는 기능을 갖는다. 한옥의 창은 출입

---

50. 張聖浚, 1978, 「風水局面이 갖는 建築的 想像力에 관한 考察」, 《大韓建築學會誌》 22, 85, 대한건축학회, 17~19쪽.
51. 임석재, 1999, 『우리 옛 건축과 서양 건축의 만남』, 대원사, 1999, 147~148쪽.
52. 임석재, 1999, 앞의 책, 152쪽.

문을 겸하면서 크기가 클 뿐 아니라 창호지가 발라져 방안에 들어오는 햇빛의 양을 극대화시키는 역할을 한다.[53] 이런 효과들은 결국 양기를 받아들이는 마당의 '비어 있음' 때문에 가능한 것이다. 건물이나 공간이 양기를 받아들이기 위해서는 마당의 존재가 필수적인 것으로 인식되었다. 많은 양기를 받아들이기 위해서 마당은 마땅히 비워져 있어야 했다. 풍수에서는 나무로 마당을 채우는 일을 금하며, 혹 수목이 심긴다 해도 관상용이라기보다는 혈과 명당을 둘러싸는 사신의 의미로 인식되었다. 마당은 양기를 받아들이는 장소로서만이 아니라 수장 공간이나 작업 공간으로서도 비워져야 했다.[54]

요즘 사람들은 마당에 잔디를 심는 경우가 많지만 옛날에는 잔디를 심지 않았다. 마당이 백토를 깐 양지 바른 곳이었기 때문이다. 잔디를 깔면 집으로 반사되는 빛이 그만큼 줄어들어 이롭지 못하다.[55]

우리 전통 가옥에서는 동서남북에 상응하는 빛의 꽃이나 열매가 달리는 나무를 골라 겸손하게 나무를 심었다. 우물가에는 우물물에 기생하는 벌레를 퇴치하는 나무를 심기도 해 상생과 상극을 교묘하게 이용해 나무를 심었다. 그러면서도 집안에 큰 나무가 들어서는 것을 꺼렸다. 잘 자라는 나무를 마당에 심을 경우 뿌리에 돌을 박아 성장을 억제시켰다.[56]

우리 전통 건축에서 담은 주로 돌이나 흙으로 만들어진 차폐물로 '울을 두르는 한 방법'으로서 인식된다.[57] 풍수와 관련해 '울'은 대문과 더불어 혈과 명당을 둘러싼 산, 다시 말해 사(砂)의 의미를 지니게 된다. 양택에 있어 살림채와 마당이 혈과 명당으로 인식되었듯이 울과 대문

---

53. 임석재, 앞의 책, 141쪽.
54. 강영환, 2000, 『집으로 보는 우리문화 이야기』, 웅진닷컴, 236쪽.
55. 신영훈, 2000, 『우리 한옥』, 현암사, 447쪽.
56. 신영훈, 2000, 앞의 책, 448~450쪽.
57. 강영환, 앞의 책, 240쪽.

은 사의 역할, 즉 생기를 갈무리하는 역할을 담당했다. 울은 자연계의 바람을 막는 기능으로도 필요했지만, 생기를 흩트리는 상징적 의미의 바람을 막는 기능으로도 의미를 가지게 된다. 이로써 담장과 대문을 설치하는 일은 건물과 마당을 둘러싼 현실상의 기능을 추구하기 위해서만이 아니라 좋은 명당을 형성시키기 위해 필수적인 일로 인식되었으며, 그로 인해 여러 가지 금기와 법식이 따르게 되었다.[58] 또한 담은 무너지거나 훼손될 소지가 많아 흙담이건 돌담이건 아래를 튼튼히 하고 위는 잘 덮어 주었다. 담머리에 이엉을 이어 초가지붕을 만들거나 기와를 올리는 경우가 많았다. 담 아래는 물이 잘 들이치지 않도록 하기 위해 일정 높이로 돌을 쌓아 올리거나 아예 흙을 갖다 붙여 단을 만들기도 했다. 담 아래에 붙여 만들어진 화단은 낮은 담 너머로 들어온 바깥 경치와 대비되는 마당 안 경치가 연출되는 무대이자, 담 하부를 비나 물로부터 보호해 주면서 지반을 안정시켜 주는 구조적인 기초 보강 장치였다.[59]

3. 4. 생태 기술로서의 금산 제도

풍수에서 땅은 경제적인 이용 대상이 아니라 모든 만물을 자라나게 하는 생명력, 즉 땅 기운으로 가득 찬 것이다. 그리고 그 땅 기운의 특성은 각기 다른 것으로 본다. 풍수는 결국 각기 다른 땅 기운의 특성에 맞게 적절한 기능을 배치시키는 것이다.

조선 시대에는 풍수로써 도시 환경을 엄격히 보호한 예가 있다. 우리식의 그린벨트라 할 수 있는 이 제도를 금산(禁山) 제도라 한다. 도봉산, 북한산으로부터 한양 도성 안팎에 있는 모든 산들에 이르기까지 그

---

58. 강영환, 앞의 책, 240~242쪽.
59. 성종상, 2000, 앞의 논문, 94쪽.

지맥을 보호하자는 것이 금산 설치의 주된 목적이었다. 한양 금산의 예는 혈 주변의 산맥, 즉 지기가 흐르는 맥을 보호해 명당과 혈을 건강하게 유지하기 위한 것이었다. 함부로 나무를 베거나 돌을 캐거나 흙을 파는 행위는 물론, 밭을 갈거나 집을 짓거나 하는 행위가 모두 엄격한 처벌의 대상이었다. 이는 여백의 땅이 갖고 있는 공능의 중요성을 강조한 제도로서 현재의 수세적인 그린벨트에 비해 훨씬 공세적이고 적극적인 제도였다.[60]

금산은 방벽이 아니라 지맥을 보호하기 위한 것으로 도시에 생명력인 지기를 보내는 근원으로서의 역할을 담당했다. 그래서 금산의 나무들은 울창하게 보호되어야 했고 사소한 지맥 손상 행위도 용납되지 않았다. 금산 제도는 조선 왕조의 번영과 안녕을 위한 제도란 점에서 한계를 갖고 있긴 하지만 생태적으로 우리에게 시사하는 바가 크다. 숲이 우거진 것은 생태적으로 건강하다는 뜻이고, 산맥이 연결된 것은 생물과 물질의 이동을 도와서 생태적 안정성을 높이고 있다는 뜻이다. 금산제도는 그것이 엄격하게 생태적 지식을 갖고 자각적으로 시행되었는지의 여부에 관계없이 오늘날 우리가 눈여겨보아야 할 제도였다.

"기는 원래 생긴 모습으로 인해 흐름이 있는 것이니 잘려진 산은 사람이 살 수 없는 곳이요, 또한 기는 산이 모여야 있게 되는 것이니 잘려져 홀로 있는 산은 삶의 터전이 될 수 없는 것"이다. 산은 그저 단순한 개발의 장애물이 아니다. 대지의 기가 숨쉬는 터전이요 인간적 삶을 가능하게 하는 생기의 공급원이다.

60. 한동환, 「우리 식의 그린벨트를 찾아서」, 『풍수, 그 삶의 지리 생명의 지리』, 푸른나무, 1993, 326~331쪽.

4. 맺음말

이 연구의 목적은 풍수 논리 속에 나타나는 생태 개념과 생태 기술을 추려내고 그 의미를 현대적으로 재해석해 오늘날에 적용할 수 있는 긍정적인 측면을 밝혀보는 것이다.

풍수 논리에는 현대적인 의미로 재해석할 수 있는 다양한 생태적인 개념을 포함하고 있다. 특히 풍수 금기와 수구, 마을숲, 주택의 뒤란과 마당, 담장, 조선 시대 금산 제도 등에는 환경론적인 관점에서 훌륭한 생태 지혜가 담겨 있으며 현대에도 발전시켜 적용할 수 있는 생태 기술들이 있다.

풍수에서는 명당을 형성시킬 수 있는 산의 조건으로 산줄기가 끊기지 않고 연결성이 좋아야 하며 초목이 울창해야 하는 것으로 본다. 산줄기에 손상이 생기면 그로 인해 명당을 형성하는 또 다른 조건인 물줄기도 손상을 받게 되는 것으로 여겨 산과 물이 상호관련을 맺고 있음을 강조하고 있다.

지형적 조건의 차이에 따라 풍수적인 고려 조건을 달리 적용하는 것은 생태적으로 중요한 의미를 갖는다. 평야 지역에서 바람보다 물의 분포를 더욱 중요하게 여기고 산곡 지역에서는 바람의 조건을 더 중요하게 여기는 이유는 에너지의 입력과 보존 능력에 따라 분포가 달라짐을 반영한 것이기 때문이다.

풍수의 형국론에는 땅을 살아 있는 유기체로 보는 풍수의 관점이 잘 반영되어 있다. 특히 행주형 형국을 갖는 지역에서 우물을 파지 않는 풍수 금기는 한국형 환경 관리의 일면을 보여 주는 것으로 지하수의 흐름이나 지반의 안정 상태를 유지하기 위한 조치이며 주위 환경의 특성을 생태적으로 잘 파악한 사례라 할 수 있다.

수구가 닫힌 곳을 풍수에서 이상적으로 여겼던 이유는 마을이 자리 잡은 유역을 하나의 닫힌 계로 조성하기 위해서였다. 풍수적으로 이상적인 공간을 만들기 위해 조성한 마을숲은 수자원을 슬기롭게 이용하고 마을 환경의 생물종 다양성을 높여 생태적 건강성을 보장하기 위한 전통적인 생태 기술이었다. 남부 지방의 전통적인 주택에서 일반적으로 나타나는 뒤란의 대나무숲은 토사 유실을 방지해 주는 효과적인 사방 장치이며 차가운 북풍을 차단시키는 미기후 조성의 기능을 갖는 생태적인 장치였다. 마당을 양기를 받아들이는 곳으로 인식하고 담장을 혈과 명당을 감싸 주는 역할로 인식한 전통적인 주택의 풍수 배치에서도 생태적인 의미를 읽을 수 있다.

조선 시대 풍수 이론을 기반으로 지맥을 보호하기 위해 시행되었던 금산 제도는 엄격하게 생태적 지식을 갖고 자각적으로 시행된 것은 아니었지만 생태적 안정성을 높인 주요한 생태 기술이었다고 할 수 있다.

참고 문헌

강영환, 2000, 『집으로 보는 우리문화 이야기』, 웅진닷컴.
金德鉉, 1986, 「傳統部落의 洞藪에 관한 硏究」, 《地理學論叢》 13, 서울대학교 지리학과.
김동욱, 1996, 『18세기 건축사상과 실천, 수원성』, 발언.
김두규, 2000, 『조선 풍수학인의 생애와 논쟁』, 궁리.
김학범·윤종태, 2002, 「화성(유천성)과 버드나무에 관한 연구」, 『한국정원학회지』 20. 4, 한국정원학회.
김학범·장동수, 1994, 『마을숲』, 열화당.
박동원·손명원, 1992, 『환경지리학』, 서울대학교 출판부.
성동환, 2001, 「顯隆園 遷園과 華城건설을 통해 본 正祖의 풍수지리관」, 《韓國思想史學》 17, 한국사상사학회.
성종상, 2000, 「다시 현실과 전통의 틈에서-향리 일상에서 배울 만한 것들」, 『조경과 비평 LOCUS 2』, 조경문화.
신영훈, 2000, 『우리 한옥』, 현암사.
이도원, 2003, 『한국 옛 경관 속의 생태지혜』, 서울대학교 출판부.
이도원, 2004, 『전통 마을 경관요소들의 생태적 의미』, 서울대학교 출판부.

이사벨라 버드 비숍, 이인화 옮김, 1994, 『한국과 그 이웃나라들』, 살림.
이필영, 1995, 『마을 신앙의 사회사』, 웅진출판사.
윤홍기, 2001, 「왜 풍수는 중요한 연구주제인가?」, 《대한지리학회지》 36. 4, 대한지리학회.
윤홍기, 2001, 「한국 풍수지리 연구의 회고와 전망」, 《韓國思想史學》 17, 한국사상사학회.
임석재, 1999, 『우리 옛 건축과 서양 건축의 만남』, 대원사.
임재해, 2002, 『민속문화의 생태학적 인식』, 당대.
張聖浚, 1978, 「風水局面이 갖는 建築的 想像力에 관한 考察」, 《大韓建築學會誌》 22. 85, 대한건축학회.
최창조, 1984, 『한국의 풍수 사상』, 민음사.
최창조, 1990, 『좋은 땅이란 어디를 말함인가』, 서해문집.
최창조, 1993, 『한국의 풍수지리』, 민음사.
최창조, 1997, 『한국의 자생 풍수 1』, 민음사.
한동환, 1993, 「우리 식의 그린벨트를 찾아서」, 『풍수, 그 삶의 지리 생명의 지리』, 푸른나무.
한동환 · 성동환 · 최원석, 1994, 『자연을 읽는 지혜』, 푸른나무.
『錦囊經』
『雪心賦』
『陽宅大全』
『擇里志』

● 성동환(대구한의대학교 대학원 풍수지리학과 부교수)

7장. 경기도 마을의 비보 경관[1]

1. 머리말

비보는 자연과 문화의 상보적이고 통합적인 맥락을 지닌 동아시아의 독특한 문화 경관이자 문화지리학적 개념으로서, 필자는 그동안 비보에 관한 선행 연구를 통해 비보 경관은 한국 전통 취락의 일반적인 환경 구성 원리이자 경관 요소임을 논한 바 있다.[2] 이 글은 경기도 취락에서 나타나는 비보 경관을 대상으로 해 그 역사적 기원, 형태 및 기능, 분포와 입지 특징 등에 관해 고찰하고자 한다.

경기도 비보의 역사적 기원으로서, 강도(江都) 시대(1232~1270년, 몽골의 침입으로 고려가 수도를 강화도로 옮긴 시대)의 강화에는 사탑 비보뿐만 아니라 고려 비보의 특징을 이루는 연기 비보(延基裨補)가 전형적으로 드러났다. 고려 시대의 불교적 비보 양식은 조선 시대의 풍수적 비보 양식으로 대체되면서 부평, 이천, 용인 등 경기 읍치에서 비보가 행해졌고 이윽고 조선 중·후기 촌락의 형성 및 발달과 함께 조산, 상징 조형물, 숲과 축동, 못 등의 다양한 형태의 비보 경관이 형성되었으며 그 과정에서 경기 북부에서는 비보 숲의 한 형태인 축동이 다수 나타났다.

---

1. 이 글은 《문화역사지리》 15집(2003)에 발표한 '비보에 관한 문화지리학적 고찰-경기도 취락의 비보 경관을 중심으로'을 수정한 것임.
2. 최원석, 2002. 6, 「한국의 비보 풍수론」, 《대한지리학회지》 제37권 제2호, 161~176쪽.

이 글의 작성을 위해 고문헌 및 지도와 각 시군 및 문화원에서 발행한 향토 사료를 참고했고 그중에 대표적인 비보 경관에 대해서는 현지 답사해 주민의 제보를 채록했다. 현지 조사는 비보 경관 조성 당시 당사자의 견지에서 비보 동기 및 형태와 기능을 서술하고 그 의미를 해석하고자 노력했다. 이 글의 연구 범위 및 답사 지역은 경기도 북서·북동·남동 지역 일부에 한정되며, 남서 지역을 포괄한 경기도 전체의 종합적 고찰은 차후의 과제로 미룬다.

2. 경기도 비보 경관의 역사적 기원

2. 1. 연기 비보

2. 1. 1. 이궁과 가궐의 조성

경기도 비보 경관의 역사적 기원에 해당되는 것으로서 강화 왕도의 연기 비보를 들 수 있다. 그 역사적 사실로서 강화 도읍지에서는 고종 46년(1259년)에 국업의 연기(延基)를 목적으로 이궁(홍왕리)과 2개의 가궐(삼랑성·신니동)을 조성한 적이 있다.[3]

일찍이 고려 시대에는 '지리 연기'를 위해 많은 정책적 노력을 기울인 바 있었다. 예컨대 문종 10년(1056년)에는 서강·병악의 남쪽에 장원정을 지었으며, 동 35년 서경 동서의 좌우 궁궐, 숙종 9년(1104년)에 남경 궁궐, 예종 11년(1116년)에 서경의 용언궁, 인종 6년(1128년) 묘청에 의한 서경 임원역 대화세(大華勢)의 명당, 의종 11년(1157년)에 백주 반월강의 중흥궐, 명종 4년(1174년)에 삼소 연기 궁궐, 고종 4년(1217년)의 죽판궁 및 백악의 궁궐 조성은 모두 연기 비보를 위함이었고, 강화도로

---

3. 高麗史, 卷24, 世家24 高宗46年.

천도한 후 고종 46년(1258년)에 2개의 가궐(삼랑성·신니동)과 이궁(흥왕리)을 조성했던 것이다. 이상의 연기 비보 사실을 시기적으로 보면 대체로 고려 중기에 집중되고 있는데, 이는 고려 전기의 건국 및 통일 중심의 도참과 고려 후기의 이어(移御) 및 천도 중심의 도참과 비교해서 주로 연기 및 순주의 양상을 나타내고 있다는 특징이 있다.[4]

2. 1. 2. 연기 비보의 방식과 성격

연기 비보는 풍수적인 특정 장소에 궁궐을 축조하고 왕이 직접 일정 기간 머물거나 혹은 의대(衣帶)를 두어 국운 혹은 기업(基業)의 연장을 꾀하는 비보책이다. 후술하듯이 강도의 연기 비보는 사상적으로 불교(특히 밀교)와 풍수도참이 결합한 성격을 보이는데, 구체적으로 이궁과 가궐을 축조해 거기서 불교적 의식을 행한다거나 왕의 의대를 사찰과 인접한 비보소에 비치하는 등의 형식으로 나타났다. 『고려사』에 나타나 있는 관련된 사실을 살펴보자.

> 고종 46년 2월 갑오일에 마니산 남쪽에 별궁을 지었는데 교서랑 경유(景瑜)가 제의하기를 이 산에 대궐을 지으면 국운이 길어진다고 하니 왕이 이 말을 좇았던 것이다.[5]

> 백승현이 왕에게 말하기를, "만약 마리산에서 산성 주위에 못을 파고 왕이 친히 제사하고 또 삼랑성과 신니동에 가설 궁궐을 건설한 후 친히 대불정오성도량(大佛頂五星道場)을 차리면 8월이 되기 전에 반드시 징험이 있어서 친조 문제는 없어지고 삼한이 변해 진단으로 되어서 대국이 조공 바치러 올 것이다."라고 했다. 왕이 그 말을 믿고 백승현, 조문주, 김구,

---

4. 이병도, 1947, 『고려 시대의 연구』, 아세아문화사, 31~32쪽.
5. 高麗史 卷24, 世家24 高宗46年

송송례 등으로 가설 궁궐을 세우게 하니(중략)[6]

고종 말기에 백승현은 낭장 벼슬을 했는데 왕이 강화에 있으면서 기업(基業)을 연장할 땅을 물은 일이 있었다. 이때 백승현이 말하기를 "혈구사(穴口寺)로 가서 법화경을 강론하고 삼랑성에 궁궐을 지어서 그 영험을 시험해 보십시오."라고 하니 왕이 삼랑성과 신니동에 가설 궁궐을 건설할 것을 명령했다.[7]

일찍이 (백승현)이 …… 감히 허망한 말을 임금에게 해서 그곳에 가설 궁궐을 건설하며 게다가 또 왕이 친히 혈구사에다 대일왕도량(對日王道場)을 차리게 청한다니 이것은 믿을 수 없는 일이다.[8]

여기서 이궁과 가궐을 특정의 의미 있는 장소에 짓는 행위는 풍수도참사상에 따른 것이지만, 대불정오성도량 혹은 대일왕도량을 차리거나 법화경을 강론하는 등은 불교적 의례에 해당하는 것이다. 특히 불정도량과 대일왕도량은 밀교적인 의례 작법에 속하는데, 제불보살의 가호력과 위신력에 의지하여 외적의 침략으로부터 나라를 지키고 국민을 보호하기 위해 신앙적, 정치적, 군사적 의도에서 각종의 밀교 의궤가 성행했다.[9]

강도에서 행해진 불교적 비보 의례로서 대불정오성도량의 개설은 고종 대 외에도 원종 대에 3회가 개설된 바 있으며, 유사한 것으로서 불정도량은 선종(1회), 숙종(3회), 인종(7회), 의종(1회), 명종(6회), 신종(1회), 희종(1회), 고종(5회), 원종(3회) 등 총 28회나 의례가 행해진 바 있다.[10]

---

6. 高麗史 卷123, 列傳36 白勝賢
7. 高麗史 卷123, 列傳36 白勝賢
8. 高麗史 卷123, 列傳36 白勝賢
9. 서윤길, 1994, 『한국밀교사상사 연구』, 불광출판사, 45쪽.

또 하나의 비보 방식은 왕의 어의를 비보소에 두는 것인데, 강도 시대에는 고종 대에 백승현의 주청으로 인해 혈구사를 짓고 거기에 의대를 두고 비보 연기를 꾀한 적이 있었다.[11] 고종은 혈구사에 의대를 두는 이외에도 남경의 임시 궁궐과 송도의 강안전에 일정 기간을 의대를 두기도 했다. 이러한 방식은 풍수도참의 지리연기설과 지기쇠왕설에 근거를 두고 있다.

2.1.3. 이궁 및 가궐의 입지적 특징

그러면 연기 비보를 목적으로 조성된 이궁과 가궐이 어디에 입지하고 있는지를 살펴보자. 먼저 홍왕리 이궁지는 마니산을 배경으로 해 전면에 해안을 바라보며 입지하고 있으며, 삼랑성 가궐지는 삼랑성 내의 해발 100미터 이상의 산간 내륙 입지 형태를 보이고 있고, 신니동 가궐지는 구릉지로 둘러싸인 분지에 입지했다.

앞서 언급했듯이 당시의 연기 비보로 조성된 가궐지는 그 성격상 불교와 풍수도참이 복합되어 있으며, 이를 반영하듯이 해당 건축물의 입지 경관 역시 풍수적일 뿐만 아니라 사찰지와 인접한 곳에 공간적 관련성을 띠며 위치하고 있다. 다시 말해 삼랑성 가궐은 전등사, 신니동 가궐은 선원사, 홍왕리 이궁은 홍왕사와 인접해 관련을 맺고 입지하고 있는 것이다. 다만 이들은 연기 비보라는 목적과 기능을 지니고 있기 때문에 사찰 공간 내에 부속된 건축물이라기보다는 상대적인 독자성을 가진 경관 형태로 표출되었다고 판단된다. 한편 비보지의 입지는 전래의 신성지 관념과의 관련성도 엿보이고 있는데, 이는 이궁지가 입지하

---

10. 서윤길, 앞의 책, 314~330쪽. "불정오성도량은 佛頂으로 표현된 불교적 도량에 도교와 밀교적인 연원을 가지는 五星이라는 화·수·목·금·토성의 靈星信仰이 복합된 것이며 대일왕도량은 밀교의 대일경 에 기초한 의례작법으로 보인다. 요컨대 이상과 같은 불교 의례는 고려조에 행해진 총 80여 종의 호국적 불교 행사에 포함되는 것으로서 불법을 국가나 사회의 난제를 극복하고 해결하려는 불교적인 비보 신앙의 발로인 것이다."
11. 高麗史, 卷123, 列傳36 白勝賢

고 있는 마니산 및 삼랑성 가궐지인 정족산은 단군의 전설이 깃들어 있는 의미 있는 장소이기 때문이다.

그러면 홍왕리 이궁과 삼랑성 및 신니동 가궐의 입지에 관해 읍지의 문헌 자료와 함께 차례로 살펴보기로 한다.

홍왕리 이궁에 관해, 『강도지』(1695년) 고적조(古跡條)에는 "마니산 남쪽 의황촌에 있었고, 고려 고종 기미년에 창건한 것이며 지금도 기지는 남아 있다."라고 했으며, 역시 『속수증보 강도지(續修增補 江都誌)』(1932년) 고적조에도 "홍왕리궁은 고종 46년 기미 2월에 창건한 것으로 그 땅은 홍왕리 북원에 있으니 곧 홍왕사지 근경이다. 지금 산전(山田) 중에 유초(遺礎)가 있다."라고 적었다. 현재 홍왕리 이궁의 위치는 강화군 화도면 홍왕리 산 51번지 일원으로 추정되고 있다. 이궁지 지표 조사 보고서에 따르면 남문지 초석과 축대, 주춧돌, 건물지, 해자 등을 확인되었으며, 건물지의 주춧돌은 전면 7칸, 측면 3칸 정도의 규모로 추정되었다.[12]

이궁지는 강화도의 남단에 마니산을 등지고 해안을 바라보며 입지했는데, 특히 마니산을 배산하고 있는 것은 마니산이 강화에서 가장 높은 산일 뿐만 아니라 단군의 참성단이 있는 장소로 신성시되는 장소였다는 사실도 작용했을 것이다. 그런데 원래 마니산 일대는 여말까지 강화 본도와 분리되어 있는 고가도(古家島)라는 섬이었으며 간척 결과 육지와 연결되었다.[13] 이처럼 지리적 위치상 강화도 내에서도 남단 끝에 격리되어 있을 뿐만 아니라 접근하기가 어려운 지역이라는 자연 지리적인 조건도 이궁지의 선정에 영향을 끼쳤을 것으로 추정된다. 이궁지는 풍수적으로도 좋은 조건을 필요로 했을 터이다. 풍수적으로 볼 때 홍왕리 이궁지는 마니산의 지맥이 둥글게 말발굽 모양으로 감싸고 있는 한

---

12. 이형구, 2001, 『강화도 마니산 고려 이궁지 지표조사 보고서』, 선문대학교 고고연구소, 48~49쪽.
13. 최영준, 1997, 『국토와 민족생활사』, 민음사, 214쪽.

가운데에 남향으로 자리잡았고, 전면으로는 장봉도, 모도, 실도, 신도 등이 조안산(朝案山)의 역할을 하고 있다.

신니동 가궐지의 위치에 관한 읍지의 기재 사실을 살펴보면,『속수 증보 강도지』의 고적조에서 "원종 5년에 창건한 것이니 그 땅은 지산 경월 양리간 도문고개의 남쪽 언덕에 있는데 솔밭 가운데 유초가 있고 지금 나무꾼들이 종종 구리와 철로 만든 불상을 얻는다."라고 했는데, 그 위치는 현재 강화군 선원면 지산리의 선원사지 추정지로 비정되고 있다.[14] 신니동 가궐지는 혈구산의 지맥이 동쪽으로 뻗어 형성한 해발 100미터 내외의 완만한 구릉지를 배산으로 하고 주위의 나지막한 소구 릉지에 둘러싸인 분지 상에 입지하고 있다.

삼랑성 가궐 역시 고종 46년에 백승현의 풍수설에 따라 조성되었 다.『속수증보 강도지』의 고적조에 따르면 "삼랑성 가궐은 전등사 뒤의 중봉 아래에 있는데 근대의 선원각 후원이다."라고 그 위치를 적고 있 으되, 전등사 맞은편 남쪽 남봉(194미터)의 북쪽 기슭 평탄지 해발 110~130미터에 자리 잡고 있다. 총 범위는 동서 80미터, 남북 70미터 로 크게 3단의 지형으로 형성되었다. 전등사와 가궐의 위치를 살펴볼 때, 건물의 입지상 전등사의 부속 건물이 아니라 독립적인 위치였음을 짐작할 수 있다. 가궐지에 관한 지표 조사 보고서에 따르면 7개의 건물 지가 확인되었으며 이는 정족진의 배치와 부합된다고 했다.[15] 삼랑성 가궐지는 입지 특성상 신니동 가궐지에 비해 삼랑성 내의 산간 내륙에 위치하고 있어 경역이 좁은 편이며, 전등사와 관계된 불교적 성격뿐만 아니라 단군의 성지로서 전래의 신성지 관념과도 복합된 입지적 속성 을 지니고 있다.[16]

---

14. 인하대학교 한국학연구소, 2000,『강화군 역사자료 조사보고서』, 70~71쪽에 따르면, 선원사지의 위치에 관해 『동국여지승람』이나『속수증보 강도지』에 의거하여 현 지산리가 아니라 선행리로 추정될 있는 여지가 있다.
15. 이형구, 2000,『高麗 假闕址와 朝鮮 鼎足鎭址 지표조사보고서』, 동양고고학연구소, 77~85쪽.
16. 이병도, 앞의 책, 297~298쪽.

2. 2. 사탑 비보[17]

강화 도읍지에는 연기 비보와 관련되어 비보 사찰도 있었다. 강도의 비보 사찰에 관한 일차적인 문헌이 없어 명확히 밝히기는 어려우나, 이미 태조 이래로 개경을 중심으로 여러 비보 사찰이 배치된 바 있고, 강도의 공간 구조 역시 송도를 모방해 구성되었으므로 왕경을 중심으로 여러 개의 비보 사찰을 정했을 것으로 추정하는 데는 무리가 없다.

강도의 비보 사찰로 들 수 있는 것은 대략 선원사, 전등사, 홍왕사, 묘지사, 봉은사, 혈구사, 교지사, 봉은사 등이다. 선원사, 전등사, 홍왕사에는 곁에 가궐 혹은 이궁이 자리 잡았으니 비보 사찰로 삼았을 것임은 말할 것도 없고, 그 밖의 사찰들도 『고려사』의 관련 기사에 따르면, 원종 5년(1264년)에 삼랑성에서 오성도장(五星道場)을 3일 동안 베풀고 묘지사를 통해 제사를 올렸다고 했고, 고종과 원종 대에 봉은사에서 연등회를 여러 차례 개최했으며, 혈구사에서 법화강을 강론하거나 대일왕도량을 차려 연기 비보를 실행했다는 것이다.

고려 신종 원년(1197년)에 산천비보도감(山川神補都監)이라는 비보 관청이 운영되면서 국내 곳곳에 비보했던 것을 보아서 경기도의 읍 단위에서도 몇몇의 비보 사찰이 조성되었을 것이나 확인하기는 어렵고 다만 용인의 성륜산 용덕사와 이천에 호랑이 형국의 산(호암산)을 진압한 절(약사암·호암사)은 비보사찰로 추정된다.[18] 그중 용인의 용덕사를 살펴보기로 한다.

용덕사는 용인시 이동면 묵리 성륜산에 있다. 창건 연혁에 관해

---

17. 사탑 비보의 기원은 고려조에서 地理家의 宗祖로 평가받은 도선(827~898년)의 神補寺塔說에서 비롯한다. 사탑 비보는 한국 神補史의 초기의 비보형태로서 道詵의 神補寺塔說에 이론적 根據를 두고 있다. 비보 사탑의 구성 요소에는 佛像, 塔, 幢竿 등이 있는데, 불상은 鐵佛과 藥師如來像, 彌勒像이 비보에 주로 쓰였다.
18. 강남대학교 인문과학연구소·이천시문화원, 1998, 『문화유적·민속조사보고서-이천시 부발읍』, 12, 87, 292쪽.

『용덕사 중수기』(1914년)에 따르면, "신라 문성왕(839~857년) 때에 염거 선사(?~844년)가 이 절을 처음 창건하고, 신무왕(839년) 말년에 도선 국사가 이 절을 중수할 때에 3층 석탑과 철인상 3위를 조성했다."라고 한다. 한편『용주사본말사지』에서는, "도선 이후 천여 년 간 폐사되었다가 근래에 중창되었다. 전해 내려오는 말로 도선 국사가 굴암을 조성한 뒤 그 안에 오백 나한상과 보살상을 안치했었다."라고 했다.[19] 한편 용덕사에 전해오는 약사(略史)에 따르면, "신라 말의 고승 도선 대사가 이 절을 중수하면서 보살 일구(一軀)를 비롯해 3층 석탑 1기와 철인 삼위를 봉안했다."라고 한다. 도선이 철인상을 조성한 이유는 이 터의 지기가 드세어 누르기 위해서라는 것이다.[20]

그런데 도선의 비문에 근거해 볼 때 도선이 직접 용덕사를 중창한 사실은 없으며 더군다나 중창시기인 신무왕 대인 839년은 도선의 나이 13세로서 출가하기도 전이고 보살상과 나한상, 철인상, 탑은 모두 고려 중기 이후의 후대 양식이니[21] 용덕사는 도선이 직접 창건한 절이라기보다는 고려 시대에 산세를 진압할 목적으로 창건 혹은 중창하면서 도선에 가탁된 비보사찰의 사격(寺格)임을 짐작할 수가 있다. 터의 지기가 드세어서 비보사찰을 성륜산에 배치했다지만 성륜산이 용인읍과 양지읍의 주산에 대한 근조산(近祖山)에 해당하고, 용덕사에 있는 굴혈(窟穴)이 고을의 풍수에 부정적인 영향을 끼치는 진압의 대상으로 여겼을 가능성이 있다.

19. 사찰문화연구원, 1993,『경기도 I』, 178쪽.
20. 용인시,『龍仁郡誌』, 794쪽.
21.『畿內寺院誌』, 593~595쪽.

3. 경기도 비보 요소의 형태와 기능

취락 경관에서 비보의 형태와 기능은 장소나 조성 주체에 따라 적절히 채택되어 지역적인 특성을 나타낸다. 통시적으로는 비보의 민속화 과정을 거치면서 그 양식이 변모하거나, 상징적 비보에서 합리적 비보로 발전하는 문화적 진화 과정을 보인다. 비보 형태는 시대·지역(장소)·조성 주체(집단)에 따라 특성이 있지만 역사적으로 사찰이나 탑, 조산, 숲, 못이 일반적이었다.

경기도의 취락에서도 이상과 같은 다양한 비보 경관이 드러나며 경기 북부 지역에서는 비보 숲의 한 형태로서 축동 비보가 나타난다. 고려 시대 강화 왕도에서 시작된 사탑 및 조산 비보는 조선 시대를 거치면서 읍치의 비보로 파급되어 조산(부평), 숲(용인), 상징조형물(용인), 못(이천,양근) 등의 비보가 나타났다. 이어서 조선 중·후기의 촌락 형성 및 발달 과정과 맞물리면서 경기도 지역의 촌락에서 조산, 숲, 못 등의 실제적 비보뿐만 아니라 민속 신앙과 결부된 다양한 상징 비보가 발달했다.

3. 1. 조산

경기도의 비보 요소 중 조산(造山)[22]의 기원은 13세기 중엽 강도(江都)의 동문 밖에 조성된 조산에서 찾을 수 있다. 이와 관련해 알미골 혹은 조산평(造山坪, 조산벌)이라는 지명이 남아 있는데,『속수증보 강도지』

---

22. 비보 조산은 흙, 돌, 숲(나무)을 산 모양으로 조성하여 공결(空缺)한 데를 메움으로써 보허(補虛) 효과를 얻는 비보 유형으로서 흙무지, 돌무지(돌탑), 조산숲이 대표적인 형태이다. 조산의 조형 형태를 분류하면 흙무지형[土築·土塊], 돌무지형[石積], 수림형[林藪形], 혼합형, 고분 및 유적 전용형, 천연산 호칭형(天然山 呼稱形) 등으로 나뉜다. 조산의 수는 하나 혹은 둘[雙]이 가장 많고 경우에 따라, 셋, 넷, 다섯, 일곱 등이 있다. 조산은 주민들이 인지하고 있는 풍수지리상의 공결한 곳을 막는 비보 기능을 한다.

에 "조산평 궁궐을 갑오년(1234년)에 지었다."라고 해 조산평이라는 지명이 나오며, 俗傳에도, "고려 조정이 몽골 난을 피해 도읍을 강화로 옮기고 나서 동문 밖의 허함을 막기 위해 알미조산을 쌓았는데, 갑구지 서남쪽에 있는 알처럼 생긴 작은 산"[23]이라고 했다. 알미(알뫼)는 알처럼 생긴 산이라는 호칭으로서 조산을 달리 부르는 이름이기도 하다.

일반적으로 조산은 인공적으로 산을 쌓아 만드는 것, 혹은 그 산을 일컬으며 풍수적으로 허한 곳을 막는 비보 기능을 한다. 강도 왕경은 입지상 북쪽의 송악산을 비롯해 서쪽과 남쪽이 고려산과 혈굴산의 지맥에 의해 둘러쳐져 있으나 상대적으로 동쪽은 지세가 낮은 편이어서 그 입구가 되는 동문 밖에 인위적으로 산을 지어서 비보를 한 것으로 해석된다. 비보 조산의 역사적 기원은 상세하지 않으나 이미 신종 원년 (1197년)에 산천비보도감이라는 비보 관청이 12년 동안 운영되어 곳곳에 조산·축동해 압승했다는 기록으로 보건대 당시 풍수적 비보 경관의 조성을 위해 만들어진 조산이 매우 많았던 것으로 추정되며 강화의 왕경에 조성한 조산 역시 그러한 영향력의 파급으로 추정할 수 있다.

읍치에 조성된 조산의 사례는 부평부에 나타나는데, 기능상 읍기 남쪽의 보허를 위해서 조성한 것으로 여겨지는 여러 개의 조산이 있다. 이 조산이 언제 조성되었는지는 상세하지 않으나 다만 이미 「해동 지도」(18세기 중엽)에 표기되어 있는 것으로 보아 1800년대 중반까지 조산의 모습이 남아 있었음을 알 수 있다.

경기도 취락 경관에서 조산은 형태상으로 뫼(산), 돌탑, 흙무더기 등이 나타났다. 뫼를 만들었다고 하는 경우는 강화 조산평·조산리[24], 김포 동수참[25], 양평 내리, 파주 조산말[26]에 있으되 자연 지형에 보토하

---

23. 한글학회, 『한국지명총람』 17(경기편 상), 64쪽.
24. 조산리의 소뫼 마을 뒤에 산을 쌓아서 조산이라고 이름했다고 한다. 주민 중에 여산 송씨가 20여 호 거주한다.
   제보: 송용세 씨(80세), 1998. 11. 27.

고 식수한 것으로 추정된다. 돌탑 형태는 용인 돌탑마을·운학동 돌무지·남사면 방아리들[27], 포천 거사리·명덕리·기지리, 양평 강상면 대석리 등에 있는데, 포천의 거사리와 기지리 및 양평의 대석리에는 두 개(雙)의 돌탑이 현존하고 있다. 흙무더기 형태로는 김포시 수참리에 있었으며, 용인시 남사면 창리 창말에는 토석(土石)으로 된 조산이 있었다고 하나 모두 없어졌다. 이들 조산 형태의 분포를 지형적 특징과 관련시켜 일반화하면 돌탑형 조산은 산곡에 입지한 마을에 주로 나타나고, 뫼 혹은 흙무더기형 조산은 들판을 끼고 있는 야산이나 구릉 지대에서 주로 분포함을 알 수 있다.

조산의 기능으로는 일반적인 보허 기능 외에도 용맥 보완(양평군 내리), 수구막이(포천군 기지리), 산세 보완(포천군 거사리, 양주 상수리[28]), 화기 방어(포천군 명덕리) 등으로 세분될 수 있다.

조산의 입지처는 산록의 잘록한 부위(양평군 내리), 마을 입구(포천군 기지리, 양평 대석리), 취락의 허한 부위(부평읍치, 김포시 수참리, 용인 창말[29]), 산세의 낙맥 부위(포천군 거사리), 주거지 앞(포천군 명덕2리) 등으로 나타났다.

표 1은 경기도 취락 경관에 나타난 조산을 형태 및 분포 특징, 기

---

25. 김포시 통진면 수참(水站) 2리 동수참에는 조산배기라는 지명을 한 조산이 큰수참 동편들에 있었으며 이 마을이 섬으로 되어 있기에 마을 동쪽의 허한 지세를 막기 위해 만든 인공산이다(출처:『地名由來集』, 金浦郡, 287쪽). 모내기 때 십여명이 앉아 쉴 수도 있었던 크기였으며 흙무더기 형태로 된 조산에는 큰 은사시나무가 자랐다고 하는데 이 조산은 30여 년 전 경지 정리 당시에 없어졌다. 제보: 전성기 씨(64세). 1998. 11. 27.
26. 파주시 조리면 노조(弩造) 1리 조산말에서는 마을의 고목인 느티나무가 있는 산을 조산이라고 하며 조성 경위에 대해 전해 내려오는 이야기로 삼박골과 강진배 두 마을에서 노적가리가 서로 넘겨다보이지 못하도록 하기 위하여 인력으로 쌓았다고 한다. 제보: 최재복 씨(80세), 조경준 씨(52세, 이장). 1998. 11. 28. 조산 전체를 쌓았다기보다는 자연 지형에 보토한 것이거나 느티나무를 심어 조산이라고 일컬은 것으로 보인다.
27. 홍순석, 이인영 엮음, 1985, 『내 고장 옛 이야기』, 54쪽.
28. 고려 말 무학 대사가 홍지의 묘를 잡을 때 좌청룡 우백호 가운데 청룡이 약해 보이자 인력으로 산을 모았다고 한다. 출처:『양주의 지명유래』, 양주군, 1993, 176쪽.
29. 용인시 남사면 창리 창말에는 마을 남쪽 들의 논 가운데에 보허 기능을 하는 인공적 조산(흙무지)이 있었는데 이것을 말무덤이라고 부르기도 했으며 그 조산이 있던 들을 조산들이라고 불렀다. 조산의 형태는 흙과 돌로 둥그렇게 조성되어 있었으나 현재는 소멸되었다. 제보: 권경애 씨(59세), 2000. 7. 14.

○ —— 표 1. 마을 조산

마을 이름	형태 및 호칭	비보 위치	비보 기능	비고
강화군 양도면 조산리	알뫼	소미 뒷산		
강화군 송해면 솔정리				소멸
김포시 고촌면 태리				
김포시 통진면 동을산리				
김포시 통진면 수참 2리 동수참	조산	큰 수참 동편 들	보허	소멸
동두천시 탑동 조산마을				
양주군 남면 상수리	조산		청룡맥 보완	
연천군 백학면 구미리				
연천군 백학면 노곡리				
연천군 백학면 통구리				
파주시 군내면 조산리				
파주시 조리면 노조 1리 조산말	조산	마을 배산(背山)		
포천군 신북면 기지리 독곡	돌탑(암·수)	마을 어귀 개천 양변	수구막이	현존
포천군 영중면 거사리	돌탑	좌청룡 낙맥(落脈)	좌청룡 보완	현존
		우백호 낙맥(落脈)	우백호 보완	소멸
포천군 창수면 오가리				
포천군 화현면 명덕 2리	石假山(할머니탑·할아버지탑)	마을 전면의 좌우편	화재 예방	현존
용인시 운학동	돌탑			
용인시 수지읍 성북 2리 돌탑마을	돌탑	배 형국의 균형점	형국 보완	소멸
용인시 남사면 창리 화곡 웃말	입석(선돌)	마을 입구	재액 방지	소실
용인시 남사면 창리 창말	흙무지	마을 앞 들	보허	소멸
용인시 남사면 방아리	돌탑			
용인시 원삼면 미평리	나무		형국 보완	
용인시 원삼면 사암 1리 안골	선돌	마을 입구(3개)		현존

능, 입지처별로 정리한 것이다. 그중 대표적인 사례는 현지 답사를 기초로 고찰하기로 한다.

마을 조산의 사례 고찰로서, 산록의 잘록한 부위에 보토함으로써 용맥 비보를 한 양평군 개군면 내리의 조산마을의 경우를 살펴보기로 하자. 이 마을은 지명도 조산이라고 했는데, 지맥 비보를 위해 조산한 위치에 마을이 있어서 붙은 이름으로 추정된다. 향토지의 지명 해설에도 "내동 동남쪽에 위치한 마을로 뒤에 뻗은 산의 맥이 끊겨 사람이 인공적으로 쌓아 맥을 이어 주었다 해 조산이라 한다."[30]라고 적고 있다. 마을 주민의 제보에 따르면, 조산마을 아래에는 용머리라는 지명이 있는데 구릉이 길게 남쪽으로 돌출해 있는 지형이며 그 형세는 흡사 용의 머리를 연상시키며 용이 웅크리고 있는 형상인데, 주읍산에서 용머리로 이어지는 지맥이 끊어질 위험이 있어서 그 산등성이를 이어 주려고 조산했다는 것이다.[31] 다시 말해 용머리는 주읍산의 지맥이 뻗어 내려오다가 조산마을을 지나 용머리를 일으키는 형세인데, 주읍산에서 용머리를 일으키는 부분의 지세가 낮은 데다가 개울물이 지맥을 가르는 데서 생기는 지맥의 단절에 대한 문제점이 있어 그 부위를 보토한 것으로 추정된다.

돌탑 조산의 형태가 남아 있는 마을로는 포천군 영중면 거사리와 신북면 기지리 독곡, 그리고 화현면 명덕2리가 있다.

포천군 거사리에는 마을의 좌청룡 우백호의 맥이 각각 지면과 만나는 부위에 돌탑이 있었는데 답사 시에는 마을 주거지의 입구의 좌청룡 맥을 비보하는 돌탑만 남아 있었다. 《포천군지》(1984년)에 따르면, "형태는 잡석을 가지고 원형으로 쌓았으며 밑 부분이 넓고 위로 올라갈수록 점점 좁게 쌓았으며 꼭대기에 길쭉한 돌 하나를 세워 놓았는데 상단부가 허물어진 채 일부만 남아 있다."라고 했으나 현재는 꼭지돌 2개가 올려 있는데 1998년에 주민 김종서 씨가 개수한 것이다. 돌탑의 조성동기로서, 마을 지형상 청룡백호가 얕으니 탑을 쌓아야 좋다고 하는 지관의 말에 따라 축조했다고 전하는데[32], 마을 안에서 보면 마을을 감싸고 있는 좌우 산세가 빗장지지(關鎖) 못해 그사이로 허한 공간감이 들기에 이러한 지세적인 문제를 돌탑으로 조산해 비보한 것으로 해석된다.[33]

30. 양평문화원, 1988, 『향맥』, 223쪽.
31. 제보: 신세철 씨(65세, 내리 262번지), 이장훈 씨(79세, 내리 247번지), 2002. 8. 2.
32. 『抱川郡誌』, 1984, 635쪽.

포천군 신북면 기지리 독곡에는 마을 가운데를 가르면서 흘러 나가는 개천변 좌우에 암탑(오른쪽), 수탑(왼쪽)이라고 불리는 돌탑이 있으며 수탑은 암탑보다 크다. 암탑은 형태가 원형대로 남아 있으나 수탑은 1998년 7월 장마 때에 윗 부분이 허물어졌다. 마을 어귀에 있었다는 축동과 함께 지세를 보허하는 기능과 아울러 마을 복판으로 흘러나가는 개울이 곧장 빠져나가는 것을 좌우에서 눌러 지기를 저장하는(蓄地氣) 수구막이 기능도 겸하고 있다. 돌탑에 대한 공동체적 제의는 행해지지 않으며 개인적으로 고사 때 제물을 올려놓는 정도이다.[34]

포천군 화현면 명덕 2리의 마을 양쪽편에는 석가산이라고 호칭되는 2개의 돌탑(마을 안에서 보아 왼편은 할아버지탑, 오른편은 할머니탑이라고 한다.)이 약 60미터 거리를 두고 있는데 옛날 언제인지는 모르지만 어느 도승이 마을에 이르러 산세를 둘러보더니 이 마을에 화재가 무척 심할 것이니 이를 막으려면 마을 양쪽에 돌탑을 모으고 정성을 들여야 한다고 해 쌓게 되었다고 한다. 곧 마을에서 바라보이는 운악산 및 그 지맥의 산세가 화기를 띠고 있고 산발하는 산세를 하고 있어 마을의 양편에 가산을 조성함으로써 균형과 안정을 얻으려는 비보책이다. 마을 주거지는 예전에는 돌탑 위쪽에 있었으나 현재는 앞으로 확장되어서 돌탑이 마을 안에 위치한 모습이다. 할머니탑은 돌담이 둘러져 있고 제단이 조성되어 있으며 작은 크기의 꼭지돌이 1개 세워져 있고 할아버지탑에는 돌계단이 있으며 큰 꼭지돌 2개가 세워져 있는데 이것은 10여 년 전에 보수

---

33. 제보: 김종서 씨(66세), 1998. 12. 4. 우백호 편에 있었다는 돌탑은 60여 년 전 포천천의 보를 막는 과정에서 사용되어 없어졌다고 하며 돌탑의 축조 연대는 알 수 없으되 최소 100여 년 이상의 역사를 가지고 있다. 현재 이 돌탑에 대한 공동체적인 기능 및 제의는 없다.
34. 제보: 정용민 씨(84세), 류인원 씨(84세), 1998. 12. 4.
35. 제보: 이문화 씨(84세), 1998. 12. 12. 이 돌탑에 대해서는 마을의 공동 제의가 이루어지는데 매년 정월에 날을 받고 생기복덕한 제관을 선출하며 제의 비용은 마을 공동답에서 나오는 동네 쌀을 쓰는데 10년 전만 해도 매호당 쌀 1 되씩을 걷었다고 한다. 순서는 할머니탑에 먼저 올리고 나중에 할아버지 탑에 올리는데 그 이유는 알 수 없고 관례라고만 말한다.

하면서 조성한 것이라고 한다.[35]

용인시 수지읍 성서 2리 돌탑마을은 취락 입지상 산골짜기에 입지한 마을로서 풍수적으로 보아 주위의 지형 지세는 온화·유순하며, 산골짜기 입지상 아늑한 공간감을 준다. 뒤로는 형제봉을 주맥으로 해 거기서 뻗은 지맥이 본신으로 좌우의 맥을 이루고 있고 주거지는 형제봉에서 흘러 내려온 물이 합수하는 수구처의 내부에 입지했다. 전체적인 형국상 좌우 및 후방은 산으로 잘 감싸져 있으나 마을 앞을 안위하는 안산이 형성되지 못해 상대적인 허결감을 준다. 이러한 풍수적인 문제를 해결하는 비보책으로 마을에서는 마을 앞의 위치에 보허 기능을 담당하는 돌탑을 쌓았다고 한다. 돌탑의 조성 및 소멸 시기는 알지 못하고 다만 돌탑이 있었다는 이야기만 전해진다. 현재는 돌탑이 없으며 주민들에 따르면 예전에 돌탑이 있었던 위치는 지적도상의 621-4번지 부근이라고 한다. 곁에는 옻나무 고목이 함께 있었다고 하나 모두 소멸되었다.

3. 2. 숲과 축동

3. 2. 1. 숲

취락 비보의 요소 중의 하나인 비보 숲[36]에 관해서는 경기도에서 비보 숲 경관이 비교적 두드러진 이천, 용인 지역을 사례 지역으로 해 살펴보기로 한다. 이천과 용인의 비보 숲은 기능상으로 공통적인 보허

---

36. 비보 숲의 문헌적 명칭은 裨補藪이며 그 조성은 고려조 국도(國都)의 주산(主山, 松嶽)과 그 주위의 산에 한정되다가, 조선조 한양에 수역(藪域)의 공간적 범위가 대폭 확대되었고, 금산(禁山) 정책으로 체계적인 보전과 관리가 이루어졌다. 국도(國都)의 숲 비보는 곧이어 지방의 대읍(大邑)으로 확산되었고, 조선 중기 이후 촌락의 개척과 함께 읍 주변의 마을로 퍼졌다. 비보 숲은 조산의 일반적인 기능인 보허장풍(補虛藏風)과 수구막이 외에도 특수하게는 지기 배양, 용맥 비보, 수해 방지, 흉상 차폐 등의 고유 기능을 발휘한다. 보허 기능의 숲 중에서 특히 산곡 분지의 보허 기능은 수구막이숲으로 일반화되었다. 숲을 활용한 비보는 기능상 경제적이고 실용적이며 비보효과가 좋아서 취락의 비보 수단으로 널리 활용되었다.

및 방풍 외에도, 형국 비보(이천 소일, 용인 마북리[37], 이천 응암1리), 수구막이(용인숲원이[38]), 수해 방지(용인 방축골), 흉상의 가림막(용인 등촌)을 하는 사례 등이 있었다. 그리고 비보 숲의 위치는 마을 입구(용인 상부곡[39]) 혹은 앞(부천 벌응절[40])이 대부분이나 필요에 따라서는 취락 공간에서 허결한 부분(용인읍기·맹리·하늘말·문시랑 등)과 차폐할 대상물 부위(등촌) 등에 식재되었다.

읍치의 비보 숲(邑藪)으로서 용인현 치소(현 구성읍사무소)의 서쪽 입구에는 지세를 보완하고 허결함을 막는 기능을 하는 느티나무숲의 경관이 일부 남아 있다.

촌락의 비보 숲 경관은 이천의 소일·응암 1리·월촌·내하[41]와 용인의 맹리·이현·독정·등촌 등지에 나타났다. 이들 비보 숲은 대체로 조성 동기 및 기능이 유사하나 다만 용인 등촌의 비보 숲은 주민들의 성속(性俗)과 관련되어 특이한 조성 동기를 지니고 있어 흥미를 끈다. 아래의 표 2와 표 3은 이천과 용인의 마을숲을 위치, 형태 및 보전 상태별로 요약한 것이다. 이천과 용인의 대표적인 사례를 들어 고찰하면 다음과 같다.

---

37. 구성읍 마북리에 있는 숲은 마을이 行舟 형국이어서 숲은 떠내려가는 배를 묶는 상징적 역할을 하며 아울러 보허 기능을 겸한다.(박종수, 강현모, 1998, 『내고장 용인 서부지역의 구비전승』, 용인문화원, 402쪽에 관련된 설화가 채록되어 있다.)
38. 양지면 주북리 숲원이[林園] 마을의 주거지는 주북천 변의 들판에 입지하고 있다. 현재 130가구 중 김해 허씨가 30여 호 거주한다. 예전에는 주북천 변의 마을 경계선을 따라 버드나무로 이루어진 숲이 우거져서 주북천 밖에서 마을이 보이지 않을 정도였다고 하는데 이로 인하여 숲원이(혹은 숲안이)라는 마을지명이 연유했다. 숲은 마을의 위치상 수구의 합수처 주변인 것으로 보아 수구막이 기능의 비보 숲으로 추정된다. 이 숲은 30여 년 전 일대가 주거지화되면서 없어졌다. 제보: 허흥구 씨(80세, 주북리 872번지), 2000. 1. 28.
39. 용인시 모현면 초부리 상부곡 마을은 정광산 서사면의 골짜기에서 흐르는 부계천의 상류 부위에 개울물을 끼고 마을이 입지하고 있다. 상부곡 동구(느티나무 숲이 있는 곳)의 토지는 마을 공동 소유이며, 휴식 장소로 활용된다. 이 느티나무 숲은 풍수적으로 마을 입구를 빗장 질러서 주거지의 지기 누설을 막고 아늑한 공간감을 조성하는 비보적 기능을 한다. 상부곡의 전통적 주거지는 느티나무 숲을 경계로 그 위편에 자리 잡고 있다.
40. 부천시 역곡 1동의 벌응절에서 취락의 입지상 보허 및 방풍(防風) 조건의 보완과 아늑한 공간감 조성을 위해서, 마을 앞 개울을 따라 버드나무를 심어 비보했다. 제보: 박제관 씨(88세, 역곡1동 벌응절 큰말 162-2번지).
41. 김학범, 장동수, 1994, 『마을숲』 열화당, 105~106쪽.

○ —— 표2. 이천의 마을 비보 숲

마을 이름	비보 위치	수종 및 형태	비보 기능	비고
백사면 내촌리 소일	마을 입구	보토한 위에 150미터가량 일직선으로 소나무, 오리나무 숲 조성.	보허 형국 보완	부분 훼손
백사면 송말 2리 내하	마을 입구	느티나무, 오리나무, 수양버들	보허	양호
부발읍 응암 1리	마을 앞쪽	소나무 3그루가 간격을 두고 서 있다.	보허	대부분 훼손
장호원읍 나래 3리 월촌	마을 입구	길이 100미터가량의 소나무숲	보허	양호

　　백사면 내촌리 소(쇠)일 마을의 형국을 마을 사람들은 우혈(牛穴) 혹은 와우형(臥牛形)이라고 말한다.[42] 마을의 동북쪽은 소의 머리 부분이고 소의 배 부분에 해당하는 명당에는 고종 대 이조판서를 지낸 김병기(1818~1875년) 고가가 입지했으며, 그중에서도 혈의 위치에는 고가 뒤에 있는 묘소가 들어서 있다.[43] 소의 꼬리 부분은 마을 회관 자리라고 주민들은 인식하고 있다. 마을 안 동편에 있는 볼록한 형태의 동산은 소의 먹이인 꼴(풀)을 베어다 쌓아 놓은 것으로 소꼴(풀)더미라고 부른다. 마을의 동구에 들어서면 소나무와 오리나무로 구성된 마을숲(조산)이 독특한 비보적 경관으로 돋보인다. 이 숲은 김병기 고가에서 700미터 정도 남쪽으로 마을 입구의 논 한가운데로 가로질러 일직선으로 조성되어 있다. 주민들은 이 숲의 존재적 의미를 상징적인 표현으로 "소혈이라서 빗장 질렀다."라고 말한다. 풍요의 상징인 소가 밖으로 달아나지 않도록 한다는 것이다. 이 비보 숲은 마을의 입구를 여며 주어 지기의 누설을 막는 기능도 겸한다. 숲의 조성시기는 김병기 고가가 들어설 무렵이라고 한다.

　　부발읍 응암 1리는 키형국으로 여기에는 숲거리라는 지명과 비보 숲이 잔존하고 있다.[44] 마을 뒷산인 매봉재(鷹峰)에서 뻗은 지맥이 두 팔

42. 제보: 박찬종 씨(65세, 내촌리 160~12호). 이규형씨(65세, 165번지). 1999. 12. 22.
43. 장장식,1999, 「경기동부의 풍수신앙」, 『경기민속지 Ⅱ』 신앙편, 경기도박물관, 454~458쪽.
44. 제보: 당길상 씨(72세, 응암리 173). 1999. 12. 27.

○ —— 표 3. 용인의 마을 비보 숲

마을 이름	비보 위치	비보 기능	수종	비고
구성읍 마북리 하늘말	마을 좌우 산협(山峽)	보허 및 형국 보완		훼손
구성읍 보정리 이현	마을 앞	보허·방풍·풍치	오리나무 등	현존
구성읍 보정리 독정	마을 입구 하천변	보허	참나무 등	현존
기흥읍 영덕리 황골	마을 앞뒤			소멸
기흥읍 고매리 원고매				소멸
남사면 방아리 방축골	마을 방죽	수해 방지		소멸
남사면 통삼리 통골	소형국의 구유 위치	형국 보완	느티나무	
모현면 초부리 상부곡	마을 동구	보허·마을 경계	느티나무	현존
양지면 식금리 식송(심근솔)		보허	소나무	소멸
양지면 양지리 등촌	마을 뒷산	흉상 차폐	등나무	현존
양지면 주북리 숲원이	마을 입구 하천변	보허	버드나무	소멸
원삼면 맹리	마을 좌청룡 지맥	지맥 비보	느티나무	현존
이동면 서리	마을 입구	보허·마을 경계	느티나무	
참나무 등	현존			
이동면 천리 노루실	마을 입구	보허 및 형국 보완	느티나무	훼손

을 벌려 마을을 안았는데, 마을터의 형국이 키와 흡사하다. 마을 앞에 펼쳐진 논인 큰봇들에는 '된섬'이라는 200평가량의 흙 둔덕이 있는데 마을에서는 이 둔덕을 키로 겨를 까불고 난 찌꺼기가 모인 것이라고 상징화시켜 인식하고 있다. 옛부터 이 마을에서는 주거지를 끼고 있는 좌우 지맥의 경사가 완만해지는 마을 앞을 가로질러 약 50미터가량 소나무숲이 있었다고 한다. 마을 주민은 복이 나가지 말라고 숲을 조성한 것으로 알고 있는데, 키 형국의 지세상 마을 앞이 허결하기에 숲으로 조산해 보허한 것이다. 이 숲으로 인해 주거지가 마을 밖에서 보이지 않으니 마을의 주거지의 공간적 안정감을 주는 경관 요소로 기능했다. 비보 숲의 조성 시기는 마을이 개척될 당시로 추정하는데 마을 역사는 약 200년 정도이며 경주 김씨와 밀양 박씨가 대성을 이루었다.

45. 제보: 주구영 씨(92세, 나래 3리 월촌 산 9-17), 강대기 씨(82세, 나래 2리 상곡 617), 1999. 12. 27.

장호원읍 나래 3리 월촌의 마을 입구에도 비보 숲이 있다.[45] 마을의 뒷산인 연대산이 좌우로 품을 열어 마을을 감싸고 있는데, 그 좌우 지맥이 평지와 만나는 부위에 가로질러 숲이 조성되어 있다. 숲은 소나무로만 구성되었으며 길이는 100미터가량이다. "마을 형국상 앞을 막아야 좋다."라는 말이 마을에 전해 내려오는데, 마을 전면으로 안산과 조산이 미약하기 때문에 보허 기능을 하는 비보 숲을 조성한 것으로 판단된다. 비보 숲의 조성 시기는 마을이 생겼을 당시부터라고 한다.

용인시 원삼면 맹리마을의 주거지는 건지산을 주산으로 삼고 남향해 주거지가 입지했으며, 마주 보이는 수정산을 조산으로 삼았다. 주거지 좌우로 주산에서 맥이 뻗은 지맥이 마을을 감싸주고 있다. 주거지에서 보이는 왼편 지맥이 오른편 지맥보다 상대적으로 허해 지맥의 능선에 느티나무 숲을 조성해 비보한 것으로 추정된다. 느티나무의 수령은 600여 년으로 보호수로 지정되어 있다. 양천 허씨 세거지였다.

구성읍 보정리 이현마을에는 주거지 전면으로 길게 숲이 조성되어 있다.[46] 마을터는 배산해 북동향으로 입지해 있고 마을 전면은 개활(開豁)되었으며 현재 경부 고속 도로가 가로질러 놓여 있다. 이현 마을에는 근대화 이전에 남평 문씨가 광주군 남종면 금천리로부터 이곳으로 약 250여 년 전에 입향해 대성을 이루어 거주했으며 현재는 10세대가 살고 있다. 마을 거주지 앞으로 수령 150년 내외의 숲이 조성되어 있는데 제보자의 조부가 심었다고 한다. 숲의 좌우 길이는 약 200미터에 달하며, 오리나무·아까시나무·전나무·참나무·포플러·버드나무·은행나무 등으로 구성된 50여 그루의 나무가 현존한다. 풍수적으로 마을 거주지의 장풍 조건이 미비해 보허 기능을 하고 방풍이나 풍치의 기능을 겸한다. 현재는 도로의 차량 소음으로 인한 방음 기능도 부가되고 있다.

46. 제보: 문종돈 씨(52세, 보정 4리 400), 주민 문택기 씨(82세, 보정4리 407), 2000. 6. 30.
47. 제보: 정규관 씨(67세, 보정리 172), 2000. 6. 30.

구성읍 보정리 독정에는 마을 동구의 수구부에 숲을 조성해 주거지가 외부에 노출되는 것을 막고 아늑한 공간감을 조성했다.[47] 독정은 마을 동편에 산을 끼고 서쪽으로 열려진 골짜기를 따라 주거지가 입지했으며 하천이 마을 앞을 가로질러 흐른다. 주택은 주로 남향을 하고 있다. 전주 이씨, 나주 정씨 등이 원주민을 구성하고 있으며 현 30세대 중 절반은 외지인이다. 마을 동구 하천 변을 끼고 숲을 조성했는데 그 위치는 마을 지맥의 좌청룡과 우백호 사이에 해당한다. 숲의 길이는 150미터가량이며 수종은 최초의 참나무를 비롯해 새마을 사업으로 다시 심은 느티나무, 은행나무, 포플러 등이 있다. 마을 앞이 허전해 숲을 가꾸었다고 한다. 풍수적인 기능상 마을의 수구를 막는 비보 기능을 하며 하천 제방을 공고히하는 기능을 겸한다.

양지면 양지리 등촌마을의 등촌이라는 마을이름은 마을 뒷산의 못생긴 바위를 가리기 위해 등나무를 심었다는데 유래한다.[48] 마을에서는 이 바위를 공알바위 혹은 여자불알바위라고 하는데 여체의 음핵을 가리키는 말이다. 마을 뒷산은 여자가 다리를 벌리고 있는 형국을 하고 있고 사타구니 가운데에 닭 벼슬 모양을 한 자연석이 돌출하고 있어 음핵의 형상을 하고 있다. 이 형국이 마주 바라보는 건너 벌토마을에서는 이 바위로 말미암아 음풍(淫風)이 일어나 여자가 난봉이 나고 과부가 생겨난다고 해 바위를 가리는 방편으로 등나무를 심었던 것이다. 비보물을 조성한 주체에 관해 두 가지 속설이 있는데, 벌토마을의 주민들이 등나무를 심고 바위를 일부 깨뜨렸다고도 하고 한때 등촌에 있었던 양지 고을 치소의 군수가 등나무를 심고 흙을 파다가 바위를 보이지 않게 덮었다고도 한다. 공알바위는 마을 뒷산의 언덕의 경사진 토층에 닭벼슬 형태로 돌출해 있는데 폭은 5미터, 높이는 1.5~3미터로 주위에는 등나무 덩굴이 뻗어 생장하고 있다.

48. 제보: 권영원 씨(77세, 양지 4리 666-5번지), 박진환 씨(71세, 양지 4리 689번지), 2000. 7. 14.

3. 2. 2. 산울

경기 북부 지역에는 비보 숲의 한 형태로서 축동이 특징적으로 나타났다. 축동의 사전적 의미는 '둑을 쌓음, 혹은 쌓은 동둑(큰 둑)'으로, 축동 비보는 둑을 쌓고 그 위로 나무를 심어 풍수적 경관을 보완한다. 축동은 순우리말로 '산울(築垌)'이라고도 불렸다. 축동의 일반적 형태는 둑 위로 수목을 줄지어 심는 경우가 대부분으로, 따라서 축동은 형태상 마을숲과 유사하지만 '둑'을 조성하고 그 위에 나무를 줄지어 심는다는 점에서 차이가 난다. 입지상으로도 비보 숲은 산곡, 해안 등을 포함해 전 지형적 조건에 고르게 나타나나 축동은 야산이나 구릉지의 저평한 들판이 펼쳐져 있는 지형에 주로 분포하는 특징이 있다.

경기 북부의 축동은 기능상 공통적으로 보허, 울타리, 방풍 기능을 하고 있으며, 연천군 읍내리, 백의리, 포천 조가채리 등의 경우는 수구막이 기능을 겸하고 있다. 축동의 위치는 마을 입구(포천 조가채리, 포천 독곡), 바람이 불어오는 쪽(김포 바리미), 수구(연천군 읍내리, 백의리), 마을 앞(김포 초당말, 파주 아동리) 등이다. 축동이 신앙 장소(당)가 되는 경우도 신북면 기지리 독곡, 남양주군 진건면 사릉리 · 진관리[49] 등이 있었다. 이들 축동은 대부분 소멸되었거나(구리시 동구동, 김포 바리미 · 도이곶, 연천군 읍내리 · 백의리, 파주시 아동 1리 · 군내면 조산리, 포천 독곡), 소멸 과정에 있었다.(김포 초당말, 포천 조가채리) 표 4는 경기 북부에 나타나는 축동을 위치, 비보 기능, 보전 상태 별로 요약한 것이며, 이어서 대표적인 사례를 들어 고찰하기로 한다.

김포시 김포읍 장기 2리 고창 초당말은 청릉부원군 심강의 자 효겸이 입향했으며 청송 심씨가 주로 세거했다.[50] 마을 앞으로 인위적으로 보토한 둑을 둘러서 소나무가 심어져 있고 이를 마을 주민들은 축동

---

49. 국립민속박물관, 1995, 『한국의 마을제당』, 제1편 서울 · 경기도편, 329쪽, 339쪽.
50. 『地名由來集』, 金浦郡, 69쪽.

○ —— 표 4. 경기 북부의 축동

마을 이름	비보 위치	비보 기능	비고
고양시 송포면 덕이 2리	마을 앞뜰		
고양시 원당읍 신원 2리 조관동	마을 앞		소멸
고양시 원당읍 성사 6리		보허 및 방풍	소멸
고양시 일산읍 주엽 1, 3, 4, 6리(舊)		보허 및 방풍	소멸
고양시 일산읍 마두 1리(舊)			
고양시 지도읍 화정 1리		보허 및 방풍	
고양시 지도읍 대장리			
구리시 사로동			
구리시 동구동	안골 동쪽		
김포시 김포읍 운양 5리 발산(바리미)	마을 서편	보허 및 방풍	소멸
김포시 김포읍 장기 2리 고창 초당말	초당말 앞	보허	일부 현존
김포시 통진면 도사 2리 도이곶			소멸
남양주시 진건면 사릉리			
남양주시 진건면 진관리			
남양주시 진접읍 내곡리			
연천군 연천읍 읍내리	수구	수구막이	소멸
연천군 연천읍 옥산리			
연천군 청산면 백의리 뚝박골	수구	수구막이	소멸
양주시 광적면 가납리			
파주시 교하면 연다산리 축동			
파주시 문산읍 이천리			
파주시 아동 1리 아골	마을 앞 들판	보허 및 방풍	소멸
파주시 적성면 식현리			
파주시 적성면 율포리			
파주시 조리면 죽원리			
파주시 파주읍 백석리			
파주시 파주읍 봉암리			
포천군 소흘면 소흘면 송우리 축동			
포천군 신북면 기지리 독곡	마을 앞	보허	소멸
포천군 신북면 가채리 조가채	수구	보허, 수구막이	일부 현존
포천군 창수면 오가리	조산배기 옆		
포천군 창수면 신흥리			

이라 부른다. 이 축동이 언제 조성되었는지는 알 수 없고 예전에는 소나무숲이 무성했다고 하나[51] 현재는 잔존한 소나무가 축동으로서의 기본적인 형태를 유지한다. 이 축동은 공간적 영역을 구분 짓는 울타리 기능과 방풍 및 풍수적 보허 기능을 하는 것으로 판단된다.

김포시 김포읍 운양 5리 발산은 두릉 두씨가 150여 년간 주거지를 이루었고, 그 후에 경주 정씨가 입촌해 세거해왔다.[52] 마을은 국도 변의 낮은 구릉에 의지해 남북으로 길게 형성되어 있다. 마을 주거지의 서편으로 동둑의 선상을 따라 일렬로 나무를 심고 산울 혹은 축동이라고 불렀다. 마을은 축동을 경계로 해 동편에 입지하고 있었으나 현재는 축동이 소멸된 상태이며 거주지 구분도 사라졌다. 축동 나무들은 자연 고사했으며 축동 중의 한 그루였던 들메나무(수령 160년 생)는 보호수로 지정되어 있다. 이 축동은 서풍을 막는 방풍림 기능을 한 것으로 보인다.

연천군 연천읍 읍내리의 수구막이를 위해 조성한 숲을 축동이라 하며, 읍내리 개천말 부근에서 효자문까지 남북으로 걸쳐 있었다. 조성 동기로는 읍내리의 지형이 동쪽에 위치한 차탄천으로 인해 재물이 빠져나가는 형국이 되어 수구를 막는 역할의 축동 나무를 심었다고 한다. 그러나 한국 전쟁 이후 밤나무, 전나무 수종의 축동 고목들을 모두 베어 버려 지금은 아무런 자취도 남아 있지 않다.[53]

포천군 신북면 가채리 조가채는 가채리 중에서 조씨 동족촌이라 조가채라고 부르며 아래가채라고도 한다. 약 350여 년 전에 조경이 입향했으며 전체 100여 호 중에 20호가량 조씨가 세거하고 있다. 마을 풍수상 명당수가 곧장 밖으로 빠져나가면 좋지 않다고 해 마을 어귀에 못을 조성해 물을 고이게 했고(일제 시대에 현재의 모습으로 확장했다.) 둑을 쌓고 나무를 심어 축동이라고 불렀다. 예전에는 잣나무가 우거져서 도로에

---

51. 제보: 심원보 씨. 1998. 11. 26.
52. 『地名由來集』, 金浦郡, 64쪽.
53. 연천문화원, 1995, 『향토사료집』, 88쪽.

서는 마을이 보이지 않을 정도였으나 지금은 부분적으로 남아 있는 정도이다.[54]

3. 3. 못

양평의 양근 고읍에는 용문산의 화기를 막기 위해 조성된 영화담이라는 비보 못[55]이 있었다. 비보 못과 관련해 주민들에게 전해지는 설화에도, "여기가 무슨 그 화산(火山)의 영향을 받아서 이 고읍 내 소재지가 그 연못이 아니면 불로 화한다고 해서 그게 옛날버텀 연못을 유지했었구."[56]라는 이야기가 있다. 현지 주민의 제보 및 답사를 종합해 보면 영화담은 읍치에서 조성한 비보 못으로서, 용문산을 비롯한 주위 산세에서 발생하는 화기를 막기 위해 조성한 것으로 추정된다. 비보 못은 약 20~30년 전에 옥천중앙교회가 생기면서 매립되었다고 한다.[57] 양근은 현 옥천면 고읍리에 소재하고 있었으며, 건지산을 주산으로 남산을 안산으로 남향해 입지했다.

이천에도 안흥지라는 이름의 못이 읍치 앞에 있는데, 역시 화재를 막는 비보 기능을 담당했다. 안흥지에 대해 옛날 이천읍 지역에 화재가 빈번하게 발생하므로 읍 수구에 연못을 만들면 화재를 예방한다고 해 만든 연못이라고 한다.[58] 이 못은 읍치의 풍수적 형세로 보아, 우백호에 비해서 좌청룡 산세가 허약하다는 결점을 보완하는 부가적 기능이 있다.

---

54. 제보: 조남웅 씨(67세), 1998. 12. 4.
55. 비보 못의 풍수적 기능은 지기(地氣)를 머물게 하고, 火氣를 막으며, 형국을 보완하기도 한다. 특수한 기능으로는 기(氣)의 상충(相冲)을 격절(隔絶)시켜 막기도 한다.
56. 한국정신문화연구원, 1980, 『한국구비문학대계』 1~3, 경기도 양평군편, 551쪽.
57. 제보: 이형복 씨(70세, 옥천리 360-1번지), 고석희 씨(73세, 아신리 600번지), 2002. 8. 24.
58. 李仁泆, '安興池', 『鄕脈』 제3호, 1993. 5. 14. 이천의 전설에는 세종의 셋째아들인 안평대군이 여주 영릉에 참배를 마치고 돌아갈 때 이천에 와서 앞뜰을 바라보고 수원이 부족함을 탄식하여 만든 연못이라 한다.

3. 4. 상징 조형물[59]

경기도의 비보적 상징 조형물은 형태상 미륵, 장승, 솟대(양평 서종면 노문리[60]), 돛대기둥, 선돌(용인 원삼면 안골[61] · 창리 웃말[62]) 등이 나타나며, 기능상으로는 흉상(凶相) 진압(연천 궁평리), 지기(地氣) 진압(용인 읍치), 보허(補虛, 용인 미평리, 부천 깊은구지), 방위 비보(方位神補, 부천 웃소사), 형국 보완(形局補完, 용인숲원이) 등이 있었다. 우선 표 5에서 상징 조형물의 현황을 간단히 요약하고 이어서 대표적인 사례를 들어 고찰하기로 한다.

읍치에 나타나는 비보 조형물로서 용인현 입구에 있는 석상이 있다. 용인현의 읍치는 현 구성읍사무소 위치로서, 입지는 풍수적으로 향수산을 주산으로 삼고 있으며, 읍기 오른편으로는 산허리에서 흘러나오는 하천을 끼고 이 하천은 앞으로 구흥천과 합류해 수구를 이룬다. 국량이 넉넉한 평지에 자리 잡았으나 읍기의 국면상 좌청룡 지맥에 비해 서쪽의 우백호 지맥이 수구부까지 여미 주지 못해 치소(治所) 서편의 어귀 부분(구성읍 마북리 330-1)이 허결한데, 이를 비보하기 위해 남북 방향으로 느티나무를 길게 심어서 숲을 가꾸고 부가적으로 비보 신앙물로서 석상을 배치했다. 지기가 드센 곳이어서 이 석상이 지기를 누르고 동리의 흉사나 재액을 막는 주술적인 민간 신앙의 소산물인 장승설(逐鬼將神) 혹은 미륵설이 있으되[63] 비보 기능을 하는 석상이라는 점에서는 공통적이다.

마을 미륵은 용인의 마북리 · 미평리 · 문시랑[64] 등에 있었으며 그중에서 미평리 미륵을 사례로 살펴보기로 한다. 용인의 미평리 미륵뜰에

---

60. 양평문화원, 1988, 『鄕脈』 1, 263쪽. "서종면 노문리에는 솟대백이라는 지명이 있는데 마을 앞에 솟대를 세워 마을을 편안하게 했다."
61. 한국역사민속학회, 2000, 『용인의 마을의례』, 203쪽.
62. 제보 : 남상익 씨(62세), 2000. 1. 31.
63. 『龍仁郡誌』, 795쪽, 『駒城面誌』, 529쪽.

○ ── 표 5. 상징 조형물

마을 이름	형태 및 호칭	비보 위치	비보 기능	비고
용인시 구성읍(옛 용인현 치소)	장승 혹은 미륵	읍치 서편 입구	지기 진압	현존
용인시 원삼면 안골	선돌	마을 입구		
용인시 창리 웃말	선돌			
용인시 원삼면 미평리	약사여래불(미륵)	마을 주거 공간 앞	보허	현존
용인시 양지면 주북리 숲원이	돌기둥(돛대)		형국 보완	현존
용인시 원삼면 문촌리 문시랑	돌미륵	마을 입구		소멸
연천시 청산면 궁평리	장승	마을 입구	흉상 진압	현존
부천시 웃소사	장승	마을의 남쪽과 북쪽	보허	소멸
부천시 심곡본1동 깊은구지	장승, 당목	마을 입구 및 사방	보허	당목 현존
양평군 서종면 노문리	솟대	마을 입구		소멸

는 마을에서 미륵으로 불리는 마을 비보 기능을 담당한 약사여래입상(문화재 자료 44호)이 있다. 약사여래석상의 크기는 높이 4미터, 두께 0.5미터이며 고려 중기의 조성물로 추정되고 있다. 이 석불은 원래 약사석상으로 조성되었으나 조선 시대 미륵 신앙의 성행과 함께 마을지킴이 마을미륵으로 의미와 성격이 변전하고 풍수적 기능이 부가된 것으로 볼 수 있다. 비보적인 이유로 볼 때, 마을이 들판 가운데에 입지하고 있어 풍수적 주거 조건이 불리하고 특히 마을 전방이 개활되어 있는 관계로 불안한 주거 심리가 생기므로 이 미륵상에 신앙적으로 의지해 주거 공간의 안정성을 보장받고자 한 것으로 추정된다. 미평리의 옛 주거지는 남쪽의 넓은 들을 바라보고 있는 미륵을 가운데 두고 그 옆과 뒤에 주거 공간이 배치되었다. 마을에 전해 내려오는 구전으로, 불상 앞에 집을 지으면 불상이 허물어 버린다거나[65] 불상의 앞이 막히면 동리에

64. 용인시 원삼면 문촌리 문시랑마을에도 마을 동구에 비보적 기능의 미륵석상이 있었다. 문시랑마을은 산간 분지의 볼록한 언덕배기(凸處)에 입지하고 있는데 문시랑 마을의 동구에 비보적 기능으로 추정되는 미륵석상이 있었고 주민들은 이 자리를 수살마당이라고 불렀는데, 현재 미륵상은 없어졌다. 제보: 이철주 씨(81세, 문촌리 414번지), 2000. 7. 4.

흉사가 들고 화재가 생긴다는 속설이 있어서 불상 앞으로는 일체의 건물을 짓지 못하게 한 금기[66] 역시 이러한 의식의 반영으로 추정된다.

비보 장승으로는 연천의 궁평리, 부천의 깊은구지·웃소사 등지에 있었는데, 현존하는 것으로 경기도 연천군 청산면 궁평리 마을 어귀에는 천하대장군·지해장군이라는 이름을 한 쌍의 목장승이 풀무산을 등져 막는 모습을 하고 서 있다. 이 장승의 조성 유래는, 풀무산이 중간말을 내려다보며 억누르는 형상이 되어 이 마을에 좋지 않은 일이 자주 일어나자 그 액막이로 장승을 세웠다고 한다.[67] 이러한 상징 조형물 비보의 메커니즘은, 주민의 인지환경상에 심리적 불안 요인이 있을 경우 비보라는 상징 장치를 통해 취락 집단의 환경심리적 안정과 조화를 유도하는 것이며, 그 경로는 장승에 대한 마을 주민의 집단적인 의례를 통해 더욱 공고하게 유지·형성된다. 궁평리에서도 매년 이 장승에 대한 신앙의례가 행해지고 있다.

부천의 웃소사(소사1동)에는 "북방현무흑제대장군(北方玄武黑帝大將軍)과 남방주작지해장군(南方朱雀地下女將軍)"이라고 이름한 비보적 지킴이 기능의 장승을 마을의 남쪽과 북쪽에 배치했다. 위 장승의 명칭에 포함되는 현무와 주작은 각각 취락의 뒷산(主山) 및 앞산(朝山)과 대응되어 풍수적인 일반 명칭으로도 널리 활용된 바 있는 각각 북방과 남방의 수호신이고, 흑(黑)의 표현은 오행론적으로 북방을 가리키는 말이다. 이처럼 웃소사에서는 마을의 남쪽 입구와 북쪽의 출구가 되는 길목에 장승을 세워 그 신앙력으로 해금 마을의 풍수적 안위를 도모하고자 했던 것이다. 웃소사 맞은편에 있는 조마루(원미동)도 마찬가지로 마을의 풍수적 요처가되는 여러 곳에 장승을 설치해[68] 문화 상징적인 경로를 통해 비

---

65. 제보: 이홍주 씨(66세, 미평1리 66-5번지), 2000. 7. 14.
66. 『용인시 문화재 총람』, 1997, 58쪽.
67. 연천문화원, 『향토사료집』, 1995, 201쪽.
68. 제보: 박은식 씨(72세, 원미1동 153번지)

보호과를 얻고자 했다. 한편 원미구 상동에서는 사래이도당굿이라는 민속의례의 과정에서 동방청제장군·서방백제장군·남방적제장군·북방흑제장군 등 오방 신장의 이름을 적은 장승을 마을 두 곳에 세웠는데, 각각 장승의 명칭은 오행 사상에 기초하고 있다. 이상에서 여러 사례를 든 장승 비보는 대체로 도당굿, 마을 제의 등의 의례를 수반하며 그 과정에서 주민들은 집단심리적인 비보 효과를 얻을 수 있는 것이다.

그리고 부천시 심곡본 1동의 깊은구지에는 사방에 복합적인 비보물(숲, 장승, 당목)의 배치 구조를 보이고 있어 주목된다. 이 마을의 풍수적 입지 조건은 성주산을 배산으로 하고 산곡에 북향해 입지한 까닭에 마을의 앞쪽이 되는 북서 방향이 상대적으로 허결해 풍수상 취약한 장풍적 조건을 지니고 있다. 이러한 입지적 국면을 보완하기 위한 주민들의 일차적인 노력은 마을 입구가 되는 서북쪽 개울둑 가에 숲을 가꾸어 보존하는 것으로 표현되었으니[69] 그것은 장풍과 보허 기능의 숲 비보로 판단된다. 더욱이 이 마을에서는 숲 곁에 장승까지 조성했는데[70] 이는 풍수적 취약 지점에 대한 신앙 상징적인 보완 장치를 부가한 의미를 지닌다. 장승은 여기 외에 마을 서쪽의 출입구에도 배치되었는데 이는 좌(서편)·우(동편)의 대칭적 비보 배치로 해석이 가능하다. 뿐만 아니라 마을의 중심에서 앞(남쪽)뒤(북쪽)로는 각기 도당 할아버지와 도당 할머니로 일컬어지는 느티나무 고목을 배치함으로써 남·북의 대칭 구조를 이루었으니, 이로써 깊은구지는 자연지물과 인공 조형물을 통해 마을의 전후좌우에 비보물을 구조적으로 장치한 것으로 해독될 수 있다.

용인시 양지면 주북리 숲원이(林園)에서는 돛대의 상징적 비보 기능을 하는 돌기둥이 있다. 숲원이 마을의 주거지는 주북천 가의 들판에 입지하고 있으며, 현재 130가구 중 김해 허씨가 30여 호 거주하는데,

---

69. 제보: 이병수 씨(76세, 심곡본1동 613번지)
70. 제보: 이병수 씨(76세, 심곡본1동 613번지)

이 마을 내에는 허준영(1826~1878년)의 묘의 앞에 2개의 돛대기둥이 있어 특징적인 경관을 나타낸다. 이곳은 터가 행주 형국이어서 배터골 혹은 배모루라 부르는데,[71] 이에 대한 비보책으로 묘 아래에 돌기둥 2개를 세우고 돛대로 삼았다고 한다. 돌 돛대의 높이는 각각 172센티미터, 154센티미터며, 폭은 25센티미터의 원기둥형이며, 자연석을 다듬은 형태이다.

4. 맺음말

경기도 마을의 비보 경관을 대상으로 역사적 기원, 형태 및 기능, 입지 특성 등에 관해 살펴본 결과는 다음과 같다.

경기도에는 비보의 기원적 형태로서 사탑 비보뿐만 아니라 연기 비보가 강도 시기의 강화에 가궐과 이궁의 조성을 통해 이루어졌다. 연기 비보의 성격은 불교(특히 밀교)와 풍수도참이 결합한 성격을 나타내며, 방식은 이궁과 가궐을 축조해 거기서 불교적 의식을 행한다거나 왕의 의대를 사찰과 인접한 비보소에 비치하는 등의 형식으로 나타났다. 가궐(삼랑성, 신니동)과 이궁(홍왕리)은 각각 전등사, 선원사, 홍왕사 등의 사찰과 관련해 입지하고 있는 특징이 있었다.

고려 시대 강화 왕도에서 시작된 사탑 및 조산 비보는 조선 시대를 거치면서 읍치의 비보로 파급되었으며 그 사실을 부평의 조산, 용인의 숲과 상징 조형물, 이천과 양근의 비보 못 등에서 확인할 수 있었다. 이어서 조선 중·후기의 촌락 형성 및 발달 과정과 맞물리면서 경기도 지역의 촌락에서 조산, 숲, 못 등의 실제적 비보뿐만 아니라 민속 신앙과 결부된 다양한 상징 비보가 발달되었다.

---

71. 『용인시 문화재 총람』, 1997, 60쪽.

그중 비보 숲은 경기 남동 지역(이천, 용인)에 현저했으며, 북부 지역에는 비보 숲의 한 형태인 축동이 뚜렷했는데, 그것은 지역 환경적인 특성에 맞는 비보의 문화 생태적인 발달로도 이해될 수 있다. 축동의 일반적 형태는 둑 위로 수목을 줄지어 심는 경우가 대부분이며, 형태상 마을숲과 유사하지만 둑을 조성하고 그 위에 나무를 줄지어 심는다는 점에서 차이가 나며, 입지상 야산이나 구릉지의 저평한 들판이 펼쳐져 있는 지형에 주로 분포한다. 경기 북부의 축동은 공통적으로 보허와 울타리 및 방풍 기능을 했다.

경기도 마을 비보의 문화적 기능 및 그 효과적인 측면에서 볼 때, 주민들은 자연환경에 대한 숲, 조산 등의 비보적 장치를 통해 자연환경의 주거 조건을 개선했고, 인지 환경상 심리적 불안 요인이 있을 경우에는 문화 상징적인 비보를 통해 취락 집단의 환경 심리적인 안정과 조화를 이루었다. 오늘날 근대화와 도시화의 외풍으로 경기도 취락의 비보 경관 대부분은 사라졌거나 소멸 과정에 있지만 머지않아 생태 환경 및 경관 보완론으로 새롭게 조명되어 그 가치를 주목받게 될 것이다.

참고 문헌

강남대학교 인문과학연구소, 1988, 『문화유적 · 민속조사보고서-이천시 부발읍』.
국립민속박물관, 1995, 『한국의 마을제당』 제1편 서울 · 경기도편.
김학범 · 장동수, 1994, 『마을숲』, 열화당.
박종수 · 강현모, 1998, 『내고장 용인- 서부지역의 구비전승』.
사찰문화연구원, 1993, 『경기도 I』.
서윤길, 1994, 『한국밀교사상사 연구』, 불광출판사.
양주문화원, 1993, 『양주의 지명 유래』.
양평문화원, 1988, 『향맥』.
연천문화원, 1995, 『향토사료집』.
용인시, 『용인시 문화재 총람』, 1997.

이병도, 1947, 『고려시대의 연구』, 아세아문화사.
이형구, 2000, 『高麗 假闕址와 朝鮮 鼎足鎭址 지표조사보고서』, 동양고고학연구소.
이형구, 2001, 『강화도 마니산 고려 이궁지 지표조사 보고서』, 선문대학교 고고연구소.
인하대학교 한국학연구소, 2000, 『강화군 역사자료 조사보고서』.
장장식, 1999, 「경기동부의 풍수신앙」, 『경기민속지 II』 신앙편, 경기도박물관.
최영준, 1997, 『국토와 민족생활사』, 민음사.
최원석, 2004, 『한국의 풍수와 비보』, 민속원.
한국역사민속학회, 2000, 『용인의 마을의례』.
한국정신문화연구원, 1980, 『한국구비문학대계』 1~3, 경기도 양평군편.
『駒城面誌』.
『畿內寺院誌』.
『龍仁郡誌』.
『抱川郡誌』.

● 최원석(고려대학교 대학원 지리학과 박사)

● —— 8장. 풍수와 조경

1. 시작하며

　2000년 1월 한겨레 풍수 학교에서 조경과 풍수라는 주제로 발표를 하고부터 자생 풍수에 대한 생각을 하기 시작했고 그 이후 여러 프로그램을 통해서 한국의 전통 풍수학을 수립하고자 하는 분들과의 교류를 통해 조경이라는 분야와의 학문적 접점을 찾는 작업을 시도해 왔다. 이 글에서는 먼저 필자가 이해하고 있는 풍수와 자생 풍수를 간략히 정리하고 풍수 이론을 적용한 설계 사례와 논문 등을 소개한 다음, 앞으로의 과제를 제안하는 순서로 기술하고자 한다.

　풍수란 본래 지기(地氣)에 대한 감응을 기본으로 하는 분야인지라, 현대적 교육을 받은 필자가 쉽게 접근할 수 있는 분야라고 생각하지 않는다. 지금은 학교를 떠나 계신 최창조 선생님의 풍수에 대한 처절할 정도의 치열한 삶의 모습을 저술을 통해 느끼고, 지인들로부터 근황을 들으면서 필자가 문자를 통해 내 식대로 알고 있는 이 풍수가 진짜인지, 섣부르게 이를 조경과 접맥시키는 것이 또 하나의 잡술적 성격을 띠는 것이 아닌지 걱정이 되기도 한다. 풍수사나 풍수학에 대한 깊은 통찰이나 산야에 대한 지기감응의 느낌도 없이 감히 풍수를 조경에 응용할 수 있을지, 조심스러움도 앞선다.

　굳이 필자가 풍수를 이해하고 땅을 느끼는 안목의 수준을 표현하자면 범안(凡眼) 정도가 아닌가 생각한다. 풍수를 아는 3단계에서 속안(俗眼)이란 산수의 형세를 매우 상식적으로 이해하는 단계이다. 그다음 법안(法眼)이란 풍수 이론에 밝은 풍수사를 지칭한다. 최종 단계인 도안(道眼)은 이론적인 정법에만 의존하지 않고 용신혈형의 기운과 사수득파의 호불호가 일목요연하게 드러나는 단계로 도안에 이르면 산과 물이 모두 꿈틀거리는 용으로 바뀌어 눈에 들어오게 된다는 것이다.[1] 아직 범안에도 이르지 못했다는 것을 자인하면서도, 최창조 선생님이 주창하신 한국 전통 비보 풍수의 논리와 가치를 부족한 대로 적용해 보면 조금씩이라도 안목이 높아지지 않을까 기대하며 이 글을 정리했다.

2. 풍수지리와 자생 풍수

2.1. 풍수지리에 대한 이해

현대의 지리학은 서양의 시각에서 실증성에 기반을 두고 발달해 왔으나, 한국이라는 땅을 제대로 보고 환경 문제를 해결하기 위해서는 동양적 시각에서 땅을 생명체로 바라보는 풍수지리학에서 다시 시작할 필요가 있다. '풍수'의 정의는 4세기 중국의 『금낭경』에서 시작한다고 소개된다. 기는 바람을 타면 흩어지고 물에 닿으면 머문다. 기를 모아 흩어지지 않게 하고 기가 돌아다니다가 멈추게 했으니 풍수라 하게 되었다.

經曰 氣는 乘風卽散이요 界水卽止니 古人은 聚之使散하고 行人使有止하나니 故로 謂之風水라.

---

1. 최창조, 1997, 53~54쪽.

이것을 보면 풍수라고 하는 것이 바람과 물을 매체로 한 지기를 본질로 하는 것임을 짐작할 수 있다. 즉 기는 풍수의 기본 출발점이 되며 기감이 본질이 된다. 이 기를 통할 때 추길피흉(趨吉避凶)하게 된다는 것이다. 이러한 지기와 기감이 기본이 되는 풍수지리학은 말이나 논리적으로만 볼 수 없는 "신비한 힘으로서의 그 무엇"이 있게 되는 것이다. 이 힘은 실제 농작물의 생장, 계절에 따른 기후 현상, 에너지와 물의 순환, 동식물의 분포 등을 결정하게 된다. 기는 트림을 하면 바람이요, 솟아오르면 구름이고, 성내면 벼락이며, 떨어지면 비가 되는 것이니 땅과 결합해야 생기가 된다.

이 지기를 바탕으로 한 풍수론은 용혈사수(龍穴砂水)를 그 요체로 보는 바, 어머니로 비유될 수 있는 뒷산의 산세와 맥세를 살피는 간룡법, 물과 바람의 흐름을 살피기 위해 주변을 둘러싸고 있는 산을 보는 장풍법과 득수법, 명당을 찾기 위한 정혈법과 좌향론, 이 터의 생김새를 찾는 형국론으로 이어진다. 이 풍수 이론에 따라 설정된 중심 간은 길혈명지(吉穴明地)라고 해 혈과 명당이 위치한다. 혈에는 대개 건축물이나 묘가 위치하며 명당은 그 혈 앞의 땅으로서 앞뜰은 내명당, 넓은 평지는 외명당이라 한다.

이러한 공간적 패러다임은 역사적으로 한국의 전통적 공간인 도읍 형성에서 주택 공간 형성에 이르기까지 절대적으로 영향을 미쳤다. 대부분의 도읍과 마을은 주산과 진산, 청룡백호의 보호사, 안산과 조산의 위치적 특성을 가지고 있다. 모든 입지적 논의는 증명할 수 없는 지기를 기본으로 했지만 결국은 대단히 현실적이며 합리적인 입지로 볼 수 있다. 풍수 원리에 따라 입지한 전통 마을들은 산중턱이나 강의 북안에 남향이라 찬바람을 막거나 홍수를 예방하고 물을 얻기 편했다.

전통적으로 이 풍수지리론은 터잡기를 위한 양기 풍수, 건축을 위한 양택 풍수, 묘지 입지를 위한 음택 풍수로 구별된다. 한국의 풍수 역사로 보면 초기의 한국 풍수는 국역 풍수와 양택 풍수에 주로 이용이

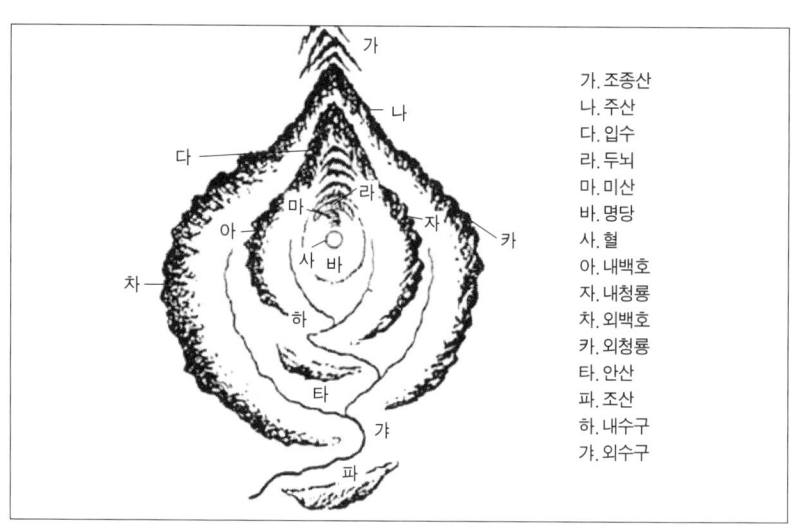

○ ── 그림 1. 명당 모식도(김두규, 1998, 84쪽)

되었지만 조선 성종 이후 효사상 등과 결합하면서 개인의 발복을 위한 음택 풍수로 변질되어 지금에 이르고 있다.

최창조 선생님은 이러한 풍수지리를 자연에 대한 인간의 경험이 축적되어, 땅이 가진 생명의 질서에 인간의 생명의 논리를 적응시키고자 하는 고유의 지혜라고 정의하고 있다.[2]

2. 2. 자생 풍수의 현대적 담론

한국의 자생 풍수란 신라 말기 도선이 시작한 비보 사탑설을 핵심으로 하는 우리나라의 전통 풍수론이다. 이를 비보 풍수라고도 하는데, 비보란 도와주고 보충한다는 뜻으로 땅이 가지고 있는 불완전한 요소를 완전하게 만든다는 개념을 가지고 있다. 이는 한의학에서의 침뜸술

---

2. 최창조, 1992, 250쪽.

의 원리와도 같은데 기가 과한 곳은 사(瀉)해 주고 허한 곳은 보(補)해 준다는 것이다. 땅은 살아 있고, 문제가 있으면 고쳐서 쓴다는 사고는 매우 중요한 자생 풍수의 특징을 낳는다.

한국의 전통 자생 풍수는 마을 또는 지방마다 풍토에 맞게 지리적 경험과 지혜를 축적하다 보니 일반 풍수와 같이 이론화나 체계화가 어렵지만, 풍토 적응성이 양호하고 매우 다양한 양상을 갖는다는 강점이 있다. 백리부동풍(百里不同風)이라는 말에서도 알 수 있듯이 풍토와 풍속이 100리만 떨어져도 크게 다르다. 따라서 풍토 해석 면에서 풍수를 이해한다면 풍수 논리가 지방마다 다를 수밖에 없다는 것을 인정해야 한다.[3] 최창조 선생님은 이러한 논의를 바탕으로 "우리 풍수는 결함이 있는 어머니인 땅에 대한 사랑을 본질로 하며 그 방법론은 사랑하는 대상에 대한 고침(치료)의 추구이다."라고 일반 풍수와의 사상적 차이점을 밝히고 있다.

결국 자생 풍수는 발복의 명당을 찾아다니는 것이 아니라 병든 땅을 고쳐 명당을 만드는 것이다. 그리고 이러한 명당은 절대적인 개념이 아니고 사는 사람들의 기질과 특성, 지형적 특성에 따라 결정될 수 있는 상대적인 개념으로도 해석된다. 궁극적으로 명당이란 숨어 있는 것이 아니고 우리의 주변에 널려 있는 모든 땅이 명당이 될 수 있다는 것이다. 다시 말해 명당을 만들어 갈 수 있다는 비보와 엽승(厭勝)이라는 특징이 우리 풍수의 중요한 특징이다. 아울러 넓지 않은 국토이나 모든 마을마다 고을마다 다양한 풍수 형국명을 가지고 있다. 옥녀단장 형국, 비룡승천 형국, 노승예불 형국, 신선독서 형국, 기러기 나래 접는 형국, 호랑이 젖먹이는 형국, 거미가 알을 품는 땅 등, 모든 땅은 풍부한 생명체적 은유와 이야기를 사용해 해석하고 있다. 각 지역은 주민과 별개로 존재하는 객체적 공간이 아니라 인간과 토지가 정서적으로 교감하

---

3. 최창조, 1997, 41쪽, 64쪽.

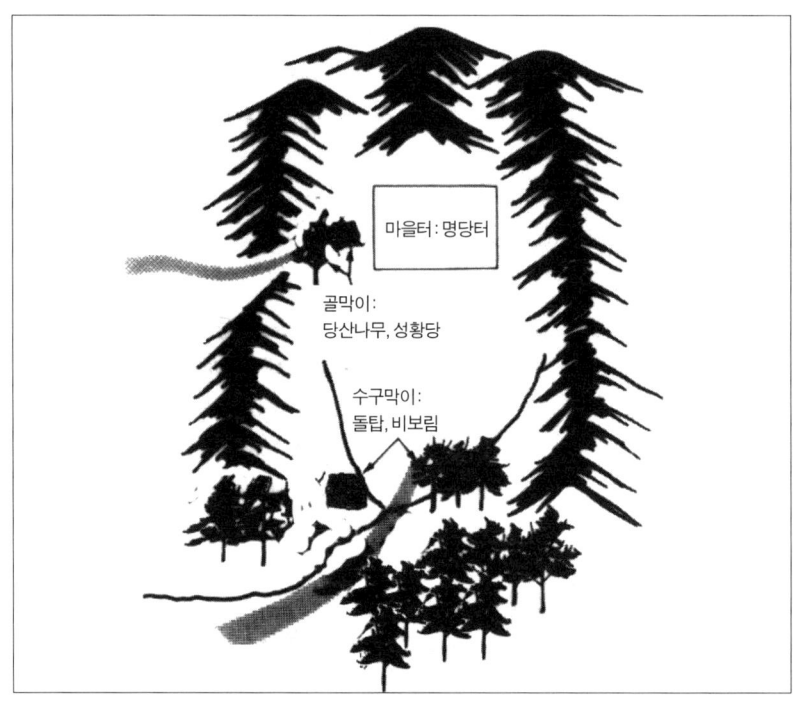

○ ―― 그림 2. 비보 풍수 (김두규, 1998, 234쪽)

는 세계를 형성한다. 따라서 풍수의 3대 요소라고 불리는 산, 수, 방위 이외에 사람과 천시(天時)라고 하는 요소가 포함되어야 한다는 것이다. 이러한 차원에서 조관한다면 결국 원래 좋은 땅은 없다. 그저 땅과 사람 사이에 상생의 조화가 이루어졌느냐가 문제이다. 좋은 땅, 나쁜 땅을 가리는 것이 풍수가 아니라 맞는 땅, 맞지 않는 땅을 가리는 선조들의 땅에 대한 지혜가 바로 우리 풍수라고 보고 있는 것이다. 이렇게 최창조 선생님이 자생 풍수를 주창하고부터 시작된 풍수에 관한 현대적 담론은 한국 조경에 관한 참신한 단서를 제공하고 있다.

우리 땅에 펼쳐진 공간의 배경에 있는 자생 풍수적 개념을 이해하면 우리 선조들이 만들어 온 전통적 삶의 공간에 대한 개념이 비교적 쉽게 다가온다. 즉 배산임수의 개념으로 조성된 주택지와 마을은 뒤쪽

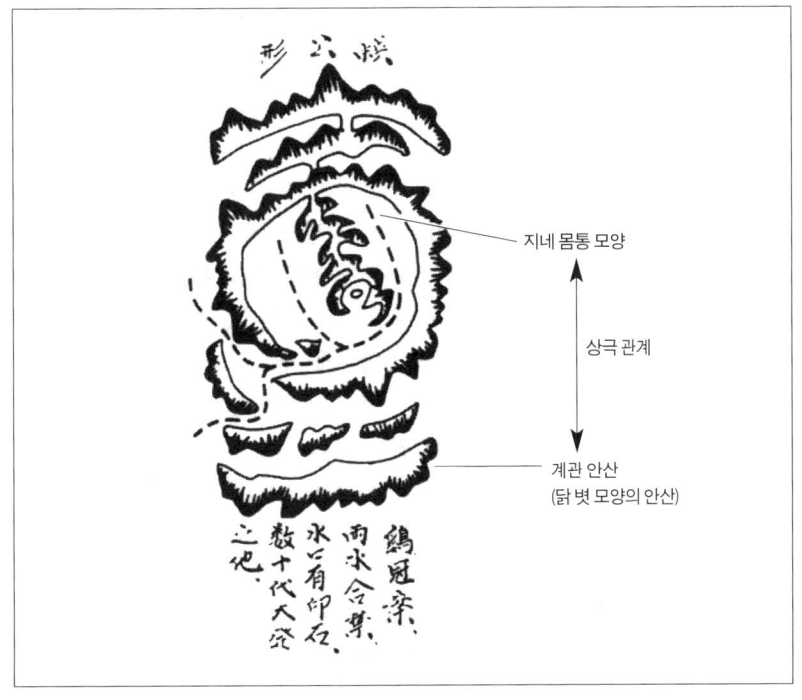

○ ── 그림3. 지네 명당 형국도(김두규, 1998, 347쪽)

에 화계라는 형식의 후원이 있게 되고 전면에는 마당과 경작지, 더 앞쪽에는 물길과 조망할 수 있는 자그마한 산이 있다. 바람의 통로와 물길은 경험적으로 숲을 조성하거나 동산을 만들어 부족한 부분을 보충하고 그것이 마을숲 등을 형성해 명당터를 만든다. 주변에 형성된 산마루는 뒤로 연결되어 멀리 우리의 영산인 백두산까지 연결되어 그 신비로운 힘을 자손들에게 전해 준다. 그리고 이렇게 형성된 지형은 각 장소마다의 이야기를 갖게 되며 모든 인위적인 시설과 조경은 이러한 이야기 속에서 진행된다.

현대의 조경에는 이러한 생명을 살리는 이야기가 없다. 백두산까지 연결되는 땅의 기운에 대한 해석과 고려는 전혀 없다. 바람과 물과 인간이라는 체험적 상관성에 대한 배려는 더욱 없다. 건축물을 짓고 바

닦을 포장하고 나무를 심고 광장을 만들고 주차장을 만들면서 어떻게 해야 명당을 만들 수 있는지 고려하지 않는다. 하천을 정비하면 홍수량 계산만 해 직강화된 하천 정비를 하게 된다. 건축을 하면 건축 밀도를 높일 수 있는 고층 아파트와 조밀한 택지 조성 사업에만 관심을 갖는다. 하천변의 주거 단지는 늘 홍수 때 범람을 걱정하게 된다. 우리는 조경을 통해서 공간을 복원하고, 자연을 도입하게 된다. 우리의 자생 풍수가 갖는 명당 만들기, 생명성 부여하기라는 메시지는 실로 엄청난 패러다임으로서 한국 조경에 활력을 불어넣을 것으로 예상하고 있다.

3. 장풍득수와 조경 공간

3. 1. 장풍득수법

3. 1. 1. 도읍 풍수 : 장풍국과 득수국의 도읍

우리나라의 옛 수도들은 크게 장풍국과 득수국으로 구분한다. 장풍국이란 사면이 산으로 둘러싸인 국면을 이른다. 대표적인 곳이 경주이다. 경주는 태백산맥의 남단에 위치해 침식 분지를 이르고 있는 곳이다.(수세적이며 방어적이다.) 금호산으로 둘러싸이고 큰 강은 지나가지 않는 전형적인 땅이다. 그리고 고려 시대 수도인 개성도 송악산을 주산으로 하면서 산세가 겹겹이 둘러싸고 있다.

득수국이란 이면, 삼면은 산으로 둘러싸이고 그 앞으로는 큰 강에 면한 명당의 땅을 이른다. 한 쪽 부분이 견실하지 못하고 허해 땅 기운이 뭉치지 못하는 단점이 있다. 대동강가의 평양, 금강가의 공주와 부여를 비롯해 한강가의 서울이 득수국의 대표적인 사례이다. 임진왜란과 병자호란 이후 파주군 효하면 천도설이 제안되기도 했다.

전주는 적선행주형의 득수국 고을이다. 기록상으로 전주의 진산은 건지산으로 보고 있다.(이씨 조상 묘소가 있는 조경단으로 인해 건지산(106미터) 주산설을 확정) 그러나 실제 형상으로 보면 승암산(306미터)과 기린봉(271미터)이 주산이 된다. 따라서 전주는 초기에 (북)서향으로 입지가 되었다는 것이다. 이 기린봉은 왕자의 풍모를 닮은 북악산을 닮았다. 기린토월(麒麟吐月)의 풍광이 여기에서 나타난다.(좌청룡 : 남고산, 완산칠봉, 서산, 우백호 : 천마산과 건지산, 내수(內水), 명당수 : 전주천, 외수(外水), 객수(客水) : 삼천천과 추천) 전주는 북쪽만 열려 있다. 동남쪽 주봉인 기린봉은 화산이다. 불이 많이 나고 인물이 나지 않으며 부자가 삼대를 가지 않는다. 그래서 만든 것이 덕진 연못이다. 영조 때 관찰사 이서구가 북쪽의 허결함을 막기 위해서 숲정이를 조성하고 마을 이름도 진북동으로 했다.[4]

3.1.2. 장풍득수법의 개념 모형

풍수적 명당의 물리적 구성 요건의 핵심 요소는 산과 물이며 그 형태적 개념은 배산임수로서 표현한다. 이 의미는 뒤는 높은 산으로 되어야 하고 앞쪽은 강이나 하천이 있어야 한다는 의미이다. 이 높은 산은 하나의 산으로서의 의미가 중요한 것이 아니고 다른 산과의 연결성이 중시된다. 따라서 풍수에서는 이 연결된 산의 모습을 용이라는 용어로서(간룡법) 사용한다. 그리고 이 산은 우리나라에서 가장 높은 영산인 백두산과 산맥으로 연결되면서 중요한 지점마다 명당을 형성한다. 풍수의 가장 이상적인 모식도(형국적 기본형)를 보면 이 주산에서 뻗은 산맥은 명당을 좌우에서 감싸 안으면서 전면에는 평지를 형성하면서 끝부분에서는 서로 겹쳐지게 되어 명당의 기운이 빠져 나가지 않도록 한다. 이렇게 산으로 위요된 형국에서 계곡을 따라 물길이 형성되면서 하천을 만들게 되고 평야가 형성된다. 그리고 이 위요성이 부족하거나 기본형에 못 미칠 때는 비보 개념대로 마을숲을 조성하거나 상징적인 조형물

4. 최창조, 1992, 237~248쪽.

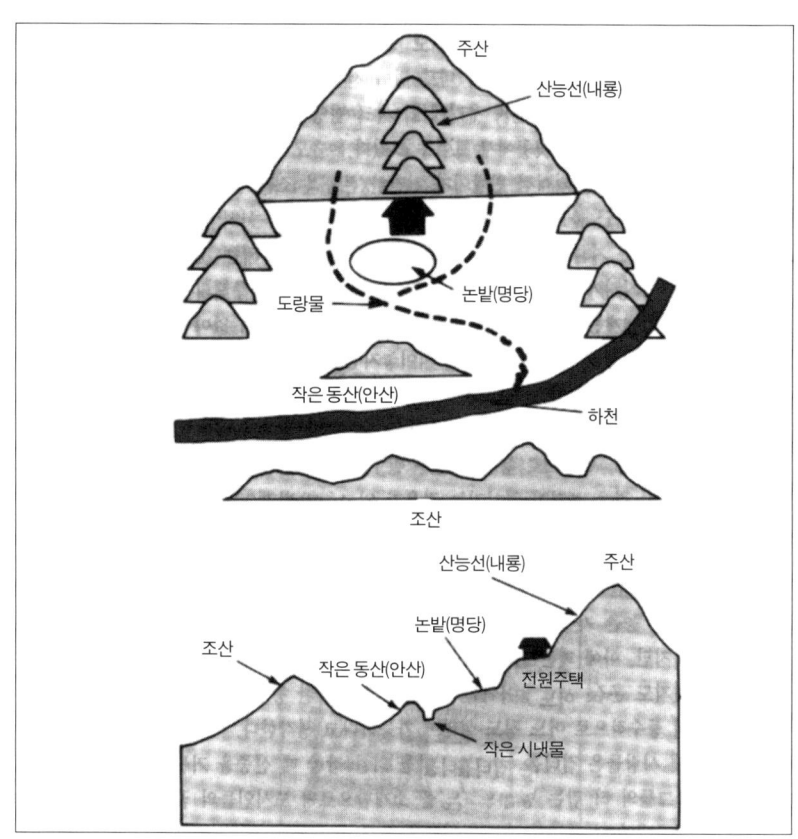

○ ── 그림 4. 명당모식도(김두규, 1998, 178쪽)

이나 수목을 설치한다. 이러한 형국으로 조성된 명당터에서는 자연적 재해가 적고 인근 지역에 산림 자원과 농산물 자원이 풍성해 풍요로운 거주지(양택과 음택)가 형성된다는 이론이다.

    이러한 명당론에 근거한 한국의 전통적인 공간 형성의 특성은 배면 산지에 형성되는 화계와 뒷산이라는 개념과 전면 평야와 산을 조망하도록 비워진 마당의 개념과 좌우측에서 산이나 수목이나 구조물 등으로 공간을 위요하는 요소와 부족한 부분을 메워 주는 상징적인 비보물로서 구성이 된다. 이러한 원칙에 근거해 조경 설계의 기본 원리를 발췌할 수 있다. 첫째, 주변의 자연 지형이 형성하는 축의 개념을 흩뜨리지 말아야 한다. 둘째, 이 축에 근거해 자연 지형에 의해 좌우측을 감싸는 위요성과 중심성을 확보해야 한다. 셋째, 수목 식재와 조경의 개념은 이러한 위요성과 주변의 연결성을 보완하는 역할을 해야 한다. 넷째, 물길에 대한 친수성을 높일 수 있어야 한다. 마지막으로 전면 지역에 대한 산에 대한 조망성을 확보해야 한다는 측면이다. 따라서 풍수 이론은 자연 경관에 대한 총체적 기본 틀을 제안하면서 3차원적 공간 구성의 원리를 제공하며 물길과 연못의 조성, 수목과 시설물의 사용에 있어서는 부족한 공간을 보완해 완결된 형태인 명당을 만든다는 의미를 가지고 있다. 인간의 조경적 행위가 부족한 자연을 보완해 명당을 만드는 모습으로 나타날 때 이는 또 다른 자연 친화적 설계 원리를 제공할 수 있는 근거가 된다.

3. 2. 비보 풍수와 수목 식재

한국 전통 풍수에서는 침뜸술의 원리를 차용해 땅의 약한 부위를 골라 비보를 하게 된다. 따라서 탑과 같은 일련의 조형물, 정자와 같은 건축물뿐만 아니라 나무를 심는 것도 위치 선정에 있어서 주의를 기울여야 할 필요가 있다. 그렇지 못한 경우 경락이나 혈에 대한 이해 없이 마구 침을 꽂는 난자(亂刺)의 행위를 하게 된다는 논리가 성립되는 것이다.[5]

버드나무와 오동나무와 관련해 비봉귀소형에 관한 민속 풍수가 소개되고 있다. 즉 명당의 사방에는 일정하게 갖추어야 할 것이 있다. 동쪽으로는 흐르는 물, 남쪽에는 연못, 서쪽에는 큰길, 북쪽에는 높은 산이 있어야 명당이 된다는 것이다. 동쪽으로 흐르는 물이 없으면 버드나무 아홉 그루를 심고 남쪽에 연못이 없으면 오동나무 일곱 그루를 심는다. 그러면 봉황이 살게 되기 때문에 재난이 없고 행복이 온다는 것이

5. 김두규, 1998, 174쪽.

다. 이러한 버드나무나 오동나무는 내수와 봉황이라는 상징성을 내포해 여러 가지 글에도 소개가 되고 있다. 정정렬제 춘향가 대본에서 방자가 춘향의 집의 위치를 묘사한 내용을 보자.

> 저 건너 봉황대 밑에 양류교변 편벽한 디라, 다리 건너 큰 대문이요, 그 앞에 연당 있고 연당가에 버들 스고, 둘층 측백, 전나무는 휘휘 칭칭 얼크러지고, 벽오동 성근 가지, 단장 밖으로 쑥 솟아 있고. 동편에는 죽림이요, 서편에는 송정이라, 죽림 송정 두 사이로 아슴 푸라이 보이는 것이 그것이 춘향의 집이로 소이다.

여기서도 봉황대 및 양류교라는 시설에 대한 묘사와 함께, 연못가에 버드나무와 벽오동이 심어져 있음을 짐작할 수 있다. 춘향가에도 나오듯이 버드나무와 함께 빠지지 않고 등장하는 수종이 대나무(翠竹)와 소나무(蒼松)이다. 동편의 죽림과 서편의 송정(竹苞松茂)이 바로 그것이다. 이 두 수종은 모두 2라는 상징성을 가지므로 음양수(陰陽樹)라고 불린다. 대나무는 줄기에 잔가지가 두 개씩 나며, 소나무는 잎 두 장이 모아나기 때문이다. 양택이든 음택이든 용에 해당되는 주산에는 소나무를 심어 그 기운이 터에 미치게 했고, 비보 숲이나 비보 못을 만들기 위해 조산을 해도 소나무는 지형 조건만 맞으면 빠지지 않고 도입했다.[6]

그리고 비보와 엽승을 통한 균형적 개념으로 가장 많이 등장하는 수목이 밤나무와 뽕나무이다. 지네를 닮은 산의 모습에 대해 지네가 가장 싫어하는 밤나무를 심어서 비보를 한 경우로서 경북 상주의 밤나무 숲이 그것이다. 그리고 길쌈과 관련이 있는 뽕나무는 안산이 누에와 닮아 있으면 그 생기를 주기 위해서 뽕나무를 심었고, 서울의 남산을 잠두봉이라고 형국의 이름을 붙이고, 잠실 지역이나 경복궁에도 뽕나무

6. 최원석, 2000, 178쪽.

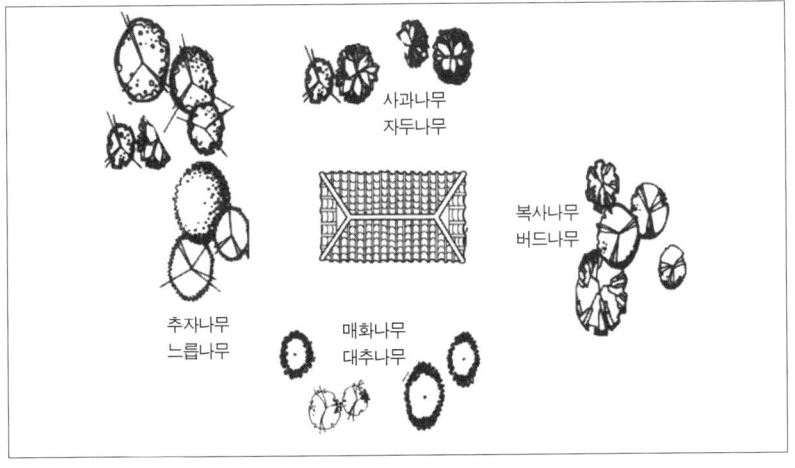

○ —— 그림 5. 식재와 방위

를 심은 사례가 있다.[7]

집터에 심는 나무는 사신사 방위에 따라 수종을 제안하기도 했다. 즉 동쪽에는 복숭아나무와 버드나무(물), 남쪽에는 매화나무와 대추나무(연못), 서쪽에는 치자나무(가래나무 등)와 느릅나무(길) 북쪽에는 사과나무와 살구나무(언덕)를 심는 것이 좋다고 제안하고 있다.

이는 서유구의 『임원경제지』 상택편, 홍만선의 『산림경제』, 중국의 풍수서인 『양택십서』에 수록되어 있다.[8] 우리나라에 적용하기 위해서는 택지의 입지 조건 및 기후 조건에 따라 차이가 많겠지만 주택의 서쪽(남서쪽과 북서쪽)에는 햇빛과 북서풍을 막을 수 있도록 높이 자라는 나무를 심고, 동쪽과 남쪽에는 관목상의 유실수를 심어 바람을 막지 않도록 하지 않았는가 하는 짐작을 할 수 있다.

골막이와 수구막이 등 비보 숲은 대표 수종으로서 진주의 죽림, 안

---

7. 임경빈, 1991, 141쪽, 193쪽.
8. 김두규, 1998, 180쪽.

동의 칠림, 밀양의 율림, 함안의 유림과 오동림 등이 사용되었다. 이러한 수종들은 풍수적 상징성을 기반으로 조림된 것이기는 하지만, 옻나무와 같이 실용적인 측면과 물가의 왕버들, 버드나무, 느릅나무 및 교목으로서 크게 자라는 상수리나무, 팽나무, 회화나무, 은행나무, 푸조나무, 느티나무 등이 함께 식재되어 생태적 적응성이 고려되었음을 짐작할 수 있다.

3. 3. 조경 공간 설계 사례

3. 3. 1. 전북대 의대 조경 설계

전북대학교 의과 대학(Medical Complex) 조성 계획은 1995년 수립되어 2002년까지 설계 시공되었다. 전북대 의대(약 16헥타르)는 전주의 주산인 건지산 동쪽 사면에 면해 평탄지에 입지하고 있다. 이 설계에서는 대상 부지 내에 간호 대학 및 연구동 등 추가적인 건축물의 입지 계획부터 의대 본관 중정 조경 계획에 이르기까지 매우 다양한 성격으로 설계되었다.

의대 본관 중정은 약 1000평 정도의 규모로서, 학생들의 휴식 공간을 입지시키고 의과 대학 특화 공간을 조성하는 것이 목적이었다. 건물에 의해 ㄷ자 모양으로 형성된 부지는 동쪽과 북쪽이 개방되어 건지산과 시각적으로 통해 있었다. 따라서 공간의 구조를 잡을 때 서쪽의 10층짜리 연구동을 배경으로 해 동쪽으로 기본 축을 잡고, 남북에 위치한 건물의 입구를 연결하는 보행로를 부축으로 하는 설계안을 작성했다.

초기 설계할 때부터 청룡과 백호의 개념이 도입되어 높이 1.2미터 내외의 다양한 형태의 마운드(mound)를 조성하고, 기존의 수목을 최대한 활용해 공간을 구획하고자 했다. 그리고 북서쪽의 바람을 막고, 남동쪽의 주통행로로부터 시선을 차폐할 수 있는 식재 마운드 공간을 조성했다. 그 높이는 1.5미터를 최대로 하고 경사는 30도 이하를 유지하

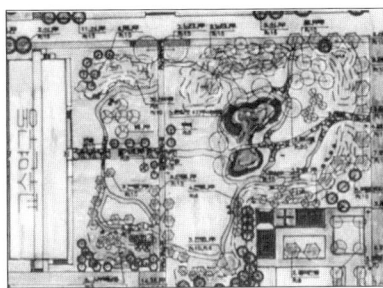

○── 그림 6. 전북대 의대 중정 조경 설계

도록 하면서 각 부분마다 별개의 형상과 특성이 있는 계곡과 능선의 개념을 갖게 해 계속 연계되도록 했다. 이렇게 조성된 동산의 주변에는 소나무를 식재했다.

공간의 중심부는 허백(虛白)의 개념을 통해, 마당의 개념을 갖는 빈 공간과, 깊이 1미터 정도의 자연스러운 건지(마른 연못)를 도입, 빈 공간이 살아 있게 조성했다. 이곳은 분수나 연못 등의 인위적 공간으로 조성하지 않고 바닥 토양에만 불투수성 필름을 깔아 비가 오면 5∼7일 정도만 물이 머물고 옆으로 빠져나가 평상시에는 자연형 토양 및 암석 호안이 드러나 자생 식물이 자랄 수 있도록 설계했다. 이 건지의 최대 깊이는 1.2미터에 호안의 형태는 자연형 곡석으로 하고 주변에는 자연형의 암석들을 배치, 건지의 중심 부분은 거대 암석으로 징검다리 역할을 할 수 있도록 했고 물가에는 용버들과 목련을 외곽의 조산 부분에는 잣나무, 단풍나무, 감나무, 참나무와 산수유등의 향토 수종을 도입해 식재했다. 마운드가 연속되는 지형 경관에 대해 교수들은 웬 묘터를 만들었냐는 비아냥도 있었지만, 명당터를 만든다는 논리에 별다른 이의 제기를 하지 못했던 기억이 난다. 이 설계를 하면서 북서풍을 막는 비보 풍수의 개념과, 북쪽의 진입로에 식재한 느티나무, 동쪽으로 형성된 보행로의 출구 근처에 수구막이 개념을 갖는 매화나무의 도입 등에 대해 비보적 개념으로 설명하자 효율적인 설득이 가능했다.

3. 3. 2. 전북대 의대 추모 동산 조경 설계

추모 동산 설계안은 2002년 3월에 수립되었으며 시신 기증자를 위한 추모 공간 조성을 목적으로 수립되었다. 대상지는 전북대학교 의과 대학 학생 회관 뒤쪽으로서 면적은 약 800평 정도이다. 이 설계안에서의 주과제는 건지산 진입로의 환경 정비, 시신 기증자 추모 공간의 입지와 공간 조성, 캠퍼스 구성원을 위한 휴식 공간의 조성이었다.

설계의 기본 개념에서 중심이 되는 추모 공간은 현 추모 동산 선돌을 중심으로 3개 공간 영역으로 구성(약 200평)하고 남쪽 공간을 휴식 공간으로 활용(약 600평)했다. 그리고 기존의 등산로는 기존의 소나무 유목 쪽으로 우회시켰다.

전체적인 공간은 건지산의 지형이 남동쪽으로 흐르고 있기 때문에 이 쪽을 주된 경관축으로 선정을 하고 청룡과 백호의 사신사 개념을 도입해 높이 1~1.5미터의 조산과 함께 남동쪽 진입로에는 건지를 조성했다. 식재 계획은 추모 공간 주변에는 소나무 중교목을 식재했고 추모 공간 전면의 휴식 공간에는 팽나무 교목을 정자목으로 선정했다. 남쪽의 언덕 부위(좌청룡)에는 산딸나무, 단풍나무 식재와 같은 소교목을 식재했다. 이 설계안은 시공이 되지 못했지만 소나무로 유명했던 전주 조경단의 송림을 복원해 배경 공간을 만들고자 하는 의도가 기억에 남는다.

3. 3. 3. 전북대 본부 전면 기념 공간 조경 설계

전북대 본관 앞 공간 약 300평 정도의 규모로서 학교 발전 기금을

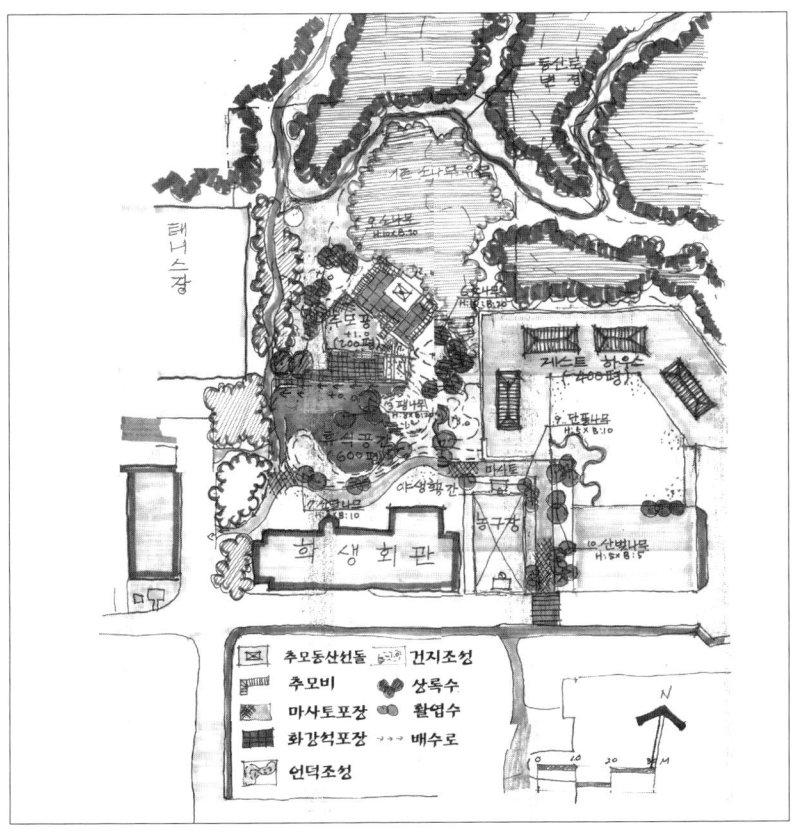

○ ── 그림 7. 전북대 의대 추모 공간 조경 설계

낸 이들을 기리는 방패형 기념 조형물을 중심으로 해 조성이 되어 있는 공간이다. 기존에 이 공간은 루브르 참나무로 남쪽 경관이 가려져 있고, 주변 히말라야 삼나무로 인해 시각적으로 지나치게 차폐되어 기념 공간으로서의 역할을 못하고 있었다. 따라서 대상 부지 주변의 바람 및 시선을 막는 가로수와 산재한 나무들의 위치를 재조정하고, 남동쪽으로 경관축을 잡아 지형상 물길과 산이 흘러가는 공간을 조성했다. 새롭게 식재한 수종은 회화나무 5주(흉고직경 15센티미터)와 산수유나무 5주(흉고직경 10센티미터)이다. 그리고 그 공간을 비워 야외 활동이 가능하도록 했으나, 그 후 총장이 바뀔 때마다 8미터 높이의 금송 등이 도입되어 현

○ ──── 그림 8. 전북대 본부 전면 기념 공간 조경 설계

재는 원래의 의도했던 모습을 찾기가 다소 어렵다.

3. 3. 4. 전북대 P 교수 전원 주택 부지 조경 설계

전북대 P 교수는 자녀들의 자연 교육을 위해 진안에 500평 규모의 부지에 계단 경사형의 밭을 구입해 작은 농가형 주택을 짓고자 했다. 이 설계에서는 6개의 계단형으로 만들어진 부지 지형의 가급적 보전하면서 중간층에서 2단을 허물어 200평 규모의 마당 공간을 조성했고, 주역의 6효(爻)를 기본으로 하는 개념으로 설계를 전개했다. 풍수 전공 교수님과 함께 부지의 설계 개념과 수목 식재 계획을 수립했다. 그림 9의 첫째 사진에서 전면의 나무는 감나무로서 전면의 안산에 돌출되어 있는 바위를 가리기 위해 식재되었고, 둘째 사진은 허결한 북쪽의 계곡풍을 비보하기 위한 소나무를 식재했다. 위쪽에서 모여드는 물을 처리하기 위해 작은 연못을 조성하고 물길을 서쪽으로 돌렸다. 그리고 진입로

○──── 그림 9. 전북대 P 교수 전원 주택 부지 조경 설계

는 굴곡지게 해 큰길과 시각적으로 통하지 않도록 했다.

풍수적 조건이 잘 되었다고 판단했으나 2년이 흐른 후, 진안군에서 수종 갱신을 한다고 뒷산의 나무를 모두 베어내는 개벌(皆伐)을 하는 바람에 P 교수는 매우 곤혹스러워하고 있었다. 풍수에서도 그 배경이 되는 주산의 숲이 얼마나 중요한지를 깨닫게 해 주는 경우였다.

3. 3. 5. 풍수 형국과 조경 설계

이상의 설계 경험을 통해서 풍수 개념과 비보 개념의 도입은 한층 논리적으로 설계의 내용을 전개할 수 있었고, 나아가서 관계자들을 설득하는 중요한 논리가 될 수 있었음을 확인했다. 설계를 하면서 느꼈던 개념은 허허실실이다. 안은 충분히 비우고 주변을 감싸 안는 개념이 관계자들의 공간에 대한 편안한 의식을 줄 수 있었다. 아울러 전면에 대한 조망성을 확보하는 개념과 안산의 개념도 한층 더 경관적 원형성을 갖게 해 주는 계기가 되었다.

3. 4. 농촌 공간 계획과 비보 풍수

한국 농촌의 고유한 경관 모습에는 풍수지리의 비보 계획으로 조성된 비보 숲과 비보 못을 볼 수 있다. 이것은 계획 원리로서 주변 경관

○ ── 표 1. 유역 내 녹지 형태와 배치의 경관 생태 지표

구분	신장성	돌출성	내부 면적비(%)	굴곡성	근접성(m)
앞산 숲	0.8	2	49	1.9	215
뒷산 숲	0.2	2	25	2.1	

을 해석하여 부족한 곳을 보완하고, 물길을 조성하며, 비보 숲과 비보 못의 위치와 규모를 결정한다는 논리를 제공하게 된다. 이러한 경관은 농촌 마을의 경관 생태 계획 관점에서 몇 가지 원리를 암시하고 있다.

비보 숲은 마을의 기존 녹지의 가장자리 둘레를 굴곡지게 하며 돌출부를 증가시키는 효과가 있으며 징검다리형 녹지로 조성되어 생태적 연결 통로의 역할도 할 수 있다. 또한 하천변의 비보 숲은 물길을 보호하며 제방을 보호함과 동시에 물과 육지의 가장자리에 다양한 생물 서식처를 조성하는 효과를 기대할 수 있다. 비보 못은 물을 도입하여 기를 머물게 하기 위하여 인위적으로 조성된 곳인데 결국 이는 다양한 식생의 도입과 함께 많은 생물을 모으는 역할을 하여 생물 서식처를 새로이 도입하는 결과를 낳았다. 이러한 계획 수법이 전일적인 것으로 하나의 의도로 시도되었지만 다중적인 생태 기능을 담당하게 되는 것이다.

이러한 계획 원리가 현대의 농촌 마을의 경관 구조 보완을 위한 생태 마을 계획에 적용되었다. 최근 연구에서 전북 완주군 경천면 오복마을과 갱금마을에 대한 농촌 계획에서 경관 구조 측면에서 비보 숲과 비보 못을 도입하고 그 결과를 경관 생태 지표로 분석했다. 이 마을은 상류의 저수지 조성으로 인해 새로 조성된 마을로서 연못이나 숲이 존재

○ ── 표 2. 계획에 의한 녹지 형태와 배치의 경관 생태 지표의 변화

구분	신장성		돌출성		내부 면적비(%)		굴곡성		근접성(m)	
	전	후	전	후	전	후	전	후	전	후
앞산 숲	0.8	0.8	2	2	49	49	1.9	2.0	215	26.7
뒷산 숲	0.2	0.2	2	2	25	25	2.1	2.2		

하고 있지 않았다.

선정된 경관 생태 지표는 신장성, 돌출성, 내부 면적비, 굴곡성, 근접성 지표로서 비보 숲과 비보 못을 도입하는 경관 구조 보완적 생태 마을 계획에서 굴곡성과 근접성 지표의 향상되는 결과가 나왔다. 이러한 결과는 결국 비보 숲과 비보 못의 도입이 생태적인 경관 구조의 개선을 가져온다는 것을 보여 주고 있다.

또한 마을 단위 유역의 녹지 면적이 비보 숲과 비보 못의 도입으로 인하여 3.1퍼센트 증가했는 데 반하여 굴곡성 지표는 5.0퍼센트 증가하고 근접성 지표는 87.6퍼센트 증가하여 녹지의 양적인 증가에 비하여 경관 구조의 질적인 증가의 효과가 증대된다는 것을 알 수 있었다. 즉 녹지의 양적인 증가가 적다하더라도 효율적인 녹지의 형태와 배치로 인하여 경관 구조의 생태적 능력의 향상은 극대화시킬 수 있다. 그러므로 비보 계획은 경관구조의 생태적 향상에 매우 효율적인 방법이다.

전통적으로 마을의 입지를 선정할 때 사신사를 살펴 장풍득수의 개념이 도입되고, 나아가서 비보 숲과 비보 못에 의한 공간적 완결성을 부여한다는 것은 조경 공간에서의 생태적 구조성을 높이는 방법일 것이다. 이러한 원리는 농촌 공간에서 뿐만 아니라, 주택 단지, 공원, 도시 공간에 있어서도 그 원리와 방법이 적용될 수 있을 것이라고 판단한다.

4. 풀어야 할 과제

4.1. 풍수와 원형성 복원

지속 가능한 시대에 있어서 현대 조경의 본질은 생태계의 복원에 있다고 본다. 특히 근래의 극심한 환경 파괴 속에서 생태 도시 계획이나 생태 조경에서는 하천 생태계의 복원, 야생 동물 서식처의 복원, 야

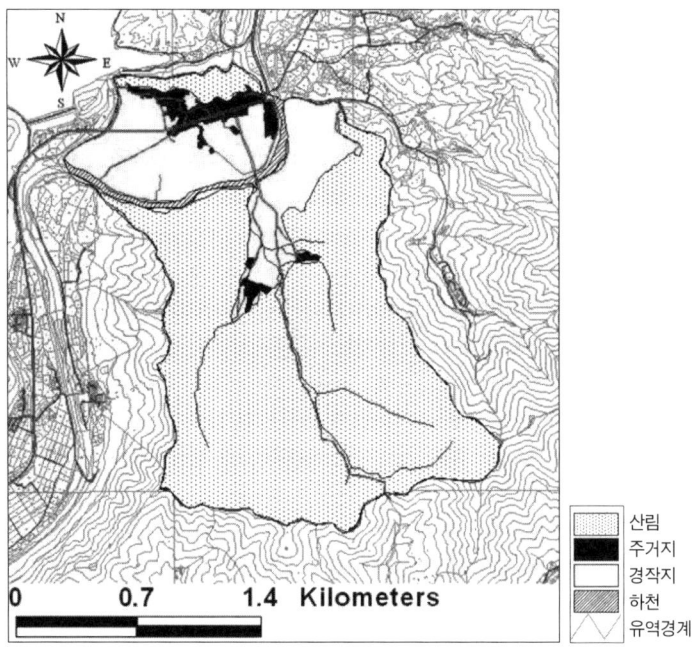

○ ─── 그림 10. 오복, 갱금마을의 경관 구조 현황

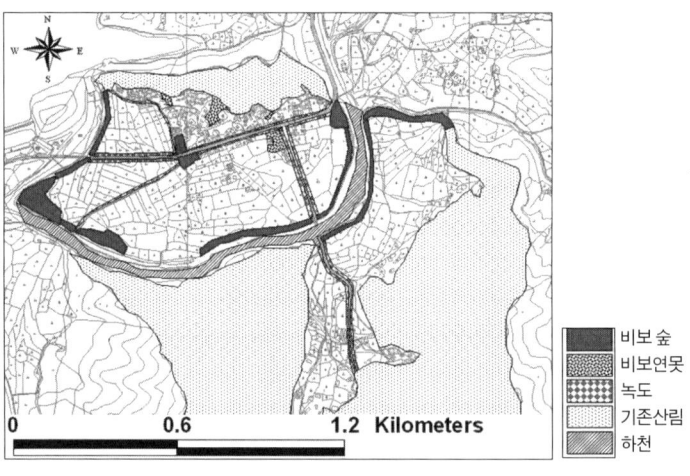

○ ─── 그림 11. 오복, 갱금마을의 비보 경관 생태 계획

생동물 이동 통로의 복원 등과 같이 그 주체를 자연에 두고 있다. 지금까지 인간의 활동과 삶(휴식과 놀이와 스포츠)을 전제로 한 도시 조경과는 그 맥락을 달리 하고 있다. 이러한 복원이라는 개념의 생태 조경에서 가장 중요한 것이 생태적 원형(ecological proto-type)이다. 즉 생태 하천의 예를 보면 원래의 자연이 가지고 있는 하천의 모습으로 하천을 조성하는 것이다. 또한 여기에는 숲과 물과 물고기와 새가 도시 개발 이전의 모습을 갖도록 한다. 이러한 모습들은 원래의 자연의 모습이기 때문에 가만히 두어도 자연의 모습을 유지해서 관리 비용이 들지 않도록 해 에너지 절약적인 형태를 갖도록 해야 한다. 그러나 생태적 원형을 찾는다는 것이 좀처럼 쉽지 않은 일이다. (일본의 경우에는 약 20년간 하천을 관찰·조사해 그 원형을 찾기도 한다.) 그리고 생태적 원형을 찾아 복원을 한다는 것도 위험부담이 매우 크다. 따라서 이 복원을 통해 성공할 수 있는 잠재성과 가능성을 평가해 수행하지 않으면 오히려 반생태적인 행위가 되어 버릴 가능성이 높다.

따라서 어느 곳을 복원할 것인가, 무엇을 복원할 것인가, 얼마만큼 복원할 것인가의 문제는 지금도 계속 고민을 하고 있는 과제이기도 하다. 도시 인구가 20만, 30만 명을 넘어가면 생태계의 복원이라는 것이 정도로 벌써 고밀도의 도시인 것이다.

이 자연 원형 복원의 논리에서 만들어 가는 명당 개념의 비보 풍수적 접근은 매우 큰 의미를 가지고 있다. 이미 파괴된 도시라 할지라도 부분적이나마 단계적으로 풍수적으로 중요한 물길과 산길과 숲을 복원하면서 이곳에 생물 서식 공간을 조성해 나갈 수 있다고 본다. 그리고 공원이나 정원 설계를 하면서 동산과 계류를 조성하면서 단순한 형식 논리이기는 해도 배산임수형 공간을 만들고, 금계포란형 지형을 조성할 수 있는 것이다. (이러한 풍수적 형국에 대한 학습과 기감이 전제가 되어야 하겠지만) 작지만 이러한 계류와 동산들은 큰 산과 연결될 수 있도록 한다. 산을 끊고 만든 도로에는 일정 부분 비보 숲을 복원할 수도 있다.

생태계를 복원한다는 현대적인 개념이 명당터를 만든다는 풍수적 개념과 일대일 대응을 하기는 어렵다고는 생각한다. 그러나 이러한 복원의 기본적인 전제는 우리 땅에서의 자연 복원은 곧 우리의 자연관의 복원과 다를 수가 없다는 점이 되어야 할 것으로 본다.

지금 조경에서의 화두는 주변의 생물들과 공존하는 인간 환경이다. 아직도 구체적으로 풀어야 할 많은 과제가 산적해 있지만 인간과 생물이 아우를 수 있는 이 풍수의 정신과 접근 방법을 좀 더 진지하게 탐구하고 체험해 우리의 환경 속에서 구체화할 수 있기를 바란다.

4. 2. 명당론과 적지 분석론

현대의 생태 조경에서 가장 중요하게 생각하고 있는 것이 입지론으로서의 적지 분석론(適地分析論)이라는 개념이 있다. 즉 모든 땅이 가지고 있는 환경적 특성을 분석해 그 환경 특성에 맞추어 토지 이용과 도로와 시설물 등을 배치한다는 개념이다. 적지 분석론에서는 이러한 환경특성 분석을 통해 그 이용 등급을 결정해 그 땅의 개발 방향을 결정하게 된다. 이때 환경 특성을 분석하는 기본적인 관점은 현대적 개념의 생태학이다. 무생물적인 요소로서 경사도, 향, 지형(계곡, 능선), 토양, 지질 등을 검토하게 되며 생물적인 요소로서 식생 자원, 동물 자원, 경관 자원 등에 관한 생태학적 가치 순위를 판단해 이를 종합하게 되는 과정을 거친다. 이러한 요소들은 매우 복잡하고 다양하므로 인공 위성 자료(remote sensing data)와 지리 정보 체계(GIS)를 이용해 그 과정을 수행하게 된다. 이러한 적지 분석 과정에서는 개별적인 환경 요소의 분석과 종합이라는 과정을 통해서 자연 그대로의 보존지, 환경 파괴를 전제로 한 개발지의 정도를 결정하는 이분법적 논리를 갖게 된다.

필자는 석사 학위 과정에 다닐 때부터 이 과제를 우리나라에 적용시켜보려 했지만 근본적으로 심각한 한계를 발견할 수 있었다. 그중 가장 중요한 것은 먼저 생태 정보가 매우 빈곤하고 부정확하다는 문제이다. 그것은 우리나라가 미국과는 달리 국지적 산악 지형이 발달함으로써 다양한 생태 자료를 조사하고 정형화하기가 매우 어려워서이다. 따라서 이 기법을 적용하는 데 요구되는 실질적인 생태적 정보를 취득하기 위해서 앞으로도 상당히 오랜 기간 동안의 정보 조사 분석이 요구된다. 두 번째로는 우리 도시와 자연이 가지고 있는 문화 생태적 측면에 관한 가치 판단이 어렵다는 측면이다. 우리나라의 모든 땅은 오랜 역사를 통해서 오지에도 취락지가 조성이 되고 문화적 유적이 있다. 자연은 우리 선조들의 가치관에 따라 해석되고 조성되어 왔다. 우리나라의 자연 공원에는 어디에나 사찰과 사찰림이 있고, 어느 도시나 역사적 유래가 없는 곳이 없는 것이다. 적지 분석의 이론을 따르자면 이러한 역사적 경관과 그 주변 지역은 당연히 보존되어야 하고, 그러면 모든 국토가 보전되어야 한다는 결론에 이른다. 따라서 이제 우리가 환경친화적 공간 개발의 필요성을 절실히 느끼고 있는 이 시점에서 우리 땅에 대한 지속적인 생태 조사 연구 사업과 함께 풍수적 경관에 대한 분석 종합 방법론의 틀을 도입할 수 있는 전통적 적지 분석론에 눈을 돌릴 필요가 있다고 생각한다.

5. 마무리하며

한국의 전통 풍수지리 명당론의 논리 체계는 일원론적이다. 즉 명당이라는 것은 환경을 훼손하는 개발의 상황이 아니라 환경의 가치가 가장 높은 곳(명당)에 인간이 존재한다는 논리인 것이다. 따라서 현대적 적지분석에서의 보전적지를 찾기 위한 한 자료로서 풍수지리론이 가지고 있는 형국론의 자료는 기의 연결성이라는 차원에서 해석될 수 있다고 본다. 바로 이러한 경관에 대한 종합적인 해석의 관점은 경험적으로 보면 단순명료하다. 즉 금계포란형, 행주형과 같이 우리의 전통적 사유 속에 그 특성에 대한 구체적인 논리 구조로서 경관을 해석하고 이를 바탕으로 그 경관을 해석해 내는 연역적인 방법은 명쾌하기까지 하다. 이러한 유추적 상상을 통해서 우주의 감추어진 기운을 해석하는 방법이라고 생각하면 신비롭기까지 하다. 그러나 이를 구체적으로 어떻게 생태 정보 자료화할 수 있을지는 앞으로의 과제일 것이다. 그리고 이러한 명당의 자리를 어떻게 관리하고 보전해야 할 것인지도 우리가 풀어야 할 과제이다.

우리의 전통 풍수지리론이 가지고 있는 의미를 몇 가지로 정리해 보며 마무리를 짓고자 한다.

첫째, 이 풍수지리론에서 견지하고 있는 점은 자연에서 인간을 포함한 모든 생물은 지기와의 조화 속에서만 생명을 유지할 수 있다는 것이다. 이러한 생명 사상은 현대의 어마어마한 환경과 생태계의 위기를 극복할 수 있는 중요한 사상으로서 제안될 수 있을 것이다. 풍수가 오늘의 우리에게 보내는 메시지는 우리 인간이 살기 위해서는 자연과 조화를 이루고 자연에 순응해야 하기 때문에 자연을 변화시키는 일에 모든 주의를 기울여 계획되고 실행되어야 한다는 것이다. 이는 현대의 생태학이 제안하고 있는 생태적 수용력 이론과 구명선 윤리와 같은 생태학적 이론의 환경 결정론적 사고와 결코 다르지 않다고 본다.

따라서 근본적으로 현대적 생태 분석 이론의 기반이 되는 자연 생태정보, 인간의 생존을 위한 정보에 대해 진지한 조사 분석을 수행해야 하는 당위성을 얻을 수 있다.

둘째, 풍수지리론는 자연과 인간의 관계에 관한 이론이 체계화되어 있지 않고 기본적으로 땅의 형세와 형국, 명당의 기운을 체험적으로 읽고 느낄 수 있어야 한다는 한계가 있다. 소위 말해서 산수의 형세를 상식적으로 보는 범안으로는 풍수의 핵심을 볼 수가 없고 한 단계 더 나아가 풍수 이론에 정통해 그 핵심을 뚫어 볼 수 있는 법안과 도안의 경지에 이르러야 된다는 것이다. 이러한 측면이 풍수지리가 일반화되기 어려운 부분이기도 한다. 그러나 현대적 적지 분석에서도 가중치 부여 등에 관한 한 전문가적 판단이 주가 된다는 측면을 두고 볼 때는 이것이 그렇게 큰 문제도 아니라고 본다.

이러한 풍수지리적 전문가의 판단 자체는 일반화시키기 어려워 우리의 자연이 가지고 있는 기본적인 형세와 인간에 미치는 영향에 관한 경험적 정보와 이론이 집대성된 것이다. 따라서 과정의 설명은 일반화가 어려워도 결과적으로 나타나는 풍수지리적 공간 형태는 현대적 적지 분석 기법에서 보여 주는 분석적 자료의 중첩 결과보다 더 환경 적응적 공간이라고 판단되는 것이다. 실제 우리가 주변에 전통 공간을 보면서 장풍득수나 좌향론이라는 풍수 이론에 따른 공간환경적인 모습은 바로 친환경적이며 지속 가능한 형태를 보이고 있다. 이제 우리나라에서 한국적 적지 분석 공간 이론을 완성하기 위해서는 이러한 풍수지리가 가지고 있는 경험적인 문화 생태학적 가치 체계를 반영할 수 있는 방법론이 더 구체적으로 연구되어야 할 것으로 판단된다.

셋째, 비보 풍수를 통해 명당을 만들어 간다는 측면이다. 이는 환경적으로 불리한 터에 대해 인간이 이를 완성시켜 이용한다는 개념이다. 특히 최창조 선생님의 주장과 같이 명당을 찾는 술법 풍수를 경계하며 "만들어지는 명당"의 중요성을 강조하고 있다. 이 "만들어지는 명당"의 개념은 현대적 적지 분석론에서 대단히 중요한 의미를 갖는다. 즉 적지분석을 통해서 생태적으로 보존적 가치가 없는 지역이 선정되어 개발을 할 때 이 지역조차도 환경적으로 부족한 부분을 보완하도록 개발 계획이 수립되어야 한다는 것이다. 이렇게 환경적으로 보완된 개발 지역은 또 하나의 명당이 되는 것이니, 이것이 지속 가능한 개발이 아니고 무엇이겠는가? 이러한 개념은 현대의 생태적 적지 분석론이 가지고 있지 못한 부적지에 대한 개발의 방향을 잡아 주는 데 중요한 것이다.

참고 문헌

김두규, 1998, 『우리땅 우리풍수』, 동학사.
김두규, 2005, 『우리풍수 이야기』, 북하우스.
이도원 엮음, 2004, 『한국의 전통생태학』, 사이언스북스.
이명우, 1999, 「조경설계의 생태적 언어」, 『조경설계론』, 43~66쪽, 기문당.
이명우, 2000, 「조경과 풍수」, 53~68쪽.
이명우, 2001, 「생태적 적지분석론과 전통적 풍수지리론」, 『공간이론의 사상가들』, 한울, 596~506쪽.
이며우, 2002, 「풍수와 조경설계」, 제8회 국제생태학대회 발표문.
임경빈, 1991~1997, 『나무백과(전5권)』, 일지사.
최원석, 2000, 「영남지방의 비보」, 고려대학교 박사 학위 논문.
최창조, 1984, 『한국의 풍수사상』, 민음사.
최창조, 1992, 『땅의 논리 인간의 논리』, 민음사.
최창조, 1997, 『한국의 자생 풍수 I, II』, 민음사.
최창조, 2005, 『풍수잡설』, 모멘토.
황보철, 2005, 「한국적 생태마을계획을 위한 경관지표의 활용」, 전북대학교 박사 학위 논문.
Whang, bochul, Myungwoo, Lee, 2006, Landscape ecology planning principles in Korean Feng-Shui, Bibo woodlands and ponds, *Landscape Ecology Engineering*, 2: 147-162.
황보철, 이명우, 2005, 「경관생태지표를 활용한 생태마을계획원리」, 《한국조경학회지》 33(4): 71-1.

● 이명우(전북대학교 조경학과 교수)

9장. 묘, 집, 마을, 도읍의 입지 조건에 관한 풍수적 고찰

1. 서론

　　풍수지리학은 자연 속에서 생기(生氣)가 응집된 특정 장소를 찾거나 생기에 감응 받는 방법이 학문적으로 체계화되어 오랜 세월 전승·발전해 온 동양의 지리관 내지 경험 과학적 학문이다. 방법은 음양오행론(陰陽五行論)을 바탕으로 바람과 물의 순환 이치(天), 땅의 형상과 지질적 여건(地)을 연구해, 땅속에서는 생기가 응집된 혈(穴)을 찾고 땅 위에서는 길한 양기를 취함을 본령(本令)으로 삼는다. 이것은 묘지를 길지에 두어 영혼과 유골의 편안함을 구하든가, 지력을 받아 주택에 사는 사람들이 건강과 행복을 얻든가, 또는 마을과 도읍이 들어선 부지를 선택하는 등 다양하게 쓰였다. 나아가 생기가 부족하거나 결함이 있는 터라면 지혜를 기울여 살기 좋은 터로 바꾸어 쓰는 것 역시 풍수지리학이 일상에 쓰인 방법들이다.

　　한편 세상의 모든 학문은 제각각 쓸모가 있어 창안되고 연구와 발전을 거듭한다. 보통 동양 철학이라 일컫는 명리학(命理學), 관상학(觀相學), 성명학(姓名學), 점성학(占星學) 등도 사람의 운명과 길흉화복을 미리 예측해 보려는 점술의 형태로 발전해 세상에 횡행하고 있다. 이들은 사람에게 닥치는 행복과 불행, 가난과 부귀, 건강과 질병 등등에 관한 여러 의문을 해결하거나 잠재된 위험에 대비하는 운명학으로서 창안되고 연구되어 왔다. 이중에 일명 사주학(四柱學)이라 불리는 명리학이 있는데, 태어난 시간에 따라 사람은 평생 살아갈 운명을 타고 난다는 시간적 운명론으로, 사주(四柱, 년·월·일·시의 간지)를 음양오행의 원리로 풀이해 타고난 운명을 예측하는 것이다. 그렇지만 명리학으로 사람 개인의 운명을 낱낱이 추명(推命)하기에는 한계가 있다.

2003년 한국에서 태어난 신생아는 대략 60만 명에 이르고, 이 아이들 중 사주팔자가 똑같은 아이는 약 137명(60만 명÷365÷12)에 이른다. 사주가 같다면, 앞으로 살아갈 인생도 모두 같다고 보아야 하는데 과연 그럴까? 그렇지는 않을 것이다. 따라서 명리학은 사람의 운명을 추명하는 방법으로 절대적이기보다는, 맞을 수도 있고 틀릴 수도 있는 일기예보와도 같다. 예보대로 폭우가 쏟아진다면 미리 들고 나간 우산을 긴요하게 쓸 것이며, 만약 비가 오지 않으면 우산을 들고 다니는 불편함만 감수하면 될 일이다.

또 별의 위치와 밝기를 관찰해 사람의 운명을 예측하는 점성학 역시 시간적 복술(卜術)의 하나로 동서양에서 함께 발전해 왔다. 그렇지만 이 역시 국가의 흥망을 내다보는 점술의 형태로 선호된 것이지 개인의 운명을 확정적으로 추명하는 방법으로 쓰이진 않았다. 이에 사람들은 또 어떤 요인이 사람의 운명을 결정하는가를 궁금히 생각했고, 결국은 "인걸은 지령(人傑地靈)"이라는 공간적 운명론을 발전시켰다.

당(唐)의 복응천(卜應天)이 지은 『설심부(雪心賦)』에는, "인걸은 산천의 기운을 받아 태어나는데, 산천이 생기롭고 모양이 좋으면 훌륭한 인재가 배출된다. 산이 수려하면 귀인이 나고, 물이 좋으면 부자가 난다."라고 했다. 사람의 운명은 그가 태어나 자란 산천의 기운에 따라 결정된다고 보는 공간적 운명론인데, 이를 뒷받침해 주는 사례는 전국에 널리 퍼져 있다. 춘천시 서면은 박사 마을로 유명하다. 1600여 세대에서 69명의 박사가 배출되어 전국의 면 단위 중 박사 학위 소지자를 가장 많이 배출했다. 또 "조선 선비의 반은 영남에서 나고, 영남 인재 가운데

반은 선산에 있다."라는 말이 있다. 선산은 예로부터 선산 김씨, 해평 윤씨들이 명문 세족을 이루며 살던 고장으로, 길재(吉再)의 성리학이 김숙자(金叔滋), 김종직(金宗直)으로 학문적 계보가 이어지면서 많은 인재가 배출되었다.

또 정조 임금은 규장각 학사 윤행임(尹行恁)과의 대화에서 산과 강을 경계로 삼아 팔도의 풍토에 따라 사람의 인품을 평하기도 했다.

경기도: 경중미인(鏡中美人), 거울을 보며 화장하는 여인
충청도: 청풍명월(淸風明月), 맑은 바람과 밝은 달
경상도: 설중고송(雪中孤松), 눈 속에 홀로 우뚝 선 소나무
전라도: 풍전세류(風前細柳), 바람에 흔들거리는 버드나무
강원도: 암하고불(巖下古佛), 바위 아래서 기도하는 늙은 스님
황해도: 석전경우(石田耕牛), 돌밭을 가는 소
평안도: 맹호출림(猛虎出林), 숲을 나오는 호랑이
함경도: 니전투구(泥田鬪狗), 진흙 밭에서 서로 싸움질하는 개

하지만 인걸지령론(人傑地靈論)은 사람 성품에 대해 "그럴 것이다." 라는 개략적인 추정일 뿐, 개인에게 초점을 맞춘 운명학으로 보기는 어렵다. 왜냐하면 같은 부모 아래서 태어나 함께 자란 형제도 훗날 살아가는 모습을 보면 천태만상으로 차이가 나기 때문이다. 잘난 형제도 있고 못난 형제도 있다. 따라서 사람의 운명을 산천의 기운에 따라 단정해서 예측하기는 어렵다. 여기서 풍수지리학은 사람의 운명에 대한 깊은 성찰을 통해 시간적·공간적으로 부여받은 개인의 운명을 초자연적인 힘을 빌려 불운을 막고 행운을 얻겠다는 바람에서 출발했다.

무덤은 사람의 시체를 매장한 시설물로, 동물 중에서 사람만이 주검을 매장하는 풍습이 있다. 사람이 죽으면 곧 썩어 악취를 풍기며, 이에 주검을 처리하는 방법을 강구했다. 바위나 나무 위에 올려 놓아 짐

승과 새에게 처치를 맡기는 풍장과 조장, 물속에 가라앉혀 물고기에게 처리를 맡기는 수장, 시체가 급속히 부패하는 더운 지방에서는 주로 화장을 선택했다. 그렇지만 세계적으로 널리 성행한 방법은 땅을 파고 시체를 묻는 매장의 풍습이고, 이 방법은 가장 위생적이고, 짐승의 피해까지 막을 수 있어 선호되었다. 또 무덤은 가족과 후손에게 고인에 대한 추모의 공간을 남겨주는 기념적 형상물로서 인식되며 가장 보편적인 장례 풍습으로 자리 잡았다.

오랜 세월을 걸쳐 시체를 매장해 오면서, 매장지의 좋고, 나쁨이 후손의 운명에 어떤 영향을 미친다는 생각을 해 왔는데, 이것을 최초로 글로 밝힌 책이 『청오경(靑烏經)』이다. 이 책은 3세기 한(漢)의 청오자(靑烏子)가 저술한 풍수학 경전으로, 조상을 매장한 땅의 조건에 따라 후손의 길흉화복이 달라진다고 했다. 즉 조상의 묘지를 길지에 두면 음덕(蔭德)을 받아 후손이 발복(發福)하고, 비록 타고난 운명이 불행했어도 행복한 인생을 살 수 있다고 보았다. 또 4세기 때에 동진(東晋)의 곽박(郭璞)은 『장경(葬經)』을 통해 "지리의 도(道)를 터득한 풍수사가 길지를 정해 묘를 쓰면 자연의 신령한 공덕(功德)을 취할 수 있어, 하늘이 내린 운명까지도 더욱 복되게 바꿀 수 있다."라고 해, 풍수지리학은 숙명적인 운명학이 아니라 적극적인 운명 개척학임을 밝혔다. 동양의 여타 철학이 사람은 타고난 운명을 이겨 낼 수 없다고 말하는 반면, 풍수지리학은 초자연적인 힘을 빌려 불운을 막고 행운을 얻을 수 있다고 하니, 풍수지리학은 "운명 바꾸기"의 일환으로 지금까지도 널리 선호되고 있다.

2. 풍수의 본질

풍수지리학이 초목으로 덮인 자연 속에서 생기가 응집된 혈(穴)을 찾는 방법과 과정이 학문적으로 체계화된 것이라면, 풍수 사상은 이 생기에 감응 받으면 "복을 얻고 화를 피할 수 있다."라는 대중적 믿음을 뜻한다. 즉 자연이 가진 무한의 생명력에 감응 받아 인생의 부귀영화를 꾀하는 것이 풍수지리학의 궁극적인 목적이다. 『장경』도 "자연의 신령한 공덕을 탈취해 하늘이 내린 운명을 바꾼다.(奪神功改天命)"라고 해, 풍수학의 목적을 생명력에 감응 받아 인생의 번영을 꾀하는 것임을 분명히 하고 있다. 그리고 "시체를 길지에 매장하면 생기를 받고, 그리하면 자손이 복을 받는다.(葬者乘生氣也)"라며 "신공(神功)"을 "생기"로 다시 설명한다. 풍수학에서는 만물을 탄생시키고 건강하게 성장케 해 결실을 맺게 하는 기운을 생기라 부르고, 이 생기에 감응 받는 여부에 따라 인생의 길흉화복이 달라지는데, 조상의 유골을 통해 후손이 생기에 감응 받는 것을 동기 감응론(同氣感應論)이라 했다.

2. 1. 풍수의 생기

풍수학의 원전인 『장경』은 천지 만물을 창조하고, 사람의 운명을 지배하는 원동력으로 생기를 다음과 같이 설명하고 있다.

> 땅밖의 기운은 만물의 형체를 이루고, 땅속의 기운은 만물의 탄생을 주관한다. (外氣橫形 內氣止生)

태초의 기는 한 덩어리로 뭉쳐 있어 형체를 분간할 수 없는 무극(無極)의 상태였다. 이것은 음양으로 대립하지 않는 태극(太極)의 상태로 변했다가 마침내 우주가 활동을 시작하면서 음과 양의 기운으로 분별되었다. 음양론은 우주 만상에 대한 변증법적 사고로서 용어는 주역(周易)에서 차용해 왔으나 역의 원리를 그대로 따르지는 않았다. 음양으로 대립한 2개의 기가 서로 대립과 교감을 통해 만물은 탄생하고 성장한 뒤에 멸망한다. 또 음양의 기는 일정한 주기를 가지고 서로를 보완하거나 또는 약화시켜 지배하기도 하는데 그 상호 보완 작용으로 우주 만물은 변화하며, 질서를 유지해 가면서 진화한다. 풍수학의 생기는 물, 온도, 바람, 햇빛, 양분과 같은 요소가 복합된 개념으로, 눈에 보이지도 손에 잡히지도 않지만 음기(陰氣)와 양기(陽氣)로 나뉜다. 음기는 땅속에 존재하는 생기로 만물의 탄생을 주관하고, 양기는 땅 위를 흘러 다니는 생기로서 만물의 성장과 결실을 주관한다.

2.1.1. 음기

음기는 만물을 탄생시키는 물, 온도, 양분과 같은 기운이 복합된 개념으로 그중에서 물이 가장 중요하다. 콩에서 싹이 돋으려면 콩에 적당량의 수분을 공급해야 한다. 물이 없다면 모든 생물은 말라 죽고 너무 많아도 생명을 잃는다. 따라서 만물이 탄생하기에 알맞은 양의 물을 간직한 땅이 음기가 충만한 길지가 된다.

장사 현장에서 천광(穿壙, 시체를 묻을 구덩이를 파는 일)을 하다 땅속에 물이 고이면 묘지로서 흉지라고 말한다. 시체를 매장하면 살과 피는 곧 썩어 흙으로 돌아가고, 사람의 정령이 응집된 뼈만이 땅속에 남는다. 이 과정을 육탈(肉脫)이라 부르는데, 광중에 물이 차 시체가 물에 잠겨 있으면 찬 기운에 의해 육탈이 되지 않는다. 그 결과 피부에 에워싸인 뼈가 생기와 서로 감응치 못해 후손에게 흉한 일이 일어난다.

조선 시대에 묘에 물이 찬 일로 겪은 불행한 일이 세종의 영릉(英陵)과 연관되어서 전해진다. 세종은 생전에 자신의 수릉(壽陵) 터를 헌릉(獻陵) 옆에 정했다. 서울 강남구의 대모산에 소재한 헌릉은 태종과 원경왕후를 모신 쌍릉으로 세종의 부모 능이다. 소헌왕후가 승하하자 지관들이 길지가 아니라며 재고를 요청했으나, 세종은 다음과 같이 말하며 그대로 시행했다.

다른 곳에 복지를 얻는 것이 선영 곁에 장사하는 것만 하겠는가. 화복의 설은 근심할 것이 아니다. 나도 나중에 마땅히 같이 장사하되 무덤은 같이하고 실(室)은 다르게 만드는 것이 좋겠다.

하지만 예종 때에 세종의 능을 여주로 이장하려고 땅을 팠더니 시체는 물속에 잠겨 있었고, 장사 지낸 뒤 19년이 흘렀으나 육탈은 전혀 진행되지 않은 채 수의까지도 썩지 않았다고 전한다. 세종 승하 후 영릉에 이장되기까지 조선 왕실은 비극이 끊이지 않았다. 문종은 재위 2년 만에 건강이 악화되어 39세에 승하하고, 단종은 계유정난으로 폐위된 뒤 17세에 사사(賜死)되고, 세조는 52세에 승하했으며, 뒤를 이은 예종 역시 몸이 쇠약해 20세로 생을 마감했다. 하지만 영릉을 여주로 옮기자, 이장한 능지가 풍수적 명당이라 그 덕택으로 조선의 국운이 100년 더 이어졌다는 "영릉가백년(英陵加百年)"이란 이야기가 나왔다.

천광을 하다 땅속에 암반이나 잡석이 들어 차 있으면 흉지라고 피하는데, 이 역시 생기가 부족한 터이기 때문이다. 풍수적 길지는 생기가 충만해 만물이 탄생할 기운을 간직한 곳이다. 그렇지만 바위는 생기의 요소인 물을 품지 못하는 물질이기 때문에 바위를 딛고서는 초목이 무성히 자라지 못한다. 간혹 바위틈에서 초목이 자라는 것은 바위틈에 흙이 조금이나마 묻어 있기 때문이지 바위 자체의 생기를 받는 것은 아니다. 만약 가뭄이 계속된다면 바위에 얹힌 흙은 물을 공급받지 못할 것이고, 그곳에 뿌리를 내린 초목은 다른 곳의 초목보다 빨리 말라 죽는다. 그러므로 바위는 생기가 애당초 없는 물질이고, 자연 상태에서 바위, 돌, 자갈, 모래, 흙 중에서 적당량의 물을 품을 수 있는 물질은 흙뿐이다. 따라서 흙은 생기 자체는 아니지만 생기의 요소인 물을 적당히 간직함으로써 흙이 있으면 물이 있고, 물은 곧 생기의 본체임으로 흙이 있으면 생기가 있는 것이다. 그 결과 흙은 곧 생기라는 등식이 성립되며, 생기(陰氣)는 물을 품을 수 있는 흙에 한정해 왕성하게 존재한다. 그리고 물은 너무 많아도 생명의 씨앗이 썩어 죽고, 적어도 싹이 트지 못하니, 땅속에 물이 많은 곳도 흉지이고, 물이 없는 곳도 흉지이다.『장경』도 다음과 같이 말한다.

무릇 흙은 생기의 몸체로서, 흙이 있으면 생기가 있는 것이다.
또 생기는 물의 어머니로서, 생기가 있으면 물이 있는 것이다.
(夫土者氣之體, 有土斯有氣. 氣者水之母, 有氣斯有水)

음기의 또 한 요소로 온도가 있다. 겨울이면 황량하던 들판이 봄이면 온갖 초목이 싹을 틔우고 꽃을 피운다. 겨울이든 봄이든 땅속에는 물이 있었을 것이다. 그런데 봄이 되어서야 초목이 싹을 틔우는 이유는 봄이라야 비로소 만물이 소생하기 알맞은 온도에 감응받기 때문이다. 사람이든 생물이든 섭씨 18~25도가 살기에 가장 적당하며, 추워지면 보온과 난방을 해야 활동이 순조롭다.

사체가 땅속 물에 잠겨 있으면 겨울에는 물과 함께 얼고, 여름에도 물이 차가워 육탈이 되지 않는다. 그 결과 뼈가 생기와 감응하지 못해 기가 끊어져 버린다. 그렇지만 온도는 자연 속에서 인위적인 조절이 어려운 요소이다. 여름이면 덥고 겨울이면 추운 상태로 노출되어 있다. 따라서 초목으로 덮인 자연 속에서 사시사철 만물이 탄생하기에 적당한 온도를 지닌 장소를 선택하기는 어려운 일이고, 그 결과 온도만큼은 풍수학 밖의 문제로 볼 수 있다. 즉 풍수학은 풍수적 길지와 흉지를 구분지어 판단하는 지식을 배우는 것인데, 아무리 풍수학을 공부해도 온도가 좋은 곳과 흉한 곳을 자연 속에서 선택하기 어렵다는 것이다.

또 만물이 탄생하려면 양분이 있어야 한다. 태아가 어머니 뱃속에서 자라나 세상 밖으로 나오려면 탯줄을 통해 양분을 공급받아야 하고, 콩도 싹을 틔우려면 씨방의 양분을 공급받아야 한다. 양분은 물에 용해된 다음에야 양분의 역할을 다하게 된다. 따라서 물이 많은 곳은 영양분이 과다하고, 물이 적으면 양분이 적은 곳으로 물이 알맞아야 양분이 적당해 생기가 왕성한 것이다.

음기는 물, 온도, 양분 같은 기운이 복합된 개념이다. 양분은 물에 녹아 생기의 역할을 다하며, 온도는 자연 상태에서 좋고 나쁨을 선택할 수 없으므로 음기 중에서 좋고 나쁨을 선택할 수 있는 것은 오직 물이다. 적당량의 물을 간직한 채 사시사철 만물이 탄생할 수 있는 땅을 혈(穴)이라 부른다. 돌도 흙도 아닌 비석비토(非石非土)의 상태에 홍황자윤(紅黃滋潤)한 색깔이 스며 있으면 혈을 이룬 흙으로 더욱 길한 풍수적 명당이 된다.

2. 1. 2. 양기

음기를 받아 태어난 생물은 땅밖의 양기를 받아 성장하고 결실을 맺는데, 여기서 양기는 공기(바람), 햇빛, 온도와 같은 기운이 복합된 개념이다. 이 중에서 공기가 가장 중요하다. 태아는 태어남과 동시에 울음을 터뜨리며 호흡을 실시하고, 호흡을 해야 비로소 독립된 생명체로 인정받는다. 또 바람이 한 방향에서 계속 불어온다면 사람은 반대쪽으로 얼굴을 돌린다. 너무 세게 불어오면 숨을 쉬지 못하기 때문이다. 한편 밀폐된 공간에 오래 있으면 공기가 희박해 질식한다. 따라서 적당량의 공기만이 생기로서 역할을 담당하고, 너무 세거나 적다면 생물에게 오히려 안 좋은 영향을 미친다.

바람은 사방에서 마구잡이로 불어오는 것이 아니라 주변의 산천 형세를 따라 일정한 궤도를 그리면서 움직인다. 현재의 산천은 46억 년 전 지구가 처음 생겼을 당시의 모습은 분명히 아니다. 산천은 융기와 침강, 침식과 퇴적 작용을 반복하며 변해 왔고, 또 바람과 물의 기계적·화학적 풍화 작용으로 지형과 지질이 변해 왔다. 현재의 산천은 주로 바람과 물의 풍화 작용에 의해 생겨난 것들이고, 바람과 물은 산천의 모양에 따라 움직이며 산천을 변화시킨다. 그러므로 산천은 오랜 세월 동안 바람과 물이 빚어 놓은 작품, 또는 변화시켜 오다 남겨 놓은 찌꺼기 같은 존재로서 앞으로도 계속 변할 대상으로 파악된다. 따라서 땅을 제대로 이해하려면 현재의 땅보다는 땅을 변화시켜 온 바람과 물의 순환 궤도와 양을 살펴야 한다. 땅만 보아서는 어떻게 변화되어 왔고 또 어떻게 변화될 것인가를 판단하기 어렵다. 눈으로는 땅을 보지만 마음으로는 땅을 변화시켜 온 바람과 물, 양기의 영향력을 살펴야 땅을 올바로 이해할 수 있다.

지표면에 있는 공기는 1세제곱미터당 1293그램으로 상상 외로 무겁다. 그러나 10킬로미터 상공의 공기는 1세제곱미터당 고작 400그램밖에 되지 않는다. 질량이 무거운 지표의 공기는 가공할 파괴력을 지니며 땅을 유린하는데, 미국 중부 지방에서 발생하는 토네이도는 자동차와 사람은 물론 불도저까지 뒤집어 놓을 만큼 위력이 대단하다. 토네이도가 훑고 지나간 뒤의 폐허를 바라보면 바람의 위력이 얼마나 대단한가를 실감하게 된다. 따라서 혈장 주변을 순환하는 바람의 세기 중 그곳의 생물이 건강하게 성장해 큰 결실을 맺기에 알맞은 양의 공기를 취할 수 있는 선택된 방위가 있고, 풍수학은 이 방위를 좌향(坐向)이라 부른다. 좌는 사물의 뒷면을 말하고, 향은 사물의 앞면을 일컫는데, 사람이라면 배꼽을 중심으로 머리 쪽의 방위를 "좌"라 하고, 다리 쪽의 방위를 "향"이라 부른다.

풍수학에서는 어느 장소에서 어떤 좌향을 선택할 것인가를 청나라 조정동(趙廷棟)이 법칙화한 88향법(向法)에 맞게 놓은 묘나 주택을 "향 명당"이라 부른다. 그리고 어떤 터라도 그 터에 영향을 주는 양기의 순환 궤도와 양을 살펴 가장 알맞은 세기의 양기를 취하는 향 명당은 추가적인 비용이나 다른 토지의 잠식 없이 선택이 가능하다. 현대는 경제적·법적인 제약 때문에 마음에 흡족한 길지를 구해 묘나 주택을 짓기가 어렵다. 그 결과 21세기의 풍수학은 "땅 명당"보다는 "향 명당"을 선택하는 것이 대안으로 떠오르고 있다.

또 땅 밖의 양기 중 햇빛이 중요하다. 햇빛이 비치는 시간과 양을 일조량이라 부르는데, 생물은 일조량이 적으면 성장이 어렵고, 너무 많아도 타 죽는다. 흔히 북향집보다는 남향집을 선호하는데, 남향집은 북향집보다 여름에는 시원하고, 겨울에는 따뜻한 장점이 있다. 그렇지만 생물이 생명을 유지하는 데 필요로 하는 생기로서의 일조량은 북향집이나 남향집에서 차이가 없다.

산에서 자라는 초목의 성장을 조사하면, 남쪽 사면과 북쪽 사면 초목의 성장 상태에서 차이를 발견하기 어렵다. 이것은 나무에 미치는 생기로서의 일조량은 남향이든 북향이든 길하고 흉한 차이가 없음을 뜻한다. 일반적으로 묘도 남향을 선호하는데, 겨울에 햇볕이 따뜻하면 잔디가 잘 자란다는 통념 때문이다. 그렇지만 눈이 빨리 녹아 묘가 따뜻할 것이란 생각은 묘를 참배하는 후손의 생각일 뿐 정작 땅속에 안장된 시신이나 후손이 받을 풍수적 음덕(蔭德)과는 관계가 없다. 또 잔디는 하루에 3시간 이상의 햇볕을 받으면 잘 자라는데, 북향의 묘도 3시간 이상 햇볕을 받는다. 잔디는 햇볕이 아니라 바람의 영향을 크게 받으며 묘의 좌향이 풍수적으로 길하면 잔디의 성장도 좋다. 햇볕은 생기의 요소이기는 해도 현장에서 좋고 나쁨을 풍수적으로 선택할 필요가 없으며, 온도 역시 음기에서와 마찬가지로 좋고 흉함을 선택할 수 없다.

생기 중 음기는 땅속에 존재하며 만물을 탄생시키는 기운인데, 물, 온도, 양분이 복합된 개념이고, 이 중에서 물을 적당히 품은 흙을 찾는 방법과 과정이 학문적으로 체계화되었다. 양기는 땅 밖에 존재하며 만물의 성장과 결실을 주관하는 공기, 햇볕, 온도 같은 기운이 복합된 개념인데, 이 중에서 최적의 공기를 선택하는 방법이 88향법이다. 결국 땅속에서는 물을 알맞게 품은 혈을 찾고 땅 밖에서는 최적의 공기를 선택하도록 좌향을 올바로 놓아야 음기와 양기에서 모두 생기가 왕성해져 발복도 커진다.

풍수지리학이 "바람을 가두고 물을 얻는다.(藏風得水)"라는 뜻에서 유래된 말이라 하지만 엄밀히 말하면 풍수학은 생기를 찾는 방법과 과정을 학문적으로 체계화시켜 놓은 것으로, 땅속에선 물을 찾으니 "水"요, 땅 밖에서는 최적의 공기를 선택하니 "風"이 되어 이 학문을 풍수학이라 이름 지은 것이다.

따라서 땅에서는 물을 적당히 내포한 흙을 찾고, 땅 위에서는 최적의 공기를 선택하는 방법이 학문적으로 체계화되어 신라 시대 이후로 우리 민족의 기층적 삶에 깊은 영향을 끼쳐 왔다. 이것은 유교의 효 사상과 결부되어 고인이 좀 더 편안한 묘지를 선정하거나 좌향을 선택하는 방법으로 활용되고, 주택 내에서도 기가 원활히 통하도록 주요 공간을 풍수적으로 조화롭게 배치하는 방법으로 이용되고, 또는 마을과 도읍이 들어설 부지를 선정하는 기준이 되었으니, 우리 조상들이 오늘날의 과학만큼이나 신뢰했던 전통 지리관 내지 삶의 철학이었다.

2. 2. 동기감응론

풍수지리학은 생기에 감응 받아 운명을 개척하고자 하는 목적이 있는데, 『장경』에서는 자연이 가진 무한한 에너지를 탈취(奪取)한다고 했다. 풍수적 효험은 살아 있는 사람의 주거인 양택보다는 죽은 사람이 사는 음택에서 더 크게 기대된다. 인체는 부위에 따라 생기를 감수(感受)하는 정도가 달라 뼈가 가장 감수율이 높고, 근육과 피부 등은 약하다. 왜냐하면 뼈는 음양의 정기(精氣)가 응결된 것인데 반해 근육과 피부는 이 정기로부터 발전된 "근본"에 대한 "끝"이며, "진(眞)"에 대한 "가(假)"이기 때문이다. 따라서 사체를 매장하면 살과 피는 썩어 흙으로 돌아가고 생기와의 감수성이 강한 뼈만 남게 되니, 감수성이 약한 근육과 피부에 에워싸인 살아 있는 사람보다 뼈가 드러난 조상의 유골이 생기와의 감응이 더욱 강하다고 보는 것이다.

유골이 산화되면서 발생시키는 진동 파장이 동일한 기(氣)를 가진 후손과 서로 감응을 일으켜 영향을 준다는 것이 동기감응론(同氣感應論)

이다. 『장경』은 조상과 후손 사이에 서로 감응을 일으킴에 대해 다음과 같이 설명한다.

> 서쪽에 있는 동산(금산)이 붕괴되니, 한나라 동쪽의 미앙궁에 있던 종이 저절로 울렸다. 황제가 동방삭에게 물었더니, "이 종은 동산에서 캐낸 동으로 만들었기 때문에 동질의 기가 서로 감응을 일으켜서 저절로 울렸다."라고 했다. 그러자 황제는 "미천한 물질도 서로 감응을 일으키는데 만물의 영장인 사람은 조상과 후손 사이에 얼마나 많은 감응을 일으킬 것인가!"라고 말했다. 또 봄이 되면 앙상하던 나뭇가지에서 새싹이 돋고, 창고에 저장했던 곡식도 봄이 되면 발아한다. 이것은 봄날의 따뜻한 기운에 감응을 일으키는 결과이다.

"기절(氣絶)"했다는 말이 있다. 모든 생물은 기가 모여 응결된 결정체로, 기가 모이면 강력한 생명력을 발동하며 번창하지만, 기가 흩어지거나 빠지면 생명력을 잃고 죽는다는 뜻이다. 뼈에는 인체 가운데 가장 많은 기가 응결되었다. 사람을 매장하면 피와 살은 곧 썩어 없어지지만 뼈는 오랫동안 남아 서서히 산화된다. 따라서 남은 뼈는 같은 유전인자며 같은 전도체를 가진 후손과 시공을 초월해 좋고 나쁜 감응을 일으킨다고 한다.

현대 과학 문명에 비추어 보면 동기감응론은 초현실적인 요소로 인해 과학성을 인정받기 어렵다. 그렇지만 과학과 합리라는 잣대 역시 많은 모순에 싸여 있기는 마찬가지이다. 뉴턴의 만유인력도 아인슈타인이 상대성 원리를 발견하자, 진리라는 위력을 잃어버렸다. 동양의 사상 침술학은 중 현대에 와 과학으로 인정받았다. 서양인은 약을 쓰지 않은 채 침으로 인체를 마취시키는 신비를 이해하지 못했다. 그렇지만 틀림없이 국부적인 마취가 됨을 보고 과학으로 인정한 것이다. 동기감응론도 미래에 과학으로 증명될 가능성은 얼마든지 있다. 과학으로 증명된 것도 맹신할 필요가 없듯이 미신으로 여겨지는 것 역시 영원히 미신으로 남지 않을 수 있으며, 그런 의미에서 풍수 사상은 아직 과학으로 증명되지 않은 또 다른 과학일 수 있는 것이다.

3. 한국 묘지의 선점(選點)과 풍수

무덤은 시체를 매장한 시설물로, 신분에 따라 능(陵), 원(園), 묘(墓)로 달리 불린다. 능은 왕과 왕비의 무덤을 말하고, 원은 왕세자와 왕세자비, 왕세손과 왕세손비, 왕의 생모인 빈과 왕의 친아버지의 무덤이며 그 외 왕족 혈통과 일반인의 무덤은 지위고하를 막론하고 묘라고 불렀다.

전통적으로 우리 조상들은 자연의 생명력이 왕성한 길지를 택해 묘를 씀으로써 영혼과 유골의 편안함을 구했다. 이것은 묘를 명당에 두어 발복하겠다는 이기심 때문이라기보다는, 가장 오래된 풍습이고 인간적 효심이 깊이 배려되면서 위생적인 장례 방법이었기 때문에 매장이 선호된 것이다.

3. 1. 능과 묘제에 대한 역사적 고찰

전통적으로 무덤은 "사자가 사는 집" 즉 "유택(幽宅)"이란 관념이 강해 선사 시대부터 묘를 설치하고 보호하는 방법의 역사도 그만큼 오래되었다. 고조선에서 삼한 시대의 매장 형태는 토장묘, 토광묘, 지석묘, 석곽묘 등인데, 토장묘는 땅을 파고 시체를 매장하는 형태로 가장 먼저 발달했고, 토광묘는 청동기 중엽의 매장 형태로 항아리 같은 대형 옹기에 시체를 넣으며 주로 지배층의 무덤에서 나타난다. 지석묘(고인돌)는 가장 독특하고 전통적인 무덤 형식으로, 구조는 지상에 커다란 돌을 괴어 올려놓았다. 지상에 장방형의 네 벽을 세우고 그 위에 큰 돌을 얹어 놓은 탁자형과 바둑판 모양으로 몇 개의 돌을 괴고 그 위에 윗돌을 올려놓은 기반형으로 형태가 나뉜다.

    삼국 시대는 정치, 사회, 문화가 급속히 발전했고, 또 광활한 토지를 가진 권력자들이 신분을 과시하기 위해 궁궐·저택·복식 등을 호화롭게 치장했다. 그에 따라 무덤도 전 시대의 것과는 확연히 다르고, 특히 무덤 내부를 집처럼 꾸미거나 생전에 쓰던 생활용품까지 함께 매장했고, 죽어서도 안락한 생활을 유지하기 위해 노비와 시종을 함께 매장하는 순장(殉葬)도 행해졌다.

    고구려 무덤은 적석총과 벽화 고분이 특징이다. 적석총(돌무더기 무덤)으로 지면을 고른 다음 약 1미터 정도의 단을 쌓고 그 위에 시체를 안치한 뒤 그 위에 돌을 쌓아 분구를 형성한 것이다. 분구의 외형은 시대에 따라 계단식으로 3~5단의 방대형 또는 절두방추형이 많은데, 매장 주체 시설은 석관식에서 차츰 횡혈식 석실로 발전했다. 벽화는 활석으로 석실을 쌓고 그 위에 회를 두텁게 바른 다음 벽면에 그림을 그렸다. 초기의 벽화는 피장자의 초상화, 행진도, 수렵도 등 풍속도, 중기에는 풍속도와 사신도, 후기에는 사신도와 장식 그림을 주로 그렸다.

    백제의 무덤은 국도를 이전함에 따라 서울, 공주, 부여의 것들이 서로 다른 형태로 나타난다. 공주의 무덤은 궁륭상 천장의 횡혈식 석실이 송산리 지역에 분포하고, 이것은 서울의 것들과 서로 연결되어 있음을 뜻한다. 또한 능산리의 왕릉은 풍수학에 입각해 묘지를 선정했는데, 능 뒤에는 현무에 해당하는 주산이 있고, 좌우에는 청룡과 백호가 능을 감싸고, 앞은 확 트여 명당을 이룬 곳이 대부분이다.

    신라의 무덤은 돌을 쌓아 만든 적석 형식으로 적석 봉토분과 적석 목관분이 주류이다. 6세기 초에 이르면 평지에 쓰던 무덤이 산기슭으로 옮겨 가는데, 이것은 당 나라로부터 풍수 사상이 신라로 유입되어 왕족과 권력층의 의식이 변화된 결과이다.

    고려의 왕릉은 언덕 아래쪽에 남향판이고, 좌우측에는 청룡과 백호가 언덕을 이룬 곳이다. 후방에 주산이 있고 백호는 능의 전방으로 우회하며 물은 능 우측의 시내에서 시작해 능 앞을 흐르는 지세가 많다. 이것은 소위 풍수적 국세를 갖춘 곳으로 풍수학에 맞춰 묘지를 선점하는 방식이 권력 지배층에게 널리 퍼졌음을 의미한다. 또 고려 무덤은 횡구실 석실로 신라의 것과 비슷하지만 막돌로 축조하는 평천장이다. 개성 부근의 왕릉들과 지방의 귀족 묘들은 대개 이런 형식을 취했다. 민간에서는 시체를 거적에 싸서 묻거나 목관을 사용해 묻었는데 관은 부자가 아니면 쓸 수 없었다. 고려 시대에는 풍수지리에 입각한 묘지 선점이 더욱 철저해지고, 또 부장품이 줄어들었는데, 금은으로 만든 장신구 대신 동경이나 자기류 등을 함께 묻었다.

조선 시대는 고려의 전통 위에 유교 사상이 가미되어 석곽묘는 거의 사라지고, 석실도 거대한 석곽 또는 석관형으로 변했다. 중국식 토광묘가 일반화되면서 풍수 사상이 더욱 보편화되었는데, 외형은 초기의 원형과 장방형에서 중기 이후에는 거의 원형분으로 정형화되고 묘비가 일반화되고, 고관대작의 묘 앞에는 신도비가 설치되었다. 또 왕릉은 풍수학의 일산일혈(一山一穴)의 원칙에 따라 하나의 산등성이에 하나의 능만을 안치하고, 민간의 묘는 경제적 부담과 관리 문제로 한곳에 여러 기를 모시는 족장(族葬) 형태가 유행했다.

일제 강점기에는 조선의 유교식 매장법이 그대로 유행해 원형 토광묘가 주류를 이루었다. 그렇지만 일제는 1912년 '묘지·화장·화장장에 관한 취체 규칙'을 제정해, 산이나 선영에 매장하는 것을 금하는 한편 공동 묘지를 설치해 강제로 매장케 하거나 화장을 권장했다. 하지만 이 규칙은 공동 묘지에 매장하면 공자(孔子)의 벌을 받고, 화장하면 영혼이 재생하지 못한다고 믿는 풍습 때문에 몰래 장사를 지내는 암장을 유행시켰다. 일부 산간이나 도서 지방에서는 시체를 짚으로 이엉을 엮어 덮어 두었다가 육탈 후 매장하는 초장(草葬) 풍속도 있었으나, 당국의 단속으로 이 풍습은 점차 사라졌다.

현대는 기독교가 널리 전파되면서 무덤 형식에 큰 변화가 생겼다. 장방형의 낮은 봉분, 봉분 둘레에 장대형의 호석을 두르는 등 원형분에서 다각형으로 형태가 변했다. 근래에는 국토의 이용과 개발이라는 사회·경제적 측면에서 가족 묘지와 개별 묘지의 면적이 제한을 당하고, 공원묘지가 일반화되는 추세이다. 또 불교의 영향과 사후 세계에 대한 종교적 의식의 변화로 무덤을 만들지 않고 화장 후 산골(散骨)하는 장례 풍습도 점차 증가하고 있다.

3. 2. 능과 묘지의 선점에 적용되는 풍수 이론

후손이 번창하고 부귀영화를 누리고 싶은 희망은 비단 한국 사람에게만 국한된 것이 아니고 어떤 민족, 어느 시대에서도 같은 욕구가 있었다. 조상을 길지에 모셔야 후손이 발복한다는 풍수 사상은 유교의 조상 숭배 사상과 맞물려 긴 세월 동안 매장 선호 사상으로 뿌리를 내렸고, 그 결과 풍수적으로 길한 묘지를 선정하는 것이 신분을 뛰어넘어 누구에게나 신앙과도 같은 사상으로 자리 잡았다.

풍수적으로 길한 묘지란 자연의 생기가 왕성한 곳으로, 음기가 충만한 땅을 찾거나 좋은 양기를 받도록 좌향을 올바로 놓는 방법이 학문적으로 체계화되어 발달했다. 생기가 응집된 혈을 찾는 방법이 경전으로 전해오는 방법에는 형기론(形氣論)과 이기론(理氣論)이 있다. 하지만 좌향에 대한 언급은 형기론에는 없고, 이기론에만 88향법으로 전해진다. 형기론은 산세의 모양이나 형세 상의 아름다움을 눈으로 판단해 혈처를 찾고, 이기론은 패철(佩鐵)이라는 도구를 이용해 혈처를 찾는다. 혈처를 찾는 목적만큼은 동일하나, 형기론은 사람의 눈으로 찾고, 이기론은 풍수 도구를 이용하는 점이 다르다.

3. 2. 1. 형기론

임신한 여자는 그렇지 않은 여자에 비해 배가 부르듯이, 만약 산야에 혈이 맺혀 있다면 그곳은 혈이 없는 장소와 구별되는 특징이 나타날 것이다. 형기론(形氣論)은 그 특징을 이론화시키고, 산천 형세를 눈이나 감(感)으로 보아 풍수 이론에 꼭 맞는 장소를 찾는 것인데, 간룡법(看龍法), 장풍법(藏風法), 정혈법(定穴法)으로 구분해 설명한다.

간룡법은 산세가 높고 웅장한 태조산에서 무성하게 뻗은 산줄기(용맥, 龍脈)가 끊어지지 않고 이어져 주산으로 솟았는가와 용맥이 생기 왕성하게 흘러 뻗었는가를 중요하게 본다. 용맥은 마치 새가 날개를 편 듯이 겹겹이 줄기가 내려 뻗어야 하고(개장, 開帳), 개장의 중심을 뚫고 흘러야 하고(천심, 穿心), 벌의 허리와 학의 무릎처럼 잘록한 부분(과협, 過峽)이 있어야 산과 산 사이의 생기가 이어진 것으로 본다. 또 산줄기의 흐름은 상하 기복이 심하고 좌우로 요동을 치고(귀룡, 貴龍), 나아가 좌우로 곁가지를 많이 뻗고 산등성이가 후덕해야(부룡, 富龍) 귀한 용으로 혈을 맺는다고 한다. 암석이 밖으로 드러나거나 죽은 벌레처럼 밋밋하게 뻗은 용은 혈을 맺지 못한다고 본다.

장풍법은 혈에 응집된 생기는 바람을 타면 흩어지니, 그것을 방지하기 위해 필요하다. 혈의 지질적 조건은 견밀하면서 고운 흙이다. 그곳에 바람이 불어오면 무에 바람구멍이 생긴 것처럼 흙이 조처럼 흩어지고 응집력도 떨어진다. 이런 땅은 무력한 땅으로 생기와 감응 받지 못한다. 주산은 내룡을 출맥시킴과 아울러 뒷바람을 막아 주고, 좌우에는 청룡(靑龍), 백호(白虎)가 둘러쳐 바람을 가두되 두 끝은 혈을 감싸 안은 형상이고, 앞쪽에는 손님과 대화를 나누는 차상처럼 안산(案山)이 편편하고, 뒤에는 예를 표하는 손님처럼 조산(朝山)이 수려하면 좋은 국세이면서 장풍도 양호한 곳이다.

정혈법은 주산에서 내려뻗은 산줄기가 부모(父母)→태(胎, 산줄기가 솟아남)→식(息, 산줄기가 아래로 가라앉음)→잉(孕, 산이 솟아오름)→육(育, 혈장)

의 모양새를 갖추되, 상하로 꿈틀거려야 생기가 충만하다. 혈이 속한 혈장은 입수(入首), 좌우 선익(左右蟬翼), 전순(氈脣)이 둘러싸 혈에 응집된 생기가 누수되거나 외부로부터 살기가 침범하는 것을 막아 줘야 한다. 혈 자체의 모양도 와(窩), 겸(鉗), 유(乳), 돌(突)의 어느 하나가 되어야만 진혈이고, 흙 또한 오색이 붉고 노란빛이 감돌아야 한다.

초목으로 덮인 산야에서 풍수 이론과 차이가 없는 장소를 눈으로 찾기란 매우 어려운 일이다. 그래서 "혈이 맺힌 산자락(龍)은 3년에 걸쳐 찾고, 혈처는 10년에 걸쳐 찾는다."라는 격언이 생겼다. 일부 사람들은 이론보다는 산을 보는 눈이 열려야(開眼) 혈을 찾을 수 있다고까지 말한다. 이 말은 형기론에 의지하고는 혈을 올바로 찾기 어렵다는 뜻으로 이해된다.

형기론의 또 다른 문제점은 음기인 땅만 보고, 땅을 변화시키는 양기는 무시하거나 도외시하는 점이다. 만물은 음양의 기운이 교감과 대립을 통해 생겨나므로 독립적으로 존재하지 않는다. 서로 화합해야 생명은 탄생하고 조화를 이루며 만물은 순행한다. 산과 토양은 바람과 물의 영향을 받으며 끊임없이 변화를 거듭한다. 산세를 논함에 있어 산은 음이요, 바람과 물은 양이다. 무릇 산수가 상배(相配)해야 음양이 있고, 음 홀로는 생성하지 못하며 음양이 서로 합쳐져야 조화를 이룬다.

3. 2. 2. 이기론

이기론(理氣論)은 바람과 물의 순환 궤도와 양을 패철을 이용해 측정한 다음 혈을 찾으며, 나아가 좋은 좌향까지 선택하는 방법론이다. 이기론은 바람과 물의 순환을 중시함으로써 득수론, 패철로 혈을 찾음으로써 패철론, 좌향을 중시해 좌향론이라 불린다.

패철로 땅속의 기를 측정하는 방법은 상당히 간단한 체계로 이루어져 있다. 지형과 지질은 주변을 흘러 다니는 바람과 물의 기계적·화학적 풍화작용에 의해 변한다. 땅속이 바위이고, 고운 흙인 것은 땅 스스로가 그렇게 만든 것이 아니라 바람과 물에 의해 변화된 결과이고 그 역시 변화를 계속한다. 따라서 땅의 기운을 알려면 그 땅을 변화시킨 양기가 어느 방위에서 들어와 어느 방위로 빠졌는가를 먼저 살핀다.

양기는 눈에 보이지 않는다. 그러므로 패철을 사용해 판단하는데, 양기가 흘러 빠지는 방위로 산줄기가 뻗어 갔으면 땅속은 흙으로 이루어졌을 가능성이 높고, 양기가 흘러가는 방위와 역행해 산줄기가 뻗어 왔다면 단단한 바위로 이루어졌다. 호순신은 『지리신법(地理新法)』을 저술해 바람과 물의 흐름에 따라 땅의 기운이 12단계로 나뉨을 발견해 12포태법(胞胎法)을 창안했다. 따라서 이기론은 땅의 기운을 12단계로 구분해 좋고 나쁨을 구분한다.

이기론은 좌향론이라 불릴 만큼 향을 중요시 여긴다. 생물이 건강하고 행복하게 살기에 적당하고도 알맞은 양의 양기를 취할 수 있는 선택된 방위가 좌향이기 때문이다. 이기론의 좌향법은 조정동이 88향법으로 공식화하면서 논리 체계도 분명해졌다. 이것은 혈처로 불어오는 양기(바람)가 시작되는 방위를 측정해 그 양기의 순환 궤도와 세기(양)를 측정하고 그중에서 생물체에게 가장 적당한 양기가 전달되는 방위를 선택하는 것이다. 흉한 방위에서 양기가 불어오면 피하고, 좋은 방위에서 불어오면 취한다. 주변 산들도 바람과 물에 의해 형태와 높낮이가 생긴 것이니, 양기를 살피면 주변 산들이 혈처에 어떤 영향을 미치는가를 알 수 있다. 이기론은 당(唐)의 양균송(楊筠松)이 말한 "가난을 구제하는 비법"이나, 나라의 도읍지나 마을을 정하는 데 주로 쓰였다.

이기론은 패철을 이용해 땅의 기운과 양기의 길흉을 측정하니, 형기론에 비해 객관성이 강하고 논리적이다. 어떤 장소든 사람에 따라 길흉 판단이 달라지는 경우가 없고, 누구나 배울 수 있다. 누가 놓아도 패철의 자침은 북쪽을 가리키니 결과는 당연히 같을 것이다. 또 이기론은 지도를 이용해 길지를 찾거나 현장을 도식화해 시뮬레이션하는 방법에서도 탁월하다. 2만 5000분의 1 혹은 5000분의 1 축척 지도상에서 등

고선에 따라 용맥을 그린 다음 도북(圖北)과 자북(磁北)을 일치시키면 바로 현장이 된다. 용맥이 뻗어 온 방위, 양기를 얻는 득수의 방위, 양기가 빠지는 소수의 방위(破), 주변 산이 위치한 방위가 모두 지도 내에서 세밀히 측정되고, 나아가 혈처와 88향법에 맞춘 좌향까지 판단할 수 있다. 또 땅의 기운이 쇠할 경우 좌향, 즉 양기의 방위를 고쳐 잡아 흉한 땅도 길지로 변화시키는 비보책(裨補策)으로도 우수하다. 이기론은 땅을 효율적으로 이용하는데 알맞고, 또 현대의 조경, 건축, 도시 계획 등과도 다방면에서 접목이 가능한 풍수학이다.

3. 3. 풍수 설화가 전해지는 묘들

충북 괴산의 청천면에는 성리학자인 송시열 선생의 묘가 있는데, 이 묘는 장군대좌형의 명당이라 한다. 이 묘가 발복하려면 장군에게 병졸이 필요했다. 병졸이 없으면 장군으로서 위력을 잃고 따라서 발복도 적을 수밖에 없다. 그래서 병졸에 해당하는 사람의 무리가 있어야 했기에 송종수는 300냥을 기부하면서 묘 앞에 시장을 개설했다. 청천의 청천 시장은 정조 때에 수원에 있던 송시열의 묘를 이곳으로 이장하며 개설한 것이고, 장을 보기 위해 사람들이 모여드니 마치 사람들이 병졸처럼 보였다. 시장이 번창하면서 사람들이 묘 앞쪽을 떠나지 않자 지덕이 발동해 자손이 번성했다고 전한다.

천안의 은석산에 있는 어사 박문수의 묘에도 풍수 설화가 전해진다. 본래 박문수의 묘 터는 현재 독립 기념관이 있는 흑성산이었다. 그런데 한 지관이, "흑성산의 풍수를 보면 그 맥과 혈이 금계포란형(닭이 알을 품고 있는 형상)에 해당되는 길지입니다. 한양의 외청룡에 해당되고, 본명이 검은성(儉隱城)으로 좌우동천승적지(左右洞天勝敵地)입니다. 그러니 흑성산에 묘를 쓰면 반드시 200~300년 뒤에 나라에서 이 산을 요긴하게 쓸 일이 생겨 이장할 처지가 됩니다. 따라서 이 자리보다는 10리 남쪽의 은석산에 묘를 쓰세요."라고 말했다. 후손들은 그 말을 좇아 현재의 자리에 묘를 잡았다고 전한다.

경기도 용인시 모현면에 있는 정몽주 선생의 묘에도 풍수 설화가 전한다. 정몽주 선생의 묘는 본래 개성의 풍덕에 있었는데, 후손이 고향인 경북 영천으로 묘를 이장하려고 했다. 면례 행렬이 용인의 경계에 이르자 바람이 불며 앞서가던 명정이 바람에 날아갔다. 날아가는 명정을 쫓아 와 보니 명정이 떨어진 장소가 심상치가 않았다. 그래서 지관을 불러 지맥을 보니 명당이라, 가던 길을 멈추고 현재의 장소에 묘를 썼다고 전한다.

이천시 부발면의 효양산에는 이천 서씨의 시조인 서신일(徐神逸)의 묘가 있는데, 사슴이 은혜를 갚고자 잡아 준 명당이라 전한다. 서신일은 신라 효공왕 때 벼슬이 아간(阿干)에 이르렀으나 국운이 기울자 효양산에 들어가 처사라 칭하고 농사를 짓고 살았다. 하루는 밭에서 일을 하는데 화살을 맞은 사슴이 달려와 쓰러졌다. 그러자 서신일은 사슴을 불쌍히 여겨 화살을 뽑은 뒤 숨겨 주었다. 곧이어 사냥꾼이 달려와 사슴의 행방을 묻자 거짓말로 따돌렸다. 사슴을 놓아 주자 꿈에 한 노인이 나타나 "네가 구해 준 사슴은 내 자식이다. 후손이 부귀를 누리도록 도와주려고 하니 세상을 하직하거든 사슴이 숨었던 자리에 묘를 써라."라고 말했다. 그는 사슴을 살려 준 뒤 신의 가호로 안일해졌다는 뜻에서 "만주"라 부르던 이름을 "신일"로 고쳐 부르고, 나이 80세에 새 장가를 들어 아들을 낳으니 그가 서희 장군의 아버지인 서필(徐弼)이다.

전의 이씨(全義李氏)의 시조는 왕건이 견훤을 정벌할 때에 범람한 금강을 건너도록 도와 공신에 오른 이도(李棹)이다. 그의 조상은 금강의 뱃사공이었는데, 강을 건너 준 스님이 명당을 일러 주어 부친을 매장했더니 후손이 발복해 부귀영화를 누렸다. 한산 이씨의 시조인 이윤경(李允卿)은 고려 시대에 한산의 관아에서 심부름하던 사환이었다. 하루는 관아 마루의 중앙에 깔린 널빤지가 해마다 썩어 교체하던 중 그곳이 명당이라는 소문을 들었다. 조상의 유골을 몰래 암장하자, 그 후 인재가 배출되고 자손도 번창해 큰 문벌가를 이루었다고 한다.

3. 4. 능과 묘지의 생태적 식재

무덤은 "사후에 편히 쉬는 곳"이란 뜻에서 유택이라 부르며, 선사시대부터 보호·미화·기념이란 측면에서 중요시해 왔다. 봉분이 유실되는 것을 막거나 또는 산짐승이나 해충의 침범으로부터 시체의 훼손을 막고자 봉분을 돌로 쌓거나 치장했고, 봉분에 잔디를 심고 주변에는 나무를 심었다. 여기서 무덤 주위에 심은 나무를 묘지목이라 부른다.

봉분에 잔디를 입히는 것은 조경적 미화도 있지만 잔디가 무덤의 유실이나 붕괴를 막고, 뿌리가 짧기 때문에 광중에 목렴(나무뿌리가 유골을 휘감는 일)이 들 염려도 없기 때문이다. 묘계 외곽에는 숲을 조성해 휴식처로 이용했는데, 왕릉에는 주로 송림을 조성했다.『삼국유사』에 "김유신 부인의 묘는 봄만 되면 온갖 꽃이 피고 송화가 골짜기에 가득했다."라는 기록이 있어 능묘 주위에 송림을 많이 조성했음을 알 수 있다. 역사적으로 소나무는 능과 묘에 가장 잘 어울리는 나무로 여겨졌고, 묘지목을 자르면 재앙을 입는다고 생각했다.

하지만 묘지목은 뿌리가 묘로 침범하거나 그늘로 인해 잔디가 죽어, 묘에서 멀리 떨어진 장소에 심었다.『산림경제』에도, "묘는 음택이다. 묘 부근에 자라는 사면의 수목들을 모두 베어 버리고 햇볕이 잘 들게 한다. 잔디가 말라죽지 않을 뿐 아니라 나무뿌리가 무덤 속으로 뻗을 염려가 없어진다."라고 했다. 조선의 왕릉도 봉분 가까이에 나무를 심은 경우는 없고, 묘계 외곽에 푸른 송림을 조성했다.

3. 4. 1. 천연기념물로 지정된 묘지목

① 부산진의 배롱나무(제168호) —— 약 800년 전(고려 중엽) 안일호장을

지낸 동래 정씨의 시조 정문도의 묘 앞에 심은 것이다. 두 그루가 묘의 양 옆에 한 그루씩 서 있다.

② 청송 안덕면의 향나무(제313호) —— 약 400년 전, 이곳에 살던 영양 남씨들이 조상의 은덕을 기리기 위해 시조인 남계조의 묘 앞에 심어서 가꾸어 온 것이다. 아래로부터 여러 갈래가 갈라진 줄기들이 이리저리 방향을 틀어 땅에 닿을 듯이 옆으로 퍼져 있다.

③ 예산의 백송(제106호) —— 추사 김정희가 1809년 청나라에서 돌아오면서 가지고 와 고조부인 김흥경의 묘 앞에 심은 것이다. 줄기의 상당한 부분이 잘려나가 현재는 수세가 매우 약하다. 수령은 약 200년으로 추정한다.

④ 진안 평지리의 이팝나무(제214호) —— 진안의 마령초등학교 교정에 위치한다. 예전에 이곳은 "아기사리"라 불리는 아기의 무덤이 있던 연유로 보호되어 왔다. 마을 사람들은 이암나무 또는 뻣나무라 부른다.

⑤ 양주 양지리의 향나무(제232호) —— 거창 신씨 조상 묘를 쓰면서 함께 심어 수령이 500년이며 독립수로 자라 수형이 둥글고 아름답다.

⑥ 의령 성황리의 소나무(제359호) —— 의령 남씨 조상 묘역 앞에 심은 묘지목이다. 수령은 300년으로 추정되고, 북쪽에 있는 다른 소나무와 가지가 서로 맞닿으면 광복이 된다는 전설이 있었다. 신기하게도 그러한 현상이 나타나고 실제로 일제로부터 해방되었다고 한다.

⑦ 연기 봉산동의 향나무(제321호) —— 조선 중종 때 최완이 죽자, 아들 최중룡이 한양에서 내려와 묘 앞에 초막을 짓고 살며 후손들에게 효사상을 보여 주기 위해 이 나무를 심었다. 수령은 400년이고 2미터 높이에서 작은 가지들이 갈라져 완전히 수평으로 퍼져 나갔다.

3. 4. 2. 묘지목의 선정

묘지목을 선정하는 데는 다음 사항이 고려되었다. 첫째, 수관이 훌륭하면서도 폭이 넓지 않아야 잔디에 그늘이 지지 않는다. 여기에 해당되는 반송은 지표면 가까이부터 굵은 줄기가 여러 개로 갈라져 자란 소나무로, 예로부터 도래솔(환송)이라 해 묘지 부근에 많이 심었다. 둘째, 묘로 침입하는 사악한 잡귀를 물리치는 힘을 가진 삼나무를 심는다. 『산림경제』에, "무덤 속의 망상운은 삼나무 못이 그 놈의 뇌를 관통해야 죽기 때문에 묘 앞에 반드시 삼나무를 심는 것이 좋다."라고 했다. 셋째, 묘지의 터와 생태적으로 맞는 나무를 심어야 한다. 보기 좋은 조경수도 땅의 기운과 맞지 않으면 오래 살지 못한다. 넷째, 꽃나무의 경우 음양오행으로 구분해 땅의 기운과 상생의 관계에 속한 꽃나무를 심어야 지기를 훼손치 않고 생기를 북돋아 준다.

4. 집 터의 선점과 풍수

주택은 가족 구성원들이 함께 모여 사는 건물이나 생활공간을 말하고 주택이 들어선 부지나 땅이 집터이다. 담이나 벽에 둘러싸인 주택은 타인의 침범이나 비, 바람 그리고 소음 등에서 보호받으며, 수면과 휴식을 통해 피로를 풀고 활력을 되찾고 음식을 해 먹거나 자식을 낳고 기르는 공간이다. 그리고 전통 주택은 생활 주변에서 쉽게 얻을 수 있는 소재(나무·흙·돌 등)를 사용해 안전과 생산을 고려해서 지었고, 휴식과 양육, 식록(食祿)에 좀 더 편리하도록 주택 구조를 꾸준히 발전시켜 왔다.

사람은 더 살기 좋은 곳에 집을 지어 살기를 원했고, 나아가 건강과 장수에 도움이 되도록 집을 가꾸어 왔다. 바람이 세차게 불어오거나 물이 질퍽대는 곳, 침수되거나 햇볕이 들지 못하는 곳은 집을 짓고 살지 않았다. 집을 지을 때도 대문이 들어설 자리와 안방, 사랑방. 부엌의 위치를 세심하게 조언 받아 건물을 배치했다. 이것은 꼭 풍수적 발복을 바라서가 아니라, 좀 더 나은 환경에서 살고 싶어 하는 마음이 표출된 것이고, 그런 소망 때문에 풍수는 기층 사상으로 자리 잡았다.

4. 1. 주택에 적용된 풍수 이론

풍수 사상은 주택의 입지를 선정할 때도 지대한 영향을 미쳤는데, 배산임수(背山臨水)의 택지를 가장 좋은 집터로 생각했다. 또 정원은 전정(前庭), 내정(內庭), 후원(後園), 별정(別庭)의 형태로 나타나는데, 특히 한국에만 독특하게 나타난 후원 양식은 풍수 사상의 영향 때문에 발생했다. 또 전통 건축의 배치 형태도 풍수지리의 영향을 많이 받았고, 조경 수목을 심는 데도 수목의 상징성과 풍수 사상이 결부되어 위치나 방향을 결정하는 등 풍수지리는 궁궐, 주택, 서원, 사찰의 건축에도 광범위하게 적용되었다.

풍수의 본질은 천지의 생기를 땅을 통해 받아 인생의 행복과 번영을 꾀하는 데 있고, 이런 점에서 음택 풍수와 양택 풍수는 동일하다. 양택에 있어서도 먼저 땅의 형세를 보아 산수가 조화롭고 오행이 상생에 따라 생기가 왕성한 곳을 택해야 복을 받으며, 또 장풍과 득수가 되고 나아가 사신사(四神砂)를 고루 갖춘 장소가 길지이니 결국 집터의 문제에 있어서도 음택 풍수와 다를 바 없다. 다만 묘지는 조상의 택지이고 주택은 산 사람의 거택인데, 이것은 마치 근간(根幹)과 지엽(枝葉)의 관계와도 같다. 열매를 크게 맺게 하려면 지엽에 힘을 쓰기보다는 근간을 보살피는 편이 목적을 달성하기 위해 빠르고 확실하다. 그러므로 지엽에 해당하는 주택보다는 근간에 해당하는 조상의 묘지가 후손의 일생에 더 직접적이고 신속하게 영향을 미친다는 것이 집터와 묘지와 다를 뿐이다.

주택으로 행복을 추구하려는 양택 풍수는 집터의 길흉과 더불어 주택의 주요 구조부, 즉 대문, 안방, 부엌의 방위를 풍수적으로 조화롭게 배치함으로써 건강과 재복을 증진시키는 방법과 가상(家相)을 살피는 등 두 갈래로 발전했다. 하나는 집의 부지, 구조, 배치, 건축 부재, 조경 등이 사람의 길흉화복에 미치는 영향을 생활 경험에서 얻은 지혜로, 이것을 가상이라 부른다. 즉, 집의 관상을 보아 길흉을 판단하는 방법으로, 오랜 세월 동안 풍습이나 민간 신앙으로 전해져 왔다. 또 하나는 청나라 때의 조정동이 『택경(宅經)』에 바탕을 두고 저술한 『양택삼요(陽宅三要)』이다. 이 이론은 양택 내에서 대문과 안방, 부엌의 배치를 오행과 음양론에 맞추어서 길흉을 판단하는 방법으로, 현대의 양택 풍수론이라 하면 모두 이 이론에 근거한다. 가상은 양택 형기론에 해당되고, 『양택삼요』에 따른 판단은 양택의 이기론에 해당한다.

4.1.1. 『양택삼요』의 판단

『양택삼요』에 따른 주택의 길흉 판단은 주역의 원리에 뿌리를 두었다. 마당의 중심에서 대문이 속한 방위를 팔괘 방위로 측정한 다음, 안방과 부엌이 속한 방위를 측정하되 대문과 안방이 속한 방위, 대문과 부엌이 속한 방위를 동·서 사택론, 음양론, 오행의 상생·상극의 관점에서 종합적으로 길흉을 판단해 집을 복택 네 가지, 흉가 네 가지로 구분짓는 것이다. 복택에는 생기택(生氣宅), 연년택(延年宅), 천을택(天乙宅), 복위택(伏位宅)이 있고, 흉가에는 화해택(禍害宅), 절명택(絶命宅), 오귀택(五鬼宅), 육살택(六殺宅)이 있다. 음양론은 문과 주의 음양이 같으면 흉하고 배합되면 길하고, 오행론은 문과 주의 관계가 상생이면 길하고, 상극이면 흉하며, 같으면 비화(比和)이다. 그리고 음양론과 오행론의 길흉에 관계없이 동·서사택론이 길하면 복택이고, 동·서사택론이 흉하면 흉가이다.

『양택삼요』에 맞춰 집의 길흉을 판단하는 원리는 명쾌하게 과학성을 입증받지는 못했다. 하지만 이 원리는 건축의 방위론 즉 공간에 대한 동양의 철학적 해석이란 의미를 지니고 있고, 인간을 소외시킨 채 물량적, 경제적인 면만을 강조하는 현대 건축 기술이나 주택 양식의 맹점을 보완하면서 자연 친화적인 삶의 공간을 구성하는 데 탁월한 논리를 내포했다. 공간이 사람의 운명에 미치는 영향을 음양오행론으로 풀이한 것으로 동양적 경험을 공간적으로 법칙화한 것이다.

양택의 3요소는 대문(門), 안방(主), 그리고 부엌(灶)인데, 대문은 기가 주택 내로 출입하는 통로로, 사람의 출입이 가장 빈번하고, 제일 큰 외문을 의미한다. 전통 가옥에서는 내부와 외부를 구분 짓는 경계로서, 대문은 양택에서 가장 중요한 요소로 인정되며 방위 측정 시에도 먼저 판단한다. 또 봄이면 대문에 입춘대길이나 용·호(龍·虎) 등을 써 붙이는 것도 대문이 길흉화복을 부르거나 막는 장소로서 우리 삶에 중요한 의미를 내포함을 내비친 풍습이다. 안방은 『양택삼요』에서는 "주(主)"라 언급하면서 주택 내에서 "고대(高大)"한 곳이라 했다. 주는 단순히 넓고 큰 방이거나 혹은 안방만을 지칭하는 것은 아니고, 어떤 공간 내에서 가장 중요한 일을 행하는 장소를 뜻한다. 따라서 사랑채라면 주인이 거주하며 손님을 맞이하는 사랑방이 주가 되고, 안채라면 잠을 자고 부부가 정배하고 아이를 생육하는 안방이 주가 된다. 부엌은 양생을 위한 식록과 관계가 있으며, 음식물을 만들거나, 저장하는 시설을 배치하고, 나아가 예전에는 방의 온도를 조절하는 기능까지 가졌다. 부엌은 가족의 질병과 관계가 밀접함으로 주택 구성의 주요 요소로 보았다.

4. 1. 2. 가상적 판단

풍수학은 집의 부지, 구조, 배치, 건축 부재, 조경 등이 사람의 길흉화복에 미치는 영향을 생활 경험에서 축적한 지혜로, 사람이 건강하고 안락하게 살 수 있는 터와 방향(좌향)을 선택하는 방법과 과정이 학문적으로 체계화되어 전승·발전되어 온 경험 과학이다. 사례를 든다면 아래와 같다.

① 산등성의 마루가 끝난 벼랑 아래나 또는 산골짜기의 목에 집을

짓으면 복을 다하지 못한다. 현대 지리학은 이런 곳을 선상지라 부르는데, 홍수나 급류 또는 산사태가 언제 일어날지 모르는 위험이 큰 곳이다. 산마루가 끝난 곳은 좌우에서 바람이 거세게 불어오니, 장풍이 되지 못해 집안에 머물던 기조차 흩어진다.

② 길이 막다른 곳이나 丁자형으로 교차된 과녁배기에 집이 들어서면 흉하다. 바람은 집과 집사이의 길을 빠져 과녁배기 집으로 곧장 불어 닥치니 해롭고, 화재가 나도 바람을 타고 불길이 밀어닥치기 쉽다.

③ 대문 앞에 큰 나무가 서 있으면 화를 부른다. 나무는 양명한 햇볕이 집안에 들어오는 것을 방해하고 사람의 출입을 불편하게 만들고 벼락에 맞을 위험이 있다. 낙엽이 떨어져 지저분해지거나 벌레가 집 안으로 들어올 가능성도 높다. 또 집 앞에 큰 나무가 있으면 "막을 한(閑)"자가 되어 집안으로 들어오는 기를 막으니 좋지 못하다.

④ 집의 북서방으로 큰 나무가 있다면 능히 그 집을 지키고 행복을 주관한다. 북서방에 서 있는 나무는 흙을 움켜쥐어 홍수로 인한 흙의 유실을 막거나 산사태를 방지한다. 또 겨울에는 차가운 북서풍을 막아주고 봄에는 중국에서 불어오는 황진을 막아 주며, 여름에는 뜨거운 저녁 햇살을 막아 준다.

⑤ 집을 주위보다 높거나 화려하게 지으면 불길하고 재보(財寶)가 늘지 않는다. 옛날에는 신분에 따라 집의 크기나 주거 지역이 대체로 정해져 있었다. 따라서 주위보다 높은 집은 주위와 조화를 깨거나 타인의 주목을 받아 불길하다. 높은 집은 바람 혹은 지진 등에 허약하고, 또 이웃집에 위압감을 주거나 채광을 막아 불편을 준다. 남의 이목을 끌면 인간 관계는 해롭다.

⑥ 좁은 집터에 큰 집을 지으면 흉하고, 삼각형의 집터는 화재나 쟁론(爭論)이 생겨 흉하다. 두 길이 비스듬히 만나고, 그 끝에서 도로에 접한 부분은 삼각형의 대지가 되는데, 이런 터에 집을 지으면 화재를 당한다. 또 건축에서 균형과 조화는 가장 기본적인 요소이고, 안전과도

직결된다. 따라서 가상은 방위의 길흉뿐만 아니라 균형 잡힌 집을 길하게 여기니, 집터의 넓이와 집의 크기는 서로 조화를 이뤄야 한다.

⑦ 정원에 큰 나무를 심으면 땅이 말라 윤기가 없다. 따라서 뜰 안에 큰 나무를 심는 것을 꺼려한다. 특히 귀문·이귀문에 해당하는 북동쪽이나 남서방의 나무는 더욱 흉하다. 채광이나 통풍을 가로막고, 낙엽이 떨어지는 등 그 피해가 적지 않다. 또 나무를 심을 때는 나무는 시간이 지남에 따라 점점 크게 자라 정원이 좁아진다는 것을 사전에 염두하고 심어야 한다.

⑧ 가운데뜰에 나무를 심거나 못을 파면 흉하고, 또 정원에 돌을 많이 깔면 음기를 불러 마침내 가운(家運)이 쇠한다. 한 집에서 건물과 건물 사이에 있는 마당이 가운데뜰이다. 이곳에 나무를 심거나 못을 파거나 그 밖에 땅을 습하게 하는 따위는 흉한데, 가운데뜰의 연못은 항상 깨끗이 유지해야 모기나 벌레들이 살지 못한다. 따라서 배수구를 하수구와 연결시켜 배수가 온전히 되도록 배려한다. 또 정원의 넓이를 생각지 않은 채 많은 돌을 무턱대고 깔면 음기를 불러들인다. 돌은 열을 부르고 집 전체의 밝은 분위기를 상하게 만드는데, 여름에는 낮에 뜨거워진 돌 때문에 저녁이 되어도 집안이 시원하지 못하고, 겨울에는 밤새 차가워진 돌 기운 때문에 낮이 되어도 집안이 춥다. 또 장마철이나 비가 내릴 때면 물기의 증발을 방해하고, 침침하고, 우중충하며 습한 정원을 만든다.

⑨ 수로나 냇물을 집안으로 끌어들이면 흉하고, 또 담이 너무 높으면 가난해진다. 택지 안에 물을 끌어들이거나, 냇가에 집을 짓는 것은 흉하다. 이것은 냇물이 흐르면 그 언저리의 지대는 낮으니 항시 물 피해가 염려된다. 또 집에 비해 담장이 높으면 집과의 균형과 조화를 깨뜨리며, 담이 높으면 밖으로부터 발견될 염려가 없어 도둑이 거리낌 없이 들어오니 도둑맞기에 알맞다. 담은 소음과 먼지를 막아 주는 효과는 있으나 다섯 자를 넘으면 아무리 높이 쌓아도 효과는 늘지 않고 오히려

일조와 통풍만 나빠진다.

⑩ 집은 큰데 식구가 적으면 차차 가난해진다. 집이 너무 크면 주부의 노동량이 과중해져 피로해지고, 쓰지 않아 노는 방은 햇볕이 들 기회가 적다. 또 방안에는 습기가 차고, 환기나 통풍이 되지 않는다. 또 너무 넓은 집은 사람의 마음을 불안하게 만든다. 따라서 작은 집에 사람이 많이 모여 살면 차차 부귀해진다. 좁은 공간에 사람이 많으니 사람마다 활기가 넘치고 양기가 일어나 차차 번창하며 또 재물이 쌓인다.

⑪ 남향이 좋은데, 남향은 햇볕이 가장 많이 들어 집에 양명한 기운을 북돋운다. 또 햇볕의 일광 소독은 집의 수명이나 주인의 건강과 직결되니, 되도록 마루나 방도 건조해야 하고 통풍도 좋아야 한다. 한국은 여름에는 동남풍, 겨울에는 북서풍이 부는데, 따라서 남향집을 지으면 여름에는 시원하고 겨울에는 바람이 막혀 아늑한 집이 된다.

⑫ 길이 난 면보다 안쪽으로 깊게 여유를 두어서 꾸민 집의 복이 오래가고, 집의 몸체를 길게 一자로 세우면 해롭다. 현관 쪽 길로 향한 면의 너비보다 안쪽으로 깊숙한 집이 유복하고 오래도록 번영을 누린다. 반대로 앞면이 넓고 속 깊이가 얄팍해서 옆으로 길쭉한 집은 흉하다. "길로 향한 앞면의 폭이 넓고 안으로의 깊이가 옅은 집은 번창할 기운은 있으나 오래가지 않는다."라고 했다. 또 집 내부의 건물 배치는 그 모양이 日·月·用자와 같으면 길하고, 工·尸자와 같으면 흉하다.

⑬ 집의 중앙에 사용하지 않는 방이 있으면 주인의 권위가 쇠한다. 집은 이용도가 높은 공간을 중심에 배치하고, 주위에 다른 필요한 공간을 배치해야 살기가 좋다. 집의 중앙은 한 집안의 단란과 휴양을 목적으로 삼는다. 집의 중앙 부위는 집안에서 가장 소중한 장소이니, 우물, 욕실, 부엌, 화장실 등 쓸모가 적은 공간을 배치하는 것을 꺼린다. 또 현관문은 안쪽으로 열리게 다는데, 바깥쪽으로 열리게 달면 돌쩌귀 등 문장식이 밖으로 드러나서 빼가기가 수월하고, 안쪽으로 열리면 손님에게 어서 오라는 환영의 뜻이 있으며, 문짝에 가려서 방문객이 집안을

⑭ 침실이 대문과 일직선상에 있으면 흉하다. 침실은 안전하고 조용해야 하는데 잠과 생식을 영위하는 침실은 남에게 침범 받지 말아야 한다. 따라서 대문가나 현관 가까이 또는 맞바로 들어올 수 있는 곳에 침실을 두면 위태롭다. 현대는 소음·공해·조명 등 수면을 방해하는 요소가 늘어났다. 따라서 침실은 앞면보다는 안쪽에, 현관에서 곧바른 안쪽보다도 앞이 막혀서 돌아가게 된 곳이 소음을 줄인다.

집은 사람이 태어나고, 자고, 먹고, 휴식을 취하는 곳이다. 따라서 통풍, 채광(조명), 한난조절, 견고성, 편리성, 위생, 실용성, 미관(색채) 등이 복합적으로 만족되어야 좋은 집이 된다. 가상은 주로 통풍과 채광을 위주로 해 집의 길흉을 판단하는데, 일부분만 보고 전체를 판단해서는 안된다. 집의 터는 좋지 못하나 집 내의 건물의 배치가 훌륭해 그 단점을 보완한 경우도 많다. 때문에 어느 한 부분에 치우쳐 판단하지 말고, 대국적(大局的)으로 보아 판단해야 한다.

4. 2. 풍수 설화가 전해지는 집들

구례의 운조루는 금구몰니형(金龜沒泥形)의 명당으로 유씨(柳氏)가 번영해 이 지방 제일의 재산가가 되었다. 지금부터 300년 전, 유부천이 이곳에 집을 지고자 터를 닦을 때 뜻밖에 거북을 닮은 돌(龜石)이 출토되었다. 비기에 전하는 금구몰니형 명당임을 알고 귀석이 출토된 자리를 부엌으로 삼고, 거북은 물기가 있어야 살기 때문에 부엌 바닥에는 언제나 물을 축축하게 뿌려 두었다.

안동에 있는 의성 김씨의 종가는 완사명월형(浣紗明月形) 명당으로 5부자가 과거에 급제한 집으로 유명하다. 비단은 본래 아름답고 값비싼 옷감이므로 고귀한 사람의 옷이 된다. 이것이 밝은 달 아래서 나부끼니 더욱 아름답게 보일 것이다. 이 혈의 소응은 자손 가운데 명성 있는 고 관대작을 배출할 터이다. 이곳에 살면서 김극일, 김성일 등 5형제가 나 란히 과거에 급제해 고관에 임명되면서 부귀영화를 누렸다.

안동의 임청각(보물182호)은 1515년 형조 좌랑을 지낸 이낙(李洛)이 건립한 양반 주택이고, 이곳에 딸린 정자를 군자정이라 부른다. 이 집 은 예로부터 삼정승이 태어날 명당이라 전해지고, 정승이 태어날 동북 방의 방을 특별히 영실(靈室)이라 부른다. 영실 앞쪽에 있는 우물은 영 천(靈泉)이라고도 하며 지기가 뭉쳐 용(龍)의 기세를 뿜어내므로 이 물을 마시면 부귀를 누린다고 전한다.

화성의 정용채 가옥(제124호)은 나직만한 동산이 남북으로 삼태기처 럼 집을 둥글게 감싸 안았고, 앞쪽에는 노적봉 모양의 해운산이 바라보 여 부자 명당으로 소문난 집이다. 또 실제로는 50간이 넘는 큰 집이나 대문을 정면이 아닌 북쪽의 측면에 두어 길에서 바라보면 집이 작아 보 인다. 난리나 세상이 어지러울 때 재앙을 방지하는 지혜가 엿보인다. 건물이 배치된 윤곽이 통칭 月자형으로 불리는 길상이다.

4. 3. 주택의 지기를 북돋는 생태적 비보

구례의 운조루 대문 앞에는 장방형의 연못을 조영해 놓았다. 이것 은 섬진강 너머의 안산인 관악산이 화산의 형세라서 화재를 엽승하고 자 설치한 것이다. 또 정읍의 김동수 가옥은 집 앞으로 동진강이 서남 으로 흐르고 뒤쪽은 청하산이 둘러쳐 전형적인 배산임수의 지형이다. 특히 청하산은 지네를 닮았다 해 지네산이라 부른다. 가옥에서 강 건너 를 바라보면 독계봉(獨鷄峰)과 화견산(火見山)이 보인다. 닭은 지네와 천 적이고 지네는 불을 무서워하니, 집 둘레에 나무를 심어 독계봉과 화견 산이 보이지 않게 비보하고 숲을 만들어 습지에서 지네가 안심하고 살 도록 했다. 또 지네는 지렁이를 먹는다 하여 집 앞에 좁고 긴 지렁이 모양의 연못을 팠다고 하며, 풍수지리에 맞게 집터를 꾸몄다.

함양의 정병호 가옥(제186호)은 성종 때의 정여창(1450~1504년)이 살던 옛 집으로 현재 남아 있는 건물들은 대부분 조선 후기에 다시 지은 것들이다. 이곳은 괘관산의 지맥이 남강을 만나 지기를 응집한 곳으로 500여 년을 이어오는 명당으로 유명한데, 마을의 좌측 계곡 비탈에는 처진 당송이 있고, 그 아래에는 "종암(鍾巖)"이라 쓴 동그란 바위와 함께 우물이 있다. 이 마을은 배의 형국이라 여러 곳에 우물을 팔 경우 배의 밑바닥에 물이 솟는다고 해 현 소나무 아래의 공동 우물을 제외하고는 개별로 우물을 파지 못하게 했다. 그리고 처진 당송은 배의 돛대로 삼고자 400~500년 전에 심은 나무라고 전해진다.

전북 김제군 월촌면 장화리의 정씨 집은 돼지형 명당인데, 집을 지은 자의 손자가 구례의 수령을 지낸 까닭에 "정화 정구례(鄭求禮) 집"으로 통한다. 건립 당시에는 모든 건물에 기와를 얹지 않고 볏짚을 덮었는데, 집을 지을 때에 돼지꿈을 꾸었기 때문이다. 돼지는 신에게 제사 지내는 제물이며 신통력으로 도읍지를 정해 주는 영물로 여겨졌다. 그래서 집도 돼지 울처럼 지저분해야 좋을 것이라 여겼기 때문에 초가로 지붕을 꾸미고 마당도 너저분하게 방치했다고 전한다.

5. 마을과 도읍의 입지와 풍수

마을이나 도읍이 들어설 터를 선점하는 풍수학을 양기풍수(陽基風水)라 부르는데, 배산임수(背山臨水)의 지형을 가장 선호했다. 이것은 묘지가 땅속의 음기를 중요시하는 반면, 마을이나 도읍은 사람이 거주하는 공간이고, 지상을 흘러 다니는 양기(바람과 물)는 산천 지형의 형세에 따라 부지와 사람에게 미치는 영향이 달라지기 때문이다. 마을의 입지는 음기보다 사신사의 형태를 크게 고려했으니, 양기의 입지 조건에 풍수적 고려가 약화된 것은 아니다. 호순신(胡舜申)은 『지리신법(地理新法)』에서, "양기는 음택에 적합한 곳이나 그보다 규모가 크고, 산수가 모여 중심을 이루는 땅이다. 산이 멀리서 다가오고 물이 깊이 에워싸는 곳은 양기의 대표적인 곳이다."라고 했다.

산을 등진 배산은 겨울에 찬 북서풍을 막아 주고, 숲은 물과 흙을 보호해 미기후를 조절해 주고, 땔감인 연료까지 쉽게 얻게 한다. 또 앞쪽에 넓은 들과 강이 있으면, 여름에는 바람이 시원하고, 관개용수뿐만 아니라 물고기까지 얻으며, 전저후고(前低後高)의 완만한 경사도는 양호한 일조량과 더불어 홍수의 피해도 줄일 수 있다.

마을과 도읍의 입지 조건에서 주산(主山)의 의미는 각별하다. 마을의 뒷산을 "양기를 보호하는 산"이라는 의미에서 진산(鎭山)이라 부르는데, 마을을 지켜주는 수호신이 산다고 믿었다. 생기가 흘러드는 터에 마을이 입지해야 사람이 건강하고 행복한 삶을 사는데, 생기는 산줄기를 따라 흘러들기 때문에 뒤쪽에 산이 꼭 필요했던 것이다. 진산이 없는 평야나 진산이 멀리 떨어져 있는 마을이라면 늙은 거목(노거수)을 당산목으로 삼아 신의 가호를 받고자 했다.

따라서 생활의 안녕을 바라는 사람들은 산을 등진 장풍의 형국을 주거지로 삼았다. 마을 뒤쪽의 주산은 지맥을 통해 생기를 공급하고 좌우측에는 청룡과 백호가 마을을 감싸며 전면에는 하천이 구불구불 흘러가는 너머에는 안산이 자리해 앞바람을 막아 주면 국세가 좋은 터로 간주했다. 마을 축이 되는 선은 북에서 남쪽을 향하면 남향판의 부지라서 이상적으로 삼았으나, 국세를 제대로 갖춘 곳이라면 축선이 달라도 무방하게 생각했다.

5. 1. 마을과 도읍의 선점에 관여된 전통 사상

양기는 묘가 들어선 산골짜기 같은 소규모 땅보다는 상당히 넓은 토지와 생활에 필요한 여러 용품을 공급받기 편리한 곳이라야 한다. 그러나 아무리 넓은 형세라 해도 풍수의 원칙인 장풍과 득수, 양래 음수(陽來陰受)같이 생기가 충만할 음양 조화의 형세를 갖추지 못했다면 그 양기는 풍수적으로 결함을 지닌 곳일 뿐이다. 예로부터 마을과 도읍이 들어설 입지를 선정할 때면 『택리지』에 나타난 복거지(卜居地)의 선정기준이 가장 권위를 인정받았다.

『택리지』는 "거주할 곳을 선택할 때는 우선 지리를 살피고, 다음에는 생리, 인심, 산수를 관찰하며, 네 가지 중에서 하나라도 모자라면 낙토(樂土)가 될 수 없다고 했다. 이것은 지리가 아무리 좋아도 생리가 모자라면 오래 살 곳이 못되고, 생리가 비록 좋아도 지리가 나쁘면 이 또한 오래 살 곳이 못된다고 했다. 지리와 생리가 함께 좋아도 만약 인심이 착하지 않으면 반드시 후회할 일이 생기니 살 곳을 꺼리고, 또 가까운 곳에 마음의 번잡함을 씻어낼 산수 좋은 곳이 있어야 살 만한 곳이라 했다. 『택리지』에 복거지의 조건으로 삼은 것들은 아래와 같다.

5. 1. 1. 수구

마을 입구가 거칠게 이지러지고 넓게 비어 있으면 아무리 큰집이고 좋은 논이 많이 있더라도 다음 세대까지 전하지 못하며 패가(敗家)한다. 백가천가(百家千家)가 모여 살 마을로 삼으려면 반드시 수구(水口)가 꼭 닫힌 듯 하고 안으로 들어가면 들판이 넓게 펼쳐진 곳을 구해야 한다. 산 속이라면 수구가 관쇄(關鎖)된 부지를 얻기 쉬울 것이나, 넓은 들판이라면 이런 입지를 선점하기 어렵다. 이럴 경우라면 거꾸로 흐르는 역수(逆水)를 귀하게 보고, 수구 지점에 물을 가두어 놓으면 생기도 함께 머물며 길하다.

5. 1. 2. 야세

사람은 양기를 받아야 살고, 양명한 빛은 하늘에서 비추니 만약 야

세(野勢), 즉 땅의 형세가 하늘이 잘 보이지 않는 곳이라면 살 곳이 못된다. 들은 넓어야 터가 좋고, 햇빛과 달빛, 그리고 비바람이 잘 받는 곳이라야 훌륭한 인물이 나오며 질병이 적다. 특히 산이 사방에 높이 솟아 해 뜨는 것을 보기 어렵고 해가 늦게 뜬 후 일찍 지며, 밤에도 북두칠성을 보기 어려운 곳은 사람에게 병이 많다. 그러므로 사신사의 국세는 갖추되 부지가 협착하지 말아야 한다.

5. 1. 3. 토색

땅의 색깔, 즉 토색(土色)이 길하지 않으면 인재가 나오지 않는다. 산이나 물가를 가리지 않고, 땅 색이 좋고, 돌이 많고, 샘이 깨끗하면 살 만한 곳이다. 만약 흙이 누렇고 질면 사토(死土)로서 물도 깨끗하지 못하며 살 곳이 못된다.

5. 1. 4. 조산조수

마을과 도읍이 입지하려면 물이 있어야 식수로 이용할 수 있다. 풍수학에서 물은 재물을 뜻하고, 물가에는 부자가 많으며 산 속이라도 물이 있으면 살 수 있다고 한다. 조산(朝山)에 석봉(石峯)이 있으면 떨어지는 형태 엿보는 모습이고, 장곡충사(長谷沖砂)가 보이면 살 곳이 못되며, 조산이 멀리 보면 맑고 가까이 보면 밝은 산이면 길하다. 조수(潮水)는 물 밖의 물이니, 작은 시내나 강은 역조(逆潮)하면 좋고 큰 강에 이르러서는 역수(逆受)하지 말아야 한다. 물은 용맥과 만나 음양이 합해야 하고, 구불구불 다가오면 좋으나 일직선으로 쏘는 듯하면 흉하다.

5. 2. 양기의 지기를 북돋는 생태적 비보

집터는 묘지와는 달리 아무리 길지라도 집을 짓고 살기에 적합지 않으면 쓸모가 없다. 또 도읍을 건설할 때도 지덕이 쇠하거나 돌이 나오는 등 처음에 생각지 못한 불길한 점이 발견될 수 있다. 그러나 비록 거주지가 결함이 있거나 지기가 쇠약해도 그곳을 쉽게 떠나서 살기 어렵다. 그래서 새로운 길지를 따로 구하지 않으면서 결함을 비보하고 지기를 바꾸어 지력을 회복하는 등, 사람의 힘으로 자연 형세를 바꾸어 살 필요가 있다. 우리 조상들은 지혜를 기울여 마을이나 도읍이 들어서는 부지를 선택했고, 만약 부지 내에 생기가 부족하거나 결함이 있다면 살기 좋은 터로 바꾸는 방법을 시도했는데, 이것을 비보 풍수(裨補風水)라 부른다. 국운에 영향을 미치는 도읍의 풍수라면 주로 도성을 에워싼 산천 지형의 결함을 엽승하거나 보완하는 방법이 강구되었고, 마을의 안녕과 평화를 위협하는 풍수적 위험물에 대해서는 차폐하거나 제압하는 지혜를 기울였다.

5. 2. 1. 국역(도읍) 풍수

5. 2. 1. 1. 개성(산천비보도감이라는 관청에서 주관함)

① 식송(植松) 비보——송악산의 산기(山氣)를 보전하기 위해 산에 소나무를 심고 사람을 동원해 송충이를 잡았다.

② 극암(戟岩)의 장명등——부아봉은 창을 박아놓은 듯한 극암의 형세로, 만월대에서 보면 계방(癸方)에서 창을 품고 궁전으로 쇄도하는 모습처럼 보인다. 그래서 살기를 막기 위해 성등암에 장명등을 설치했다.

③ 삼각 규봉(窺峯)——개성의 손방(巽方)에서 삼각산이 개성의 허점을 엿봄으로 엽승(厭勝)을 위해 개와 등을 설치했는데, 등경암과 좌견교는 당시의 유적들이다.

④ 고루를 금지——『도선밀기』에 "우리나라는 양(陽)인 다산(多山)이 많고 고구(高樓)도 양이다. 따라서 높은 집을 지으면 양과 양으로서 조화가 파괴되어 반드시 쇠멸한다."라고 했다. 그래서 집을 높게 짓는 것을 엄격히 금했다.

5. 2. 1. 2. 한양

① 뽕나무——안산인 남산의 형태가 누에의 머리와 같아서 지덕을 키우기 위해 사평리(沙坪里)에 뽕나무를 심고 잠실이라 불렀다.

② 숭례문의 현판——숭례문(崇禮門)의 예(禮)는 오행상 화(火)이고, 남방이기 때문에 남쪽을 나타낸다. 그리고 성문의 편액을 세로로 쓴 것은 숭례의 2글자가 화의 염상(炎上)을 상징하고, 이것은 궁궐에 직면하는 관악산의 화산에 대항키 위해 불로써 불을 제압한 것이다.

③ 흥인지문(興仁之門)——인(仁)은 목(木)이고 목은 동방이니 흥인은 곧 동방을 뜻한다. 또 문 이름이 4자인 것은 임진왜란 이후 동방의 낙산이 낮고 허술해 도성이 함락되었다는 설이 있어 산맥을 돌로 쌓은 대신에 之자를 추가해 허점을 보완한 것이다.

④ 창의문(彰義門)의 닭상——창의문 밖의 산세가 흡사 지네와 같기 때문에 지네의 독이 도성으로 침범하는 것을 막고자 창의문에 닭상을 조각해 놓았다. 닭과 지네는 서로 상극이기 때문이다.

⑤ 광화문의 해태상——관악산이 화산이라 수수(水獸)인 해태를 설치해 경복궁의 화재를 방지했다.

5. 2. 2. 마을 풍수

5. 2. 2. 1. 동수 비보(洞藪裨補)

① 물건 방조의 어부림(남해, 천연기념물 제150호)——해일을 막기 위해 바닷가에 숲을 조성하니 고기가 모여드는 기능도 함께했다.

② 상림(함양, 제154호)——최치원이 홍수를 막고자 둑을 쌓아 물길을 돌리고 숲을 조성했다.

③ 함평의 줄나무(제108호)——수산봉이 화산인 지형적 결함을 보완하기 위해 조성했다.

④ 무안 줄나무(제82호)——마을로 불어오는 바람의 피해를 막기 위

해 조성했다.

5. 2. 2. 2. 화기 비보(火氣裨補)

① 대구 봉산동의 거북——대덕산이 사나운 암반으로 이루어진 화산이라 바다 신인 거북을 설치해 화기를 제압했다.

② 영주 순흥의 못골——안동의 학가산이 화산으로 보여 화기를 방어하고자 지동리에 조성했다.

5. 2. 2. 3. 수구 비보(水口裨補)

마을이 지기가 흘러 빠지는 것을 막기 위해 마을 입구에 풍수 시설물을 설치했다.

① 조산숲——좌청룡·우백호의 기세가 약할 경우 인위적으로 흙동산을 쌓고 나무숲을 조성했다.

② 돌무더기——마을 진입로의 경사가 급함으로 허기(虛氣)를 보완키 위해 수구부에 돌탑을 조성했다.

③ 당산나무——마을 입구에 느티나무·은행나무와 같은 정자나무를 심어 마을의 지기가 새는 것을 방지했다.

④ 입석·솟대·장승——경제력이 약한 마을은 풍수와 민간 신앙을 결합한 형태로 수구막이 조산과 돌무더기를 대신해 솟대, 선돌, 장승을 세웠다.

6. 결론

신라 말에 전래된 풍수지리학이 현재까지 우리의 기층 사상으로 뿌리내린 것은 풍수학이 명당만을 선호하는 발복 사상이기 때문은 아니다. 이것은 자연 속에서 좀더 안락한 터를 찾거나 생명 존중, 인륜적 효심과 같은 사상이 그 속에 내포되어 있고, 마을과 도읍의 입지를 정하는 기준 등 우리 생활에 필요 불급한 순기능을 다방면으로 풍수학이 담당했기 때문이다. 단순히 미신이었다면 우리의 의식 속에서 벌써 사라졌을 것이다.

그렇지만 풍수학을 비롯한 동양의 학문은 서구의 과학문명이 인류에게 준 편리와 풍요에 눌려 어느 순간 가치를 인정받지 못했다. 서구의 분석적이고 합리적인 사고방식에 비추어 보아 풍수학이 검증 면에서 한계를 드러냈기 때문이다. 그 결과 풍수학은 미신으로까지 치부돼 외면당하는 위기도 맞았고, 어떤 학자는 매년 여의도만 한 국토가 묘지로 잠식당한다 하여 매장 선호를 부추긴 원흉으로 풍수학을 지목하기도 했다.

하지만 풍수학은 현대에 와 다시 주목받고 있는데, 인류가 직면한 환경 오염이라는 재앙을 치유할 새로운 대안으로 서양에서조차 풍수학에 깊은 관심을 두기 때문이다. 이것은 사람뿐만이 아니라 자연도 그 내재 가치와 고유한 질서를 가지는데, 자연을 개발할 때면 자연의 고유 가치를 살펴 그 질서와 목표에 순응토록 해야 한다는 당위성이 있어서이다. 그리고 자연 생태계 전체와 유기적 조화를 이루는 우리 삶의 질적 향상을 위해서도 당연히 동양의 정신 문화가 서구 기술 문명의 문제점을 치유하고 나아가 인류의 번영된 미래를 위한 대안으로 떠오른 것이다.

풍수지리학은 분명 복을 구하고 화를 피하려는 목적 때문에 다소 초현실적인 요소를 내포하고 있다. 그렇지만 본질은 자연 친화적인 삶 속에서의 경험을 바탕으로 자연의 순환과 땅의 이용에 따른 다양한 사례를 일정한 확률로 통찰함으로서 더 좋은 거주 환경(양택·음택)을 선택하자는 지리적 지혜이다. 따라서 미신이라는 선입감만 버린다면, 현대의 조경학과 생태 건축학의 기본 방향과도 부합되는 내용이 풍부하다.

그러므로 방법론만 새롭게 모델화시킨다면 풍수학은 조경학, 환경학 등 다방면에서 활용이 가능하고, 또 수목 생태학과도 접목시켜 향후에는 "환경 지리학"으로 한 단계 발전할 수 있을 것으로 기대한다.

참고 문헌

고제희, 1996, 『한국의 묘지기행 1』, 자작나무.
고제희, 1998, 『쉽게 하는 풍수 공부』, 동학사.
권영휴, 2001, 「한국 전통주거환경의 풍수적 해석 및 입지평가모델 개발」, 고려대학교 대학원 박사 학위 논문.
김광언, 1993, 『풍수지리(집과 마을)』, 대원사.
박경자, 1997, 『한국전통조경 구조물』, 도서출판 조경.
심우경, 1988, 「조경에서 생태학과 풍수사상의 관계성」, 《한국정원학회지》
이중환, 이익성 옮김, 『택리지』, 을유문화사.
최원석, 2000, 「영남지방의 비보」, 고려대학교 대학원 박사학위 논문.
한국문화상징사전편찬위원회, 1992, 『한국문화상징사전 1』, 두산동아.
곽박, 신평 옮김, 『장경』, 동학사.
복음천, 신평 옮김, 『풍수학설심부』, 관음출판사.
조연동, 유태우 옮김, 『양택삼요결』, 음양맥진출판사.
조연동, 신평 옮김, 『지리오결』, 동학사.
무라야마 지준, 최길성 옮김, 1931, 『조선의 풍수』, 민음사.

● 고제희(대동풍수지리학회 학회장)

3부

울타리 안의 전통생태

10장. 한국 전통 마을의 지속 가능성
- 왕곡마을의 사례

1. 지속 가능성

최근 삶터와 관련해 '지속 가능성'이라는 용어가 많이 사용되고 있다. 말 그대로 오늘날의 거주지가 미래에도 지속되어야 한다는 뜻이다. 이것은 영어의 'sustainability'를 번역한 말인데, 이 단어는 널리 쓰이기 시작한 지 10년도 채 안 되어 현학적인 전문 용어이자 일상생활의 유행어가 되었다.

에너지가 비교적 저렴하게 공급되고 설비 체계가 발달함에 따라서 그간 인간의 거주 공간은 환경적 측면보다는 경제적 논리로 만들어지고 사용되어 왔다. 그 결과, 지구 온난화 등 환경 문제가 전 세계적으로 중대한 문제로 대두되었으며 그에 따라 개발과 환경 보전의 관계를 새롭게 정립할 것이 요구되었다. 이러한 상황에서 1992년 브라질의 리우데자네이루에서는 '환경과 개발에 관한 유엔 회의'가 열렸고 그 때 개발과 환경 보전을 대립적으로 여기던 관념을 대신해 지속 가능한 발전(sustainable development) 개념이 제시되었다.

거주지가 지속 가능하려면 기본적으로 그 안에서의 삶이 환경적으로, 사회적으로, 그리고 경제적으로 지속 가능해야 한다. 경우에 따라서는 지속 가능성을 이루는 부문들이 서로 배치되는 일도 있을 수 있다. 예컨대, 환경적으로는 지속 가능하나 경제적으로는 지속 가능하지 않을 수도 있는 것이다. 따라서 지속 가능성이란 그것을 이루는 여러 부문의 요소들을 서로 조절해 최적의 선택을 해 나가는 것이라고 할 수 있다.

지속 가능성이 최신 개념으로 전 세계적으로 주목받고 있지만 그것은 우리에게 전혀 새로운 이야기가 아니다. 놀랍게도, 250여 년 전에 발표된 이중환의 『택리지(擇里志)』에는 거주지의 지속 가능성에 대한 최근의 개념과 거의 일치하는 내용들이 '가거지(可居地)'라는 개념으로 일목요연하게 정리되어 있다. 이중환은 두 차례 귀양을 가고 떠도는 생활을 하면서 누구보다도 지속 가능한 거주지에 대해서 생각을 많이 할 수밖에 없었던 것으로 보인다. 그 결과, 그는 지리(地理)·생리(生利)·인심(人心)·산수(山水)를 지속 가능성의 요건으로 들었으며 그것들을 조화롭게 구비할 것을 강조했는데, 이는 지금 전 세계적으로 각광받는 지속 가능성의 개념 그대로이다.

먼저, 지리란 땅의 흐름을 말하는 것인데 풍수지리적 입지 조건을 말한다. 요즘 이야기로 하면 환경적 지속성에 해당한다. 다음으로, 생리란 이로움을 얻는 것이니 경제적 지속성을 말한다. 이중환은, 사람이 바람과 이슬을 먹고 살 수 없으며 재물이 하늘에서 떨어지거나 땅에서 솟는 것이 아니라고 말하면서, 농업과 상업에 편리한 곳을 거주지로 택하라고 권한다. 그는 또한 유통을 위해서 교통의 중요성도 강조한다. 일반적인 인식과는 달리, 전통사회의 주거관에서 실용적 측면이 결코 경시되지 않았음을 보여 준다.

그 다음으로, 인심이란 사회 생활의 측면, 곧 사회적 지속성을 말한 것이다. 여기서 이중환은 집터를 선택할 때 풍속과 인심을 살펴야 함을 지적한다. 처음에 맹모삼천지교(孟母三遷之敎)를 예로 들면서 부드럽게 논지를 펴던 그는 붕당의 갈등으로 사대부 마을의 인심이 사나워진 것을 자세하고도 신랄하게 꼬집는 것으로 인심 부분을 마무리하고 있다.

마지막으로 산수는 환경 심리적 측면으로, 집 근처에는 정서를 함양할 수 있는 자연환경이 있어야 바람직하다고 했다. 그러나 산수가 좋은 곳은 생리가 박한 곳이 많음을 지적하면서 우선 기름진 땅이 있는 곳을 고르고 일정한 거리에 산수 좋은 곳을 마련해 두는 방안도 제시했다. 경치가 좋은 곳은 거주지에서 어느 정도 거리가 있어도 때로 찾아가 휴식을 취할 수 있지만 경제 활동은 일상적이기 때문에 경제적 조건이 더 중시되었던 것이다.

언제부터인가 우리 주거는 『택리지』의 전통에서 멀어져서 지속 가능성의 반대 방향으로 가고 있다. 20년이면 당당하게 자신의 집을 철거하고 재개발을 할 수 있는 아파트 단지는 지속 가능하지 않음의 가장 단적인 예일 것이다. 이와 달리 우리의 전통 마을은 대개 수백 년 동안 지속해왔으므로 지속 가능성이 매우 큰 거주지라고 할 수 있다. 이 글에서는 강원도 고성군 죽왕면 오봉 1리 왕곡마을을 대상으로 전통 마을의 지속 가능성을 살펴보고자 한다.

2. 위기를 넘기고 지속하는 왕곡마을

우리 전통 마을들은 근·현대기에 몇 번 지속 가능성의 위기를 맞았다. 지난 100년간 마을의 지속 가능성을 해친 3대 사건을 꼽으라면, 일제의 통치, 한국 전쟁의 파괴, 그리고 새마을 운동의 개발을 들 수 있겠다. 이 사건들로 인해 마을의 물리적 환경만이 아니라 마을에 담긴 전통 문화도 크게 파괴되었다. 그것들은 전국의 마을을 대대적으로 왜곡하고 파괴했다. 한국 전쟁의 파괴력은 다시 말할 필요도 없거니와 근대화를 내세우며 무분별하게 개발을 진행한 다른 두 사건도 전쟁에 버금가는 파괴력을 보여 주었다. 오늘날 비교적 원형이 잘 남아 있는 마을들은 대개 이 세 사건의 영향을 상대적으로 덜 받은 것들이다.

왕곡마을은 그런 마을의 하나인데, 일제의 영향을 그다지 많이 받지 않았으며, 해방 이후 벌어진 두 사건의 영향 또한 크게 받지 않았다. 물론, 왕곡마을도 세 차례의 위기에서 멀리 있을 수는 없었기에, 근대 이후 왕곡마을 역시 그렇게 편히 은거할 수 있는 곳은 아니었다. 게다가 1996년에는 고성 일대를 불바다로 만든 산불로 인해 하마터면 마을이 송두리째 잿더미로 변할 뻔했다. 여기서, 이렇게 아슬아슬하게 버텨 온 왕곡마을을 과연 지속 가능한 마을이라고 말할 수 있는가 하는 의문이 생길 수도 있겠다.

전쟁이든 개발이든 지속 가능성의 위기는 외부 세력이 접근함으로써 발생한다. 그리고 그런 접근은 교통과 통신을 통해 이루어진다. 오늘날 적어도 우리나라에서, 현대의 교통과 통신망에서 자유로운 곳이 있을 수 없다는 사실은 곧, 어떤 지속 가능성의 위기가 있을 때 그것을 완전히 피할 수 있는 곳이 없다는 말이 된다. 이렇게 위기에서 원천적으로 벗어나 있을 수 없는 상황에서, 마을이 지속 가능하기 위해서는 모두가 만나는 위기를 어떻게 슬기롭게 극복하느냐가 관건이 된다. 곧, 지속 가능한 마을이란 조금의 위기도 맞지 않은 마을이 아니라 여러 번의 위기를 맞고도 그것을 잘 피하거나 극복한 마을인 것이다. 이런 면에서, 전쟁과 산불의 가공할 만한 위협을 가까스로 피해서 거주지로서 온전한 모습을 지켜 나가는 왕곡마을이야말로 지속 가능한 거주지의 좋은 사례라고 생각한다.

3. 왕곡마을의 환경적 지속성

3. 1. 겹겹의 영역으로 둘러싸인 마을

왕곡마을이 일련의 위기를 면한 것이 우연이 아니라면, 이 마을에

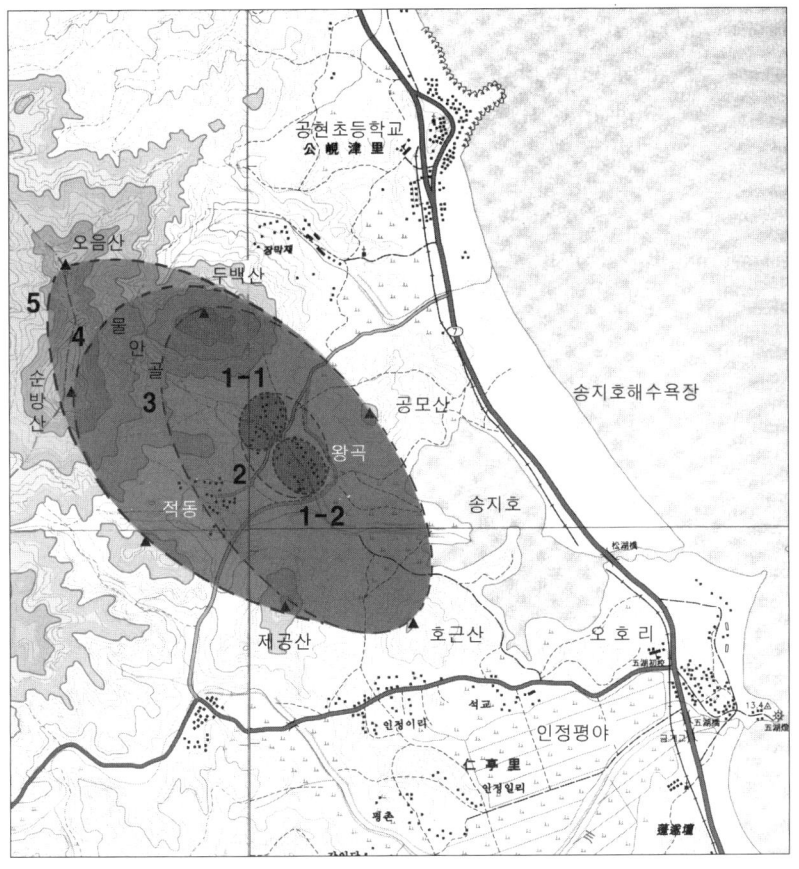

○ —— 그림 1. 왕곡마을의 영역 구성. 표고 100미터 이상의 산이 톤으로 표시되었다. 영역을 관통하는 도로는 다른 도로보다 조금 흐린 톤으로 표현되었는데, 이 도로는 현대에 확장, 포장된 것이다. 1-1. 함씨 영역(일차 영역) 1-2. 최씨 영역(일차 영역) 2. 왕곡마을(이차 영역) 3. 삼차 영역 4. 사차 영역 5. 오차 영역

오늘날에도 교훈이 될 지속 가능성의 지혜가 숨어 있을 것이다. 왕곡마을은 어떻게 일련의 재난을 피할 수 있었는가? 이 의문에 대한 해답은 무엇보다도 왕곡마을이 어떤 입지에 어떤 방식으로 자리 잡고 있는지 살펴봄으로써 얻을 수 있을 것 같다.

왕곡마을에는 남동쪽, 북동쪽, 남서쪽 등 세 곳에 입구가 있다. 마을의 전면, 마을 외곽을 지나는 큰 길에서 안길이 갈라져 나온 지점에

○ ── 그림 2. 왕곡마을 전경. 주거지의 남서쪽 언덕에서 두백산과 북동쪽 마을 입구를 본 모습. 주거지의 주변부와 내부에 텃밭이 많아서 집들이 듬성듬성 보인다.

있는 남동쪽 입구를 주 입구로 보고 나머지를 부 입구로 보면 이야기는 간단하겠으나, 그렇게 보기는 어렵다. 북동쪽 입구에는 소나무가 밀집해 심어져 있어서 입구의 성격이 부각되고 있고 그 가까이에 마을의 중요한 상징물인 '양근 함씨 4세 효자각'이 있어서 북동쪽 입구 또한 마을의 주 입구로서 손색이 없기 때문이다. 결국 북동쪽과 남동쪽의 입구를 서로 대등한 마을 입구로 보고, 인접한 적동마을로 이어지는 남서쪽 입구를 부수적인 입구로 보는 것이 타당하겠다.

　두 곳의 대등한 마을 입구는 마을에 두 영역이 존재함을 암시한다. 주거지의 남동쪽에서 두백산을 향해 올라오는 안길은 함희석 효자비 부근, 곧 북동쪽에서 내려온 마을 접근로가 안길과 교차하는 지점에서 물안골을 향해 서쪽으로 방향을 조금 튼다. 이런 안길의 굴절 또한 마을에 두 영역이 있음을 암시한다. 이런 암시는 주거지에서 성씨의 분포를 조사해 보면 뚜렷한 사실로 드러난다. 약속이나 한 듯, 북쪽 영역에

○── 그림 3. 마을 후면의 산들. 왼쪽의 순방산, 오른쪽의 두백산, 그사이 멀리로 오음산 봉우리가 보인다. 주거지의 전면으로는 계단식 논이 펼쳐진다.

는 주로 양근(강릉) 함씨들이, 남쪽 영역에는 주로 강릉 최씨들이 모여 살고 있다. 이로부터 왕곡마을은 주거지의 중앙, 길의 교차점을 중심으로 남·북의 두 영역으로 구성됨을 알 수 있다. 과거에 북쪽 영역은 금성마을로, 남쪽 영역은 왕곡마을로 그 이름도 달리 불렸다. 이 모든 사실들은 본래 왕곡이 2개의 작은 마을로 구성되었음을 말해 준다.

두 성씨별 영역을 각각 일차 영역이라고 한다면, 그것들을 통합한 영역, 곧 오늘날의 왕곡마을을 이차 영역이라고 할 수 있다. 더 나아가 왕곡마을을 둘러싸는 산봉우리들을 이어 보면 좀 더 큰 영역이 그려진다. 이차 영역을 둘러싸는 표고 100미터 이상의 산봉우리들 다섯을 이어 보면 달걀 모양의 삼차 영역이 드러난다. 그리고 삼차 영역을 이루는 적동마을 뒷산을 순방산으로 바꾸고 적동마을 남서쪽의 산봉우리를 추가하면 북서쪽으로 조금 더 확대된 사차 영역이 된다. 여기에는 용궁 김씨들이 모여 사는 오봉 2리 적동마을이 포함된다. 다시 사차 영역에

○── 그림 4. 마을 전면의 산들. 주거지 후면의 언덕에서 보면, 마을 앞 송지호 쪽으로 공모산(왼쪽)과 호근산이 부드럽게 감싼 모습이 보인다.

북서쪽에 있는 오음산(五音山, 249미터)까지 영역을 확대하면 오차 영역이 된다. 영역이 확대됨에 따라 산봉우리가 하나씩 추가되어 오차 영역의 경계는 7개의 봉우리로 만들어진다.

    삼차에서 오차에 이르는 영역을 만드는 산봉우리들은 그것들로 둘러싸인 일차, 이차 영역을 달걀의 노른자인양 은밀하고 안전하게 숨겨준다. 송지호의 양쪽에 있는 공모산과 호근산 사이는 조금 더 넓게 열려 있으나, 다른 부분에서 산봉우리들은 서로 500~1000미터 정도의 거리를 두고 비교적 고르게 분포해 영역을 허점 없이 감싸고 있다. 북쪽과 서쪽은 특히 표고 200미터 이상의 오음산, 순방산, 두백산이 삼각형을 이루며 가로막고 있어서 겨울철의 찬 바람이 차단되고 더욱 견고한 영역감이 조성된다. 이렇게 왕곡마을은 마치 겹겹의 켜로 이루어진 양파의 속처럼 다섯 켜의 영역들로 둘러싸여 있다.

    왕곡마을 사람들은 마을의 형국을 행주형으로 보는데, 마을 안에서 배의 형상을 연상하기는 어렵다. 그러나 지형도에서 마을을 둘러싸는 영역들을 분석해 보면 삼차에서 오차에 이르는 영역의 모습은 모두 영락없이 유선형의 배이다. 왕곡마을 집들의 높은 굴뚝에서 연기라도 피어오른다면, 마을은 송지호를 거쳐 동해안으로 진수할 채비를 갖춘 거선이 된다.

마을을 겹겹이 에워싸는 영역들의 북서쪽에는 오음산이 버티고 있다. 오음산은 왕곡마을을 둘러싸는 영역들의 주인이 되는 주산(主山)이다. 이 산에 오르면 장현(장막재), 왕곡, 적동, 서성, 탑동 등 산 주위에 분포하는 다섯 마을에서 들려오는 닭 우는 소리와 개 짖는 소리까지 들을 수 있다 해 오음산이라는 이름이 붙었다고 한다. 거꾸로 말하면, 산으로 둘러싸인 왕곡마을은 인접한 마을에서 나는 소음조차 들리지 않는 독립적인 영역이었다. 한편, 오음산은 이 다섯 마을에서 모두 정신적인 의미를 부여하는 산으로, 여기서 관(官)이 주도하는 기우제가 행해지기도 했다. 이때는 짚으로 만든 사람 모양 허수아비를 매장해 희생을 상징했다고 한다.

마을 영역이 높은 산들로 에워싸여 있기에 왕곡마을은 통과 교통에서 벗어나 있을 수 있었다. 그리고 이것은 마을의 영역감이 오랫동안 깨지지 않고 지속될 수 있었던 하나의 이유이다. 지금은 7번 국도에서 갈려나온 이차선의 포장도로가 왕곡마을 앞을 관통하지만 이것은 최근에 나타난 변화이다. 본래 이 삼차 영역은 7번 국도에서 갈려나온 산길로만 접근될 수 있었다.

이같이 뱅 두르는 산들로 겹겹의 영역이 형성되고 그 안에 거주지가 안전하게 숨겨진 것을 왕곡마을이 지속 가능할 수 있었던 첫째 요인으로 꼽을 수 있겠다. 바다에 면한 지역에서 이만큼 아늑하게 숨겨진 장소를 찾기는 매우 어려울 듯하다. 순방산 쪽에서 바라보면, 지형이 낮아진 곳에 있는 공모산, 호근산, 그리고 제공산 등 삼총사가 더욱 오뚝해 보인다.

이중환은 지금부터 250여 년 전 『택리지』에서 거주지가 지속 가능하기 위한 중요한 요건으로 겹겹으로 마을을 에워싸는 것을 들고 있다. 왕곡마을은 이중환이 제시한 이 요건에 꼭 들어맞는 마을이다.

높은 산이나 그늘진 언덕이나 거꾸로 흘러들어오는 물이 힘 있게 마을 터를 막아주면 좋은 곳이다. 막은 것이 한 겹이라도 좋으나, 세 겹, 다섯 겹이면 더욱 좋다. 이런 곳이라야 온전하게 오랜 세대를 이어 나갈 터가 된다.[1]

3. 2. 바람을 가두고 물을 얻다

안길을 따라 올라가 길이 희미해지는 지점에 이르면 각종 새들이 지저귀는 소리와 함께 바람소리와 물소리가 갑자기 커진다. 바람과 물소리 모두 새소리만큼이나 맑다. 거기서 조금 더 산기슭으로 올라가 뒤로 돌아 마을 앞을 내다보면, 송지호와 그 너머 동해가 보인다.

중국의 곽박(郭璞, 276~324년)이 쓴 풍수의 경전인 『장경(葬經)』에 '장풍득수(藏風得水)'라는 말이 나온다. 바람을 가두고 물을 얻는다는 뜻인데, 풍수라는 말이 여기서 시작된 것으로 보인다. 왕곡마을은 절묘하게 장풍득수하고 있다. 마을의 동쪽으로는 송지호 해수욕장이 있는 바다가 가까우나 마을이 우묵한 지형에 있어서 바닷바람이 세지 않다. 또한, 육지바람은 서쪽의 태백산맥이 막아 준다. 주거지의 후면은 방위로 북서쪽에 해당하는데, 이곳에는 기본적으로 대나무가 띠를 이루고 있다. 이 대나무는 흔히 산죽이라 불리는 조릿대이다. 우리가 잘 아는 쭉쭉 뻗는 왕대는 주로 충청도 이남에서 자라는 반면, 조릿대는 추운 지방이나 고지대에서 자란다. 함정균 가옥 뒤로는 키 큰 참나무들이 군집

---

1. 이중환, 이익성 옮김, 1992, 『택리지』, 한길사, 126쪽. 필자가 문구를 일부 수정함.

○ —— 그림 5. 주거지의 북쪽에서 남쪽을 본 모습. 주거지의 북쪽에 열지어 있는 참나무들이 근경(近景)으로 보인다. 더 큰 나무들이 많았으나 산불로 타 버렸다. 중경(中景)의 오른쪽 부분에 주거지의 경계에 심겨진 산죽의 띠가 보인다. 원경(遠景)으로 보이는 우뚝 솟은 산이 마을의 남쪽에 있는 제공산이다.

○ —— 그림 6. 안길. 물안골에서 내려오는 물길의 자연스러운 흐름을 따라 부드러운 자유곡선형의 안길이 만들어졌다.

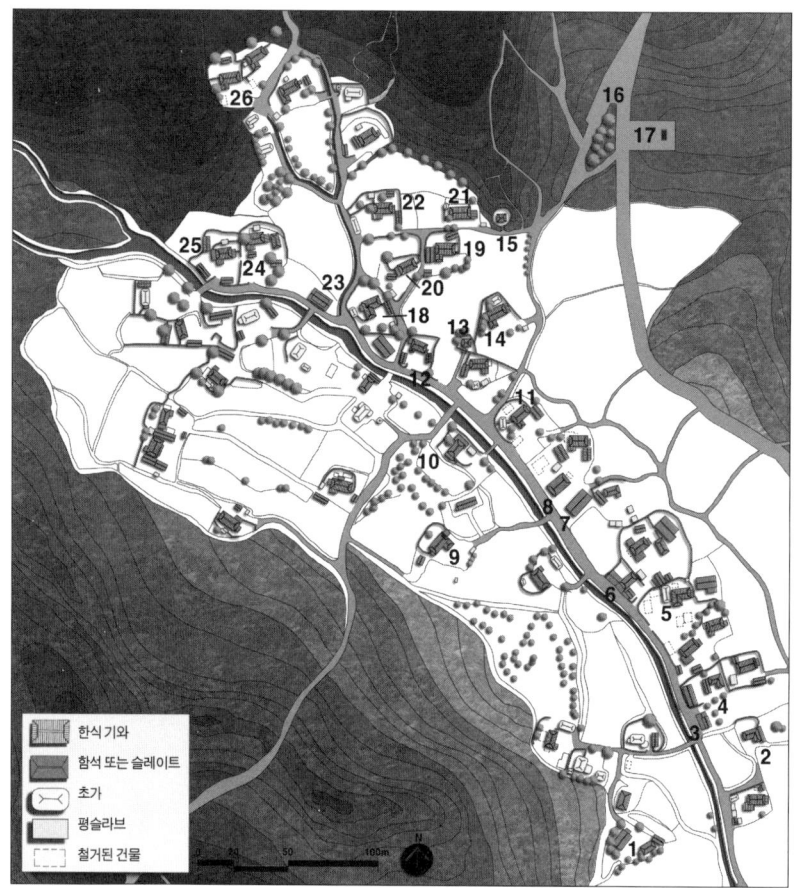

○ —— 그림 7. 왕곡마을 배치도. 1. 오봉교회 2. 함성식 가옥 3. 방앗간 4. 윤종덕 가옥 5. 전윤덕 가옥 6. 최현철 가옥 7. 농협 창고 8. 마을 회관 9. 최창손 가옥 10. 전씨 할아버지댁 11. 함문식 가옥 12. 박두현 가옥 13. 함희석 효자비 14. 함전평 가옥 15. 양근 함씨 4세 효자각 16. 마을 입구(북동쪽) 17. 동학 기념비 18. 함대균 가옥 19. 함형찬 가옥 20. 함호근 가옥 21. 함탁영 가옥 22. 함석영 가옥 23. 건조장 24. 함정균 가옥 25. 함세균 가옥 26. 함용균 가옥

되어서 산죽의 띠와 더불어 마을로 부는 찬 바람을 잘 막아 준다.

마을 뒤의 좁은 계곡을 따라 오음산과 순방산 사이로 파고드는 남동·북서 방향의 긴 골짜기가 물안골(무랑골)이다. 계곡을 따라 논과 밭이 조성되어 있을 정도로 이 골짜기는 길고 깊다. 그래서 이 계곡의 물은 꼭 수량이 풍부하다고 할 수는 없으나 웬만한 가뭄에도 마르지 않는다. 이 물은 왕곡마을 주거지의 윗부분에서 두백산 옆에서 흘러내리는 몇 줄기의 작은 물길과 만나서 하나의 큰 수로를 이룬다. 주거지를 관통하는 이 수로는 과거에 공동 빨래터의 역할도 했지만 지금은 수도가 들어왔기 때문에 집에서 주로 빨래를 한다. 마을을 거쳐간 물은 마을 어귀 너머에서 적동마을에서 내려온 물과 합쳐져 송지호로 연결된다.

물의 궤적을 따라 난 수로가 주거지의 중앙을 자유곡선형으로 관통하고 있으며 이 개울을 따라서 안길 또한 자유로이 곡선을 그리고 있다. 우리 마을에서는 물길이 마을 주거지의 경계에 놓이는 경우가 많은데 그런 면에서 왕곡마을은 예외적이다. 그러나 물길의 북동쪽에 집들이 밀집하고 남서쪽에는 듬성듬성 있는 것으로 보아 먼저 물길의 북동쪽에 주거지가 형성된 후 택지가 부족하자 물길을 넘어 주거지가 확장된 것으로 추정된다. 물길의 남서쪽에는 북동쪽에서 분가한 차남 이하의 집들이 많은 것도 이를 뒷받침한다.

3. 3. 한 몸을 이룬 채와 비밀스러운 뒷마당

왕곡마을의 집들을 보면 일단 두 가지가 눈에 띈다. 하나는 집 앞의 마당에 담이 둘리지 않고 대문도 없다는 점이다. 다른 하나는 채 앞에 툇마루가 없고 문이 기단 위로 높이 설치되어서 그리로 드나들기가 어렵다는 점이다. 이런 점들로 인해 왕곡의 집들은 국토의 반대편에 있는 제주도 성읍마을의 집들만큼이나 색다르게 보인다.

왕곡의 집들이 가진 두드러진 특징은 안채와 사랑채 그리고 마구라고 불리는 외양간이 서로 독립되지 않고 하나의 몸채로 되어 있는 것이다. 이를 본채라고 부르기도 한다. 왕곡의 집은 안채와 사랑채, 앞마당과 사랑마당이 연결되어 있지만 뒤섞여 있는 것은 아니고 미묘하게 분절되어 있다. 채를 이루는 방들 사이에 문이 있어 모두 원활히 연결되지만, 안방과 사랑방 사이에는 문이 설치되지 않는다. 그래서 안방과 사랑방은 마루를 매개로 간접적으로만 연결된다. 다른 방들은 정지, 곧 부엌을 통해서 집밖과 연결되지만, 사랑방은 그 측면에 기단이 조성되거나 툇마루가 설치되어 사랑마당을 통해 별도로 출입된다. 그리고 사랑방의 측면 툇마루 아래에는 함실[2]이 있어서 사랑방은 별도로 난방된다.

본채 앞의 마당은 다른 마을의 한옥들에서 보는 안채로 둘러싸인 안마당과 다르다. 따라서 그것을 채의 앞에 있다는 뜻으로 '앞마당'이라고 부르는 것이 적당하겠다. 앞마당은 그 주위로 담이 둘리지 않고 대문도 없는 매우 개방적인 마당이다. 사랑방 옆으로는 매우 작은 사랑마당이 만들어진다. 사랑마당과 앞마당 사이는 미묘하게 구분될 뿐 담과 같은 차단 요소가 설치되지 않는 것이 보통이다. 예외적으로 함형찬가옥에서는 앞마당과 사랑마당이 물리적으로 나뉘어 있다. 이 집에서 사랑마당은 토석담으로 둘리어 있는데, 앞마당과 사랑마당 사이에는 일각대문[3]이 설치되었다.

본채 뒤에는 뒷마당이 있다. 뒷마당은, 앞마당과 달리, 담이 높이 둘린 폐쇄적인 마당으로 집에서 가장 내밀한 곳이다. 뒷담 바깥의 마을길에서는 뒷마당이 들여다보이지 않아 사생활이 보장된다. 뒷담은 겨울철의 찬 바람도 막아 준다. 이렇게 담은 침입을 방지하는 역할 뿐 아니라 시선과 찬 바람을 차단해 아늑하게 공간을 한정해 주는 역할을 한다. 뒷마당은 그것의 가장자리를 이루는 옹벽의 형태를 따라 보통 반달형이나 사다리꼴로 만들어진다. 집터가 경사지에 조성됨에 따라서 뒷마당 쪽에는 토압을 받는 옹벽 부분이 생기는데 옹벽은 길게 직선일 경우보다 활꼴일 경우 흙이 미는 힘을 더 잘 견딘다. 따라서 뒷마당 후면의 옹벽은 역학적으로 합리적인 모양으로 만들어졌음을 알 수 있다.

2. 아궁이가 있는 간이 부엌.
3. 一角大門. 대문간이 없이 양쪽에 기둥을 하나씩 세워서 문짝을 단 대문.

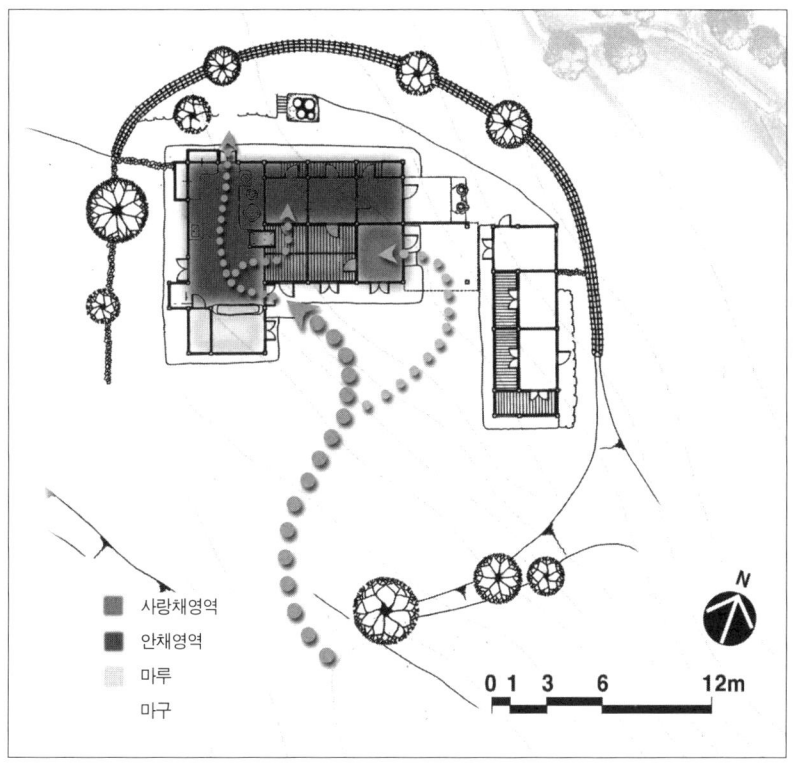

○ ── 그림 8. 함정균 가옥의 영역 구성. 19세기 중엽에 지어진 함정균 가옥은 왕곡마을 집의 전형적인 모습을 보여 주는 집으로 문화재로 지정되어 있다. 안채와 사랑채 영역이 하나의 채로 통합되었으며, 마루가 두 영역을 연결하면서 동시에 분리하는 역할을 한다.

뒷마당은 다른 마을의 한옥들에서 흔히 보는 작은 뒤뜰과 달리 상당히 넓은 공간이다. 그래서 그곳에는 수돗가와 장독대가 설치되고 가사 작업이 행해진다. 그뿐 아니라 꽃나무가 심겨지고 화단이 꾸며지기도 한다. 뒷마당을 조금 더 넓게 만들고 그 안에 부속채를 둔 집들도 많다. 함전평 가옥의 뒷마당에는 초가삼간 형식의 부속채가 있다. 과거에 세 세대(世代)가 한 집에 살 때는 이 부속채에 어린 자녀가 거처했는데 지금은 창고 용도로 쓰인다.

뒷마당은 앞마당과 차단되어 있으며 부엌과 안방을 통해서만 출입

○ ── 그림 9. 함정균 가옥의 뒷마당. 활꼴의 옹벽과 담 그리고 본채로 둘러싸인 제법 너른 마당이다. 반달형 마당의 가운데에 두 단을 높여 장독대를 만들어 놓았다.

이 가능하다. 부엌과 안방은 주로 여성이 사용하는 공간이니, 이것은 뒷마당이 여성의 공간임을 말해 준다. 본채의 앞면에는 툇마루가 없지만 뒷면에는 툇마루가 있는 집들이 많다. 툇마루는 건물과 외부 공간을 연결해 주는 요소이므로, 뒷마당이 본채와 연결되어 활발히 사용되었음을 알 수 있다.

본채의 방들은 성격에 따라 앞마당이나 뒷마당 또는 사랑마당에 면한다. 사랑방은 사랑마당과 앞마당에 동시에 면하고, 공적이고 개방적인 성격의 마루는 앞마당에 면하며, 안방이나 도장(곡물 저장) 공간 같은 사적이고 폐쇄적인 공간은 뒷마당에 면한다. 정지만은 앞뒤의 마당에 모두 면하면서 집을 이루는 공간들을 연결해 아우르는 역할을 한다.

산봉우리는 왕곡마을을 숨기고, 마을은 집을 숨기고, 다시 집은 뒷마당을 숨기고 있다. 마을 밖에서 안으로, 다시 집안으로 시선을 조금씩 옮기면 양파처럼 여러 겹의 공간 켜가 있음을 알 수 있다. 언뜻 보기

○ —— 그림 10. 최창손 가옥의 옆모습. 최창손 가옥의 옆에 있는 언덕에 오르니 본채 뒤의 뒷마당이 눈에 들어온다. 상당히 너른 이 뒷마당에는 장독대가 설치되었고 그 옆에는 백목련나무가 심어져 있어 부드럽고 아늑한 분위기가 조성되었다.

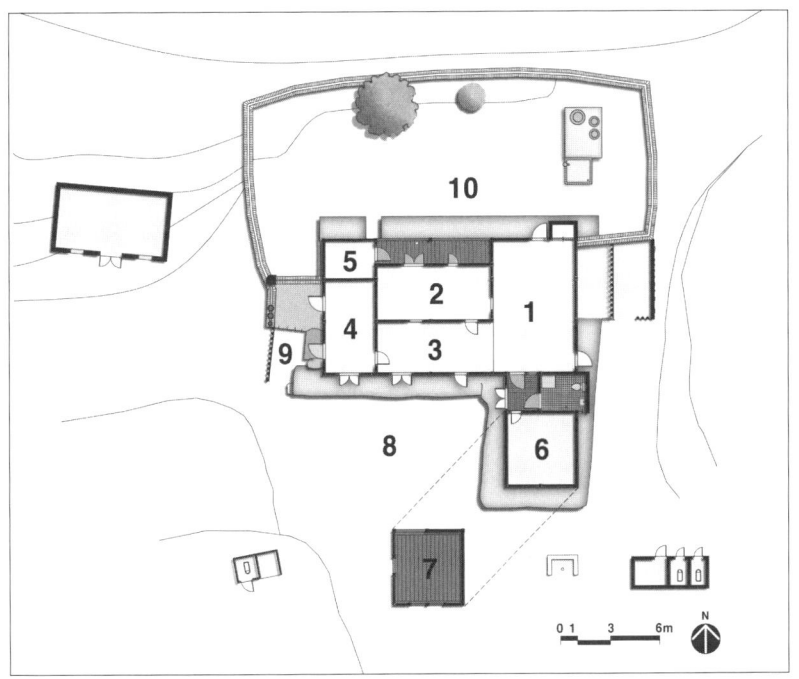

○ —— 그림 11. 최창손 가옥 배치 평면도. 1. 정지 2. 안방 3. 마루 4. 사랑방 5. 도장 6. 마구 7. 다락 8. 앞마당 9. 사랑마당 10. 뒷마당

에, 모든 방들이 마루를 중심으로 모여 있는 왕곡의 집은, 거실을 중심으로 방들이 밀집되어 있는 현대의 아파트와 큰 차이가 없어 보인다. 그러나 크기만 다를 뿐 나름의 성격이 모호한 아파트의 방들과 달리, 왕곡마을의 집에서는 각각의 방이 그 성격에 맞는 마당과 연결됨으로써 집을 구성하는 공간들의 다양한 성격이 뚜렷이 드러난다.

3.4. 겹집의 지속

1971년부터 2000년까지 30년간의 자료를 볼 때, 왕곡마을이 있는 강원도 속초 일대의 가장 추운 1월과 가장 더운 8월의 평균 기온은 각각 영하 0.2도와 영상 23.7도다. 그에 비해 서울의 1월과 8월 평균 기온은 각각 영하 2.6도와 영상 25.4도니, 왕곡마을(북위 38도 20분)이 있는 지역은 그보다 위도가 아래인 서울(북위 37도 34분)보다 겨울철에는 온화하며 여름철에는 건조하고 시원하다. 이 지역의 겨울 날씨가 온화한 것은 겨울철의 일조 시간이 비교적 긴 것과 관련된다. 1월과 8월의 일일 평균 일조 시간을 보면, 서울이 각각 5.1시간과 5.0시간인데 비해 속초는 5.9시간과 5.0시간으로, 겨울철에 이 지역의 일일 일조 시간은 서울보다 0.8시간이 길다.

왕곡마을이 있는 속초 지역의 연평균 상대 습도는 66퍼센트로 중부지방에서 가장 낮다. 이것이 이 지역에서 자주 일어나는 산불과 무관하지 않을 것 같다. 다만, 겨울철에는 눈이 많이 와서 1월의 평균 강수량은 53.1밀리미터인데, 이는 서울의 강수량 21.7밀리미터의 2배를 넘는 수치이다.[4] 왕곡마을에서는 겨울철에 눈이 1미터 이상 쌓여 있는 경우가 많다.

우리의 전통 주택은 여러 가지로 분류할 수 있는데, 그 중 하나는

---

4. www.kma.go.kr 참조. 눈이 올 경우, 강수량은 눈을 녹인 물의 깊이이다.

칸이 집의 깊이 방향(집의 앞뒤 방향)으로 한 켜로 설치된 홑집과 두 켜로 설치된 겹집으로 나누는 것이다. 왕곡마을에 있는 49채의 집들은 모두 겹집이다. 그러면, 왕곡의 집들이 이렇게 한결같이 겹집으로 지어진 이유는 무엇일까? 작고한 함호근 씨의 네 형제가 모두 목수로서 왕곡의 집들 대부분을 지었다고 하는데, 그들은 왜 시기에 관계없이 동일한 유형의 집을 지었을까? 왕곡마을의 집들은 왜 오랫동안 같은 유형을 지속하고 있는 것일까?

겹집은 흔히 추운 지방에서 선택되는 것으로 인식되어 왔다. 겹집은 같은 부피의 홑집에 비해 외피 면적이 작아서 열 손실이 적으므로 함경도와 강원도 등 산악의 추운 지역에 많고, 열 손실이 상대적으로 큰 홑집은 비교적 온화한 지방에 분포한다는 견해이다. 겨울철에 겹집이 홑집에 비해 열 환경적으로 유리한 것은 사실이다. 특히, 왕곡마을의 집들에서는 정지(부엌)와 마루 사이에 칸막이가 없고 정지와 마구 사이는 구유가 가로막고 있을 뿐이어서 정지는 마루 및 마구와 공간적으로 연결되어 있다. 이에 따라 정지의 아궁이와 부뚜막에서 나오는 온기가 마구와 마루로 전달된다. 또한, 정지를 통하지 않고 함실이 있는 측면을 통해서 출입하는 사랑방을 제외하면, 방들은 모두 정지를 거쳐서 출입된다. 마루와 사랑방의 앞쪽으로도 외부로 통하는 개구부가 있으나 그것은 출입을 위한 문이 아니라 밖을 내다보거나 채광과 통풍을 하기 위한 창이다. 기단에서 개구부 하단까지의 높이가 60~70센티미터가 되는데도 디딤돌이 없는 데서 알 수 있듯이, 기단에서 직접 방으로 들어가지 않고 정지를 통해 출입을 했다. 이렇게 정지를 통해 실내로 출입함으로써 겨울철의 찬 바람이 문을 통해 방안으로 직접 유입되는 일이 적어진다.

반면에 여름철에는 겹집이 불리하다. 겹집은 두 켜의 공간(방)이 앞뒤로 겹쳐 있으므로 맞바람이 잘 통하지 않아 홑집에 비해 통풍이 잘 안되기 때문이다. 더욱이 왕곡마을의 집들에서는 부엌 앞에 마구가 있어서 부엌에서도 맞바람이 통하지 않을 것 같다. 그러나 마당의 구성이 이런 문제를 해결해 준다. 여름철 한낮에 뒷마당은 그늘이 지고 따라서 주위보다 기온이 낮아진다. 반면, 개방적인 앞마당은 내리쬐는 태양 복사열로 인해서 기온이 상승한다. 결과적으로 뒷마당의 차가운 공기가 건물의 실들을 통해서 앞마당 쪽으로 이동하게 된다. 바람은 안방의 작은 뒷문을 지나며 속도가 빨라져 안방 전면의 마루 쪽으로 불게 된다. 이렇게 기온의 차이로 일어난 맞바람으로 인해 방안은 시원하게 된다.

겹집은 영세한 경제력 아래서 자연에 대처해 몸을 보호하고 작업 공간을 실내에 확보할 수 있는 유용한 구조이다. 그러나 그것에는 실내와 외부의 연결이 쉽지 않고 통풍과 채광이 불리하다는 단점도 있다. 그래서, 19세기로 접어들면서 서민들의 경제력이 향상되고 생활의 편의를 추구함에 따라 겹집이 통풍과 채광이 유리하고 외부와 연결이 쉬운 홑집으로 대체되는 경향이 나타났다.[5] 그러나 왕곡마을의 집들은 대부분 19세기 중엽 이후에 지어졌음에도 불구하고 겹집을 유지하고 있다. 심지어, 마을의 유일한 가겟집인 최현철 가옥은 1930년대 중반에 지어졌음에도 겹집의 형태를 그대로 따르고 있다.

이렇게 볼 때, 왕곡마을에서 겹집이 지속되고 있는 이유를 기후 때문만이라고 할 수는 없다. 이곳의 겨울철 평균 기온이 홑집이 일반적으로 분포하는 서울보다 오히려 높다는 사실도 그러한 기후 결정론이 타당하지 않음을 말해 준다. 일본에는 겹집과 유사한 평면 구성을 한 전자형(田字形) 집이 많은데 그것은 일본 중에서도 고온 다습한 지역에 분포한다. 그래서 우리는 기후 이외에 겹집을 지속 가능하게 한 다른 이유를 찾지 않으면 안 된다.

근래에도 왕곡마을에서 여전히 겹집이 선택되는 것은, 겹집이 왕곡마을에서 주택 유형으로 정착되는 과정에서 그 장점이 충분히 인식

---

5. 김동욱, 1997, 『한국건축의 역사』, 기문당, 268쪽.

되었고 그것이 대대로 전해졌기 때문이라고 생각된다. 문제는 그 장점이 무엇이냐 하는 것인데, 왕곡마을에서 관찰한 겹집들의 가장 두드러진 장점은, 모든 주거 공간을 하나의 채로 통합해 구성함으로써 집터를 적게 차지하고 동선이 짧아진다는 것이다. 경사가 급한 산지에서 집터를 넓게 조성하기는 어려우며, 눈이 많이 오면 채 사이를 이동하는 것이 더욱 번거롭다는 사실을 생각하면 이것이 큰 장점임을 알 수 있다. 또한, 이런 겹집은 정지와 사랑방을 통해서만 채의 안팎을 드나들므로 본채 그리고 그 뒤의 뒷마당을 쉽게 폐쇄할 수 있어서 주거 공간의 방어와 관리가 비교적 용이하다는 장점도 갖는다. 외진 산간 지역에 있는 왕곡마을에서 과거에 방어는 매우 중요했을 것이다.

4. 왕곡마을의 사회적 지속 가능성 – 두 성씨의 공존

왕곡마을에는 김씨·박씨·윤씨가 각각 한 집, 전씨가 두 집 있을 뿐, 주로 양근(강릉) 함씨와 강릉 최씨가 모여살고 있다. 두 성씨 이외의 이른바 타성(他姓)들은 대개 근래에 이 두 성씨와 결혼 관계를 맺음으로써 마을로 들어왔다. 따라서 왕곡은 두 성씨가 주류를 이루는 마을, 곧 양성(兩姓)마을이라고 할 수 있다.

함씨들이 가장 자랑스럽게 내세우는 선대의 행적은 6명의 효자들을 기리는 2개의 효자비에 나타나 있다. 양근 함씨 4세 효자각(楊根咸氏 四世孝子閣)과 함희석(咸熙錫, 1845~1918년) 효자비가 그것이다. 북동쪽 마을 입구 부근의 산기슭에 세워진 양근 함씨 4세 효자각은 함성욱으로부터 4세에 걸쳐 5명의 효자가 부친에게 단지주혈[6]한 사연을 담고 있다. 이 효자각은 그 사연 못지않게 생김새의 자연스러움이 마음을 끈다. 효

---

6. 斷指注血. 손가락을 잘라 절명하려는 부모의 입에 피를 넣어 드리는 일.

○ —— 그림 12. 양근 함씨 4세 효자각. 지형에 박힌 듯이 자연스러워 보이는 이 효자각은 자연스러운 타원형의 담으로 둘러싸여 있다. 홍살문, 팔작지붕, 겹처마, 단청, 이 모든 장식적 요소들이 단칸의 이 건물이 갖는 상징성을 말해 준다.

자각을 둘러싸는 낮은 담은 땅에서 자라난 듯하다. 여기서 자연스러움이 느껴지는 이유는, 담에 사용된 돌이 주변에 널린 것들과 같은 점, 그리고 마치 산들이 왕곡마을을 불규칙한 타원형으로 둘러싸듯 담이 경직된 기하학적 형태에서 탈피해 자연스런 타원형으로 비각을 둘러싸는 데 있다.

반면, 최씨들은 마을 공간에 이렇다 하게 내세운 것이 없다. 과거에 경제력도 함씨들에 비해 한층 떨어졌던 것 같다. 일제 시대 최씨들이 함씨들의 땅을 소작하기도 했다는 마을 사람들의 이야기로 미루어 볼 때, 대부분 자신의 농지를 소유한 자작농이었던 함씨들과 달리 최씨들은 대체로 소작농이었던 것으로 보인다. 이런 경제적 조건의 차이에 따라 해방 직후에 함씨들은 우익적 성향을, 최씨들은 좌익적 성향을 띠는 경향이 있었다. 비록 이렇게 두 문중 사이에 힘의 균형은 이루어지지 않았으나, 그것이 별다른 문제가 되지는 않았던 것으로 보인다. 양성 마을에서 있을 법한 두 문중 사이의 미묘한 경쟁도 감지되지 않는다. 마을에서 좌우익이 나뉘는 민감한 상황에서도 두 성씨 사이의 갈등은 별달리 노출되지 않았다. 왕곡은 그만큼 하나의 공동체로서 존재했던 것이다.

그럼 양성 마을, 왕곡은 어떻게 사회적으로 지속 가능했던 것일까? 그 단초를 입향(入鄕)의 사연에서 찾을 수 있지 않을까? 함씨와 최씨 모두 14세기 말 비슷한 시기에 마을에 들어온 것으로 전해진다. 최씨들이 이 마을로 들어온 직접적인 이유는 알려져 있지 않지만, 왕곡마을의 입지 조건으로 보아 그들도 함씨들과 마찬가지로 은거지를 찾아 들어왔을 것으로 추측된다. 그래서 이 두 가문은 무엇보다도 은거지를 찾아들어온 조상들의 절박한 심정에 서로 공감하며 혈연의 한계를 뛰어넘는 동병상련의 동질감을 느껴 온 것이 아닌가 한다.

왕곡마을의 공동체 의식 형성에 좀 더 확실하게 기여한 것은 마을의 번영과 풍년을 비는 제사, 곧 동제(洞祭)였다. 많은 마을들에서 동제가 음력 정월 보름날 열리는데, 왕곡에서는 보통 서낭제라 불리는 동제가 매년 음력 1월3일에 열렸다. 다른 마을들보다 조금 일찍 한 해를 경건하게 시작하는 의식을 치렀던 것이다. 서낭제를 지내는 서낭당은 원래 주거지의 북동쪽, 마을 입구에 있던 당목이었는데 한국 전쟁 때 그 나무가 베어져서 두백산 중턱에 있는 소나무로 위치가 옮겨졌다.[7] 마을 사람들이 모두 참여하는 서낭제는 왕곡마을의 가장 중요한 공동 활동으로서 마을이 통합된 하나의 공동체였음을 보여 준다. 은신처인 마을의 안녕을 위협하는 것들을 겪으면 겪을수록 마을 사람들은 서낭제의 필요성을 더 느꼈을 것이다.

서낭제는, 모든 마을의 동제가 대개 그렇듯이, 평등한 행사이다. 제사를 주관하는 제주(祭主)는 특정한 신분이나 문중에서 세습하지 않고

---

7. 강원도 고성군, 2001, 《고성 왕곡마을 보존방안 학술조사연구 보고서》, 49쪽.

그 해에 부정(不淨)한 일이 없는 집의 가장(家長) 중에서 선출하며, 제사의 준비와 진행 과정에도 모든 마을 사람들이 평등하게 참여한다. 비용 또한 마을 사람들로부터 균등하게 갹출한다. 마을 사람들은 이렇게 서낭제를 같이 올림으로써 같은 동신(洞神)의 가호 속에 살아가는 운명 공동체임을 느꼈을 것이다.

서낭제는 사회적 지속성을 위한 장치로서 큰 의미를 가진 만큼 소를 잡아 제물로 올리고 아주 성대하게 지냈다. 근래에는 간소화되어 소의 머리와 네 족을 사서 제사를 지냈는데, 1996년의 산불로 당목이 타버림에 따라 그마저도 중단되었다. 산불은 자연환경을 파괴할 뿐만 아니라 마을의 사회적 환경까지도 위협하고 있는 것이다. 과연 마을 사람들이 자발적으로 또다시 당목을 지정하고 서낭제를 부활해 사회적 지속 가능성을 살려갈 것인지 그 귀추가 주목된다.

서낭제와 함께 평등한 마을 공동체를 이루는 데 기여한 것으로 집의 형태를 들 수 있다. 전통적으로 주택에서 신분을 상징하는 대표적인 요소가 지붕과 대문이었다. 그런데 왕곡마을의 집들은 대개 팔작지붕의 기와집이고 모든 집에 대문이 설치되지 않았다. 집이 서로의 신분을 드러내지 않음으로써 마을 사람들의 평등한 관계에 적잖이 기여했다고 본다.

5. 왕곡마을의 경제적 지속성

다른 모든 조건이 좋아도 경제적인 안정이 얻어지지 않으면 그곳은 거주지로서 지속될 수 없을 것이다. 이런 면에서, 오래 지속된 왕곡마을이 경제적 지속 가능성을 가지고 있음은 쉽게 짐작할 수 있다. 전통 농경 사회에서 경제적 안정은 충분한 면적의 농토가 없이는 확보될 수 없었다. 그래서 주변에 농지가 많은 마을이 대개 부촌이고, 농지가

○ ── 그림 13. 함성식 가옥의 문전옥답. 풍요로움의 상징으로 이야기되는 문전옥답은 마을의 경관을 아름답게 하는 요소이기도 하다.

적고 척박한 곳에 있는 마을은 대개 빈촌이었다.

현재 왕곡마을 사람들은 마을과 동해 사이에 있는 송지호에서 재첩을 채취해 전국으로 판매함으로써 상당한 소득을 올리고 있다. 하루에 가구당 60킬로그램의 재첩을 채취할 수 있는데, 킬로그램 당 가격이 1500원이니 종일 채취하면 9만 원을 번다. 농촌의 소득으로는 적은 액수가 아니다. 그러나 이것은 불과 몇 년 사이의 일이며 여름 한 철만 재첩의 채취가 허용되니 그것이 주 소득이 되기는 어렵다. 왕곡마을 사람들의 주업은 예나 지금이나 대부분 농업이다. 따라서 왕곡마을의 경제적 지속성을 살펴보기 위해서는 먼저 농경지의 분포를 파악해야 한다.

왕곡마을의 주거지 안, 가옥과 가옥 사이에는 텃밭이 있는데 그것들을 모두 합하면 상당한 면적이 될 것이다. 이 텃밭들은 지형의 경사를 따라 계단식으로 조성되어 있는데 오랜 시간을 두고 애써 개간한 땅임을 알 수 있다. 텃밭으로 인해 왕곡은 일반적인 집촌 형태의 마을보다 가옥 밀도가 낮다. 논은 주거지 주변부를 비롯해서 7번 국도에서 마을에 이르는 골짜기, 그리고 마을 앞에서 송지호까지 남동쪽으로 펼쳐져 있다. 특히 제공산과 호근산 너머에는 매우 넓은 인정 평야가 있는데 그중 많은 부분은 이 마을 사람들 소유이다. 강원도에서 이만한 농토가 있는 곳을 찾기가 쉽지 않을 것 같다.『택리지』에는 "깊은 산중이라도 들이 펼쳐진 곳이라야 제대로 된 터가 된다."라는 말이 있는데, 왕곡마을이 바로 그런 곳이다.

비교적 너른 들을 갖춘 왕곡마을은 농가 소득도 높은 편이어서 일제 시대에는 '자력갱생 모범 부락'으로 꼽혀 도백(도지사)이 자주 다녀갔다고 한다. 1960년대에 마을의 방앗간을 갖추었고 1970년대에는 상당히 큰 농협 창고를 지었으며, 1990년대에는 주거지 안쪽에 수확한 벼를 말리는 건조장까지 설치하는 등 쌀 관련 시설을 지속적으로 설치해 온 데서 마을에서 거두어들이는 곡식의 양이 여전히 상당함을 짐작할 수 있다.

경제력은 집에도 반영되었다. 거의 대부분의 집에서 본채가 기와지붕으로 되어 있는 것, 과거에 재산 가치가 컸던 소를 집집마다 길러서 본채에 마구를 설치한 것 등은 모두 마을의 경제력을 보여 준다. 특히 자작농으로서 경제적으로 흥했던 함씨들의 집에는 경제적인 여유를 보여 주는 요소들이 많다. 함정균 가옥을 보면, 집에 쓰인 재목들이 모두 굵직굵직하며, 마루의 한 켠에는 보기 드물게 큰 뒤주가 붙박이로 설치되어 있다. 또한, 지금은 흔적만 남아 있지만, 집 앞에는 개인용 디딜방아가 있어서 수확량의 규모를 짐작하게 한다.

왕곡마을의 주택들에서 조형적으로 가장 눈에 띄는 것은 굴뚝이다. 굴뚝은 토담을 쌓는 방식으로 탑처럼 만들어졌는데, 그 크기와 중량감은 웬만한 봉수대와 맞먹는다. 이런 굴뚝들은 마을의 경관에 토속적이면서 묵직한 느낌을 주는데, 이는 다른 마을에서는 보기 힘든 모습이다. 왕곡마을에는 바람이 많이 불어서 바람이 굴뚝으로 역류해 들어

○── 그림 14. 박두현 가옥의 굴뚝. 굴뚝은 본채 주위를 두르는 담과 일체가 되어 있으며 팔작지붕과도 조화를 이룬다. 위로 올라갈수록 작은 돌을 사용해 쌓아서 안정감 있게 보인다.

오는 것을 막으려고 굴뚝을 높이 만든 것으로 보인다. 그러나 이것은 높이에 관한 설명일 뿐, 이렇게 심혈을 기울여 굴뚝을 만든 것에 대한 설명은 되지 못한다. 거기에는 필시 다른 상징적인 이유가 있을 것이다.

굴뚝 밖으로 나는 연기는 거주자의 존재를 확인시켜 주고 밥을 지을 수 있는 형편을 말해 준다. 주택의 굴뚝은 밥을 짓는 연기를 내뿜음으로써 풍요로운 생활을 상징하기 때문에 충남 논산시 노성면에 있는 윤증 선생 고택과 같은 성리학자의 집에서는 그것을 높이 설치하는 것을 자제하기도 했다. 모두가 어려웠던 시절, 높은 굴뚝이 주변에 자칫 이질감을 줄 수도 있었기 때문이다. 이런 면에서, 조형적으로 강조된 굴뚝은 왕곡마을의 경제적 지속성을 상징하는 것으로 볼 수 있다. 모두들 어느 정도 먹고살 만했기에 높고 큰 굴뚝을 통해서 경제적 안정감을 드러내는 것을 주저하지 않았던 것으로 보인다.

왕곡마을의 굴뚝 디자인은 모두 조금씩 다르고 각기 특색이 있다.

○──── 그림 15. 함세균 가옥의 굴뚝. 왕곡마을에서 가장 아름다운 비례를 갖춘 굴뚝이다.

돌과 흙으로 쌓여져 담과 일체가 되고 팔작지붕과 완벽한 조화를 이루는 박두현 가옥의 굴뚝같이 조화의 미를 보여 주는 것이 있는가 하면, 함세균 가옥의 굴뚝 같이 옛 산성의 봉수대처럼 쭉 뻗어 오른 단순한 형태로 강한 생명력을 상징하는 것도 있다. 함세균 가옥의 굴뚝은 기와를 겹겹이 쌓아올려 만들어졌는데 꼭대기에 올려진 잘 생긴 장독이 마치 봉화의 불꽃처럼 보인다. 홀쭉하지도 뚱뚱하지도 않은 건강한 모습의 이 굴뚝은 왕곡마을 굴뚝의 최고봉이라고 할만하다.

굴뚝은 이렇게 상징성과 조형성을 가질 뿐만 아니라 영역을 나누는 공간 구성 요소의 역할도 한다. 함형찬 가옥에서 보듯이, 뒷마당과 사랑마당 사이에 있는 큼직한 굴뚝은 성격이 다른 두 공간을 분명하게 나누어 준다.

6. 왕곡마을은 지속될 것인가 - 보존과 보전

왕곡마을은 우리나라에서 문화재로 지정된 여섯 개 민속 마을 중 가장 늦게, 2000년에 외암마을과 함께 국가 문화재인 중요 민속 자료로 지정되어 민속 마을에 합류하게 되었다. 마을 인구는 1986년에 280명이던 것이 점점 줄어 2004년에는 117명 45가구가 되었다. 18년 만에 인구가 절반 이하로 줄었으니 사회적 지속성의 위기가 아닐 수 없다. 그 위기는 민속 마을 정책이 주민들의 생활에 가하는 제약과 무관하지 않다. 그런 제약 중 가장 심각한 것은 집의 원형을 유지하도록 강요하는 것이다.

다른 문화유적과 달리 일상생활이 이루어지는 주거에 있어서 원형 유지 또는 복원 문제는 대단히 풀기 어렵다. 과거에 고정된 주택에서 현대의 생활을 영위한다는 것은 불가능에 가깝기 때문에 원형의 유지를 추구하는 민속 마을에서는 필연적으로 거주자의 생활 문제가 대두되게 된다. 왕곡마을에서도 애써 살 만하게 수리한 집을 원상복귀하라는 당국에 대한 불만의 소리가 높다.

결국 해법은 원 거주자를 이주시키고 문화재 당국 또는 지방자치단체가 주택을 매입하는 것, 아니면 현대의 주거 생활이 영위될 수 있

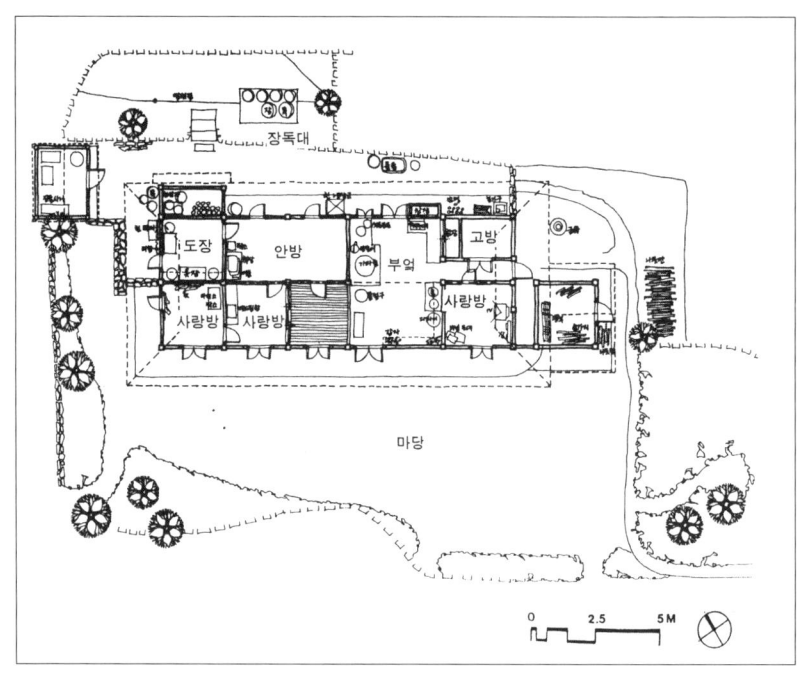

○ ── 그림 16. 1986년의 함탁영 가옥 이용 행태도(자료: 무애건축연구실, 『파주·고성 농촌주거 실측조사보고서』, 1987)

도록 부분적으로 원형의 변경을 허용하는 것, 이 두 가지 중에서 선택할 수밖에 없다. 문화재의 원형을 조금도 변경할 수 없도록 규정한 현재의 문화재 관련 법규에 따르면 후자는 허용되지 않는다. 그래서 왕곡 마을에서도 군(郡)에서 집을 수리한 다음 매입하고 관리와 활용은 외부 전문회사에 위탁하는 방법을 택하고 있다. 그러나 민속 마을이 진정으로 성공하기 위해서는 후자의 방법을 택해야 한다고 본다. 전자의 방법은 주거 공간을 박제된 문화재로 전락시키는 것인데, 사람이 살지 않는 그곳에서 어떠한 역사적·문화적 분위기를 경험하고 생생한 교훈을 얻기는 어려울 것이기 때문이다.

그러면, 마을과 주택들이 문화재로서의 가치를 유지하면서 거주자들의 생활을 수용할 수 있는 방안은 무엇인가? 그 방안이 있다면 민속

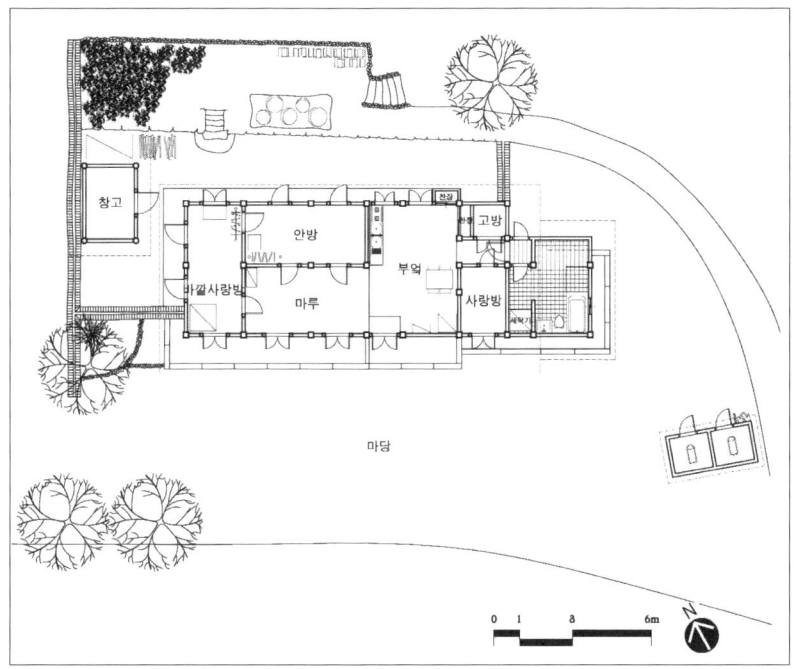

○──── 그림 17. 2004년의 함탁영 가옥 이용 행태도

마을에서도 현대의 생활을 영위할 수 있을 것이므로 민속 마을은 진정 지속 가능하게 될 것이다.

현지 조사를 통해, 거주자들의 다수가 70대 이상의 노령층이며, 그들은 50센티미터 가까운 단 차이가 나는 안방과 부엌을 자주 다니는 것을 매우 힘들어함을 알 수 있었다. 젊은 사람들은 운동이 된다고 좋아할지 몰라도, 노인들에게 수직 이동은 매우 힘겨운 일이다. 그래서 함탁영 가옥에 혼자 사는 김씨 할머니는 정지(부엌)와 욕실로 개조된 마구 사이에 있는, 사랑방이라 부르는 방으로 거처를 옮겼다. (그림 16, 그림 17 참조) 이로써 안방에서 마루와 정지를 거쳐 마구를 오가는 긴 동선을 단축하고 수직 이동도 줄였다. 겹집으로 집이 어두운 것도 문제다. 이전과 달리 이제는 방안에서 지내는 시간이 길어졌기 때문이다. 그래서 부얼문 등 나무판자로 된 판문을 유리를 낀 알루미늄 섀시 문으로 바꾸어 집안을 밝게 한 집이 많다. 또한, 많은 집들에서 마구를 욕실로 바꾸고 마구와 정지 사이에 현관을 만들었다. 정지는 바닥을 높여 다른 방들과 높이를 같게 하고 입식 부엌으로 만들었다. 이 같은 현지 조사 자료를 바탕으로 전통 마을을 지속 가능한 주거 공간으로 유지하는 방안이 마련될 수 있을 것이다.

역사 문화적으로 의미가 큰 마을을 민속 마을로 지정해 '보전'하는 것은 필요한 문화 정책이라 생각한다. 자본주의의 논리에 맡겨서는 어떤 마을도 그 고유한 모습을 유지할 수 없을 것이기 때문에 관의 개입은 어느 정도 불가피하다고 본다. 그런데, 여기서 보전(保全, conservation)이란 보존(保存, preservation)과는 다른 말이다. 두 말이 비슷해서 혼용이 되기도 하지만, 엄밀한 뜻은 서로 다르다. 전자가 원형의 근간을 유지하며 새로운 조건에 맞게 다소의 변경을 수용하며 유연하게 유지·관리해 나가는 것을 말하는 반면, 후자는 원형을 그대로 유지하는 것을 말한다. 여기서 보존 대신 보전이라는 용어를 쓰는 것은, 민속 마을이 과거의 일정한 시점에 얼어붙은 하나의 화석이 되어서는 곤란하다는 뜻에서이다. 그래서는 마을이 생명력을 가질 수 없기 때문이다. 민속 마을들은 비유컨대 살아서 두께를 더해 가는 화석이 되어야 한다. 왕곡 마을로 말하자면, 그것의 시계가 19세기 중엽에 완전히 멈추어서는 안 되며, 19세기의 요소들을 풍부하게 가지고 있는 현대 마을이 되어야 한다는 것이다. 그러기 위해서는 주민들의 생활을 세심히 살피는 정교한 정책이 수립되어야 한다.

이제 우리의 전통 마을에서, 심지어 이른바 민속 마을에서도, 필요한 것은 복원보다는 지속이 아닐까 한다. 산불이 난 곳에 급히 심은 소나무들이 잎이 누렇게 되어 죽어 가는 것을 보았다. 산불로 민둥산이 된 것이 보기 싫다고 성급히 나무를 심고 있지만 그것이 오히려 생태계의 질서를 교란시켜 산림의 회복을 더디게 한다는 것이 산림 전문가들의 지적이다. 숲이 어느 정도 자연 복원되어 토양의 양분이 복구될 때까지 나무를 심지 않는 것이 낫다는 것이다. 사람들이 마을에 사는 모습도 오랜 세월을 두고 그 토양에 맞게 형성된 것이다. 거기에 섣불리 외적인 충격을 가하게 되면, 무리한 식목으로 산림 생태계가 교란되듯 그들의 삶이 혼란을 겪게 될 것이다.

마을을 보존하려는 관(官), 보존된 마을을 보고 싶어 하는 사회, 무엇보다도 주민들이 안심하고 살 수 있는 지속 가능한 마을을 이루는 것이 중요하다.

● 한필원(한남대학교 건축학부 교수, ATA 대표)

11장. 전통 정주지 낙안읍성의 지속성 분석

1. 마을 개요

전라남도 승주군 낙안면 낙안읍성은 면적 13만 5000제곱미터, 가구 수 253호(최대 거주 가구 수)의 전통 마을로 동북쪽으로는 지리산과 서쪽으로는 무등산, 남쪽으로는 낙안 평야가 맞닿아 있다. 낙안이라는 지

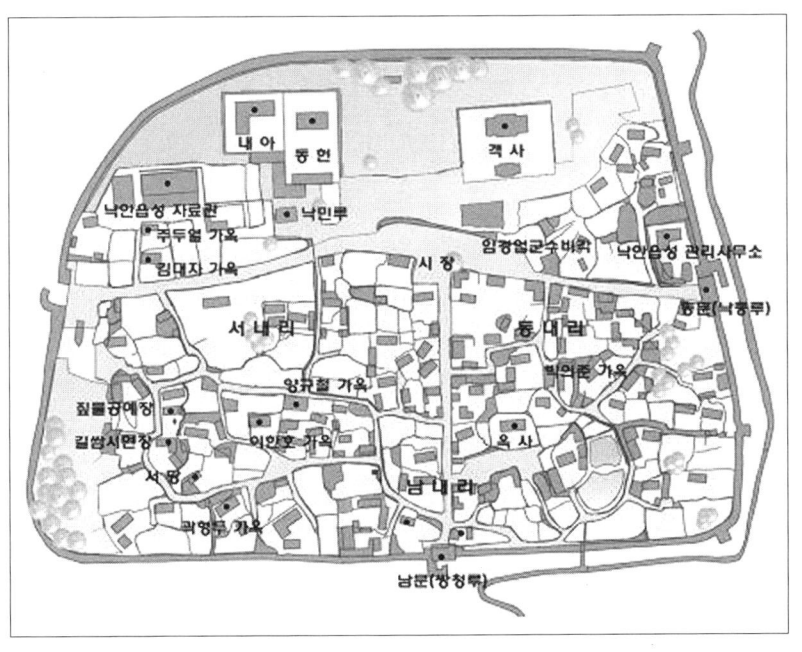

○ ── 그림 1. 낙안읍성 지도

명은 낙토민안, 관악민안이라 해 땅이 기름져 곡식이 많고 백성이 편안한 생활을 한다는 뜻으로 예로부터 남도의 중요한 곡창지대였다. 이로 인해 왜구의 침입이 잦았고 조선 태조 6년에는 이 고장 출신인 김빈길이 의병을 일으켜 토성을 쌓아 토벌했다는 기록이 있다. 이후 인조 4년에 군수 임경업이 토성을 석성으로 중수해 오늘에 이르고 있다.

낙안읍성의 성곽은 남쪽 460미터, 북쪽 340미터, 동서가 각각 300미터로 총 1400미터에 이르며 성내의 면적은 4만 1000여 평에 이른다. 성곽의 북쪽에는 낮은 구릉이 있고 대밭과 숲이 있어 서북풍을 막아 준다. 성내는 동내리, 서내리, 남내리 3개의 마을로 구성되며, 1983년 6월 14일 사적 제 302호로 지정되기 전 200여 호에 인구 800여 명이 거주했으나, 사적지로 지정되고 복원 사업이 시작된 후 현재는 85호에 약 230여 명이 살고 있다.

조선 시대 일반적인 읍성의 구조를 보면 성곽 북쪽에 행정관서인 동헌을 두고 남문안 사람이 많이 모이는 장소에 시장을 설치했으며, 성안 중앙에 관아를 배치했다. 그러나 낙안읍성은 이와 같은 조선 시대의 읍성 구조와는 몇 가지 다른 모습을 볼 수 있다. 동문과 서문을 잇는 길과 남문에서 관아로 통하는 길이 만나는 곳에 시장이 있는 것은 다른 읍성과 일치하나, 객사는 성안 북쪽에 위치하고 동헌은 객사의 서쪽에 있다. 그 이유는 조선 시대 일반적인 읍성이 남문을 이용한 데 비해 낙안읍성은 지리적 여건상 동문을 주요 문으로 사용했기 때문으로 추측된다.

1. 1. 마을의 구조

1. 1. 1. 도로 체계

성내 마을의 길들을 보면 주도로인 동문과 서문을 잇는 길과 남문에서 북쪽으로 올라오는 길이 일직선으로 뻗어 ㅜ자형으로 만나며, 길

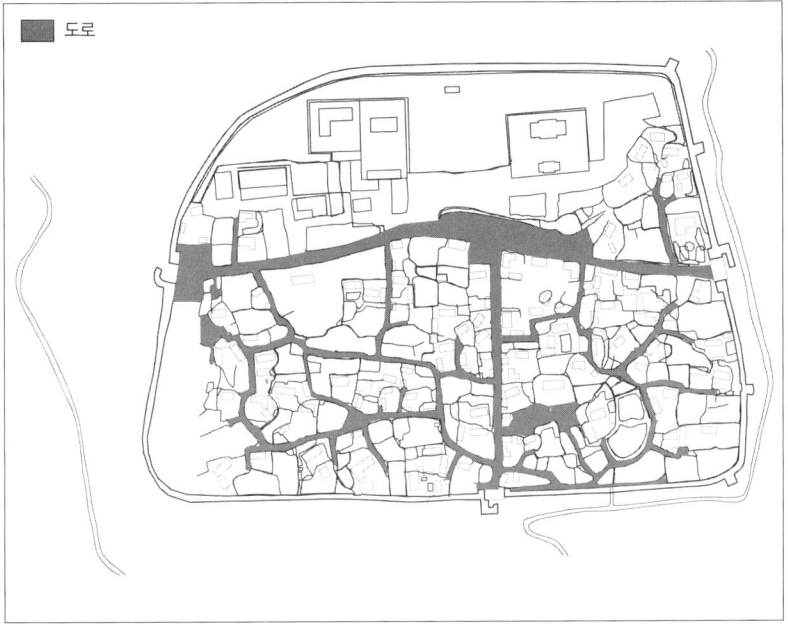

○ ── 그림 2. 낙안읍성의 도로 체계

○ ── 그림 3. 낙안읍성의 수체계

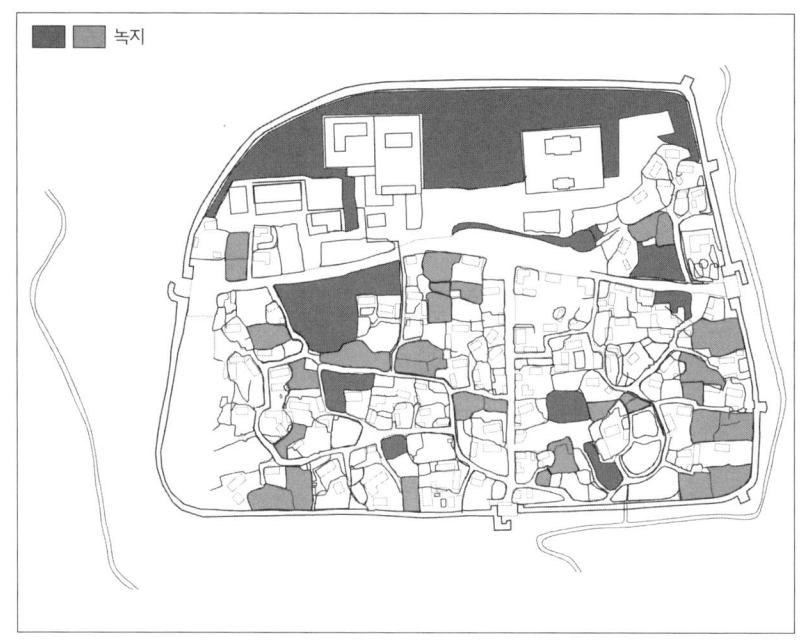

○──── 그림 4. 낙안읍성의 녹지 체계

이 만나는 곳에는 관아가, 길 주변으로 시장이 형성되어 있다. 이 길들을 중심으로 안길들이 그물형으로 각 주호를 연결하고 있다.

1. 1. 2. 수체계

낙안읍성의 수체계는 환경적인 면에서 큰 의미를 지니는데 자원의 이용과 환경의 오염 방지 측면에서 우수하다. 낙안읍성의 수자원은 우수와 인근 산에서 내려오는 물로, 연지를 거쳐 생활 오수를 정화해 외부로 배출하는 시스템이 갖추어져 있다.

1. 1. 3. 녹지 체계

읍성 서측부 구릉지에 식재된 대나무숲과 관아 북측의 노거수림은, 진산으로부터 불어오는 북서풍을 막아 주는 방풍림의 역할을 하도록 계

○──── 그림 5. 중심 도로변의 노거수

○──── 그림 6. 마을 우물터

○──── 그림 7. 중심 도로변 상가

획되었고 각 주호의 텃밭과 함께 미기후 조절의 역할도 하고 있다.

2. 낙안읍성의 사회적 지속성

2. 1. 커뮤니티 형성을 도모하는 마을 조직 및 공공 시설

2. 1. 1. 공공 시설

① 마을길이 모이는 공간——기존의 전통 마을과 달리 엄격한 도시 계획을 통해 조성된 중앙의 간선 도로와 남쪽으로 향하는 간선 도로의 결절점은 마을 공동체의 중추적인 역할을 담당했을 것으로 예상된다.

② 우물터——기존의 공용 공간이 남성 위주의 공간으로 형성되었다면 읍성의 중앙에 위치한 마을의 우물터는 여성의 공동 공간으로 사

○── 그림 8. 낙안읍성 보존회 산하 민속 예술단

용되어 왔다. 우물터가 읍성의 중앙 한 곳만 존재하고 있었기 때문에 여성들을 위한 공동체 공간으로의 중요도가 높다.

③ 시장──낙안읍성의 시장은 다른 전통 마을에서 찾아 볼 수 없는 특징으로 마을의 규모와 더불어 행정의 중심에 위치하며 거래의 중심이며, 정보 교환의 중심으로 자연스럽게 주민의 공동체 공간의 역할을 하고 있다.

2. 1. 2. 마을 조직

① 상포계──마을 내부적으로 형성된 단체로 마을 주민의 관혼상제를 관리하는 조직으로 주민의 생활에 직접적으로 관여해 주민 간의 공동체를 조성, 유지하는 조직이다.

② 사단법인 낙안읍성 보존회──읍성 내부의 자치적 관리 조직으로 상포계와 더불어 주민 생활과 직결된 문제를 관리하는 조직으로 마

○──── 그림 9 임경업 장군 비각

을의 사적 지정과 함께 결성되어 정월대보름의 민속 놀이 대회, 낙안 민속 문화 축제 등을 개최해 마을 홍보와 관광 자원 가치를 높이는데 힘쓰며, 임경업 장군 추모제향과 마을의 관혼상제를 지원해 공동체 의식을 고취하고 있다. 또한, 순천시로부터 장터 난전을 임대받아 주민의 의료비, 장제비 지원 등의 공공 사업과 낙안읍성의 환경 정비 사업을 시행해 마을의 사회적 지속성을 높이고 있다.

2. 2. 역사·문화적 유산의 보존

① 임경업 장군의 비각──기존의 자연 발생적인 전통 마을에서는 입향조가 필연적인 반면, 낙안읍성은 중앙 관리에 의해 계획된 마을이기 때문에 입향조가 없는 대신 임경업이라는 신화적 인물이 마을의 정신적 수호자로 존재하고 있다. 기존의 입향조가 마을에서 양반층의 정

○──── 그림 10. 낙안읍성의 주거

신적인 지주였던 데 비해 임경업 장군은 주민 전체에게 고루 인식되었던 인물이라 주민들의 연대 의식을 높여 주었으며 사회적 지속성을 가능케 했기 때문이다. 임경업 장군의 업적을 기리기 위한 비각은 마을 주민의 정신적 지속성을 유지시키는 연결 고리의 역할을 한다.

② 보존 가옥, 성벽, 우물──낙안읍성은 전체가 하나의 문화재로 존재한다. 민속 마을 지정 이후 초가집으로 개축된 기존 가옥을 포함해 전체 가옥과 더불어 형성된 가로망, 기타 시설 등 전체가 잘 보존되어 있다. 또한, 주거지 전체에 걸쳐 형성된 낮은 담장은 낙안읍성이 성벽으로 둘러싸여 있어 범죄율이 낮은 데에 기인하며, 대부분의 주민이 군인계층으로 생활 수준이 비슷해 낮은 돌담과 함께 공동체 의식을 고양시키는 요인이 된다.

○──── 그림 11. 도예 체험을 통해 관광과 마을의 이미지 제고

2. 3. 계층 간의 갈등 완화

기본적으로 군인층이 읍성의 계급을 형성했고, 지배층인 양반층이 관아에서 거주했다. 이로 인해 동일유형인 초가집이 읍성 내부의 거주 문화를 주도했고, 마을 형성 시 기존의 반가를 읍성 밖으로 이주시켜 계층 간의 충돌을 예방했다.

3. 낙안읍성의 경제적 지속성

낙안읍성의 본래의 경제적 생업 수단은 농업이었으나, 민속 마을로 지정되고 복원 사업을 거치면서 관광업 및 상업이 활성화되어 경제적으로 안정되게 되었다. 영화나 드라마 촬영 지역, 전시 가옥 등 특화

○ —— 그림 12. 도예 체험장과 연계된 판매 시설

된 시설을 통해 관광업의 활성화를 도모하고 있고, 읍성 내부 상업 시설을 주민이 공동으로 경영함으로써 일정 연령 이상의 노인들의 취업을 보장하고 있으며, 주택 가격이 상승함으로써 마을 주민의 외부 유출 현상이 방지되어 주거 안정성이 확보되었다. 주거 안정성 확보의 측면에서는, 도시 주거지의 경우 인구에 비해 주거지가 부족한 반면, 농촌의 경우는 이촌향도 현상으로 인한 급격한 인구 감소와 노령 인구의 생산성 저하로 주거의 불안정이 야기되므로, 마을 내에 일정 인구 이상이 거주하는 것이 주거 안정성을 확보하는 것이라 할 수 있다.

○──── 그림 13. 수 공간은 환경 용량을 고려한 규모로 계획됨.

4. 낙안읍성의 환경적 지속성

4. 1. 토지 이용의 연속성

4. 1. 1. 입지

낙안읍성은 기본적으로 배산임수를 바탕으로 북쪽으로는 금전산이 면하고, 동서로는 계곡물이 생활 용수를 공급하며 해자를 형성해 방어용 도로가 계획되었고, 남쪽은 경작지가 형성되어 경제적 자립도가 높다.

① 행주형의 마을 배치──낙안읍성은 마을 내에 물길이 순환하되 연지를 거쳐 외부로 배출되도록 계획되었고, 돛을 나타내는 마을의 은행나무를 중심으로 주호가 배치되어 있다. 읍성에 있어 건물의 배치는

일반적으로 '우' 자의 ○부분에 행정 관서인 동헌을 두고, ㅜ자로 만나는 곳에 시장을 조성하고 그 남쪽에 다음 차례의 관아를 배치하는 것이 일반적이다. 하지만 낙안읍성은 일반적인 계획을 벗어난 것이 특징이다. 동·서문로와 남문로가 만나는 곳에 시장을 두는 것은 같지만 객사를 머리 부분의 중심에 배치하고 동헌을 그 서쪽에 비켜 놓았다. 즉 행정의 중심인 동헌이 한쪽으로 밀리고 오히려 한쪽에 있어야 할 감옥이 마을의 중심지에 있다. 이것은 일반 읍성과는 달리 동문을 주출입으로 계획했기 때문이다. 주출입문인 동문(일반읍성은 남문)을 들어서면 먼저 객사에 이르고 시장을 거쳐서 동헌에 다다르도록 계획되었고, 다만 의례적으로 남문을 이용할 경우도 전체적인 공간의 흐름이 거슬리지 않도록 의도되었다.

4. 1. 2. 환경 용량 범위 내의 주거 밀도 계획

현재까지 존재하는 전통 마을이 지속성을 유지할 수 있었던 가장 큰 이유 중의 하나는 적정 주거 밀도에 기인한다. 적당한 세대수는 마을 내에서 사회적 지속성을 유지하며 경제적으로 자급자족할 수 있고, 환경을 오염시키지 않는 범위 내에서 폐기물을 유출하고 자연 정화가 가능하기 때문이다. 과거 오랫동안, 성내 200여 세대의 가구가 거주해 환경 용량을 초과하지 않았고, 농업을 기반으로 한 경제적 자립도도 높았다. 1983년 마을이 사적 302호로 지정되어 현재에 이르기까지 동내리 36세대 114명(성밖 7세대 18명), 서내리 11세대 22명(성밖 2세대 3명), 남내리 38세대 93명(성밖 13세대 29명)으로 총 85세대 229명(성안 63세대 179명, 성밖 22세대 50명)이 거주하고 있다.

4. 1. 3. 보행 중심의 접근성 제고

읍성의 도로 배치 계획은 ㅜ자형의 도로를 중심으로 그물형으로 뻗어 있는데 주호 사이를 잇는 안길은 10~15호 정도의 주거가 군락을

○── 그림 14. 하수의 정화를 담당하는 연지와 하수로

이루도록 계획되었고 군락 내의 소통은 안길로 이어지고 있다. ㅜ자형의 도로는 마을의 중심 도로가 되고 북쪽에 관아와 내아, 객사가 있으며 중심에서 서쪽으로 비켜나 낙민루가 세워져 공공 기관과 주거지의 경계를 이루고 있다. 주호군을 잇는 도로는 직선형의 도로보다는 그물형의 유기적인 형태로 낮은 담장과 함께 보행 친화적인 환경을 이룬다. 이러한 안길이 이어지는 결절점에는 텃밭이나 우물과 같은 공용 공간이 들어서 비포장의 도로와 함께 마을 전체의 미기후를 조절하고 있다.

4. 2. 에너지 및 자원 이용의 지속성

4. 2. 1. 에너지 및 자원의 효율적 이용
① 미기후 조절을 통한 에너지 절약──낙안읍성이 남향을 취하고 있고, 그에 따라 읍성 내의 주호 역시 안산인 남쪽을 바라보는 배산임

○──── 그림 15. 성내 조성된 텃밭은 면녹지로서 다른 녹지와 연계된다.

수를 따르고 있다. 대부분의 전통 마을에서 남향을 주향으로 하는 데는 계절풍을 고려한 과학적 접근 방식의 결과이다. 북쪽의 노거수림과 서쪽의 대나무숲은 평야 지형의 강한 바람에 대응하고, 남문과 관아를 잇는 주도로는 여름철 시원한 바람이 마을의 중심을 관통하도록 계획되었다.

② 주택 계획상 차열, 축열 성능 향상──전통 서민 가옥의 대부분이 초가와 흙벽돌을 사용하고 있다. 재료 취득의 용이성에서 비롯된 점도 있겠지만, 오랜 기간 동안 사용해온 결과 이 재료들의 차열과 축열 성능의 자연적 기능 습득의 결과로 볼 수 있다.

○ —— 그림 16. 담장 녹화는 녹지를 이어 주는 선녹지로 기능한다.

4. 3. 생태 환경의 지속성

4. 3. 1. 비오톱 조성

주호내의 텃밭이나 도로의 결절점에 형성된 텃밭이 마을 곳곳에 위치해 점녹지를 형성하고, 담장의 넝쿨식물이 길을 따라 조성되어 있다. 이러한 녹지는 북쪽의 노거수림과 서측의 대나무숲과 연계된 소생태계를 형성하며, 마을의 중심 수 공간인 연지와 주변의 연못과 함께 비오톱의 건강성을 높이고 있다. 각 주호에서 배출되는 물은 길과 나란히 조성된 수로를 통해 옥사 앞에 형성된 연지로 연결되며 수로에서 식물에 의해 1차 정화된 물이 연지에서 수생 식물에 의해 2차 정화되는 과정을 거치게 된다.

○ ── 표1. 낙안읍성의 정량적 데이터

전체 면적	호수	91호	수공간	수공간 면적(㎡)	470.61
	대지 면적(㎡)	135,359.4		수 길이(m)	1,076.94
	건축 면적(㎡)	11,234.43		하수 길이(m)	1,076.94
	도로 면적(㎡)	16,188.94	공동 시설 면적	모정,정자(㎡)	2,502.54
	텃밭 면적(㎡)	22,510.8	전체 비율	호수 밀도(호/ha)	6.72
	정원 면적(㎡)	–		건폐율(%)	8.30
녹지 면적	관입 녹지(㎡)	5,211.98		도로율(%)	11.96
	마을 내 녹지(㎡)	24,813.88		녹지율(%)	39.16
	주택 내 녹지(㎡)	472.08	대지 면적 비율	녹지(%)	22.53
	합계(㎡)	30,497.94		생산 녹지(%)	16.63
생산 녹지 면적	경작지 면적(㎡)	–		개인 텃밭(%)	2.21
	주택 내 텃밭(㎡)	19,522.68	호수당 비율	실개천(m/호)	11.83
	마을 내 텃밭(㎡)	2,988.12		텃밭(㎡/호)	32.84
	합계(㎡)	22,510.8		녹지(㎡/호)	335.14
				생산 녹지(㎡/호)	247.37

4. 3. 2. 유형별(점, 선, 면) 녹지의 유기적 연계

계획 도시인 낙안읍성은 비록 배산임수의 전통 원리를 따르고 있지만 주변 지형이 평탄하고 남쪽으로는 평야가 펼쳐지며, 성곽에 의한 물리적 경계로 자연녹지의 관입이 어려운 상황이다. 이로 인해 인공적인 녹지 조성이 두드러지는데 성곽과 가로, 행정 관아, 민가와 함께 인공 녹지가 계획되었다. 관아와 객사 뒤로 수령이 300~600년으로 추정되는 노거수 32그루가 조성되어 서쪽의 대나무 숲과 함께 주요 녹지를 형성하고 있다. 또한, 주요 도로인 ┬자형 도로와 주호를 연결하는 안길에 수목이 식재되고 각 주호 내부의 유실수로 점녹지를 형성하고 있다. 특히, 북쪽과 서쪽에 조성된 노거수림과 대나무 숲은 마을의 경계를 인지하도록 하고 겨울철 방풍림의 역할을 하고 있다.

마을에 산재된 주호 내 유실수는 점녹지를 형성하고, 돌담과 함께 분포하는 생울타리는 선형 녹지를 형성하며, 주호 내의 텃밭과, 남서측의 대나무 숲 마을 북측의 노거수림은 면녹지를 형성한다. 여러 녹지 유형이 연계되어 양적으로는 다른 전통 마을에 비해 풍부하지 않지만,

마을 전체에 녹지가 면하며, 미기후 조절, 방풍, 홍수에 대한 예방 등의 효과를 거두어 질적으로 중요한 기능을 담당하고 있다.

4. 3. 3. 다양한 수종 식재 효과

마을의 서남측 구릉지에 조성된 대나무 숲과 관아의 북측에 성벽을 따라 조성된 면녹지는 북쪽의 노거수림과 방풍의 기능을 담당하며, 난온대의 기후적 영향으로 1151종의 다양한 수종이 식재되어 다양한 경관을 창출하는 요소가 되고 있다. 또한, 주호 내의 대부분이 유실수로 조성되어 양반가의 정원과는 다른, 소박하고 실용적인 경관이 마을의 정체성을 부각시키고 있으며, 상록수와 낙엽수가 1대 1의 비율로 심어져, 계절의 변화를 경관 요소로 활용하고 있다.

5. 낙안읍성의 지속성을 담보해 주는 정량적 고찰

낙안읍성이 수용했던 최대 호수 밀도는 1헥타르당 15호 이상으로 현재의 단독 주택 단지와 비슷한 수준이며, 600년 이상을 사회·경제·환경적으로 건강하게 지속해 온 낙안읍성의 경우를 비추어 보면 현재의 단독 주택지 호수 밀도 1헥타르당 15호 정도는 지속 가능한 밀도로 볼 수 있다. 한편, 건폐율은 8.30퍼센트로 낮은 편이며 도로율도 11.96퍼센트로 20퍼센트를 상회하는 현대의 주택 단지에 비하면 상당히 낮다. 이것은 차량 위주의 단지로 계획된 현대의 단지에 비해 보행 위주의 주거지가 보여 주는 특징이라고 할 수 있다. 공공 시설 면적은 호당 27.49제곱미터로 현대 주거 단지의 조성 면적 2제곱미터 이하에 비해 매우 높은 수준이라고 볼 수 있다.[1]

---

1. 대한주택공사, 2002, 「단지계획편람」에서 2001년에 건설된 주거 단지를 참고했음.

녹지율은 39.16퍼센트로 현대 주거에 비해 높은 편이며 생산녹지비율이 20퍼센트를 상회하는 것이 매우 다른 점이다. 녹지 공간이 환경적 지속성뿐만 아니라 경제적 지속성을 높이는 역할을 크게 수행하고 있어 다목적인 녹지 공간 조성이 지속성 제고에 큰 역할을 함을 알 수 있다.

호당 텃밭 면적은 32.84제곱미터로 다른 전통 마을에 비해 넓지 않은데 이는 주 경작지가 성곽 외부에 형성되어 있고 성곽의 물리적 경계로 인해 텃밭의 확장에 제한이 있기 때문이다. 하수로의 길이는 1076.94미터로 호당 11.83미터이며 하수로를 식물을 이용한 1차 정화 과정으로 활용했으며, 연지로 하수로를 연계해 배출되기 전에 재정화되도록 계획하고 있다.

6. 낙안읍성의 지속 가능한 계획 원리 및 계획 요소

낙안읍성의 지속 가능성을 만들어 주는 계획 원리와 계획 요소를 표로 정리한 것이 표 2이다.

7. 결론

이 글은 지속 가능성의 측면에서 낙안읍성이 600년이라는 기간 동안 지속될 수 있었던 원인을 분석해 보았다. 우선 낙안읍성은 평야와 면해 있는 분지 지형으로 농경 사회에서의 경제적 지속성은 확보되었으나, 왜구의 침입과 겨울철의 매서운 북서풍 등 지속 가능성을 위협하는 요인들은 극복하기 위해 성곽을 쌓고 생태적 원리를 따른 주거지 계획으로 지속 가능한 주거지를 실현했다.

낙안읍성은 임경업 장군의 유지를 받들어 정신적 지속성을 유지해

○ ── 표2. 낙안읍성의 지속 가능한 계획 원리 및 계획 요소

		주요 이슈	계획 원리	계획 요소
지속성	사회적 지속성	커뮤니티 형성	커뮤니티 활성화	공동체조직의 구성 및 유지
				공동체 공간 조성
				공공시설 조성
				공동체 활성화를 위한 동선계획
		역사·문화적 지속성 확보	역사적, 문화적 유산의 보존	마을의 무형적 유산의 계승
				유형적 문화재의 관리와 보존
				축제, 민간 신앙, 제사 등 마을 공동체 행사
				임경업 장군 통한 상징성 확보
			정주지의 상징성, 정체성의 확보	자연 소재를 이용한 마을의 정체성 확보
				인공 소재를 활용한 마을의 정체성 확보
			공동체 조직을 통한 전통의식 유지	관혼상제와 임경업 장군의 추모제향
		계층 간의 갈등 해소	거주민 계층 동일화	지주 계층과의 갈등 해소를 위한 주거지 계획
			시각적 공동체의 형성	시각적 소통을 위한 경계 계획
	경제적 지속성	주거 용지와 생산 용지의 복합	경작지, 텃밭을 이용한 주식·부식 자급	경작지 조성, 텃밭 조성
		소득 증대, 고용 창출	복합용도 개발	관광, 상업, 주거 시설의 복합 개발
		공간 이용의 유연성	개발 유보지 조성	주거지, 생산지의 유연성 확보
		재해 예방	홍수 등 재해 방지	방수림 조성, 제방 축조
	환경적 지속성	토지 이용	입지 선정	풍수지리에 입각한 자연 요소 적극 활용
			자연 순응형 개발	기존 자연 지형 및 수계의 보존
				지속 가능한 주거 밀도 계획
			자연환경을 고려한 보행 중심의 동선 체계	보행 중심의 공간 구조
				주변 자연환경으로의 접근성 제고
				기존 지형에 순응하는 동선 체계(안길 등)
			녹지와 주거지의 유기적 연계	녹지, 주거지, 경작지의 복합적 토지 이용
		에너지 및 자원 이용	에너지 및 자원의 효율적 이용	자연 소재(흙, 나무)를 이용한 건축
				바람길 조성, 방풍 계획
			자원 순환 및 재활용	수자원 순환 체계 구축
				우수 순환을 위한 비포장 도로의 사용
				우수 저류를 통한 수자원 재활용
				수자원을 이용한 자연 정화 시스템
				유기성 폐기물 퇴비화
		생태적 환경 조성	경계 요소로서의 자연 요소 활용	자연 요소를 활용한 경계 계획
			비오톱 조성	육생 비오톱 조성, 수생 비오톱 조성
			녹지 공간 조성 및 네트워크 구축	다양한 녹지 공간 조성
				유형별(점, 선, 면) 녹지의 유기적 연결을 통한 생태 통로 조성
			생태적 식재	자생종의 활용, 유실수 식재

왔으며, 마을의 대소사를 관장하는 조직과 마을 행사를 통해 사회적 지속성을 유지해 왔다. 이는 현재까지도 마을 주민의 이주를 막고 주거 안정을 이루기 위해 주민이 자발적으로 결성한 낙안읍성 보존회로 이어져 공동체 보전은 물론, 마을의 경제적 가치를 적극적으로 창출하고 이로 인해 생긴 이익을 주민의 복지와 마을의 관리에 사용해서 마을의 사회 경제적 지속성을 높여 가고 있다.

낙안읍성의 공간 구조는 ㅜ자형의 간선 가로를 중심으로 해 그 결절부에 공공 시설과 상업 시설 등 중요 시설을 입지시킴으로써 접근성을 제고해 공동체 활성화를 도모하고, 교통 동선을 줄여 에너지 효율을 높이는 등 현대의 지속 가능한 토지 이용 계획 기법과도 유사하다. 또한 중심 도로와 결합해 내부에서 유기적으로 순환하며 공동체 공간을 만들어 내는 주거지 안길은 녹지 및 보행 안전의 확보, 공동체 공간의 조성 측면에서 사회적 지속성을 제고하는 중요한 계획 요소이다.

환경적으로는 방지, 실개천 등 수순환 체계의 구축을 통한 자연정화의 실현, 완전한 비포장 공간을 통한 우수의 침투, 폐기물의 재활용 및 순환, 육생 및 수생 비오톱의 조성, 유실수의 식재, 생태적인 건축 등 오늘날 현대 건축이 추구하는 지속 가능성을 전형적으로 구현했다.

이러한 배경하에 낙안읍성은 지난한 산업화 과정 속에서도 마을 주민의 의식 속에 남아 있는 자부심과 소속감으로 인해 600여 년간 공동체를 유지해 왔으며, 변화에 유기적으로 적응하면서 경제적 지속성을 확보했고, 주변 환경에 환경 부하를 최소화하면서 생태적인 주거 환경을 지켜 온 우리의 자랑스러운 전통 정주지라 할 수 있겠다.

● 이규인(아주대학교 건축학부 교수)

12장. 양동마을에서 발견한 정주 원리

1. 들어가며

오래전에 메모해 놓았던 양동마을[1]에 대한 기억을 다시 적어 본다.

60여 킬로미터를 달려온 형산강이 동해와 만나기 전 마지막 꿈틀임을 하는 곳이 경주, 포항, 안강이 만나는 지점이자, 양동마을로 가는 길목이다. 마을로 가는 길임을 알리는 팻말들을 뒤로하면 물 없이 누런 배를 내밀며 형산강에 붙어 있는 안락천을 만나게 된다.

한차선의 길을 약 5분쯤 가다 보면 오른쪽 산허리를 끼고 부산, 대구, 포항, 경주, 안강을 연결하는 철길이 누워 있다. 바로 양좌역이 있는 곳이다. 근대화의 상징인 철길이 마을 앞을 지나는데도 570여 년 동안 그대로인 마을이 신기하기만 하다. 경주를 떠나 50여 분 만에 도착한 이곳

---

[1] 본 글의 대상인 양동마을(경상북도 경주시 강동면 양동리)은 안동의 하회마을과 함께 조선 시대의 마을 형태를 잘 보존하고 있는 전형적인 반촌(班村)으로 알려져 있다. 지리적으로 포항 안강간 28번 국도의 우측에 입지하고 있고, 마을의 북서쪽에는 설창산(95미터)이 남동쪽에는 성주봉(109미터)이 위치하고 있으며, 마을 남동쪽에서 형산강과 합류하는 안락천이 북에서 남동쪽으로 흐르고 있다. 경주 손씨와 여강 이씨의 씨족 마을로서 600여 년의 역사를 가지고 있다. 마을의 입향조(入鄕祖)는 경주 손씨인 혜민공 손소(1433~1484년)로 알려져 있고, 그의 차자인 우제 손중돈(1464~1529년)과 외손인 해제 이언적(1491~1553년)에 의해 마을의 기반을 다지게 된다. 현재 보물 3점, 중요 민속 자료(단일 건물) 12점, 지방 유형 문화재 3점 등 18점의 지정 문화재와 약 30여 채의 비지정 문화재급 고가(古家)를 보유하고 있고, 또한 마을 전체가 1984년 12월 24일에 '문화재보호법'의 중요 민속 자료(189호)로 지정되었다. 지정 면적은 54만 1686제곱미터(317필지)이다.

은 찌를 듯한 양반들의 기운과 화려함보다는, 가슴까지 가라앉게 하는 차분함과 바람이 나뭇가지에 내려앉는 소리까지 선연히 잡혀올 만큼 고요하다. 눈앞에 가득 들어오는 물봉골의 관가정과 향단이 초가를 씌운 가랍집들과 어울려 있다. 갓 자란 벼들이 가득 찬 양동뜰을 지나면 두 번째 가게가 보인다.

이씨 종가인 무첨당으로 가는 길목 곳곳에 밭들이 눈에 띈다. 옛날 가랍집터였다는 이곳들은 유난히 쓸쓸하고 조용하다. 무첨당으로 오르는 길목에는 빨간 꽃망울을 준비하고 늘어선 배롱나무들이 반긴다. 정갈하고 단아한 자태를 자랑하는 무첨당을 지나 경산서원에 이르면 눈앞에 안강평야가 펼쳐진다.

다시 오른쪽으로 보니 입향조가 살았다고 하는 안골이 멀리 나타난다. 옹기종기 모여 있는 기와집들과 초가집들, 또 슬레이트집들을 지나 손씨 종가인 서백당 이르면 회화나무와 느티나무들이 입구를 지키고 서 있고, 층층이 겹쳐진 대문을 지나가면 언제나 똑같은 모습의 향나무가 기다린다. 사랑채와 행랑채 그리고 사랑대청 아래 막돌로 바르게 층을 쌓은 계단과 낮은 담들이 너무나 소박하고 정겹다. 지금은 없어진 일각문 너머의 잘려진 대나무들 사이로 죽순들이 여기저기 솟아 있고, 이방인의 발소리에 옛 가랍집의 황구들이 짖어대기 시작한다.

상춘 고택, 근암 고택, 두곡 고택을 지나 수졸당으로 오른다. 이 주변을 거림이라 부른다. 가는 길에 양졸정에서 둘러보니 눈앞에 논물이 가득 찬 양동뜰이 펼쳐지고 맞은편 남촌의 동호정이 숲 사이에 숨어 있다. 장터골을 지나 심수정에 이르니 두 시간이 훌쩍 지나간다. 마루에서 휙 하니 둘러보니 그렇게도 이상해 보였던 양동교회도 갈대밭과 초가집과 어울려 묘한 조화를 이루어 낸다.

그러나 5월의 휴일인데도 양동마을은 너무나 적막하고 쓸쓸하다. 기와집마다 서 있는 못 보던 몇 대의 자가용을 제외하고는……. 멀리 개 짖는 소리가 들린다. 그 소릴 물고 또 다른 개들이 짖는다. 텅 빈 길 위에

따사로운 초여름의 햇살만이 내려올 뿐이다. (1993. 5. 28)

이 글에 숨어 있는 핵심어 중의 하나인 '전통'은 현재의 어려움을 과거의 슬기로움으로 극복해 나간다는 의미가 있으며, 이의 계승 여부는 '변화'를 어떻게 수용하고 다스려 나가느냐에 따라 결정된다. 변화란 사물이 지속되는 것에 시간과 더불어 생기는 편차의 연속이다. 편차는 상황에 따라 다르며, 이 상황 또한 당시의 사회 · 경제적인 배경과 밀접한 관계가 있다.

이 글의 대상인 양동마을에서도 이러한 변화는 발전과 성장, 퇴락과 정체라는 이름 속에서 지속되었다. 또 이 글의 주제인 양동마을의 정주 원리 또한 마을이 시작했던 600여 년 전부터 지금(2005년 2월)까지 계속 변하고 또 변해 왔다. 그래서 무엇을 양동마을의 정주 원리라고 정확히 규정하기는 쉽지가 않다. 시대별로 다를 것이고, 이씨(驪江李氏) 가문과 손씨(慶州孫氏) 가문에서도 다르게 생각할 것이고, 이를 밝혀 보려는 사람의 입장에 따라서도 다를 것이다.

이러한 상황에 대한 인식 속에서 필자는 양동마을에 배어 있는 몇 가지의 고유한 정주 원리들을 찾아보려고 한다. 그러나 무작정 원리를 찾기에는 필자의 지식과 연륜이 짧고 부족하다. 그래서 주민들의 삶을 담고 있는 '마을 공간', 삶 자체를 의미하는 '마을 생활' 그리고 삶을 영위하게 하는 '마을 생산'이라는 세 가지의 잣대를 통해 정주 원리를 찾아 보려 한다.

그러나 불행하게도 과거 양동마을을 존재하게 했던 정주 원리에 대한 논의를 이 짧은 글로는 도저히 밝힐 수가 없다.

필자가 가장 정확하게 알 수 있는 것은 현재의 양동마을이다. 그래서 마을에서 느껴지는 현재적 경관에 대한 의문들을 통해 과거의 양동마을을 찾아보려 한다. 기술과 설명을 통해 필자의 논리를 증명하다 보니 결과적으로 주관적인 편견이 많이 있음을 미리 밝혀 둔다.

2. 양동마을에서의 의문들

2.1. 마을 공간 관련

현재 우리가 보고 있는 경관의 대부분은 그 동안의 사회·경제적인 배경이 누적되고 또 문화화 과정을 거쳐 경관으로 읽히는 것이다. 양동마을의 경관도 600여 년 동안 누적된 문화화의 결과라고 할 수 있다. 특히 양동마을의 경관은 자연 조건에 절대적인 영향을 받고 있는 특징을 보인다.

양반집(班家)들이 왜 모두 산 중턱에 있으며, 비교적 따뜻한 남쪽 지방인데도 폐쇄적인 口자형 집들이 많고 북서 사면에 집들이 들어선 이유, 마을 입구가 아닌 곳에 정자목이 있는 사연 등을 양동마을의 경관 속에서 찾아본다.

2.1.1. 양반집들은 왜 모두 산 중턱에 있을까?

마을 중심의 평지나 안쪽의 약간 높은 곳에 한 마을의 종가가 입지하는 것은 우리의 씨족 마을 어디서나 볼 수 있는 현상이다. 그런데 양동마을은 다르다. 종가들과 모든 양반집들이 산중턱에 있다. 왜일까?

양반집들이 산중턱에 입지하고 있는 것과 관련된 의문은 두 가지의 측면에서 살펴볼 수 있다. 양반집들이 거의 모두 5~7부 능선에 일정하게 걸쳐 있다는 점과 또 능선 위로는 양반집들이 한 채도 보이지가 않는다는 점이다.

전자는 다음의 논리에 의해 설명이 가능하다. 현재 확인 가능한 노비의 주거였던 가랍집[2]과 집터를 통해, 가랍집과 양반집과의 관계 속에

---

2. 주로 외거 노비로 파악되며 소작과 함께 물긷기, 빨래, 경비 등 다양한 기능을 수행했고 구전에 따르면 양반집 戶 호당 최고 15호까지 소유했다고 한다.

12장 양동마을에서 발견한 정주 원리

○ ── 그림 1. 양동마을의 전경(여름과 겨울)

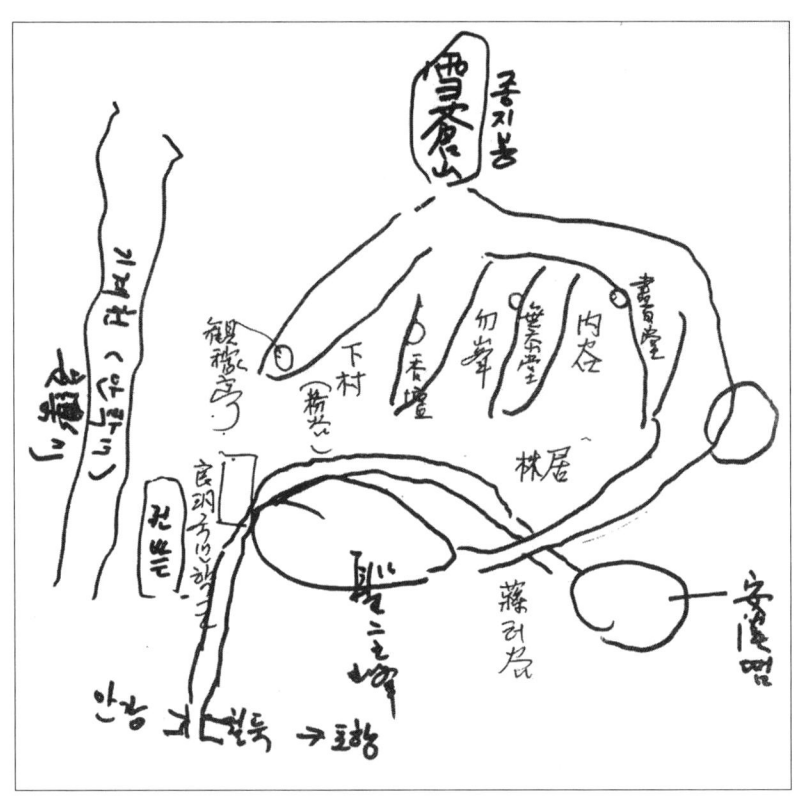

○ ── 그림 2. 경주 손씨 24세손 손동만씨가 직접 그린 양동마을의 풍수지리적 공간 개념도(이몽일, 1991)

나타나는 일정한 법칙을 발견할 수 있다. 양반집을 중심으로 가랍집들이 형성되었고, 가랍집들의 진입이 양반집의 주진입로에 연결되거나 걸쳐 있기보다는 가랍집별로 독립된 진입 형태임을 고려해 볼 때 양반집들을 건설하기 위해 가랍집들이 먼저 입지했던 것으로 보인다. 결과적으로 가랍집은 양반집에 비해 낮은 곳에 입지하고 대부분 양반집의 길목부에 여러 갈래로 흩어져 있다. 가랍집이 낮은 곳에 위치하는 것은 높은 곳에 사는 양반이 직접 관찰해야 했기 때문이고, 길목부에 위치하는 것은 양반집의 전이 공간으로서 소유 경계의 역할을 수행하기 위함이었을 것으로 추론된다.

후자는 마을의 풍수지리를 통해 확인할 수 있다. 입향조가 집터를 정할 때 풍수지리가가 勿자의 어깨 부분에 지기(地氣)가 응집되어 있다고 하여 삼현출생지야(三賢出生地也)[3]를 예언했다고 한다. 이같은 勿자 형국은 주민들의 의식 속에 깊이 심어져 생활공간에 대한 관념과 마을 경관 형성에 강한 영향을 미쳤다고 한다. 그림 2는 경주 손씨 24세손인 손동만 씨가 직접 그린 그림으로서 각 골마다 종가들이 들어서 있는 골과 능선을 연결하는 勿자 형국은 마을 앞의 안락천과 함께 생활공간에 대한 관념 형성에 있어 절대적인 인자로 작용하고 있음을 알 수 있다.[4] 이는 마을에 직접 반영되고 있는데, '깨끗하다'라는 의미의 勿자 형국을 보존하기 위해 능선에 집을 짓지도 않고 묘를 쓰지 않았다고 한다.

이외에 양반집들이 산중턱에 입지하는 이유를 마을의 국(局)이 작아 고도가 낮은 지역에 주거가 입지할 경우 발생할 폐쇄감을 극복하기 위함이라고 주장하기도 한다.

2.1.2. 왜 남쪽 지방인데도 폐쇄적인 口자형의 집들이 많을까?

주거 형태는 그 시대의 사회·경제적인 배경과 자연 현상, 기상 등과 밀접한 관계를 가진다. 우리나라의 북쪽 지방 주거들은 낮은 기온을 극복하기 위해 폐쇄형의 겹집이 일반적이며 남쪽 지방은 개방형이 일반적이다. 그런데 남쪽 지방인 양동마을에 폐쇄형으로 보이는 口자형의 양반집들이 많다. 왜일까?

건축학계에서는 안동 지역을 중심으로 영동과 영남 지역에서 나타나는 이러한 주거 유형을 口자형 주택 또는 뜰집이라 부른다.[5] 일반적으로 남부 지방의 경우 집의 형태가 다소 개방적인데 반해 양동마을의

---

3. 동방 18현이었던 우제 손중돈과 해제 이언적이 해당되며, 앞으로 1명의 현자(賢者)가 더 있을 것이라는 기대가 있다.
4. 이몽일, 1991, 257쪽 참조.
5. 이에 대한 건축사적인 세부 논의는 이 글의 범위에 벗어나므로 생략한다.

○ ──── 그림 3. ㅁ자형 보다 복잡한 輿자를 닮았다고 하는 향단의 모습

양반집들은 대개 ㅁ자형 또는 튼ㅁ자형이다. 여러 이유가 있겠지만 필자의 생각으로는 산록의 좁은 대지 위에 집을 형성시키기 위한 필연적인 방법이었다고 판단된다.[6] 이에 반해 정(亭)과 당(堂), 그리고 가랍집들은 一자형이다. 이러한 주거 형태는 사랑채와 행랑채가 마당으로 분리된 일반 양반집들과 달리 사랑채와 행랑채가 연속되거나 사랑채와 안채가 결합된 유형을 낳는 이유가 되기도 한다. 이처럼 부족한 토지를 아끼려는 생각은 마을의 토지 이용에서도 발견할 수 있다. 현재에도 그러하지만 대대로 우리 민족은 남향을 선호했고, 북사면은 피하는 경우

---

6. 김화봉(1999, 49쪽)은 안동 문화권의 뜰집이 선호된 이유에 대해 다음과 같이 적고 있다. "풍토적으로 환경이 요구하는 물리적 배경에 의하여 추운 겨울과 여름의 폭서를 동시에 피할 수 있으며 좁은 경사지에 입지할 수 있고 외부 침입에 대하여 방호적인 주거 유형이 요구되었고, 지방의 지배 세력으로 성장하려 했던 제지사족들의 과시적인 건축 욕구가 고급 건축의 형식을 채용하게 된 계기를 이루었다고 한다. 특히 유교적 공간 요구에 적합했고 외부적 폐쇄성이 강하면서도 내적 개방성이 풍부한 공간이 안동 문화권 제시자족에 의해 선호되어 발전한 것이다."

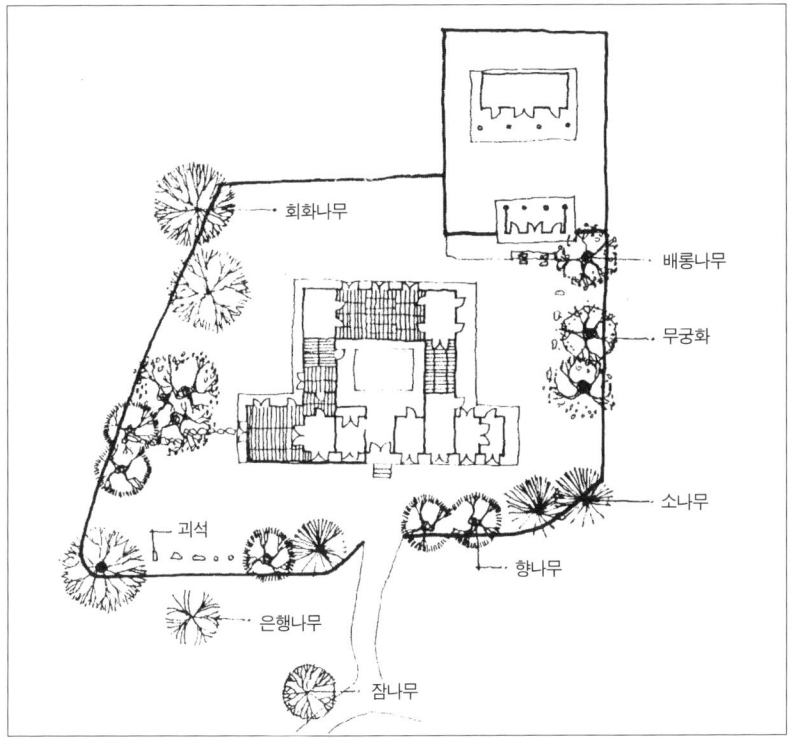

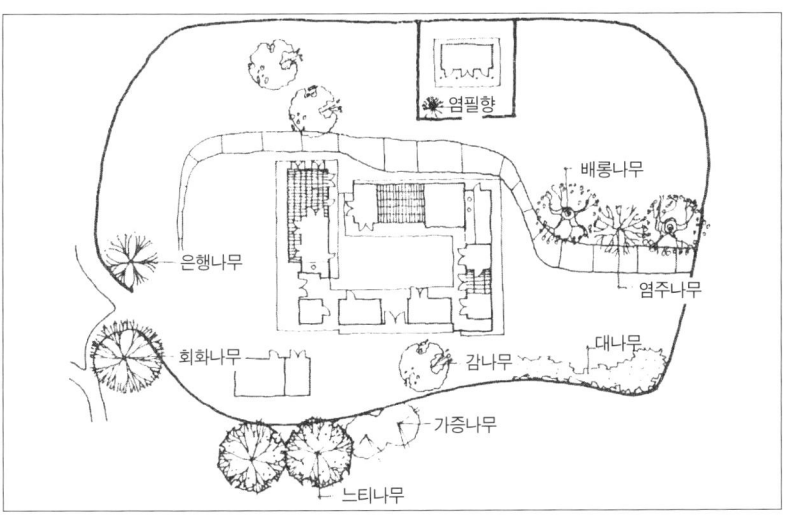

○ ── 그림 4. ㅁ자형 가옥인 관가정과 수졸당

○──── 그림 5. 거의 연속되는 서백당의 사랑채와 행랑채

가 많았다. 그러나 양동마을에는 양동천을 기준으로 북서사면에 해당하는 남촌에 주거, 정자, 서당 등이 많이 분포하고 있다. 이는 부족한 토지를 메우기 위함일 것이고, 재논의되겠지만, 마을 입구에서 바라다 보이는 마을의 얼굴이 되는 지역이었기에 불리한 향이었음에도 불구하고 남촌이 개발될 수밖에 없었던 것 같다.

2. 1. 3. 왜 마을 입구가 아닌 곳에 정자목들이 있을까?

양동마을에서 조금 머무르다 보면 농촌의 공간 구조를 이해하고 있는 대부분의 사람들은 마을 입구와 정자목이 공간적으로 분리되어 있는 것에 의아함을 가지게 된다.

모양새로 보아 "관가정 앞의 노거수들이 정자목이 아닌가?"라는 생각을 하다 보면 입구가 변경되었음을 쉽게 알게 된다. 정자목이 있는 관가정 주변을 마을 입구라고 가정하자. 이를 바탕으로 마을 입구 변경

○── 그림 6. 현 마을 입구 쪽에서 바라본 관가정 앞의 정자목

에 대한 근거를 추론하면 다음과 같다.

첫째, 은행나무와 정려각의 위치이다. 마을 입구 관가정 부근의 은행나무는 고사목으로 민속 행사인 호미씻기를 시작하던 곳이며, 줄다리기 행사를 위한 의식이 행해지던 곳이었던 점에서 상징적 의미가 있는 마을의 시점(始點)이라고 추측할 수 있다. 또한 마을의 열녀 또는 효자를 기리기 위해 만드는 건물들은 주로 마을 입구 부에 세우는데 유사한 의미를 가진 정려각이 관가정 바로 아랫길에 입지하고 있다.

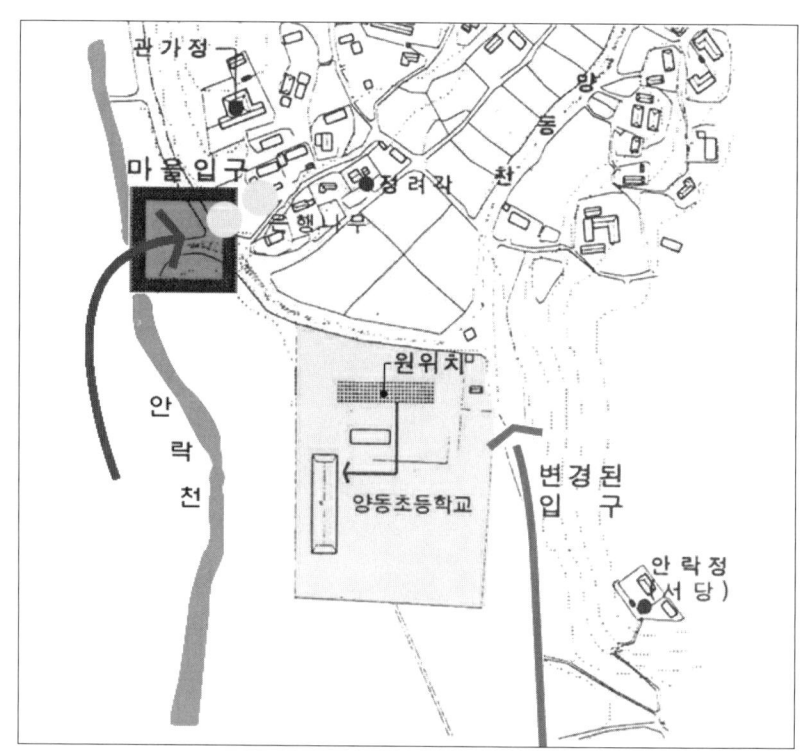

○ ── 그림 7. 왜곡되어 있는 마을 진입로

둘째, 안락정의 입지이다. 서당이란 마을 종가와 연관 지어 마을 내부에 위치하는 것이 씨족 마을에서 볼 수 있는 기본적인 공간 배치이다. 현재 마을 입구에 있는 손씨 서당이었던 안락정을 고려해 볼 때 마을 입구는 현재와 다른 곳으로 추정된다.

셋째, 유교적 질서를 들 수 있다. 현재 진입로는 마을 안에서 흐르는 양동천을 따라 형성되어 있다. 조선 시대의 유교적 질서를 염두에 둘 때 양동천에 있었을 것으로 추측되는 빨래터는 마을 진입로(안길)와는 떨어진 곳에 입지했을 것으로 생각된다. 또한 마을 앞의 내를 건너야 하는 전통적인 마을 진입 방법을 고려해 볼 때 현재의 마을 입구에 대한 강한 의문을 가지게 된다.

○──── 그림 8. 서백당-무첨당-향단-관가정으로 이어지는 '마을 혈'을 가로막은 옛 양동초등학교 교사(善生永助, 1934)

넷째, 마을 경관의 중심 구도이다. 이는 필자의 주관적인 생각이 가장 강한 근거이기도 하다. 현재 입구에서는 경관 구도가 지나치게 좌측으로 치우쳐 있다. 1916년에 제작된 「근세조선지형도(近世朝鮮地形圖)」를 보면 마을 내의 전답, 특히 마을 진입부의 농경지(양동뜰)는 주거지였던 것으로 보인다. 즉 양동뜰이 주거지였다면 현 진입로에서 바라본 마을의 경관 구도가 너무 불안정하다는 것이다.

관가정 주변이 마을 입구라면 옛사람들이 마을로 들어오던 길을 찾아보자. 지도를 통해 확인할 수 있는 마을 접근로에 대해 검증 작업과 인터뷰를 통해 확인한 결과, 당시 마을 접근로는 크게 다섯 가지로 생각해 볼 수 있다.

첫째, 경주에서 양동리로 진입하는 길로서 현재의 사방역 근처를 지나 형산강 좌측으로 진입하는 길이다. 둘째, 안강에서 안강뜰을 지나 양동리로 직접 진입하는 길이며 한양에서 마을로 들어올 때 주로 사용했던 길로 생각된다. 옥산서원을 거쳐 안강리에서 하마(下馬)한 후 양동리로 들어왔던 것으로 보인다. 셋째, 현재는 안계 저수지의 조성으로 인해 수몰된 기계에서 안계리를 거쳐 양동리로 진입하던 길이다. 넷째, 영일(포항)에서 인동리를 거쳐 양동리로 진입하는 길이다. 이 길도 셋째 경우와 같이 수몰되었다. 다섯째, 형산강에서 인동리를 거쳐 양동리로 들어오던 길이며, 형산강의 인동나루를 이용해 마을로 들어왔던 해상 교통로였다.

이러한 진입로들 중에서 네 가지의 방법의 종점은 관가정 앞이다. 즉 안강뜰을 통과하여 안락천을 건너 관가정 앞으로의 진입이 가장 보편적인 방법이었던 것으로 추측할 수 있다.

그런데 왜 이렇게 마을 입구가 바뀌었을까? 이의 해답은 일제 시대와 깊은 연관이 있다. 일제 시대에 행해진 마을 진입 구조의 변경은 1918년에 설치된 사설 철도인 경동선(慶東線)과 1910년 옛 양동초등학교의 입지로 인해 이루어진다. 마을 진입부의 상징성 혼란과 풍수지리상의 마을 축을 파괴하려는 일제의 의도적인 전략이 숨어 있었던 것으로 추측된다.[7]

2. 2. 마을 생활 관련

씨족 마을에서의 마을 생활은 상당 부분이 유교적 질서와 연관되어 있고 공간적으로는 의례와 수기에 관련된 장소와 시설들이 이에 해당한다. 서당, 정사(精舍), 사당, 서원, 서재 등이 해당하며 이들은 유교적 이데올로기의 구체적 표현물로서 마을 생활의 상징적인 역할을 한다.

하층민들의 마을 생활이 영위되는 공공 공간은 대부분 민간 신앙과

---

[7] 서백당-무첨당-향단-관가정으로 이어지는 축을 가로막는 형식으로 초등학교의 교사가 지어짐으로써 양동마을의 혈을 가로막는 형국이 되었다.

○ ── 그림 9. 회화나무 네 그루가 어우러진 아름다운 심수정 전경

관련된 것이지만, 양동마을에는 유교적인 관습이 진하게 남아 있어 다른 씨족 마을과는 상이한 패턴의 종교적 요소들이 나타난다. 예를 들면 민간 신앙의 요소들인 장승과 솟대, 서낭당, 삼신당 등은 없는 대신 정자와 우물은 유난히도 많다. 또 현재의 경관으로 읽혀지는 마을 생활이 지나칠 정도로 적막해 보인다. 이런 몇몇 의문들을 되짚어 본다.

2. 2. 1. 정자가 한 마을에 왜 이렇게 많을까?

일반 농촌 마을에는 1~2개, 아니 없는 마을이 대다수인 정자가 양동마을에는 10개가 넘는다. 정자를 지을 수 있는 절경을 가진 곳이 많아서 일까? 아니면 풍류를 좋아한 관습 때문일까? 왜일까?

일반적으로 정자의 역할은 풍류, 관망, 휴양의 기능을 목적으로 하고 산천이 수려하거나 농경지의 중심부, 즉 휴식이 필요한 곳에 입지하는 것이 일반적이다. 그러나 양동마을의 정자들은 이러한 조건과는 맞지 않아 보인다. 분명 또 다른 이유가 있을 것 같다. 그렇지 않고서는 경치가 그리 뛰어나지도 않는데 이렇게 많은 정자를 지었을 리가 없기 때문이다.

양동마을에는 정(亭)과 당(堂)이 각각 11곳, 4곳이 있다. 정자의 유형상, 강가나 계곡에 있는 정자(江溪沿邊型)로는 내곡정이 있고, 산마루나 언덕에 세운 정자(山頂型)로는 수운정, 영귀정, 설천정, 안락정, 동호정 등이 있으며, 집안에 세운 정자(家內型)로는 관가정, 심수정, 이향정, 양졸정, 육위정 등이 있다. 다른 지역과 달리 정자 단독의 기능을 수행하기보다는 정자에 주거 기능이 부가된 복합형이 많으며, 계류 근처이거나 경관이 수려한 곳 등의 입지 조건을 가진 곳이 별로 없다는 것이 특징이다.

아마 양동마을의 정자들은 실생활과 관련된 기능인 학문 도야와 휴식, 문중 회의, 공동체 활동을 위한 장소로 사용되었을 것이다. 대부분 온돌방이 있으며 불을 땔 수 있는 아궁이와 간이 부엌이 설치된 정자도 볼 수 있는데 이는 사시사철 이용도가 잦았음을 나타낸다.

자세히 들여다보면 정자의 독특한 존재 이유를 하나 추론할 수 있다. 이것은 안강뜰과 지금은 사라진 가랍집군을 내려다보고 있는 정자들의 입지로 보아 중요한 마을 구성원이었던 노비들에 대한 관리 차원의 개념이 중요하게 작용하지 않았을까 하는 것이다.

2.2.2. 우물은 왜 이리 많을까?

마을로 들어가다 양동초등학교에 못 미친 지점에서 우물 하나를 발견할 수 있다. 또 이러저리 마을을 돌아다니다 보면 곳곳에서 우물들이 눈에 띈다. 물론 물이 없는 삶은 생각할 수 없을 정도로 우물이 중요하기 때문이지만, 유난히 많다. 그런데 공간적으로 균일하게 우물들이 분포하고 있고, 분포 지점을 보아 분명 있어야 할 몇 곳에는 우물이 없다. 아무리 찾아보아도 없다. 왜 일까?

○──── 그림10. 두곡 고택 주변의 주거군을 담당했던 우물

    양동마을에서는 현재 우물을 총 아홉 군데에서 발견할 수 있다. 그중 두 군데는 마을 주변부에 분포하며, 전반적으로 마을 전체에서 고르게 발견된다.

    우물의 분포를 볼 때, 양반집들과 가랍집과의 관계가 우물이라는 매개체에 의해 소규모의 클러스터(cluster) 단위로 결속되어 있는 것을 발견할 수 있다. 우물의 위치와 이와 관련된 영역권은 표층 문화(양반, 남성, 성인)와 하층 문화(천민, 여성, 비성인)의 생활공간을 구분하는 중요한 기준으로 작용했던 것으로 보인다. 경사지에 입지한 양반집들은 각 공간 단위별로 결속된 노비들을 통해 우물에서 식수를 공급받아 입지의 불리함을 극복했을 것이다. 그러나 관가정 및 향단 주변의 물봉골과 갈곡에서는 우물을 발견할 수 없는데 이것은 안락천과 접하고 있는 지리적인 여건으로 인해 노비들이 직접 안락천에서 용수를 취수했기 때문으로 추론할 수 있다.

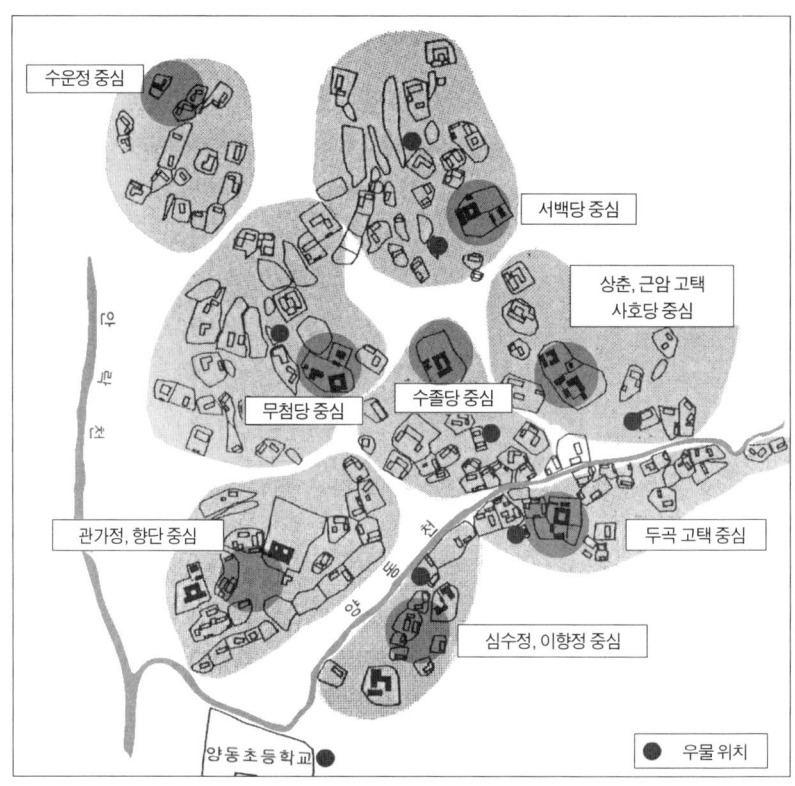

○ —— 그림 11. 우물 위치와 영역

2.2.3. 마을이 왜 이렇게 적막할까?

양동마을의 첫인상은 조용하다는 것이다. 어떤 날에는 도가 지나쳐 적막함까지 느끼게 할 때가 있다. 물론 전통적인 농촌 마을이기에 그렇다고 볼 수 있겠지만, 조용한 분위기는 오히려 활력 없는 마을로 보이게도 한다. 옛날에도 이렇게 조용하기만 했을까? 아닐 것이다.

양동마을에서는 동제를 지내지 않았다고 한다. 대신 마을에서는 '줄다리기'를 했다고 한다. 정월대보름이나 추석 하루 이틀 전후에 행하던 일종의 마을 놀이였고, 이날만큼은 반상 관계를 넘어 모두 참석해 마을민의 결속을 돈독히 했다고 한다. 또 다른 행사로는 삼복이 지나

○────그림 12. 전국에서 모인 수백 명의 후손들이 무첨당에서 길제를 드리는 모습(1995년 촬영.)

농사짓기에 수고한 머슴들에게 놀게 해 주자는 일종의 배려에 해당했던 '호미씻기'와 '지신밟기'가 있었다고 한다.

또 다른 행사로는 설 하루 전인 섣달 그믐날(음력 12월 30일) 저녁, 집안이나 마을 어른들께 올리는 한해의 마무리 인사인 '묵은세배'가 있다. 이 세배는 어른과 조상에 대한 공경심을 일깨우는 것은 물론이며, 학업이나 직장 일을 위해 고향을 떠났던 사람들이 돌아오면 맨 먼저 챙기는 일이라 한다. 지금도 행해지는 세시풍속이다.

음식으로는 부계탕과 송국주가 제일 유명한 것으로 알려진다. 전에는 정자에서 벌어지는 양반들만의 놀음이 있었다고 한다. 6월 유두일, 초복, 중복, 말복, 칠석, 입추, 처서 등 년 7차례에 걸쳐 마을 어른들을 정자로 모시고 탕을 먹으며 국화주를 마시는 날이 있었다고 한다.[8] 이외에도 쌀엿과 가중나무잎 튀김[9]을 즐겼다고 하며, 특히 쌀엿은 최근 재현되어 특산품으로 판매되고 있다.

2.3. 마을 생산 관련

아무리 권세가 높은 씨족 마을이었다 할지라도 먹고사는 것이 부족하거나 허했다면 아마 자연 해체되었거나 소멸되었을 것이다. 즉, 이는 씨족 마을의 힘이 마을 경제력과 깊은 관계를 가진다는 뜻이다. 이런 점에서 양동마을은 상상할 수 없을 정도로 부를 누렸던 것으로 파악된다. 이런 측면에서 마을 생산에 관련된 의문들을 풀어 보고 또 현재 경관으로 읽혀지는 경제 상황에 대해 짚어 본다.

2.3.1. 마을 사람들은 무엇을 먹고 살았을까?

옛 농촌 지역에 살던 사람들은 과연 무엇을 먹고살았을까? 분명 자급 자족 체제였을 것이다. 양동마을처럼 많은 토지를 보유했던 마을들은 자급 자족 체제를 넘어 잉여 생산을 통한 또 다른 부가적인 생산 체제를 갖추었던 것으로 생각할 수 있다.

양동마을은 입향조인 손소(1433~1484년)와 손중돈 부자의 고관 요직 역임과 이언적(1491~1553년) 사후의 종묘 배향(宗廟配享)과 문묘 종사(文廟從祀)의 영예로 인해 경주권의 명문 마을로 성장하며, 이러한 입향 초기 현조의 등장은 현재의 양동마을을 존속하게 하는 가장 큰 기반이었다. 이후 손·이씨 양가는 향촌 지배 및 재지적(在地的) 기반을 위해 혈연·지연의 결속 강화를 위한 노력을 하게 되고, 1695년의 동안(洞案)

---

8. 부계탕은 양동만의 탕이었다. 복계탕으로 잘못 읽히는 부계탕(伏鷄湯)은 암탉의 내장을 발라내고 찹쌀과 전복을 통째로 넣고 오래 끓인 것이다. 송국주는 솔방울과 국화꽃잎을 따 찹쌀죽과 더불어 만든 전통술이다.
9. 지역에 따라 참중나무를 개가죽나무 또는 가중나무라고 부른다.

○──── 그림 13. 양동마을의 경제 기반이 된 안강 평야

에 양좌동 전체가 261호(인량리, 인동리, 안계리 등 포함)의 규모라는 기록을 고려해 볼 때, 양동리(양동마을)는 약 100여 호의 양반집을 보유한 마을이었던 것으로 추측된다.

양가의 재산 유형인 노비, 가사, 토지 중에서 번성의 기반을 갖추게 된 가장 큰 요인은 '토지'였다. 토지는 세거지인 양동리를 중심으로 통혼권인 영남권에 한정되어 안강, 기계, 신광현과 죽장, 성법 등의 지역에 집중 분포했으며, 이러한 현상은 상속을 통한 복거와 개간이 지속적으로 이루어졌기 때문일 것이다.

이러한 실례는 손소의 자인 손중돈 남매의 『화회문기(和會文記)』(1510년)와 이준의 『자녀분금기(子女分衿記)』(1624년)에 나타나는데, 특히

『화회문기』에는 손소가 소유했던 전답의 소재지가 23개 지역으로 등장하는 것으로 보아 그 규모를 알 수 있고, 그러므로 양가의 재산 규모는 안강 평야[10]주변 일대를 거의 장악했다고 볼 수 있다.[11]

또한 손동만 씨가 소유한 고문서(1609년의 『동안』)에서 안강 평야 주변의 보(洑)를 보호하는 규약에 대한 문구를 발견할 수 있다. 이러한 몇 가지 과거 기록으로 보아 양동마을은 천석지기나 되는 벌판을 관리하고 있었음을 추측할 수 있다.[12]

이 안강 평야는 현재에도 양동마을 사람들의 삶터가 되고 있다. 1994년과 2002년의 조사에 따르면,[13] 2002년에는 1994년에 비해 전체 농업 가구(주업. 부업 포함)의 수는 약간 감소했으나, 농업을 주업으로 하는 가구는 증가(35.9퍼센트에서 52.5퍼센트)한 것으로 나타났다. 이것은 법 제도의 규제로 인해 축산, 시설 재배 등의 농업 활동과 각종 마을 산업 활동이 제약되어 나타나는 생산 활동의 위축 현상과 연계된 결과라고 할 수 있다.[14]

또 양동마을에 연접한 형산강변에 나루터(인동나루)의 흔적이 있는 것으로 보아 포항의 해산물이 마을에 직접 공급되었을 것으로 추론이 가능하고, 공급된 해산물과 안강 평야의 농산물을 교역하는 이권도 마을이 가졌을 것으로 생각한다.

---

10. 경주 주변의 평야 중 가장 규모(55.58제곱킬로미터)가 크며, 형산강을 중심으로 선형으로 형성되어 있고, 안강읍과 강동면의 대부분을 차지한다. .
11. 이수건 편저, 1981, 283~286쪽.
12. 이수건, 1991, 32~62쪽.
13. 강동진, 2003 참조.
14. 이와 관련된 논의는 이 글의 관점과 다르므로 생략한다.

○ —— 표 1. 양동마을의 가구별 생산 양식 현황 (자료: 강동진, 2003), 단위: 호(괄호 안은 퍼센트)

主 수단 \ 部 수단	1994년						
	농사	직장	자녀 송금	가축 사육	기타	누락	조사 가구
농사		2 (2.2)	6 (6.5)	8 (8.7)	2 (2.2)	15 (16.3)	33 (35.9)
직장	6 (6.5)			2 (2.2)	3 (3.3)	5 (5.4)	16 (17.4)
자녀 송금	13 (14.1)	1 (1.1)				12 (13.0)	26 (28.7)
가축 사육	1 (1.1)						1 (1.1)
기타	6 (6.5)		2 (2.2)	3 (3.3)		5 (5.4)	16 (17.4)
조사 가구	26 (28.3)	3 (3.3)	8 (8.7)	13 (14.1)	5 (5.4)	37 (40.2)	92 (100)

主 수단 \ 部 수단	2002년						
	농사	직장	자녀 송금	가축 사육	기타	누락	조사 가구
농사		2 (2.5)	13 (16.3)	1 (1.2)	2 (2.5)	24 (30.0)	42 (52.5)
직장	1 (1.2)	–	2 (2.5)	1 (1.3)		6 (7.5)	10 (12.5)
자녀 송금	4 (5.0)	1 (1.3)				10 (12.5)	15 (18.8)
가축 사육	1 (1.2)					1 (1.3)	2 (2.5)
기타	3 (3.8)			2 (2.5)		6 (7.5)	11 (13.8)
조사 가구	9 (11.2)	3 (3.8)	15 (18.8)	4 (5.0)	2 (2.5)	47 (58.8)	80 (100)

2.3.2. 마을 내부에 밭이 왜 이렇게 많이 있을까?

이렇게 넓은 토지의 경작은 과연 누가했을까 하는 의문이 뒤따른다. 분명 평민이나 노비들에 의해 경작이 되었을 터인데 그들은 누구이고 또 어디서 살았을까? 가장 중요한 경작의 임무를 맡았다고 하는 노비들의 수와 그 규모에 대해 살펴보자.

여러 정황과 구전을 통해 볼 때 해방 당시 100~150여 호의 가랍집이 존재했었다는 것은 확실한 듯하다. 1819년에 발간된 초안에는 노비 가구수는 1호이고 노비수는 157인으로 조사되어 있는데, 가구수를 1호 분류하고 있는 것으로 보아 초안에 나타난 157명의 노비(호가 없음)는 솔거 노비로 추정되고, 농경지를 경작할 외거 노비들은 누락된 것으로 보인다. 또 다른 해석으로는 157명은 외거 노비이고 솔거 노비는 재산 개념으로 누락되었을 가능성이 존재한다. 당시의 사회상을 고려해 볼 때, 대다수 외거 노비는 도망을 가고 100여 호의 가랍집들은 비어 있는 상태에서 농사는 솔거 노비(157명)가 지었을 가능성도 존재한다.

어느 하나의 추론만으로 모든 내용을 설명할 수는 없으나, 100호 이상의 가랍집의 존재는 일제 시대의 자료를 통해서도 확인된다. 1931년에는 249호, 1934년에는 273호로 조사되어 있고, 1931년 조선총독부 자료에는 지주 30호,[15] 자작 35호, 자작 겸 소작 37호, 소작 106호로 조사되어 있다. 즉, 최소한 106호의 소작인이 거주했던 공간은 가랍집이었을 것이고, 같은 자료에 타성이 124가구라고 나와 있는 것도 100여 호의 가랍집의 존재 사실을 입증해 주는 것이다.[16]

한국 전쟁은 양동마을에서 조선 중기의 양란과 함께 가장 큰 피해와 변동을 가져오게 했다. 격전장이었던 안강·기계 전투를 중심으로 한 낙

---

15. 지주에 해당한 30호는 약간의 차이는 있겠지만 현재에 약 30여 호 남아 있는 와가들의 수와 일치하는 것으로 보아 자료의 신뢰도를 알 수 있다.

16. 타성으로 분류되는 가구는 필자의 생각으로는 과거의 외거 노비가 계속 거주하거나 타 지역에서 전입해 온 가구들로서 대부분 가랍집에 머물렀을 것으로 생각된다.

○──── 그림 14. 지금은 사라진 향단 아래의 가랍집(1992.4. 촬영)

동강 전투의 영향으로 대다수의 주민이 마을을 떠나 피난을 갈 수밖에 없었고, 많은 수의 노비들은 이후에 귀향하지 않았다고 한다.[17] 이는 현재 남아 있던 가랍집들(약 40여 호로 추정)의 원(原) 기능이 사라지는 계기를 제공했고, 전쟁 후에는 100~150여 호의 가구가 줄었다고 한다. 이러한 사실들에 대한 정확한 물적 근거는 없지만 주민들의 증언으로 증명된 사실이고, 필자의 생각으로도 1929년에 젠쇼 에이스케(善生永助)가 조사한 274호를 고려한다면 거의 정확한 '감소된 가구 수치'임에 틀림없다.[18] 그

---

17. 장기인 외, 1979, 64쪽.
18. 현재의 150여 호(居住 + 非居住)를 고려하면 약 100~150여 호에 이르는 소멸된 집들은 현재 밭이나 공한지로 남아 있는 대부분이 가랍집의 흔적이라는 것이 증명된다.(일부 양반집을 제외)

○──── 그림 15. 편해 보이는 양동마을의 황구(1994. 6. 촬영)

러니까 현재 마을에 남아 있는 밭들은 대부분 가랍집터였던 것이다.

2. 3. 3. 왜 개는 많고 소는 보이지 않을까?

양동마을에 들어서면 유난히 개들이 눈에 많이 띈다. 그런데 닮은 놈이 많고 또 매우 순해 보인다. 그런데 소와 돼지, 염소는 보이질 않는다. 원래 없는 것일까? 아니면 숨겨져 있는 것일까?

지난 1992년에 양동마을의 가축 보유 상태를 조사하고 좀 더 자세히 알아보기 위해 옆 마을인 인동마을과 비교를 통해 흥미로운 결과를 발견한 적이 있다.[19]

두 마을에서 키우는 가축 종류는 유사하나 수에서는 차이가 큼을

○ ── 표2. 가축 보유 현황(자료 : 강동진, 1995). 단위 : 호(괄호 안은 퍼센트)

마을명	분류	한우	젖소	개	닭	염소	돼지
양동 마을	1마리	2	-	15	-	-	-
	2~3	3	-	19	4	-	-
	4~5	5	-	12	5	-	-
	6~9	7	-	8	-	-	-
	10 이상	1	-	0	4	-	-
	계	18(19.6)	0	54(58.7)	15(16.3)	0	0
인동 마을	1마리	6	-	26	1	-	-
	2~3	22	-	20	1	-	-
	4~5	6	-	1	6	-	-
	6~9	3	1	2	-	-	-
	10 이상	6	-	2	1	-	-
	계	43(54.4)	1(1.27)	51(64.6)	9(11.4)	0	0

알 수 있었다. 경관 훼손의 이유로 가축 사육에 제한을 받고 있는 양동마을은 음성적으로 약 20퍼센트의 가구가 소규모로 소를 키우고 있었고, 두 마을의 개 사육율(약 60퍼센트)은 비슷하나 양동마을의 가구당 마리 수는 인동마을에 비해 월등히 많고, 4마리 이상 사육 가구가 37퍼센트에 이르는 것으로 파악되었다. 이는 법지정으로 인한 생산 부문의 위축 현상이 반증되어 나타난 것으로 해석할 수 있었다.

그러나 2005년 현재에는 이러한 양상이 바뀌고 있는 듯하다. 세부적으로 조사는 하지 못했지만 개 사육을 주로 하는 가구는 없어진 듯하며 대신 닭과 염소를 키우는 가구가 점차 늘고 있는 추세이다.

19. 강동진, 1995 참조.

3. 양동마을의 정주 원리

3. 1. 양동마을의 존재 이유

일반적으로 전통 마을로 불리는 마을들은 주변 여건과 상이한 구조를 가지며, 주변의 변화 양상과는 달리 고유한 정주 체계를 유지하고 있는 경우가 많다. 이러한 체계는 오히려 주변 변화에 순응하지 못하고 더 큰 영향을 받거나 쉽게 파괴될 가능성도 동시에 가지고 있다고 할 수 있다. 마을 여건의 변화를 제공하는 것으로는 교통 변화, 토지 이용 변화, 공공 시설 입지 등이 있으나, 최근에는 지역 교통의 영향을 가장 심하게 받는다고 할 수 있다.

양동마을의 정주 원리를 정리하기에 앞서, 현재의 양동마을이 어떤 이유로 변화가 극심한 상황 속에서도 유지될 수 있느냐에 대한 답을 찾아보려고 한다. 이에 대한 규명이 마을의 정주 원리와 깊은 관계가 있기 때문이다.

양동마을의 존속에 가장 큰 영향을 주고 있는 요인으로는 외형적으로 보존되고 있는 '물적 자원'과 마을에 내재되어 있는 '종법적인 질서'를 들 수 있다. 물적 자원들의 보존은 주민들의 보존 의지가 일차적으로 작용하고 있고 1980년대 이후에는 법·제도의 영향을 가장 크게 받고 있다. 종법적 질서는 크게 두 가지 차원에서 작용하고 있는데 현재 외부인들의 민박이 금지되고 관광 편익 시설의 설치가 제한되는 등의 마을 내부 차원의 규약과 전국에서 후손들이 참여하는 문중 행사 등의 마을 외부 차원의 규약을 들 수 있다.

둘째로는 생산 양식의 변화를 쉽게 수용할 수 있는 '지리적 조건'을 들 수 있다. 인근의 포항, 울산, 안강 등에 1970년대를 전후하여 건설된 공업 시설들이 마을 유지에 큰 영향을 주었는데, 마을에 적을 둔 상태에서 임시 유출이 가능하게 되어 마을의 생산 양식을 다양화할 수

있었다.[20]

셋째로는 기회가 균등하게 제공될 수 있는 '교육 여건'을 들 수 있다. 마을내 양동초등학교와 안강, 경주, 포항, 대구 등 다양한 규모의 도시들이 인근에 입지해 지역에서 대학 교육까지 마칠 수 있는 교육 여건이 마을 유지에 큰 기여를 했다는 것이다. 물론 높은 교육열로 인해 이촌 등의 사회적인 이동을 유발했으나, 마을에 기반을 둔 교육 염원이었기에 이촌 후에도 교육의 결과들이 마을에 다양한 영향을 주고 있는 것이다.[21]

마지막으로 지리적으로 경주권이지만 실제적으로는 경주의 영향을 크게 받지 않았던 '입지 여건'을 들 수 있다. 이것은 양동마을이 신라 문화재가 아니기 때문에 경주관광(문화재차원)의 핵심 대상에서 벗어나 있었기 때문이고, 비교적 불리한 접근성도 마을의 고유성 유지에 도움을 준 것으로 보인다. 그러나 현재에는 교통 여건이 개선되고, 양동마을이 경주 북부권의 핵심적 관광 대상으로 분류되면서 마을 인지도가 급격히 높아지고 있고, 이로 인해 관광으로 인한 또 다른 유형의 마을 변화가 진행되고 있다.

3. 2. 정주 원리

3. 2. 1. 양성씨의 공간적 경쟁과 포석

양동마을 양성씨의 파시조들은 모두 16세기인들(손씨 4~5대손, 이씨 3대손)이므로 16~18세기에 걸쳐 대다수의 주요 건축물들이 완성된다.[22]

---

20. 마을의 이모 씨의 증언에 따르면, "안강의 풍산금속은 70년대 초반 마을이 경제적으로 어려울 때, 주민들의 경제적 기반이 되어 줌으로서 마을이 유지되도록 하는 데 큰 역할을 했다."라고 한다.
21. 양동마을에 교육열이 높은 이유를 이창기(1990, 112쪽)는 양가의 신분적 우월감이 교육에 대한 욕구로 전환되었고, 양가의 우세한 경제 능력이 교육에 대한 투자를 가능하게 했으며, 대구, 포항, 경주 등지의 양호한 교육 여건 등으로 설명하고 있다.

동수로 환산하면 30여 동에 이르며, 한 지역에 이 같은 수의 양반집들을 가진 곳은 우리나라에서 유일하다.

이같이 양동마을에 주거용 건축물들이 집중적으로 형성된 것은 당시 차자는 결혼과 동시에 분가 별거하는 관습과 분가 후 하나의 직계혈연 집단으로 발전되고, 특별한 사정이 없는 한 부모와 교류하기 쉬운 동촌근리(同村近里)에 주거를 정하는 관습 때문으로 보인다.[23]

이러한 유교적 기본 원리 속에서 진행된 마을의 형성 과정을 추론해 보면 다음과 같다.

첫째, '장씨와 유씨의 정주 단계'이다. 조선 시대 이전에도 정주지가 형성되어 있었다고 할 수는 있으나 본격적으로 양동마을이 형성된 시점은 장씨와 유씨의 정주 이후로 볼 수 있으며, 그 위치는 현재의 양동천 주변부로 보인다. 종가 등의 상징적인 기능이 아직 존재하지 않던 시기였기 때문에 전통적인 마을 입지 방식인 계거를 기준으로 10여 가구의 주거군이 형성되어 있었을 것으로 보인다.

둘째, '서백당의 건립 단계'이다. 입향조인 손소(1433~1484년)는 15세기에 처가를 따라 양동마을로 들어오게 된다. 이 당시는 본격적인 씨족 마을 형성 이전 단계로서 아직까지 마을의 종법적 질서가 갖춰지지 않은 관계로 주택의 입지(서백당, 1475년)는 생활의 편리함, 즉 일조와 득수의 용이성 등 자연 조건이 가장 중요한 입지 조건이었을 것으로 보인다. 또한 처가로부터 일정한 재산을 분배받고 독립을 의미하는 분가의 상황에서는 처가와 일정한 거리를 유지하려는 일종의 사회적 관계도

22. 15세기~18세기의 현존 건축물은 다음과 같다.

시기	慶州孫氏	驪江李氏
15세기	서백당〈宗家〉(1475년)	내용 없음
16세기	관가정(1543년), 낙선당(1540년), 수운정(1582년) 등	무첨당〈宗家〉(1508년), 향단(1555년), 심수정(1560년) 등
17세기	내용 없음	설천정(1602년), 수졸당(1616년), 이향정(1695년) 등
18세기	정려각(1715년) 등	사호당고택(1730년), 두곡고택(1733년), 근암고택(1780년), 동호정(1787년)
19세기	내용 없음	경산서원(1830년), 상춘고택(1840년), 강학당(1840년)

23. 김택규, 1975, 21~32쪽. 한영현, 1987, 53쪽 참조.

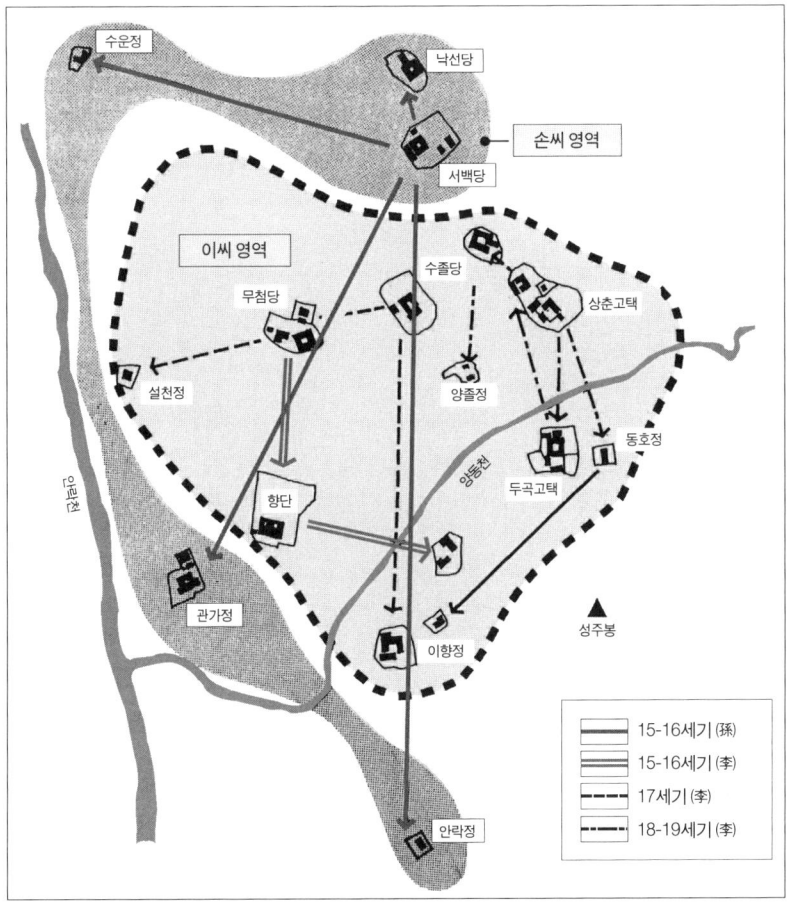

○ ── 그림 16. 17세기까지의 종가 분파와 영역

작용되었을 것으로 보인다.

셋째, '무첨당의 건립 단계'로서 사위에 대한 재산 분배가 지속되던 시기이므로 사위인 이번(李蕃)이 재산을 물려받고, 이후 여강 이씨의 종가인 무첨당을 건립(1508년)하게 된다. 무첨당의 건립 시에도 서백당 건립 시와 유사하게 자연 조건이 고려되었고 또 다른 종가인 서백당과의 공간적 관계가 입지 조건으로 작용되었을 것으로 추측된다.

넷째, '관가정, 낙선당, 향단의 건립 단계'로서 양가의 정치·경제적인 성장으로 인해 손씨의 관가정(1534년)과 낙선당(1540년), 이씨의 향단(1555년)이 건립된다. 관가정은 위치로 보아 주거용이기보다는 안강뜰의 관리 기능이 더 강했을 것으로 보이며, 그 위치로 보아 마을 확장을 의미하고 있다. 향단의 경우에는 기능성보다는 양가문의 관계 속에서 형성된 상징적 성격이 더 강하게 작용되었을 것으로 추측된다.

다섯째, '16세기 후반~17세기의 성장' 단계로서 각 종가들로 인해 기본 골격이 갖추어지고, 시기별로 양성씨의 세력 정도에 따라 마을 성장이 진행되는 시기이다. 특히 남촌 심수정(1560년)과 갈곡 수운정(1582년)의 입지가 결정된 이후에는 양가는 견제보다는 장기적인 세력 확산을 위한 입지를 포석하는 경향을 보인다.

이러한 주거를 중심으로 한 마을 형성 과정을 길과 결부시켜 보면 세 단계의 형성 과정으로 나눌 수 있다.

첫째, 당시 양좌동(良佐洞)의 지형과 혈연적인 상황을 고려해 볼 때, 양가의 최소한 파종가, 즉 첫번째 분가까지는 하나의 길을 통한 연결이 가능했으리라 생각된다. 이는 4채의 건물이 마을 중심축을 이루고 있는 것으로 보아 '향단'이 건설됨으로써 양가의 '곡과 능 차지하기'를 위한 눈에 보이지 않는 경쟁이 시작되었다고 할 수 있다.

둘째, 그 다음의 파종가인 낙선당(孫)과 수졸당(李)은 각 파종가들이 서로 보이지 않는 곳에 입지하는 패턴을 고려해 볼 때, 하나의 길로는 이러한 입지가 가능한 지형이 없었으므로 기존 구조에서 깊게 파고드는 새로운 길을 만들면서 현재 위치에 자리를 잡게 된 것으로 판단된다.

셋째, 16세기 후반에 들어, 주거지의 부족으로 인해 서로 보이지 않는 곳에 입지하는 것이 불가능해지면서 남촌 일부 지역과 북촌 일부 지역에 새로운 길을 내어 집중적으로 양반집들이 들어서게 된다.

이와 같이 양동마을이 안정화되었던 17세기까지의 상황 속에서의 가장 두드러진 특성은 양성씨의 경쟁을 통한 공간적 포석의 결과들이

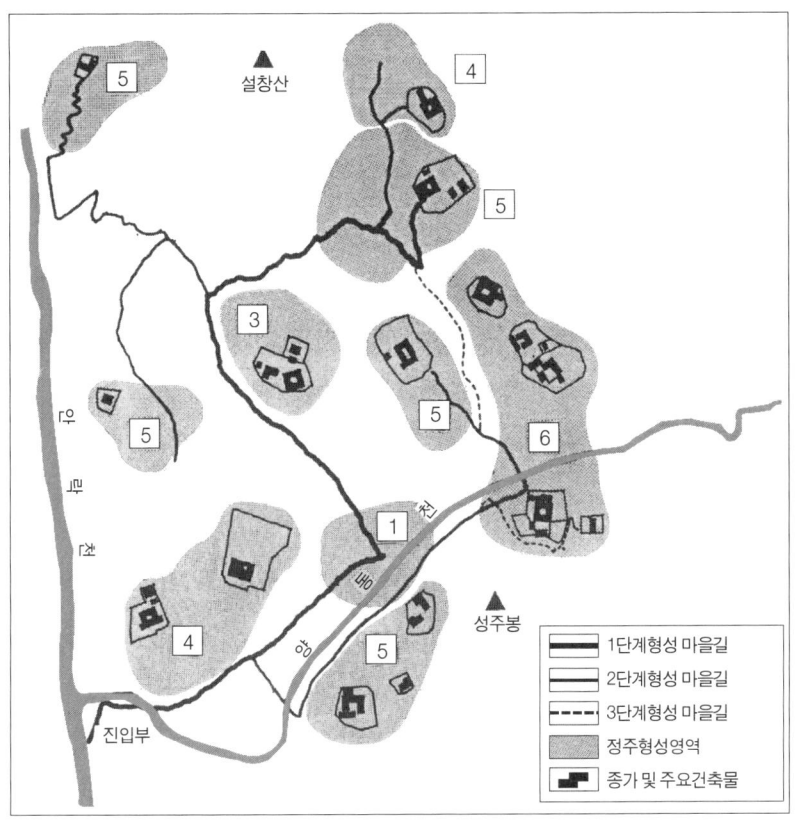

○──── 그림 17. 17세기까지의 마을길 형성 과정

마을 공간 구조에 중첩되어 나타나고 있는 점이다. 전통 마을의 공간 구조는 자연지리적 요소인 '공간 입지적 특성'과 사회 인문적 요소인 '구성원의 사회적 관계'가 골격 형성의 주요인으로 작용한다. 이 두 가지 요소는 독립적으로 작용하는 것이 아니라 상호 밀접한 관계를 가지고 있어 요소 간의 관계에 따라 다른 양상으로 나타나기도 한다.

양가의 종가들이 가지는 공간 입지적인 특성은 농경지 및 배후지의 크기와 경제력으로 설명할 수 있다. 즉 성씨별 구성과 이들의 마을에 대한 지배력과 깊은 관계가 있는 것이다. 양동마을의 경우 마을 입지 과정의 초기에는 양성씨가 경쟁적인 경향을 보였지만, 점차 마을 구조가 확정되면서 대립보다는 시대적인 지배력을 인정하는 조화의 경향으로 변화해 왔다.

3. 2. 2. 자연환경에 얽힌 집합과 공생

이중환은 『택리지』에서 이상적인 가거지(可居地)의 조건으로서 지리, 생리, 인심, 산수 등을 들었는데 이는 유교적 공간관이 반영된 '계거(溪居)'[24]의 마을 입지로 압축할 수 있다. 마을 내·외부를 흐르고 고이고 떨어지던 물이 계거의 중심이었다.

양동마을의 경우에도 勿자 형국과 관련된 지연(地緣)과 양성씨와 관련된 혈연(血緣)이 매우 강한 정주 원리로 작용하지만, 이외에 또 다른 개념이 마을에 내재되어 있음을 발견할 수 있다. 마을 형태라는 관점에서 한정시켜 볼 경우 수계와 자연지형에 의한 공간의 구분과 확장이 일정한 법칙을 이루고 있음을 발견할 수 있는데, 이를 필자는 수연(水緣)이라고 칭한다.[25]

수연이라 함은 마을 내·외에서 흐르는 개울과 마을 내의 우물, 연못, 저수지 등의 수문 구조에 의해 형성된 공간에 투영되어 있는 원리를 말한다. 지연(地緣)의 한 부분으로 생각할 수도 있는 개념이지만 지연의 속성 중 수문 구조의 영향이 강하거나 이것이 마을 구성을 주도한 경우에 사용될 수 있는 개념이라 할 수 있다. 양동마을의 수계를 중심으로 한 공간 구조는 크게 네 단위로 구분할 수 있다. 북촌의 골·능선

---

24. 이러한 '溪居'의 마을 입지에 관해 김덕현(1991)은 다음과 같은 설명을 하고 있다.
 ① 지주 계층(사대부)이 유교 문화가 요구하는 예를 유지할 수 있는 적정한 규모의 경지, 즉 경제적 기반을 제공받을 수 있기 때문이다.
 ② 계곡과 분지로 적당히 차단되어 있는 곳이 유교 향촌 교화를 실시하기에 유리하기 때문이다.
 ③ 물이 있는 곳은 경치가 수려하여 학자들의 정사 등 수기 장소로서 입지가 적절하기 때문이다.
25. 일반적으로 전통 마을의 구성 원리로 혈연(血緣)과 지연(地緣)을 들 수 있다. 마을(里)은 같은 조상(血)을 가진 사람들이 땅을 갈아 만든 밭(田) 사이에 있는 흙(土)을 바탕으로 한 지연의 삶터이다. 또한 마을을 사회적 공동체로 인식하고 일반적으로 사용하는 '동네'라는 용어를 어의적으로 풀어볼 때, '물(氵)을 같이(同) 사용하는 공간 단위'로 정의할 수 있다. 즉 물을 사용하던 범위에 따라 마을의 영역권이 결정되었다고 볼 수 있다.(황기원, 1995, 137쪽)

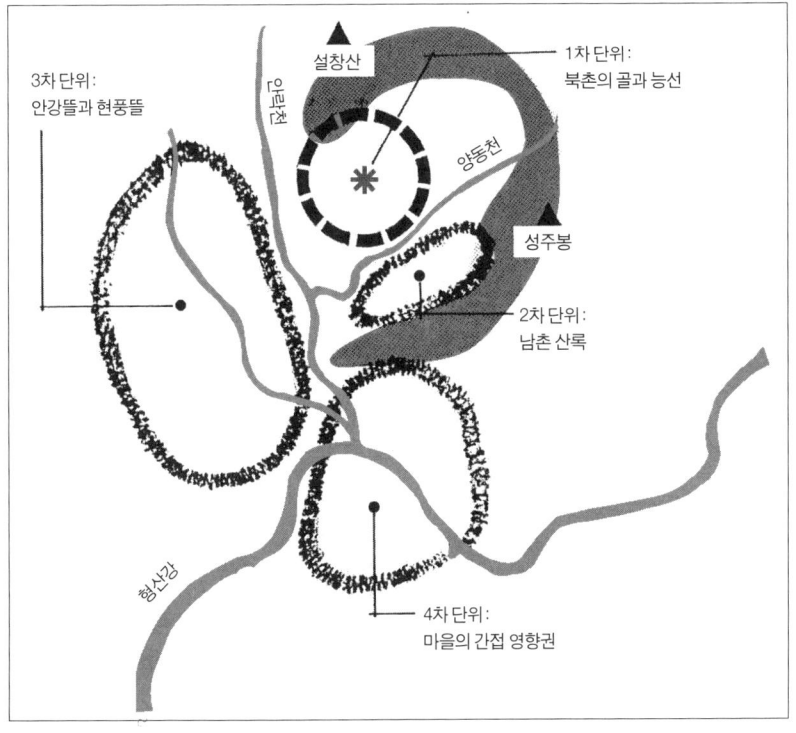

○ —— 그림 18. 수연(水緣)에 의한 동네 구분

과 남촌의 성주봉 산록은 양동천으로 구분되며, 이들과 마을의 경제 기반인 안강뜰과 현풍뜰은 안락천에 의해 구분되고 또한 이들과 마을의 간접 영향권인 인동과 강동은 형산강에 의해 구획된다.

북촌의 골과 능선은 주거가 주를 이루는 마을의 핵심 공간으로서 수연의 1차 단위를 이루며, 남촌의 산록은 서당과 영당 등이 있는 수연의 2차 단위를 형성한다. 양동천에 의해 분리되는 이 두 단위에는 여러 우물들을 발견할 수 있는데 이 우물들에 의해 형성되는 영역권은 각 단위의 소생활권을 이루고 있으며, 양동천은 북촌과 남촌의 우수와 하수가 모이는 통로의 역할도 수행하고 있다. 1, 2차 단위를 구분하는 양동천이 합류되는 안락천은 수연의 3차 단위인 안강뜰과 현풍뜰을 유지가

능하도록 지지하고 있다. 안락천은 식수 외에 농경수로 사용되어 왔고 외형상으로 판단되는 마을과 주변부를 구분 짓는 역할보다는 마을과 주변부를 연계하는 기능이 더 강하게 작용해 왔음을 알 수 있다.

안락천과 형산강이 합류되는 수연의 4차 단위는 마을의 간접 영향권으로서 조선 시대의 해산물 수송을 위한 해상 통로의 역할 외에 마을을 인식하는 마을 진입로의 시점(始點)이 되며 간접적인 마을 경계를 형성하는 역할을 해 왔다.

이러한 우물, 배수로, 개울, 주변 하천 등이 이루어 내는 양동마을의 수연은 산림과 농경지에 의해서 형성된 지연과 결합되어 마을의 중요한 골격을 이루고 있다. 마을 내·외의 충전 요소들이 오랜 시간 동안 다양하게 변화하여 왔음에도 불구하고, 이렇게 수연과 지연으로 결속된 양동마을의 기반 요소들은 양동마을의 지역성과 장소성을 유지하는 근원적인 요인으로 작용해 왔다고 할 수 있다.

양동마을의 勿자형의 곡과 산록은 각 소단위별로 입지한 우물을 통해 손씨와 이씨의 혈연이 공간적으로 결속되는 역할을 했고, 수연은 각 곡으로 분리된 생활공간과 생산 공간을 연계하는 역할을 수행했다. 그러므로 수연은 혈연 및 지연과 분리된 개념이기보다는 상호 밀접한 관계 속에서 유지되는 개념이며, 현재에도 양동마을에서는 수연과 지연이 엮어 내는 과거의 맥락이 지속되고 있음을 알 수 있다.

○ ── 표3. 양동마을의 동네 구분

	수연	혈연	지연	
1차 단위	북촌의 곡과 능선	양가문	勿자 구조	생활 시설
2차 단위	남촌의 산록	공유	성주봉	지원 시설
3차 단위	안강뜰과 현풍뜰(경제기반)	공유	생산지	생산 시설
4차 단위	마을 간접 영향권	-	마을 경제	간접 지원 시설

3. 2. 3. 내재된 마을 질서의 존엄과 순응

언급한 바와 같이 가장 중요한 양동마을의 존재 이유는 강력한 유교적 질서라 할 수 있다. 이 유교적 질서는 마을과 문중차원의 규약으로 지켜지고 있는 원칙들이다. 크게 마을 환경 측면, 마을과 외부와의 관계 측면, 마을 생활 측면 등으로 구분할 수 있다. 마을 환경 측면의 원칙들은 ① 마을 내의 위계와 공간 구성 방법, ② 설창산과 성주봉의 능선을 보호하는 풍수지리상의 원칙, ③ 가옥 배치의 위계와 입지 등이며, 마을과 외부와의 관계 측면은 ① 외부인 주도의 편익 시설 도입 금지, ② 방문객 민박 금지 등이며, 마을 생활 측면은 ① 문중 행사, ② 주민들 간의 협동 체계, ③ 부벌(附罰)[26] 등을 들 수 있다.

이러한 내재된 질서를 지키기 위한 노력은 마을 공간에도 반영되어 마을의 기초 골격을 이루고 있으며 이를 "신성 구조(神聖構造, sacred structure)"라 칭한다. 일반적으로 전통 마을에서 고려될 수 있는 신성 구조의 대상에는 종법적 질서에 기초한 마을 구조(종가 위치, 문중 영역, 배치 구조, 마을 진입 방법, 마을길 패턴 등)와 마을의 원경관(原景觀)을 형성하는 지형 및 지세 등이 해당된다.

양동마을이 보유한 신성 구조의 대상으로는 지형·지세와 마을의 종법적 질서간의 상호 영향으로 인해 형성된 마을 구조를 들 수 있으며, 설창산과 성주봉이 형성하고 있는 勿자 구조의 능선이 해당한다. 이 능선에서는 풍수지리의 원칙이 철저하게 반영되어 일절 개발 행위가 일어나지 않고 있으며, 종가들도 이 능선의 아래 부분에 입지한다. 마을의 종가(양반집)와 가랍집이 형성하는 산록의 가옥 배치 구조도 신성

---

26. 양동마을에서 부벌(附罰)은 문중제사 때 소홀함이 보일 경우 이 부벌을 가했다고 한다. 문중 어른들이 모여 절정했고 제시를 거부하는 행위는 물론 불륜한 행동이나 부모를 학대했을 경우에도 행해졌다고 한다. 방법은 마을 재실에 당사자의 이름을 써 거꾸로 붙여 놓은 것이다. 이 사람은 종가는 물론 선소 출입이 금지된다. 며칠 근신 후 마을 어른들께 사죄를 하면 벌이 풀어졌다고 한다. 이것이 강압적인 것이 아니라 스스로 자숙이나 반성을 요구한 것이었기에 더욱 조심한다고 한다.

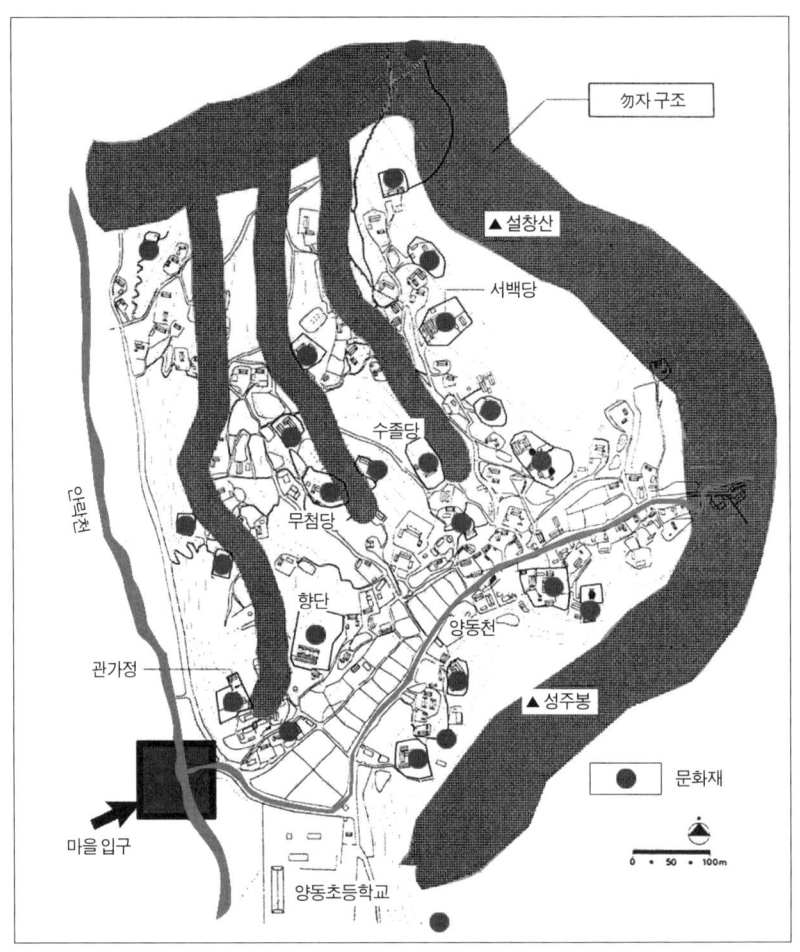

○── 그림 20. 양동마을의 신성 구조

구조에 포함된다.

또 다른 신성 구조의 대상으로는 안락천과 양동천 자체와 이들에 의해 구획되어진 각 공간별 특성과 마을 입구의 위치와 접근 방법, 마을 안길의 형상과 입지, 각 가옥들을 연결하는 마을 샛길 등이 있다.

이러한 유교적 질서에 대한 존중과 신성 구조를 지키기 위한 노력이 지속되면서 양동마을 정주 원리의 한 축으로 자리 잡게 되었고, 이 결과들이 모여 현재 양동마을이 보유하고 있는 상징성과 역사 문화적인 가치를 대변하고 있는 것이다.

4. 마치며

『낙선당실기(樂善堂實記)』에 실려 있는 양동마을에 대한 묘사는 마을 위상을 일러 주는 함축적인 문구이다.

> 형산강 북쪽 지역의 제일의 관문이자 (兄山江北 第一門)
> 지나는 이들이 말에서 내려 존의를 표하던 마을, (行人下馬 萬古尊)
> 지대한 충훈을 세웠던 혜민공 손소의 마을, (忠勳之老 喪敏廟)
> 당대 최고의 현자였던 해제 이언적의 마을이다. (東方夫子 海薺村)

양동마을은 외형적 위상의 근거를 이루는 배산임수의 기본 구조와 산림, 수계, 자연 지형 등이 이루어 내는 마을 구조를 현재도 유지하고 있다. 이는 유교적 질서와 풍수지리의 원칙을 온전히 지켜 왔기 때문이지만, 구성원의 생산 및 생활 양식의 변화와 마을 보전에 대한 주민의식의 차이에 따라 마을의 질적 변화는 앞으로 급격히 진행될 것으로 보인다.

양동마을은 조선 시대에 유학과 성리학의 발달로 인해 다른 마을들보다 빠른 속도로 자연경관에서 문화경관으로의 이행이 진행되었고, 주변 지역의 중심적 정주경관으로의 역할을 수행하며 또 그 변화를 주도했다. 이러한 자연경관에서 문화경관으로 탄력적으로 대체되던 시대와 달리, 근대기에 들어서는 자연경관과 문화경관이 각기 독립적인 변화 체계를 갖추게 되어 두 경관의 상호 영향은 거의 없는 상태가 되어 버렸다. 현대기에는 법·제도를 통해 문화경관 자체의 질적 변화를 제어하기 위한 노력은 하고 있으나 이로 인해 또 다른 유형의 문제들이 유발되는 어려움을 겪고 있다.

이러한 시대적 변화 과정 속에서 양동마을이 보유했던 정주 원리에 대한 정확한 이해와 파악은 진정성을 갖춘 마을로 보전하기 위한 매우 중요한 사안이라고 할 수 있다. 이 글은 서두에서 밝힌 바와 같이 필자의 주관적 견해가 상당 부분을 차지하고 있고, 마을에 내재된 사회·경제적인 맥락은 깊게 고려하지 못했다. 이에 대한 세부적인 원리 규명은 앞으로의 과제로 남긴다.

참고 문헌

강동진, 2003,「문화재보호법과 관련된 양동마을 주민의식 변화 : 1994년과 2002년 비교 연구」,《한국조경학회지》31, 3.

강동진, 2001,「지속 가능한 전통 마을의 유지와 관리방법론의 개발 : 한국과 일본의 비교 연구」,《한국조경학회지》29, 5.

강동진, 1997,「경주 양동마을의 해석과 보전방법론 연구」, 서울대학교 환경대학원 박사 학위 논문.

강동진, 1995,「역사환경 관련법이 농촌지역에 미친 영향에 관한 연구 : 경주 양동마을 및 안동마을을 사례로」,《국토계획》30, 3.

김덕현, 1991,「유교적 촌락경관의 이해」,『한국의 전통지리사상』, 민음사.

김택규, 1979,『씨족부락의 구로연구』, 일조각.

김화봉, 1999,「조선 시대 안동문화권의 뜰집에 관한 연구」, 부산대학교 대학원 박사 학위 논문.

여중철, 1975,「동족부락의 통혼권에 관한 연구」,『인류학논집』제1편.

여중철, 1978,「동족집단의 제기능」,『문화인류학』제6편.

이몽일, 1991,『현대한국풍수사상사 : 시대별 풍수사상 특성』, 명보문화사.

이종필 외 3인, 1983,『영남지방 고유취락의 공간구조』, 영남대학교 출판부.

이창기, 1990,「양동의 사회생활」,『良佐洞硏究』, 영남대학교 출판부.

이수건, 1978,「直村考-朝鮮前期 村落構造의 一斷面」,『大丘史學』15:16 合輯.

이수건, 1990,「양동의 역사적 고찰」,『良佐洞硏究』, 영남대학교 출판부.
이호신, 1996,『길에서 쓴 그림일기』, 현암사.
최재석, 1972,「농촌에 있어서의 반상관계와 그 변동과정」,『진단학보』34집.
한영현, 1987,「조선시대 동족마을의 토지소유형태에 관한 연구」, 전남대학교 대학원 석사학위논문.
황기원, 1995,『책 같은 도시 도시 같은 책』, 열화당.
善生永助, 1934,『慶州郡 : 生活實態調査』, 朝鮮總督府.
善生永助, 1933,『朝鮮の聚落 後篇』, 朝鮮總督府.
「近世朝鮮地形圖」1925년.

● 강동진(경성대학교 도시공학과 부교수)

13장. 생태적 관점에서의 전통 건축 가치의 재조명

1. 머리말

자연환경의 중요성에 대한 인식의 증가는 건축에 대한 기존의 인식을 새롭게 바꾸는 계기가 되었다. 1970년 초엽에 이미 스위스의 건축가 켈러(R. Keller)는 건축 행위가 근본적으로 환경 파괴 행위에 불과하다는 주장을 제기하기도 했다.[1] 이러한 주장은 건축의 생태학적 문제에 대한 새로운 인식에 기인한다.

건축가들이 건축의 생태적 문제를 거론하기 시작한 것은 1960년대 후반으로 거슬러 올라간다. 이 무렵 유럽의 일부 건축가들은 획일화·비인간화된 기존 건축의 문제점을 부각시키려 노력했을 뿐만 아니라, 삶의 터전으로서 자연환경의 중요성과 건축으로 인해 야기되는 생태계 파괴의 심각성을 인식하고 자연과 인간이 공존할 수 있는 건축 환경의 조성을 시도했다. 이들의 궁극적인 목표는 건축 환경을 아무런 위해 없이 자연 생태계에 접목시켜 '인위적 생태계'로 재창조하는 데 있었으며, 이러한 움직임을 바탕으로 1970년대 이후에는 다양한 생태 건축

---

1. 롤프 켈러(Rolf Keller)는 1973년 출판한 그의 저서 *Bauen als Umweltzerstorung*에서 "건축은 모든 경우에 한결같이, 기간이 길면 길수록, 물량이 증가할수록 본질적으로 환경파괴 행위로 변하고 말았다. 모든 사람이 환경 파괴에 대하여 말하지만 고작 그 일부에 불과한 물, 공기 또는 폐기물 처리를 떠올리는 정도이다. 아무도 건축을 통한 환경 파괴에 대해 언급하는 이는 없다."라고 주장했다.

적 시도와 대안들이 나타난다.

이 글에서는 독일을 중심으로 보급되고 있는 생태 건축의 의미와 전개 과정을 살펴보고, 우리의 전통 건축이 가지는 가치를 생태적 관점에서 재조명해 보고자 한다.

2. 생태 건축의 의미

1970년대 건축의 생태적 문제를 해결하기 위한 등장한 다양한 건축적 시도와 개념이 P. 크레셰(P. Krusche)와 M. 크레셰(M. Krusche)에 의해 정의되었다. 즉 자연과 인간의 상호 관계 및 생태계를 고려한 다양한 건축적 시도와 개념에 "생태 건축(Ökologisches Bauen)"이라는 새로운 이름을 부여했다. 이들은 생태 건축을 "자연환경과 에너지 효율을 고려한 입지 선정, 건물 계획, 건물 형태, 건물 배치, 재료 선정, 공간 계획, 건물 내부의 기능 연계, 건축 기술 체계 그리고 수목(녹지)과의 연계 및 이용을 의미한다."라고 정의했다. 이와 더불어 생태 건축이 추구하는 목표를 다음과 같이 다섯 가지로 정리했다.

첫째, 건축물 시공과 유지 관리에 필요한 에너지와 자원의 수요를 최소화한다. 둘째, 자연 시스템과 재생 가능한 자원을 효율적으로 활용한다.(태양 에너지 이용, 자연 조건을 활용한 실내 기후 조절, 식물을 이용한 외벽 보호 등) 셋째, 물과 공기의 오염, 외부로 방출되는 열, 폐기물, 폐수의 양과 농도 그리고 토양의 포장을 최소화한다. 넷째, 대지 주변에 다양한 종의 동물과 식물이 서식 가능하게 한다. 다섯째, 건축물을 주위 경관과 어우러지게 배치해 건강한 주생활과 업무가 가능하게 한다.

이 정의에 따르면 생태 건축이란 자연환경과 조화되며 자원과 에너지를 생태학적 관점에서 효율적(경제적)으로 이용하는 건축이라 요약할 수 있다. 여기서 자원이란 토양, 물, 태양 그리고 공기로 대표되는

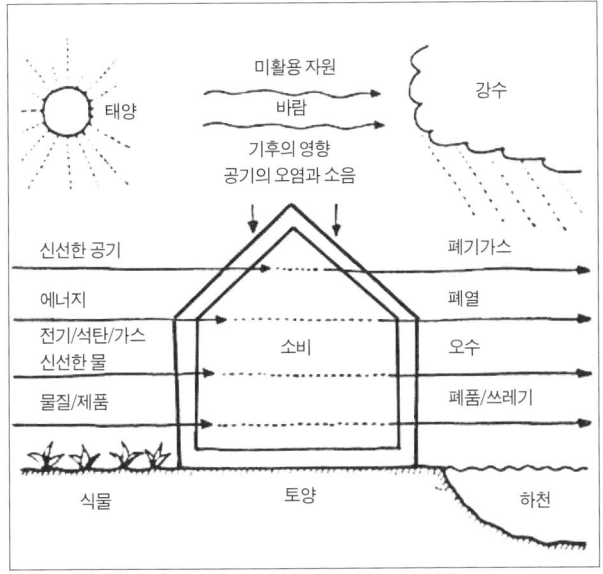

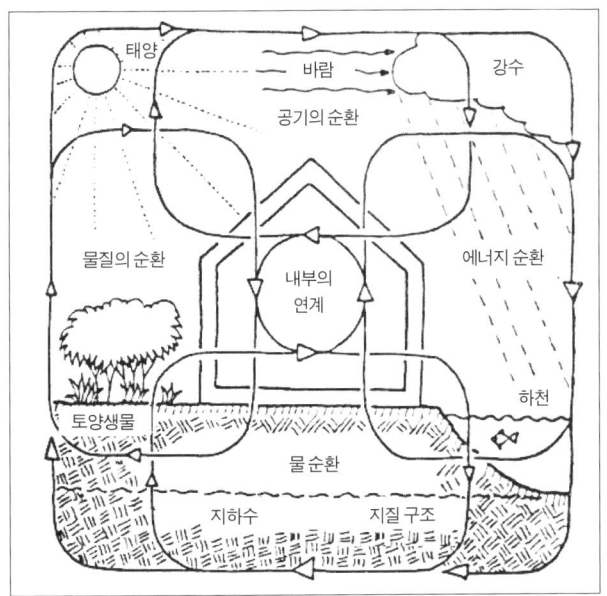

○ —— 그림 1. 기존 주거 건축과 생태 건축의 비교(Krusche, P.. Krusche, M.. Ökologisches Bauen, 1979)

지구 생태계 내의 모든 유·무기 물질을 말한다.

한편, 크레셰들은 기존의 주거 건축과 자신들이 정의한 생태 건축의 차이를 도식적으로 비교해 설명했다. 그림에서 보는 바와 같이 기존 건축은 자연 자원을 적절하게 활용하지 못하고 에너지와 물질을 소비해 폐기물을 발생시킨다. 즉 기존 건축은 외부로부터 에너지와 자원을 받아 들여 일방적으로 소비하는 소모 경제의 전형임을 보여 주고 있다. 따라서 기존 건축은 에너지와 자원을 공급하기 위한 설비는 물론 폐기물의 처리 설비가 필수적이어서 유지·관리 비용의 증가는 물론 환경 오염을 가중시킨다. 그러나 생태 건축은 자연 생태계의 일부로서, 환경 오염 없이 자연 자원을 활용한다. 토양, 물, 태양, 공기로 대표되는 자연의 순환체계가 건축 내부의 자원 및 에너지 순환 체계로 통합되어, 자연 생태계와 연계된 닫힌 순환 체계를 구축하고 있다.

이러한 정의를 통해 독일 생태 건축은 생태계 내 유·무기체의 움직임을 자원과 에너지의 흐름을 좇아 '자연의 순환 체계'라는 관점에서 총체적으로 고찰하는 '생태적 관점'을 강조하고 있음을 알 수 있다. 이런 맥락에서 본고는 상대적으로 분석이 용이한 물 순환의 관점에서 전통 건축이 가지는 생태적 가치를 재조명해보고자 한다.

3. 현대 도시의 물 순환 시스템 구축 기술

3. 1. 물 순환의 생태적 의미

지구 전체의 관점에서 볼 때 강수(강우, 강설 등), 증발, 수증기 형태로 순환하는 물의 양은 연간 488×10^3세제곱킬로미터 정도로 추산된다. 이중에서 육지의 강수량은 106×10^3세제곱킬로미터, 나머지는 바다의 강수량으로 파악된다. 육지의 물 순환을 구체적으로 분석해 보면,

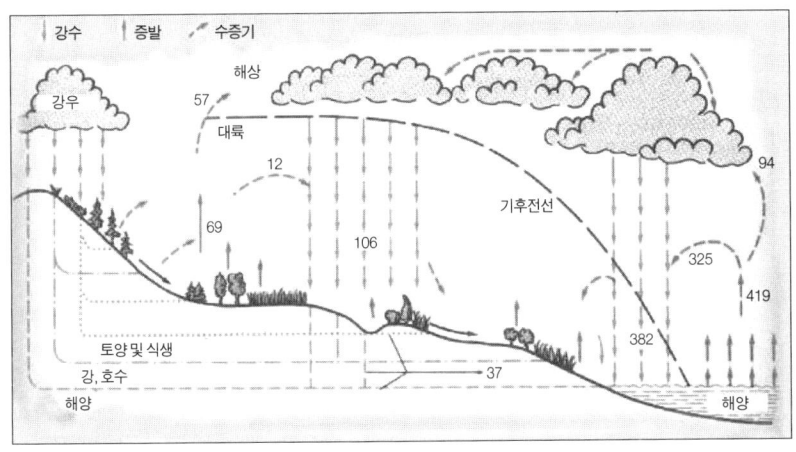

○──── 그림 2. 물 순환 체계

강수량의 65퍼센트에 해당하는 69×10^3세제곱킬로미터 정도가 토양층이나 식물에 일시 흡수·저장되었다가 대기로 증발되고, 강수량의 35퍼센트에 해당하는 37×10^3세제곱킬로미터는 지표수나 지하수의 형태로 바다에 도달하게 된다.[2]

    여기서, 인간이 정주하는 도시 기후와 직접적인 관계가 있는 부분이 육지의 증발량으로, 토양층과 식물에서 증발산되는 69×10^3세제곱킬로미터의 수량이 육상부의 기후를 자연적으로 조절하는 기능을 가지고 있다.

    그러나 기존의 도시는 과밀한 건축과 지표면의 포장으로, 강우 시 토양층과 식물에 흡수 저장되어야 할 우수량(지역에 따라 차이는 있지만 범지구적 관점에서 전체 강수량의 약 65퍼센트)이 일시에 유출됨으로써 도시 홍수나 도시 열섬 현상이 심화되고, 지하수가 고갈되어 토양 생태계가 교란되는 생태적 문제가 발생하게 된다. 이러한 문제는 연중 고른 강수량을 보이는 지역보다 우리나라와 같이 일정한 기간에 강우가 집중되는 우

2. Heinrich, D., Hergt, M., 1990. *dtv-Atlas zur Ökologie*.

○ ─── 표 1. 서울시 불투수 포장 비율

불투수 포장 비율(%)	면적(ha)	비율(%)
10 미만	27,788.44	45.69
10~30	786.11	1.29
30~50	1,631.42	2.68
50~70	1,491.10	2.45
70~90	5,326.65	8.76
90 이상	23,790.60	39.12
합계	60,814.32	100.00

기를 가진 지역에서 더욱 심각하다. 서울과 같은 대도시의 경우 대부분의 도시 지역은 건축물과 도로 포장으로 인해 녹지가 훼손되고 토양층이 피복되어, 자연의 순환 체계에서 볼 수 있는 자연적인 물순환 기능을 현저히 상실함에 따라 빈번한 재해(도시 홍수 및 하천 범람 등)나 도시 열섬 현상으로 인한 피해를 반복해서 입게 된다.

　　기존의 도시 조성 과정에서 상실된 자연의 물 순환 기능을 복원하기 위해 도시 및 건축 분야에서 도시 물 순환 시스템의 적용이 시도되고 있다. 이 시스템은 기본적으로 자연의 물 순환 기능을 복원하기 위한 것이며, 기술적으로 토양의 생태적 기능과 물 순환 기능을 동시에 고려해 요소 기술(기반을 이루는 기술)을 적용하고 있다. 즉 토양의 생태적 기능과 물 순환 기능은 동전의 양면과 같이 서로 유기적으로 연계되어 있다. 따라서 토양의 생태적 기능 증진을 위한 토양 보호 및 복원 기술과 물 순환 기능의 증진을 위한 물 순환 기술의 적용이 함께 이루어지고 있다. 이런 배경에서 도시 물 순환 시스템 기술은 인공 지반 및 옥상 녹화, 투수성 포장 등 토양 보호 및 복원 그리고 우수 저류·침투 공법 등 물 순환 요소 기술을 활용해 도시 토양의 생태적 기능과 물 순환 기능을 자연의 순환 체계와 통합시키기 위한 시스템 기술로 개발되고 있다.

　　물 순환 시스템 구축을 통한 토양의 생태적 기능 및 물 순환 기능

회복은 생물의 생명 활동을 가능하게 하는 서식지의 조성이라는 의미를 가진다. 이 서식지에는 시간의 흐름에 따라 주어진 환경 조건에 적응할 수 있는 일정한 생물 군집(biocenosis)이 자연 발생적으로 생겨나고, 필요에 따라서는 계획된 식물 식재로 특정한 생물 군집의 발생을 유도할 수 있다. 따라서 도시 물 순환 시스템은 도시 비오톱의 복원 기반을 제공하고, 궁극적으로 생물 및 경관 다양성의 증진에 기여할 수 있는 현실적 수단으로서 의미가 크다.

3. 2. 물 순환 시스템의 요소 기술

도시 물 순환 시스템 기술은 내용적으로 토양 보호 및 복원 기술과 물 순환 기술로 구분할 수 있다. 전자의 경우 현재 한국에서 인공 지반 및 옥상 녹화, 투수성 포장 기술의 실용화가 진행되고 있고, 후자의 경우 우수 저류·침투 공법의 개발과 시범 적용이 모색되고 있다. 이 글에서는 물 순환과 더 직접적인 관련이 있는 우수 저류 및 침투 공법을 위주로 적용되고 있는 요소 기술을 살펴보고자 한다.

3. 2. 1. 전처리 공법

우수 저류·침투 공법은 도시 물 순환 시스템의 핵심 요소 기술이다. 이는 내용적으로 크게 전처리 기술, 침투 기술, 저류 기술로 구분할 수 있다. 이중에서 전처리 공법은 비점 오염원(non-point source)의 해결 관점에서 우수 활용의 전제가 되는 중요한 요소 기술이다. 즉 모든 우수저류·침투 시스템을 설계할 때는 합리적인 전처리 공법에 대한 검토가 선행되어야 한다. 특히, 초기 우수를 처리할 수 있는 적절한 공법의 선택이 전체 물 순환 시스템 구성에 중요한 영향을 미친다. 전처리 공법으로는 식물의 뿌리와 토양층의 수질 정화 기능을 이용한 식생대나 기계적 침전을 유도하는 침사조, 기름과 같은 부유 물질을 제거하기 위한 부유 물질 제거조 등 다양한 공법이 개발되어 있다.

3. 2. 2. 침투 공법

침투 공법은 우수를 지하로 침투시켜 수자원 고갈을 예방하고 지하수위의 저하를 방지하는 중요한 기능을 가진다. 특히, 우수의 지하 침투는 인공 지반에서는 불가능한 기능으로 물 순환 시스템 구축에서 그 가치가 크다. 침투 공법으로 가장 일반적인 것은 투수 기능을 가지는 개거(開渠, 수면이 드러난 수로)로 투수 기능과 식생에 의한 수질 정화, 일시적인 우수 저류 기능을 동시에 가진다. 이 외에도 침투조, 침투 트렌치, 침투 연못 등 다양한 공법이 적용될 수 있다.

3. 2. 3. 저류 공법

저류 공법은 호우 시 첨두 부하의 경감과 친수 공간 조성에 필요한 원수를 제공하는 기능을 가지므로, 단지 내 유출량 제어와 상시 유량 확보라는 관점에서 적용하는 요소 기술이다. 특히, 우리나라의 경우 6월 말에서 8월에 집중 호우가 내리고, 최근에 와서는 국지적 집중 호우가 빈발하고 있어 저류 공법의 적용은 도시 개발에 필수적이다. 저류 공법으로 일반적인 것은 저류조이며, 규모에 따라 다양한 형태의 저류 공법이 개발되어 있다. 특히, 기존 도시의 경우 별도의 저류조 설치에 필요한 공간 확보가 어려운 상황이므로 저류 옥상의 적용을 적극적으로 고려해 볼 필요가 있다.

3. 3. 도시 물 순환 시스템 계획 사례

요소 기술에 대한 이해와 함께 우수 이용 용도와 규모가 물 순환 시스템 계획에 앞서 고려되어야 한다. 즉 주어진 조건에 합리적인 용도와 규모를 결정하고, 이에 따라 적합한 단위 공법을 연계해 시스템의

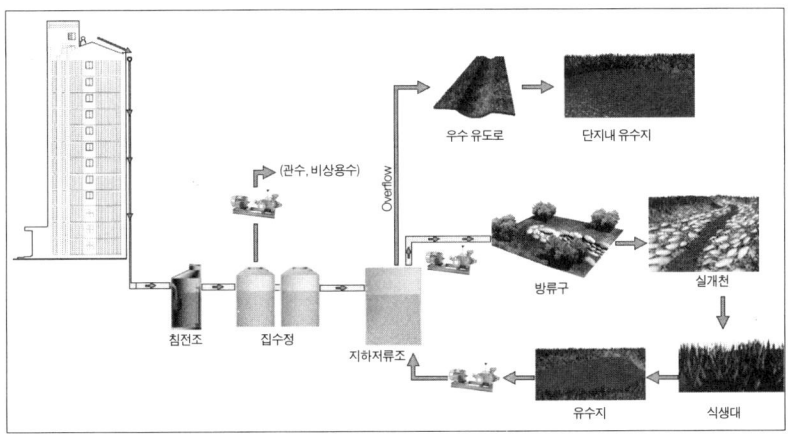

○ —— 그림 3. 도시 물 순환 시스템 모델(환경부, 김현수 외, 1999, 『생태도시 조성 기반기술 개발사업 Ⅰ Ⅱ Ⅲ』, 한국건설기술연구원, 130쪽)

계획이 이루어져야 한다. 이밖에도 단위 공법을 연계해 시스템으로 완성하는 데 중요한 기능을 하는 것이 유도 방식이다. 기존의 암거식을 지양하고 개거식으로 조성해 우수 유도로 자체가 생태적 기능을 가질 수 있게 계획하는 것이 중요하다.

이와 더불어 물 순환 시스템을 적용하고자 하는 지반의 유형이 시스템 계획에 반드시 고려되어야 한다. 다시 말해 지반의 유형에 대한 이해를 바탕으로 한 적절한 우수 저류·침투 단위 공법의 선정이 시스템 계획의 출발점이 된다.

위 그림은 자연 지반 위에 조성 가능한 도시 물 순환 시스템 모델의 하나이다. 일반적인 아파트 단지에서 동과 동 사이에 조성되는 외부 공간을 대상으로 하고, 전처리, 우수 유도, 실개천, 저류 공법을 연계해 계획되어 있다. 시스템의 구성과 요소 기술 간의 역할을 구체적으로 살펴보면 다음과 같다.

① 건물 옥상의 우수는 우수관을 통해 주동 단위(각 동에서 우수를 차집함)로 구성되는 침전정으로 유도된다. 전처리 단계에 해당하는 침전정

에서 1차 정수된 우수는 집수정에 차집해 주동 단위의 이용에 대응할 수 있게 된다.

② 집수정에서 월류된 우수는 지하 저류조에 저장된다. 지하 저류조는 단지 차원의 우수 활용에 필요한 상시 유량을 공급하는 기능을 한다.

③ 지하 저류조의 방류수는 실개천 등을 통과해 유수지에 차집되어 이 물을 환류해 지하 저류조에 공급하도록 계획되어 있다.

④ 호우에 지하 저류조가 넘칠 경우에 대비해 우수 유도로를 통해 단지 차원의 대규모 유수지로 월류시키는 가능성을 열어 두고 있다.

⑤ 실개천을 통과한 우수는 유수지에 저장되기 전에 식생대에서 정수되도록 계획되어 있다.

⑥ 자연 토양에 내리는 강우는 자연 침투되어 지하수로 함양되게 한다.

⑦ 기타 외부 공간은 기존의 우수 처리 시스템을 활용해 기존의 우수관거로 유도한다.

4. 창덕궁 후원의 물 순환 체계

유네스코 세계 문화 유산으로 지정된 창덕궁은 경복궁 동쪽에 위치한 조선 시대의 대표 궁궐로서, 조선 초기에 건설이 시작되어 많은 개수와 보수를 거쳐 임진왜란 후에는 정궁으로 이용되었다. 평지에 자리 잡은 경복궁과는 달리, 굴곡이 심한 자연 지형에 입지한 창덕궁은 지형 조건에 순응한 배치를 보여 주고 있다. 여기에서는 앞에서 살펴본 도시 물 순환 시스템이 창덕궁 후원의 연경당 주변과 창경궁의 춘당지 일대에 이르기까지 어떻게 적용되었는지를 비교해 살펴보고자 한다.

전통적 바닥 포장 공법은 판석 포장이나 잔디를 식재한 특수 사례를 제외하면 잔자갈이나 굵은 모래흙 등 자연 소재를 이용한 물다짐 포

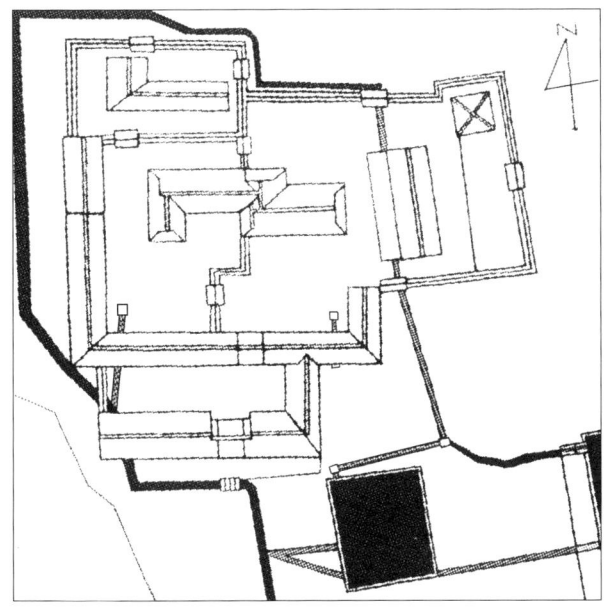

○──── 그림 4. 연경당의 우수 흐름도. 검게 표시된 부분이 빗물이 흘러가는 곳이다.

장을 주로 하고, 마당이나 기타 식재가 되지 않은 옥외 공간도 유사한 공법으로 처리해 지붕을 제외한 대부분의 옥외 공간은 비교적 높은 투수성을 지니도록 했다. 이는 가용한 도로 포장 기술의 한계에 기인한다고 볼 수 있으나, 궁궐 건축에는 기술적 요인보다 전체 외부 공간의 물 순환에 특별한 의도가 반영된 것으로도 분석 가능하다. 특히, 도로의 경우 측면에 유수가 원활하게 배수될 수 있도록 개거식 측구를 시설해 도로 상부 포장 상태가 양호하게 유지될 수 있도록 고려한 것으로 추정된다.(표 2의 (1) 참조)

연경당 내부의 경우, 강우 시 토양 하부로 침투되지 못하고 지붕과 마당에서 유출되는 우수는 지형 경사와 구배를 이용해 집수정에서 1차 차집을 하고, 이를 우수 유도로를 통해 옥외로 배수하게 된다.(표 2의 (2) 참조)

연경당 내부에서 배출되는 유수와 주변의 유수는 개거형 배수로를 통해 연경당 남쪽의 방지와 애련지로 그리고 일부는 도랑을 통해 방지 또는 곧바로 하류의 소춘당지로 유도된다. 방지와 연결된 도랑 하부에는 소규모 수제를 만들어 유량이 적을 경우 방지로 유입되는 상시 수량의 확보가 가능하게 하고, 유량이 많을 경우에는 도랑을 통해 바로 창경궁의 소춘당지로 이어지게 시설하는 세밀함을 보이고 있다.(표 2의 (3) 참조) 여기서 소규모 수제는 현대적 시각으로 볼 때 저류 시설(여기서는 방지) 앞에 설치해 유입되는 유수에 포함된 잔사와 찌꺼기를 침전시키는 일종의 침전, 여과 장치의 역할을 겸하고 있다고 분석된다.

도랑을 통해 곧바로 춘당지로 배출되는 유수를 제외한 연경당의

표 2. 창덕궁 후원의 우수 처리 시스템 개요

투수성 포장 및 집수정 → 유도 수로	
(1) 투수성 바닥 포장 및 도로 측구	〈비교: 용인민속촌〉
(2) 연경당 안채의 집수정	집수정 뚜껑
(3) 연경당 앞 배수로(도랑): 소규모 수제의 측면에 방지로 유입되는 수구. 우수가 많으면, 소춘당지로 유입.	〈비교: 용인민속촌 주택 출입구 부분〉

투수 및 저류 연못	
(4) 방지 전경 	방지 유출구 : 애련지로 유입됨 
(5) 애련지 전경 	애련지 유출구 : 소춘당지로 유입됨 
(6) 소춘당지 전경 : 소춘당지는 춘당지의 침전조 기능과 저류 기능을 함께 가짐 	소춘당지 유입구 : 과거의 원형이 파괴되고 콘크리트 원형관을 이용해 애련지 등 상류로부터의 유수를 유도하고 있음 

투수 및 저류 연못 → 우수 배수로 → 하천	
(7) 춘당지 전경 : 유역 면적의 최하류에 위치하는 대규모 유수지, 과거의 시공법으로 미루어 투수 연못의 기능을 가졌을 것으로 판단됨 	춘당지 유출구 : 대규모 배수로를 통해 청계천으로 유입 
(8) 우수 배수로 	하천(청계천)으로의 유입 : 이 후의 처리 과정은 원형의 파괴로 예측 불가능 

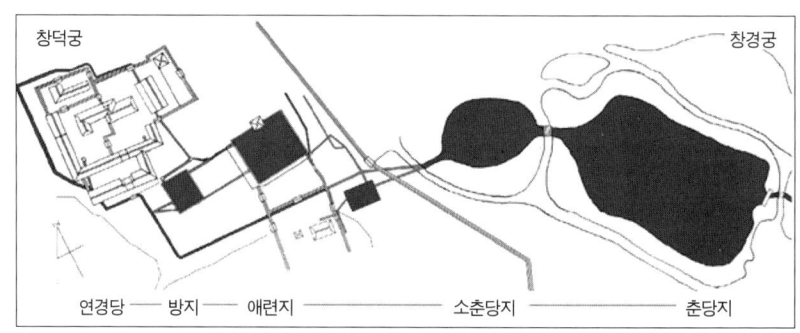

○ —— 그림 5. 창덕궁 후원의 우수 흐름도

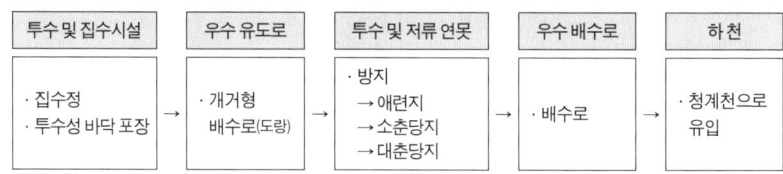

○ —— 그림 6. 창덕궁 후원의 우수 처리 시스템

주변의 유수는 1차적으로 방지로 유입되고(표 2의 (4) 참조), 여기서 넘치는 유수는 다시 애련지로 흘러들게 구성되어 있다.(표 2의 (5) 참조)

애련지에서 넘치는 유수와 연경당 주변의 광역 유역 면적의 유수는 부지 하류에 위치하고 있는 소춘당지 및 춘당지로 배수된다.(표 2의 (6) 참조) 여기서 소춘당지 및 춘당지는 투수 연못 및 유수지의 기능을 함께 가지며, 여기서 넘쳐흐르는 유수는 대규모 배수로를 통해 청계천으로 유도된다.

위에서 설명한 창덕궁 후원 일대의 물 순환 시스템을 나타낸 것이 그림 5이며, 이를 요약 정리하면 그림 6과 같다.

방지, 애련지, 춘당지 등 창덕궁 내의 연못은 휴식 공간 또는 경관으로서의 기능뿐만 아니라 그 시대에 필수적인 우수 저류지 또는 투수 연못으로서의 역할을 하고 있음을 알 수 있다. 특히, 소춘당지는 춘당지로 유입되는 우수 속에 포함된 오물을 침전시키고 유속을 줄이는 침

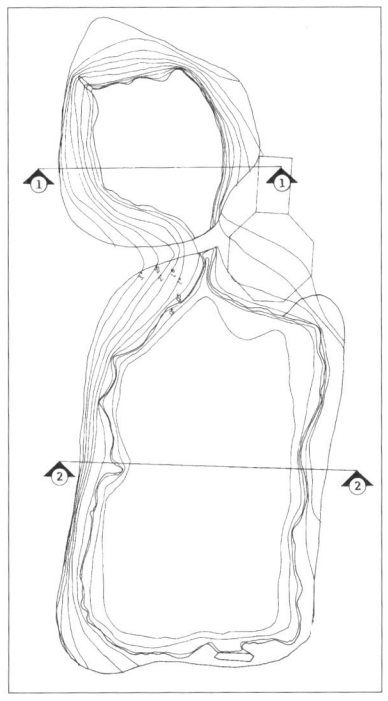 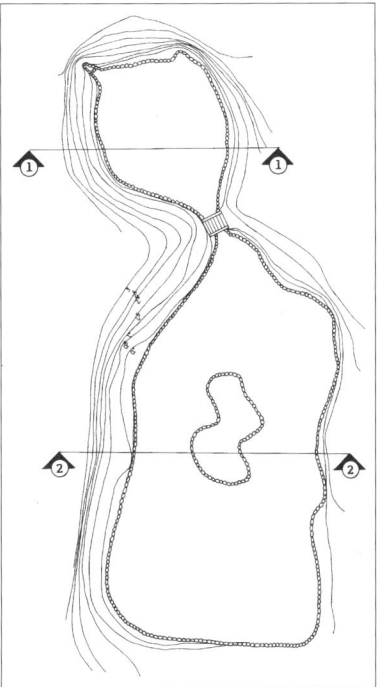

○──── 그림 7. 기존 춘당지(좌)와 정비 후 춘당지(우)

전조의 기능을 겸하고 있다고 판단되며, 춘당지는 이 유역의 최종 유수지로서 전체 유역 면적의 유출량을 수용할 수 있는 대규모로 구성되어 있다.

다음 그림은 기존의 춘당지(그림 8)와 최근 개수된 후의 단면도(그림 9)를 보여 준다. 기존 춘당지 단면을 보면, 완만한 경사를 이루어 경사면에서의 침투 능력을 최대한 살리고 있어 춘당지가 단순히 휴식 또는 오락의 공간이 아니라 투수 연못으로서의 역할을 했다는 것을 알 수 있다. 그러나 최근 단면을 보면, 완만한 자연 경사를 급경사로 조성해 투수기능을 상실하고 동시에 연못의 자정 기능을 상실해 생태적 의미를 잃어버린 상태로 분석된다.

이 글에서 살펴본 창덕궁 내의 물 순환 시스템은 시스템 구성의 측

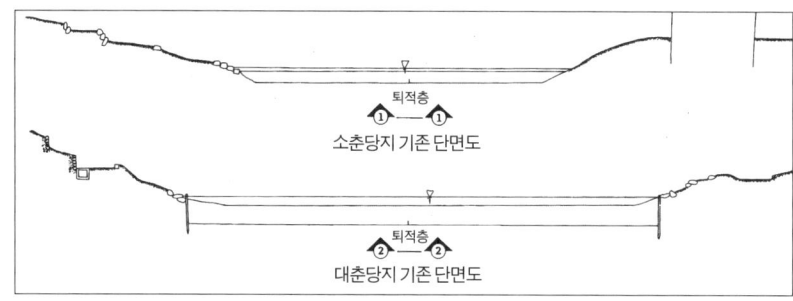

○ ── 그림 8. 춘당지의 기존 단면도

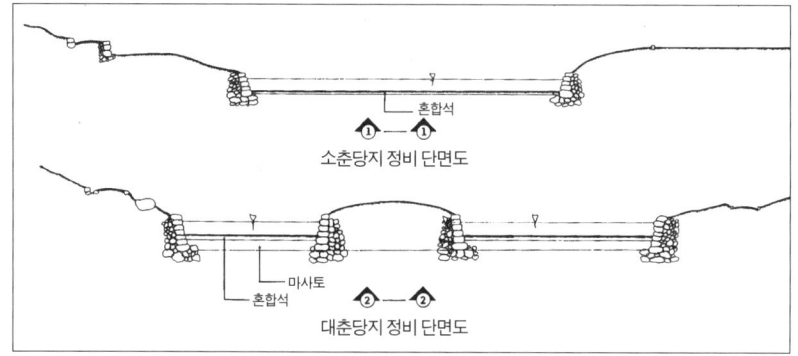

○ ── 그림 9. 춘당지의 정비단면도

면과 요소 기술의 연계라는 양면에서 현대적 도시 물 순환 시스템의 구성에 좋은 본보기기 된다고 생각되며, 정밀한 조사가 병형될 경우 더 상세한 전통적 건축 기술의 파악이 가능할 것으로 예상된다.

창덕궁 후원의 물 순환 시스템은 앞장의 사례에서 분석한 도시 물 순환 시스템과 비교 가능한 시스템과 요소 기술을 갖추고 있다. 이 결과는 새로운 관점에서 창덕궁의 배치를 연구할 수 있는 동기를 부여하고 있다. 특히 창덕궁 후원에서 현재의 창경궁 춘당지, 청계천으로 이어지는 일련의 수 공간은 경관으로서의 기능을 포함한 종합적인 우수 처리 시스템으로 새롭게 재조명될 필요가 있다고 판단된다.

5. 맺음말

생태적 관점에서 전통 건축의 가치를 재조명하기 위해 자연의 순환체계 중 하나인 물 순환의 관점에서 창덕궁 후원의 사례를 분석해 보았다. 이를 위해 소개한 현대적 도시 물 순환 시스템 모델과 창덕궁 사례는 시스템 구축과 요소 기술의 적용에서 매우 유사함을 보이고 있다. 이를 통해 우리는 단편적이나마 자연과 조화된(자연의 순환 체계와 통합된) 전통 건축의 가치를 구체적으로 살펴볼 수 있었다. 생태 건축이란 인간이라는 군집이 처한 환경 · 역사적, 사회 · 문화적, 경제적 환경과 그에 따른 다양한 생활 욕구가 생존 공간(장소성)의 생태학적 특성과 균형 · 조화를 이루어, 자연과 인간이 공존할 수 있는 주거 문화를 이룩하고 이것이 건축으로 가시화되는 것을 의미한다고 생각한다. 이런 관점에서 전통 건축에 내재된 생태적 관점과 생태적 건축 기술은 현재의 도시와 건축 문제를 해결하는 실마리를 제공할 수 있을 것으로 판단된다.

참고 문헌

(사)우수저류침투기술협회 편집, 1998, 『우수이용핸드북』, 산해당. 동경
서울시, 2000, 『서울 도시생태현황도』,
주택도시정비공단 건축기술부 토목과 1999. 3., 『주택단지에 있어서 물이용계획설계 매뉴얼(안)』.
환경부, 1997~1999, 『생태도시 조성 기반기술 개발사업 I. II. III』, 한국건설기술연구원.
Geiger. W., Dreiseitl. H., 1995, *Neue Wege fur das Regenwasser* Oldenbourg.
Heinrich. D., Hergt. M., 1990, *dtv-Atlas zur Ökologie*.
Krusche. P., Krusche. M., 1979, *Ökologisches Bauen*.
Schayck, 1996, Okologisch orientierter Stadtebau, Wernr-Verlag.

● 김현수(한국건설기술연구원 건축도시연구실 책임 연구원)

14장. 한국 전통 건축에서 찾아보는 생태 원리

1. 머리말

건축에서 자연은 우선적으로 극복해야 할 대상으로 인식되기에, 건축 행위는 자연을 훼손하는 반생태적인 행위로 나타난다. 그러나 인간이 생활을 영위하는 환경을 만드는 데 있어 생태계와 유기적인 통합을 지향하는 생태 건축은 자연과 건축 환경이 공존할 수 있는 새로운 대안으로 제시되고 있다.

서구를 중심으로 발전되고 있는 생태 건축은 우리 전통 건축에 내재된 보편적인 개념으로, 자연과 인간이 더불어 살아가는 공간을 추구하던 선인들의 건축 개념과도 일치한다. 최근의 생태 건축은 단순히 자연환경을 보호하고 에너지와 자원을 절약하는 차원에서 진일보하고 있다. 인간의 삶을 건축물에 반영하고 거주자의 생태를 고려한 새로운 패러다임은 이제 미래 건축의 중요한 화두라고 할 수 있다. '관계'에 초점을 두는 생태학적 관점에서의 접근은 우리에게 결코 새로운 것이 아니다. 오히려 급속한 서구화, 산업화 과정을 거치면서 현대 건축이 도입되기 전까지 지속적으로 전개되어 온 '자연과 인간의 공생'이라는 개념의 현대적 표현이라 할 수 있다.

전통 건축은 자연환경적 조건을 반영하면서 고유의 풍토에 적응, 발전해 온 건축물이라 할 수 있다. 이러한 건축 속에 숨겨져 있는 특성은 단순하게 형성된 것이기보다는 자연환경에 적합하도록 만들어 온 옛 선인들의 지혜와 슬기로움을 반영하는 것이다. 우리의 전통 건축은 각 나라에 있는 토속 건축과 마찬가지로 친환경적인 재료와 자연과 공생하는 재생 연결 고리를 이루었으며 그 속에서 생활하는 거주자 역시 자연의 일부로 동화되어 삶을 영위해 왔다.

이 글에서는 전통 건축에 내재되어 있는 생태학적 원리와 요소들을 분석하고 검토해, 우리의 전통 건축에 대한 이해를 넓히고 현대 건축에의 적용 가능성을 제시하고자 한다.

2. 생태 건축이란?

생태 건축(Ökologisches Bauen)이라는 용어는 1979년 독일의 크레셰가 연방 환경부에 제출한 연구 보고서의 제목을 결정하는 과정에서 자연과 인간의 상호 관계 및 생태계를 고려한 다양한 건축적 시도와 개념들을 종합함으로써 처음으로 사용되었다.

독일을 중심으로 유럽에 널리 전파되고 있는 생태 건축은 자연환경의 중요성에 대한 생태학적 인식에 기인하고 생태학의 개념들을 건축의 기본 원리로 사용하고 있다. 독일의 생태 건축뿐만 아니라, 환경 문제를 염두에 두고 이와 개념을 공유하는 일련의 건축적 경향들도 환경 문제에 대한 공통 인식 속에서 생태학의 개념을 도입하고 시도되고 있다. 이러한 경향의 건축은 저(低)에너지 건축, 환경 건축, 녹색 건축(Green Architecture), 지속 가능한 건축(Sustainable Architecture), 대안 건축(Alternatives Bauen) 등을 표방하며 다양하게 나타나고 있다

생태 건축이란 "자연환경과 조화되며 자원과 에너지를 생태학적 관점에서 최대한 효율적으로 이용해 건강한 주생활 또는 업무가 가능한 건축"으로 정의될 수 있다.

3. 한국 전통 건축[1]의 생태적 원리

오늘날 두루 쓰이는 '자연'(自然, 영어의 nature와 상응)은 지구 또는 우주를 외연으로 한 수많은 사물의 집합이라는 존재 개념을 가리키는 명사이다. 그러면서 자연은 신이 창조했든 저절로 생성되었든 간에 그 사물들의 태초의 상태가 변화 없이 보존된 '있는 그대로(原生)', 또는 변화가 있었지만 인공이 전혀 닿지 않은 '저절로(自生)', 혹은 변화 유무를 외력에 의하지 않고 자체가 능동적으로 결정하는 '스스로(自動)라는 상태(自然的)'의 개념을 가리키는 형용사이기도 하다. 현재의 용법은 근대 서양의 철학과 과학의 영향을 받아 주로 전자의 개념에 집중되고 있는데, 자연은 어떤 사물의 특정한 상태가 아니라 특정한 상태에 있는 사물(정신(精神)에 대립되어 몰개성적·합리적 탐구의 대상으로 인식되는 비인간적·물질적 사물) 자체를 가리킨다. 그러나 동서양을 막론하고 전근대 시대와 전통 시대 때에는 오히려 후자의 '상태' 개념이 우세했음을 알 수 있다. 동양에서 이 개념은 노자의 도법자연론에서 유래하니, 『도덕경(道德經)』의 "人法地 地法天 天法道 道法自然"[2]이라는 구절에서 자연이라는 술어가 등장하는데 이때 자연의 의미에는 외계의 대상이나 사물 일반의 뜻도 없지 않으나, 그보다는 道(natura naturans)가 사물 일반을 넘어 그 근원자로서 존재하므로 도와 자연은 동호이체(同號異體)가 아니라 동체이호(同體異號)이며, 도는 어떤 다른 것에 의존해 법칙성을 지니는 것이 아니고 자기 스스로의 법칙성대로 움직인다는 뜻이다. 이에 반해서 전자의 개념은 일반적으로는 천지(미분화·거시)와 만물(natura naturans, 분화·미시), 전문적으로는 산수(山水, 예술)나 풍수(지리) 등의 명사로 지시되어 왔다.

우리가 자연을 해석할 때에는 '자연 자체가 무엇인가라는 과학적

---

1. 이 글은 전통 건축 중에서도 대다수를 차지하는 전통 주택에 대하여 논하고자 한다.
2. '人法地 地法天 天法道 道法自然'이라는 구절은 '사람은 땅을 본뜨고, 땅은 하늘을, 그리고 하늘은 道를 따른다. 그러나 도는 절대적이므로 타력적 작용을 받지 않으며, 스스로 그렇게 되었을 뿐이다.'라는 뜻으로 해석된다.

입장보다는 인간이 자연을 어떻게 해석하고 조작하는가'라는 문화적 입장을 택하게 된다. 문화(culture)의 본질은 '인간에 의한 자연의 경작'에 있으니 인간이 자연환경이라는 생존 조건에 적응하기 위해서 행하는 모든 조작·변화 행위의 요체라 할 수 있다. 그런데 경작의 궁극적 목적은 가치의 창출과 증대에 있으니, 인간이 주어진 환경 조건을 어떻게 조작하느냐는 바로 인간이 지닌 자연관의 영향을 크게 받게 됨을 알 수 있다.

경작, 즉 자연의 조작은 1차적으로 인간이 원생의 공간 속에서 자신의 생존 목적과 역량에 따라 선정한 어느 한 점을 중심으로 해 외부를 향해 자신의 영역을 구축하기 위해 울타리를 둘러침으로써 내부와 외부를 공간적으로 구분하는 행위, 즉 한정(限定, definition)인 것이다. 이 한정이 있음으로 해서 비로소 문화가 시작되고 또 유지되나, 그것은 가치 증대를 겨냥한 선언에 지나지 않아 자연의 문화화를 위한 필요 조건일 뿐이니, 가치 증대를 위한 실질적 행위로서 자원을 조작하는 순치(馴致, domestication)가 충분 조건으로 작용해야 한다. 즉 위요된 공간이 제대로 문화화되자면 울타리가 있어 내부를 보호할 수 있어야 될 뿐만 아니라, 특히 그 내부에서 명확한 목적과 체계적 노력에 의해서 자원에 관한 의도적 변화가 일어나고 그렇게 변화된 상태가 유지되어야 한다. 이처럼 한정되고 순치된 공간의 경계와 그 경계를 중심으로 한 내부와 외부의 변화 상황은, 그 시대 그 사회의 가치관에 따라서, 그리고 보유한 경제와 과학과 기술의 제도와 역량에 따라서 조정된다. '한정과 순치'라는 문화 현상은 건축의 변화 과정에서 여실히 나타난다.

그래서 건축은 자연 그 자체가 아니라 자연의 조작을 통해서 이러한 인간 존재를 위한 환경 특성을 의도적으로 연출해 보고자 하는 문화 장치이며, 땅이라는 공간적 차원의 환경 요소 위에 땅으로부터 구한 자원적 차원의 환경 요소를 해체, 가공, 조합, 건립해 인간의 활동을 담는 큰 그릇인 공간을 만드는 행위이다. 그것은 인간이 자연에 적응하는 생활양식, 즉 문화의 한 유형이자 대표적 유형이며 인간이 유랑을 버리고 정주를 하게 되면서 습득한 것이지만 이제는 거의 본능화되었다.

건축은 인간이 자연을 경작해 자신과 가족의 생존과 번영을 도모하는 목적에서 출발했다. 무엇보다도 건축은 인간과 자연의 관계를 조정하고자 하는 하나의 물질적 문화 요소이면서도 인간의 생활을 담고 있기에 사회 집단을 구성하는 인간과 인간의 관계가 반영되며 가치관, 사상, 윤리, 도덕, 종교 등이 바탕에 깔려 있다. 아울러 건축은 그 안에 여러 물체와 사상을 포용하고 있으며, 이것들이 일정한 문화 공리에 의존해 공간 질서를 구축하는 문화 복합(culture complex)이기도 하다.[3]

3. 1. 전통 사상에 나타나는 생태적 특성

한국인의 정신 세계 저변에는 우리 민족이 살아 온 자연환경적 배경과 종교 등에 기인한 사상적 배경이 있었다. 한국의 전통적 자연관은 중국의 전통 사상의 영향을 받았는데 이러한 사상을 배경으로 우리의 토속 신앙과 불교 사상으로부터 결합되어 나타난다. 또한 선조들은 건축할 때 천(天), 지(地), 인(人) 합일 사상에 그 뜻을 두었다. 천이란 하늘을 뜻하니 곧 지붕이며, 지는 땅을 뜻하니 건물이 앉혀지는 대지와 기단부를 뜻하며, 인이란 하늘과 땅을 이어 주는 매개인 건물 몸체를 가리키는 것이다. 이 세 가지 사상은 전통 건축에서 빠져서는 안 되는 중요한 요소다.[4]

고대의 우리 조상들은 천공적 원형(天空的原形)을 모방해 사물에 대한 실재성을 추구했다. 삼재(三才)라 불리는 천·지·인이 우주의 근본 원리라고 생각했으며 이를 원형(圓形), 방형(方形), 각형(角形)의 상징적인 세 가지 기하학적 형태로 표현했는데 이 원리는 끊임없이 전통 건축

---

3. 황기연, 1989. 12, 「자연속의 건축과 건축속의 자연」, 《플러스》, 164~165쪽.
4. 박상근, 1998, 『알기 쉬운 생거지 풍수기행 여행』, 기문당, 23쪽.

의 밑바탕에 깔려 있었다고 할 수 있다. 이와 더불어 대표적인 전통 건축 사상으로는 음양오행 사상과 실학자들의 가거지관(可居地觀)을 들 수 있다. 음양오행 사상은 우주 만물을 水·木·金·土의 다섯 가지로 분별해 그 다섯 요소의 순행과 역행의 과정을 통해 만물이 상생하고 상극하는 유기적이며 구성적인 관계에 대한 개념인 오행사상은, 음양 사상과 함께 우주의 모든 현상을 주관하는 원초적이며 통일된 근본 사상으로 자리 잡게 된다.[5] 또한 이러한 음양 사상과 더불어 바람과 물에 의해 달라지는 땅의 모습을 가늠하는 풍수지리 사상도 터득하게 되었다.

3. 1. 1. 풍수지리 사상

풍수지리는 문자 그대로 바람과 물, 땅의 이치로 순수한 자연 구성체임을 나타내고 있다. 풍수지리는 인간의 주거 환경에 있어서 절대적인 영향력을 갖는 자연에 대한 물리적인 작용재로서 가치를 인정하는 한편, 자연과 인간의 상호 관계의 해석으로부터 외적으로는 인간이 존재하는 공간과 내적으로는 인간의 본질에 대해 규명하기 위한 일종의 방법을 제시하고 있는 학문이다.

대지가 갖는 수용력 또는 조직력의 범위에서만 건축이 이루어져야 하며 주체가 자연이라는 점을 강조하고 있는 것이 생태학적 구성 원리와 같은 뜻을 내포한다고 할 수 있겠다.

3. 1. 2. 음양 사상

음양 사상은 상대적 대비와 조화의 관념에 근거해 생기는 사상으로 동일물체에서 음양의 공존을 나타내는 것이다. 음양 사상의 본질에는 대립과 화합의 논리가 공존하며 대립 관계는 상반 관계이고, 화합은 서로 의존하는 관계로서 나타난다.

---

5. 이상해, 1988, 「한국전통문화에서의 풍수적 환경인식」, 《공간》 9, 39쪽.

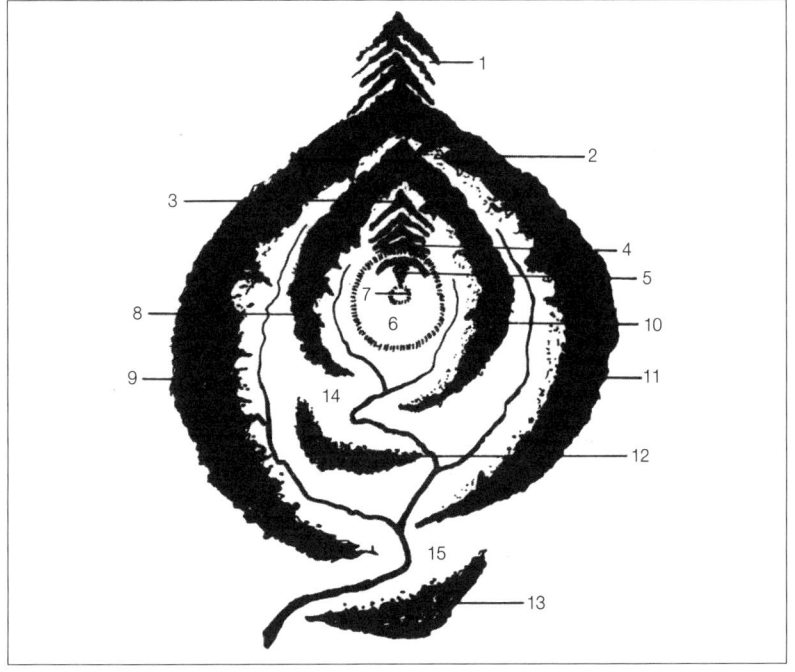

○ —— 그림 1. 풍수지리의 이상적 국면(주남철,『한국주택건축』, 일지사, 1980, 65쪽) 1. 조산(祖山), 종산(宗山) 2. 주산(主山) 3. 입수(入首) 4. 두뇌(頭腦) 5. 미사(眉砂) 6. 명당(明堂) 7. 혈(穴) 8. 내백호(內白虎) 9. 외백호(外白虎) 10. 내청룡(內靑龍) 11. 외청룡(外靑龍) 12. 안산(案山) 13. 조산(朝山) 14. 내수구(內水口) 15. 외수구(外水口)

원래 음과 양은 서로 대립되는 요소이지만, 서로 균형을 이루게 되면 활기를 얻을 수 있으며, 그 상호 작용은 통일된 이중성, 지고의 하나를 구성하게 되는 것이다. 이 원리는 대자연의 모든 현상을 생성·소멸시키는 근원적인 힘을 의미하며, 끊임없는 변화의 과정과 상호 작용을 통해 새로운 생명을 창조해 내는 것이다.

음양에서 말하는 상호 보완을 통한 역동적 전일성은 환경 오염과 생태학적 위기 상황을 극복하기 위한 사고 체계로 볼 수 있겠다.

3. 1. 3. 실학자들의 사상

실학자들은 실학 서적을 통해 건축 사상에도 많은 영향을 미쳤다.

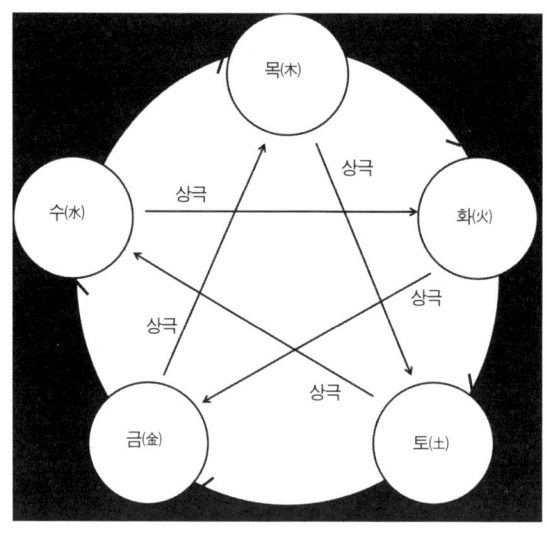

	오행(五行)	목(木)	화(火)	토(土)	금(金)	수(水)
자연계	오계(五季)	봄[春]	여름[夏]	장마[長夏]	가을[秋]	겨울[冬]
	오화(五化)	생(生)	장(長)	화(化)	수(收)	장(藏)
	오기(五氣)	풍(風)	열(熱)	습(濕)	조(燥)	한(寒)
	오색(五色)	청(靑)	적(赤)	황(黃)	백(白)	-
	오미(五味)	신맛[酸]	쓴맛[苦]	단맛[甘]	매운맛[辛]	짠맛[鹹]
	오방(五方)	동(東)	남(南)	중앙(中央)	서(西)	북(北)
	시간(時間)	평단(平旦)	일중(日中)	일서(日西)	일입(日入)	야반(夜半)
	오음(五音)	각(角)	치(徵)	궁(宮)	상(商)	우(羽)
인계	오장(五臟)	간(肝)	심(心)	비(脾)	폐(肺)	신(腎)
	오부(五腑)	담(膽)	소장(小腸)	위(胃)	대장(大腸)	방광(膀胱)
	오규(五竅)	눈[目,眼]	혀[舌]	입[口]	코[鼻]	귀[耳]
	오주(五主)	힘줄[筋]	혈맥[血脈]	기육[肌肉]	피모[皮毛]	골수[骨髓]
	오지(五志)	노(怒)	희(喜)	사(思)	우(憂),비(悲)	공(恐)
	오성(五聲)	부름[呼]	웃음[笑]	노래[歌]	곡[哭]	신음[呻]
	오화(五華)	손발톱[爪甲]	얼굴[面]	입술[脣]	모[毛]	발[髮]
	오로(五勞)	걷기[行]	보기[視]	앉기[坐]	눕기[臥]	서기[立]
	오액(五液)	눈물[淚]	땀[汗]	군침[涎]	콧물[涕]	침[唾]
	오변(五變)	악[握]	우[憂]	얼[?]	해[咳]	율[慄]
	오향(五香)	누린내[?]	탄내[焦]	화한내[香]	비린내[腥]	썩은내[腐]
	오장(五藏)	혼(魂)	신(神)	의(意)	백(魄)	지(志)

○──── 그림 4. 음양오행도

인간과 환경의 관계성을 중요시했으며, 부분과 전체의 관계를 나눌 수 없는 유기체로 인식해 땅의 흐름, 경제, 사회, 생활, 자연, 경관 등을 고려한 건축의 전반적인 원리로 삼았다. 이는 자연 내의 유·무기체의 관계를 합리적으로 검토, 정립한 것이었다.[6] 이런 실학자들의 저서로는 홍만선의 『산림경제(山林經濟)』(1715년), 서유구의 『임원경제지(林園經濟志)』(1827년), 이중환의 『택리지(擇里志)』(1766년) 등이 있다.

3. 2. 자연환경과의 조화

3. 2. 1. 건물의 입지와 배치

배산임수를 주거 배치의 기본으로 삼아 겨울철 한랭한 북서 계절풍을 막아 주는 북쪽에 산을 두고, 남쪽이 넓게 트인 구릉지를 찾아 입지했다. 이는 여름철 남쪽에서 불어오는 미풍을 받을 수 있으며, 지하수를 얻을 수 있는 장소로도 적합하고, 물이 풍부해 취수에 유리하기 때문이다.

지형에 따라 자유로운 배치를 해 자연과의 조화를 중시하여 대지의 형태와 지세에 순응하고, 바람의 영향을 고려하며 마을을 흐르는 개천을 활용할 수 있는 배치를 택했다. 이와 함께 건물을 배치하는 데는 좌향(坐向) 또한 매우 중요했다. 좌향이란 어디를 등지고(坐) 어디를 향하는가(向) 하는 문제이다. 좌향론은 풍수 이론의 중요한 구성 요소이기도 하다. 그런데 좌향은 바라다 보이는 요소, 곧 안대(案帶)의 선택에 기인한다. 전통 주택 또한 빼어난 모양의 산봉우리를 안대로 삼아 그것을 바라보고 자리 잡는 경우가 많다. 따라서 개개의 건물은 보편적으로 정면에 뚜렷한 안대를 지니며 이러한 안대의 축에 맞추어 배치와 좌향의

---

6. 김민경, 2001. 2, 「한국전통주거건축에 나타나는 생태학적 특성에 관한 연구」, 경상대 대학원 석사 학위 논문, 48쪽.

축이 결정된다.[7]

한국 전통 주택 건축은 대부분 一자형의 건물에 부속 건물을 증축하는 형태로 일사의 관입과 미풍의 흐름이 용이하도록 하기 위해 내부 깊이를 깊지 않게 했다. 이런 양방향성(兩方向性)의 주거는 온대 기후의 특성이 뚜렷한 남부 지방에서 많이 볼 수 있다. 그리고 평면 형태가 앞문을 열어 놓으면 맞바람이 통하게 되어 있어 자연 상태에서 여름을 시원하게 보낼 수 있는 맞통풍 구조로 되어 있으며 앞마당은 비교적 넓게 배치하고 뒷마당은 협소하게 조성해 주호의 앞뒷마당의 온도차를 이용해 통풍을 유도했다.

3. 2. 2. 평면 구성

주거 건축의 평면 유형은 먼저 그 형상에 따라 一자형, ㄱ자형, ㄷ자형, ㅁ자형 등으로 나뉘고, 깊이 방향(보 방향)으로 집의 간살이가 한 줄로 설치된 홑집과 두 줄로 된 겹집(양통집으로도 불림)으로 분류된다.

홑집형의 민가는 온도가 높은 지역의 평면형으로 중남부 전역에 고루 분포하고 있으며, 겹집형의 민가는 온도가 비교적 낮은 지역에서 사용되던 평면형으로 밀집형 평면형이라 할 수 있다. 겹집은 주로 마루가 없는 대신 가축 우리까지 가옥 내에 위치하고, 각방이 밀집화되어 작은 표면적을 유지해 건물의 열 손실 방지에 매우 유리하다.

중부 이남 지역의 一자형 평면에는 대청이 포함되어 일조 및 통풍에 유리하도록 했다.

7. 이원교, 1993, 「전통 건축의 배치에 관한 지리체계적 해석에 관한 연구」, 서울대학교 건축학과 박사 학위 논문.

4. 자연환경의 이용

4. 1. 자연 에너지

전통 건축은 지역적 기후와 계절적 특성을 잘 이용해 자연환경에 순응하고 위해를 가하지 않는 방법으로 자연 에너지를 조절했다. 이를 위해 태양 에너지, 바람, 물, 지형 등의 자연 요소를 도입해 이용했다.

4. 1. 1. 일조 및 일사

계절에 따른 실내의 과열을 막기 위한 조절 장치로 지붕과 차양을 사용했다.

지붕의 처마는 태양 고도가 높은 여름에 일사의 유입을 차단하고 태양 고도가 낮은 겨울에는 일사를 실내 깊은 곳까지 유도해 쾌적한 열환경을 조성한다. 전통 건축에서 처마의 길이는 태양 고도가 63.5도 이상인 4월 중순부터 8월 하순까지(서울, 정오기준)는 툇마루까지의 일사를 차단하며 태양 고도가 40도 이하인 10월 중순부터 2월 하순까지는 실

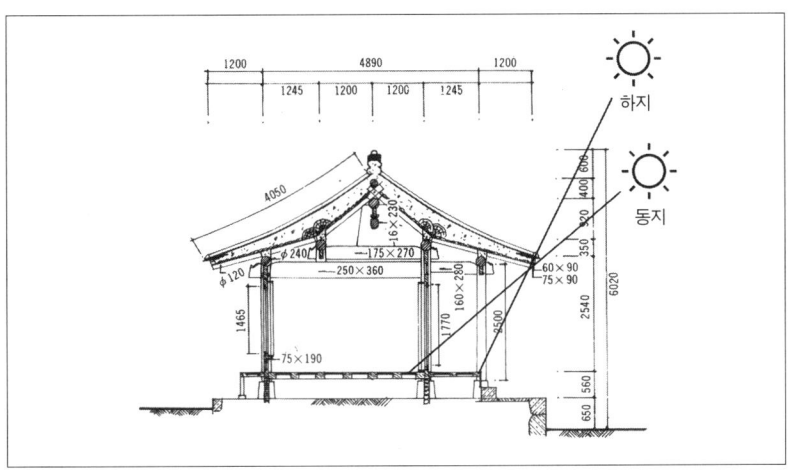

○ ── 그림 3. 처마의 수직 음영각

○──── 그림 4. 서향인 사랑채의 여름철 태양열 차단 기능으로 설치된 차양(해남 녹우당)

내까지 일사를 받을 수 있도록 계획되어 있다.[8] 처마는 계절 변화에 따른 일사량을 조절하고 강우에 대해 벽체를 보호하며, 장마철 습한 공기에 대해 통풍을 원활하게 한다. 처마 깊이는 1~1.2미터 정도로 일사각에 의한 합리적인 치수를 보여 준다.

해남 녹우당, 강릉 선교장, 연경단의 선향재 등에서 보이는 차양은 주거 공간 앞에 별도의 지붕을 형성해 일사 조절 효과를 얻고 있다.

4. 1. 2. 열 환경 조정

한대 지방의 특성을 고려해 열 효율 적면에서 우수한 온돌은 고유의 주거 난방 수단으로 이용되어 왔다. 온돌은 아궁이에서 장작 등을 연소시켜 바닥 전체를 따뜻하게 하는 복사 난방 방식의 일종이다. 아궁이에 불을 지펴 구들을 데워 두고 그 축열로 일정 시간 지속적으로 사용하는 것이 일반적이다. 구들장 및 구들은 습기를 조절하기도 하는데

8. 이경희, 1993. 9, 「한국전통 건축의 자연환경 조절방법과 그 원리의 현대화」, 《건축》.

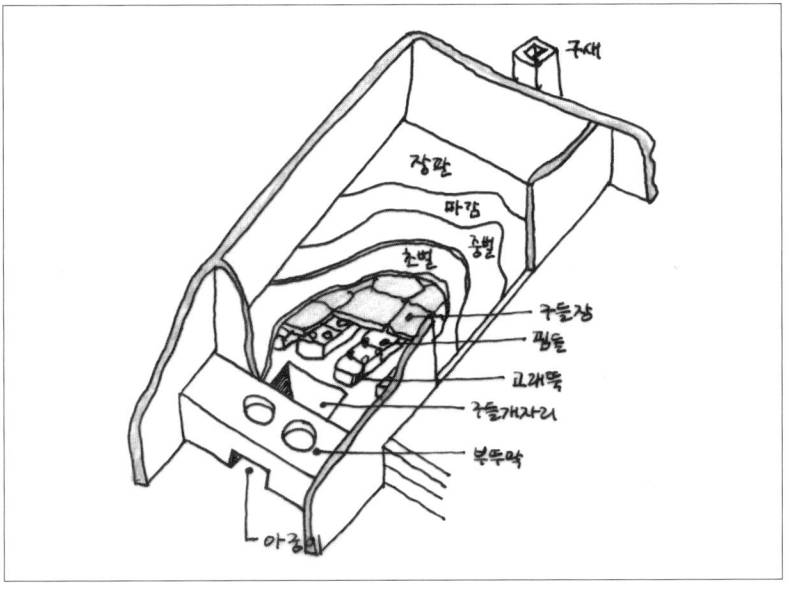

○──── 그림 5. 온돌의 구조

구들의 진흙은 겨울철에는 습기를 방출하고 여름철에는 습기를 취한다. 온돌은 연기의 방출을 위해 굴뚝을 동반하게 되는데 북방 지역의 굴뚝은 난방열을 빼앗기지 않고 바람에 역류하지 않도록 건물로부터 일정 거리를 두어 고래와 연결시켰다.

4. 1. 3. 통풍과 환기

대청마루는 맞통풍을 이용해 여름의 무더위를 이기기 위한 가옥 구조이다. 처마를 깊숙이 내었기 때문에 그늘을 형성해 일사를 통한 열 획득을 최소화할 수 있을 뿐 아니라, 온돌방에 비해 높은 천장 구조로 되어 있어 상부로 뜨거운 공기가 상승하기 때문에 거주 공간이 쾌적하다. 또한 대청의 분합문을 올려놓으면 대청은 앞뒤로 열린 공간이 되어 맞통풍이 원활하게 일어난다. 반대로 겨울철에는 분합문을 닫아 한기를 막는 완충 공간으로 대청을 이용했다.

○ ── 그림 6. 대청마루(논산 윤증 고택)

대청마루는 지면에서 띄워 마루를 깔았기 때문에 그늘진 지표면의 찬 냉기가 대청마루로 올라와 실내로 유입되어 대청의 자연 대류 현상과 함께 더욱 시원한 실내 환경을 형성할 수 있다.

4. 1. 4. 방습

고온 다습한 지역이 아니어도 지표면 가까이에 건물이 들어서면 땅으로부터 습기가 올라온다. 기단은 땅으로부터의 습기를 차단하고 온돌의 구들이 처지는 것을 방지하는 역할을 했다.

4. 2. 자연 재료

전통 건축에서는 지역에서 손쉽게 구할 수 있는 재료를 주로 사용

○──── 그림 7. 나무의 활용 모습(서산 개심사 심검당)

했는데, 이들 재료는 구하기 쉽다는 이점과 함께 자연스럽게 주변 환경에 동화되고 경제적인 면까지 만족시켰다.

    재료적 관점에서 보면 초가집의 지붕은 볏짚을 사용해 농업용 부산물을 재활용했고 벽은 황토흙을, 건물의 골조는 주로 목조를 사용하고 있으며 주춧돌은 지역의 돌을 사용하고 있는 등 건물을 구성하는 모든 재료가 토착재료였으며 특별한 경우를 제외하고는 가공하지 않고 자연 상태 그대로 사용했다.

    또한 외부 공간에 사용된 재료들 특히 담, 마당의 바닥 처리 재료들을 살펴보면, 토담, 돌담, 생울타리, 울타리 등 모두가 자연적인 재료를 사용했을 뿐만 아니라, 이러한 재료 또한 자연과 주거지를 완전히 갈라놓은 대신 서로 연계해 조화롭게 했다.

○ —— 그림 8. 볏짚을 사용한 초가집(안동 하회마을)

4. 2. 1. 나무

한국 전통 건축 재료 중 가장 큰 부분을 차지하는 목재는 재활용이 가능한 재료로 수명이 다하면 사용할 부분을 적절히 잘라내고 이어 쓸 수 있는 장점이 있다. 적송[9]은 햇빛에 강한 양성 식물이며, 적응력이 강해서 메마른 땅에서도 잘 자란다. 열 전도성이 낮아 열교 현상에 의한 건물의 열 손실을 막아주기 때문에 건물의 구조재나 창호재, 마루의 바닥재로 주로 사용되었다.[10]

4. 2. 2. 짚

지붕을 잇는 주재료는 태양 복사열의 차단 효과가 큰 기와와 볏짚

---

9. 소나무는 적송(赤松)이라 불리기도 하는데, 이는 소나무의 껍질이 붉고 가지 끝에 있는 눈의 색깔도 붉기 때문이다.
10. 김삼능, 1991. 10., 「생태적 접근방법에 의한 한국전통주거 분석과 그 현재적 수용(1)」, 대한건축학회 학술 발표.

○──── 그림 9. 흙벽의 일반적 구성

등이었다. 기와 지붕은 강화다짐과 적심 등을 올려 두껍게 구성했으며, 지붕안의 진흙층은 축열체로서 주간에 태양 복사열을 지붕 구조체에 축열했다 야간에 천공으로 복사함으로써 실내의 기온 상승을 억제하는 역할을 담당한다. 초가집은 볏짚이나 갈대, 왕골 등을 재료로 이엉을 만들거나 그대로 이어 사용했다. 볏짚은 속이 비어 있어서 그 안의 공기가 여름철에는 강렬한 태양 복사열을 차단해 주고, 겨울철에는 집안의 온기가 밖으로 빠져나가는 것을 막아 주는 역할을 해 실내 기후에 긍정적인 효과와 에너지 절감 효과를 가져왔다.

4. 2. 3. 흙

벽체는 흙을 주재료로 두껍게 형성함으로써 외기의 변화에 대해 흙이 지니는 축열 성능으로 안정적인 실내 환경을 형성했다. 전통 가옥에 사용한 흙벽은 현대의 콘크리트와 단열재를 사용한 구조체에 비해 열적 성능 면에서 상대적으로 취약함을 알 수 있다. 그러나 기존의 연구에 의해 얻어진 흙벽의 열전도율(k)은, 흙벽의 경우 측정값이 0.204 W/m K로서, 콘크리트(k=1.628 W/m K)나 적벽돌(k=0.616 W/m K)에 비해 아주 작은 값을 가지고 있어 25~30센티미터 정도 두께의 흙벽은 단열 기준을 만족시킬 만한 단열 성능을 지니고 있어 흙벽은 열을 차단하는 훌륭한 외피 구조일 뿐 아니라, 습도 조절 기능을 갖춘 재료라고 하겠다.[11]

4. 2. 4. 창호지

창호지는 닥나무의 섬유질을 녹여 만든 천연의 재질로 질기고 부드러우며 물기가 마르면 땡땡해지고 탄력도 있어서 이상적인 종이로 평가받고 있다. 또한 창호지도 습도 조절 기능을 가지고 있어 실내를 쾌적하게 하며 투명성, 통기성, 열적 성능이 좋고 부드러운 빛과 촉감으로 은은한 실내 공간을 연출하고 실내 반사음을 흡수하면서 울림 현상 효과를 갖고 있다.

5. 결론

건축물에 있어서 생명을 불어넣는 것은 바로 건축물이 자연과 관계되어 분리되지 않고 그 안에서 자연력을 소유하는 것이라 생각된다. 한국의 전통 건축은 지리적 배경과 지나간 시대의 사회적 배경을 감안할 때 공간을 형성함에 있어서 자연환경과의 공생적 조화에 더 치중될 수 있었던 가능성이 컸다.

동서양을 막론하고 시대와 나라가 달라도 자연환경과 더불어 존재

---

11. 이신호, 『흙집의 환경생태성』.

하는 건축의 구현에는 변함이 없는 것 같다. 우리의 옛것을 살펴보며 바람직한 건축의 구현(생태 건축)에 좀 더 충실할 수 있는 지혜를 갖도록 해야 하겠다.

참고 문헌

강경아, 2000, 「생태 건축의 특성과 구성원리에 관한 연구」, 밀양대학교 석사 학위 논문.
김민경, 2001, 「한국전통주거건축에 나타나는 생태학적 특성에 관한 연구」, 경상대학교 대학원 석사 학위 논문.
김삼능, 1991, 「생태적 접근방법에 의한 한국전통주거 분석과 그 현재적 수용(1)」, 대한건축학회 학술 발표.
박정식, 2000, 「흙건축의 생태적 의미와 현재적 이용에 관한 연구」, 건축학회 학술 발표.
신영훈, 1995, 『한국의 살림집』, 세진사.
양미영, 2000, 「전통 마을의 생태적 요소를 도입한 생태주거단지 조성에 관한 연구」, 한양대학교 석사 학위 논문.
이경회, 1993, 「한국전통 건축의 자연환경 조절방법과 그 원리의 현대화」.
주남철, 1980, 『한국주택건축』, 일지사.
최선희, 2000, 「한국전통 건축의 생태학적 특성에 의한 환경디자인 연구」, 이화여자대학교 석사 학위 논문.
최선희, 2001, 「한국전통 건축의 생태학적 특성에 의한 환경디자인연구」, 이화여자대학교 대학원 박사 학위 논문.
황기연, 1989, 『자연속의 건축과 건축 속의 자연』, 《플러스》.
Amos Rapoport, 이규목 옮김, 1985, 『주거형태와 문화』, 열화당.
Norberg-Schulz. C., 이재훈 옮김, 1991, 『거주의 개념』, 태림문화사.

● 김정호((주)생태건축집단 자인 대표)

15장. 윤증 고택에서 관찰한 열과 바람의 공간적 특성

동양과 서양의 문화는 지향점이 서로 다르다고 흔히 말한다. 동양에서는 실천적인 삶을 중심으로 사물을 이해하고자 노력했다면, 서양에서는 객관성을 중심으로 하는 과학 문화를 발전시켰다.[1] 인간이 살아가면서 취해야 할 근본적인 자세를 가르치기 위해 공자와 노자는 각각 예(禮)와 도(道)를 내세웠다. 플라톤은 진리를 알아내는 것을 궁극의 문제로 보았고, 아리스토텔레스는 인과적 문제를 밝혀내는 데 철학의 목표를 두었다.[2] 이러한 서양 사상의 흐름은 대상을 한 걸음 벗어나서 객관적으로 보려는 이론으로 발전했고, 현대 사회의 중요한 근간이 되는 과학 문명의 바탕이 되었다.[3]

현대 사회가 과학과 기술에 의지하는 정도를 고려하면, 현상을 분석하고 정량화하며 객관화시키는 서양의 접근이 인류에 공헌한 바를 가볍게 볼 수 없다. 그러나 과학 문명의 발전은 환경 문제에 대한 윤리적 지침을 제공하지 못하고 새로운 골칫거리를 야기하며 한계를 드러내고 있다. 우리는 동양의 전통 지혜가 이러한 문제를 해소하는 실마리를 마련하는 데 도움이 될 가능성이 있다는 희망을 가진다. 그러나 아직은 이러한 희망이 실천으로 이어질 정도로 성숙하지 못하고 있다. 서

---

1. 장회익, 1998. 최종덕, 2003.
2. 박이문, 1985.
3. 최종덕, 2003.

양인들뿐만 아니라 서양 문화에 이미 익숙해진 동양의 젊은 세대들에게 동양의 전통적 지혜에 포함된 의미를 이해시키는 데도 어려움이 따르고 있는 형편이다. 그 까닭은 동양 사상 속에 내재되어 있는 지혜를 기술적(descriptive)으로만 물려주고 있기 때문이라고 생각한다. 기술적 방식으로 제시한 전통생태의 가치 평가는 정량적인 자료에 비해 상대적으로 객관성과 설득력이 약할 수밖에 없다. 그러므로 전통생태의 원리들을 현대의 삶과 경관 조성에 적용하고자 할 때 기술적인 개념은 정량적인 자료에 의해서 보완됨으로써 쓸모가 늘어날 것이다.

그런 배경에서 전통생태와 서양 과학의 접점을 찾는 작업으로서 정량적 분석이 필요하다는 생각을 하게 되었다. 이는 수천 년간 내려온 경험적인 지혜 속에 과학적인 원리가 내재되어 있을 것이라는 믿음에 기반을 두고 있다. 이러한 접근으로 전통 속에 녹아 있는 원리를 모두 밝혀낼 수 있으리라 기대하지는 않는다. 지금까지는 전통 지혜에 대해 '믿음'에 가까운 관점을 가져왔다면 이제 새로운 측면에서 그것을 실증해 가치를 키워 보겠다는 입장이다.

이 글에서 우리가 살펴보고자 하는 친환경적인 주거 공간과 한옥에 대한 관심과 연구가 없었던 것은 아니다. 특히 한옥의 환경성에 대한 연구는 이미 건축 분야에서 활발히 진행되어 왔다.[4] 다만 기존 연구 대부분이 건축학도들에 의해서 이루어졌던 만큼 생태학적인 관점에서 분석될 수 있는 여지가 있다고 본다.

이 연구의 목적은 우리의 전통 주거 공간에 녹아 있는 생태적인 원리들을 실증하는 자료를 발굴해 해석하는 과정으로 더 높은 객관성을 확보하고 응용의 길을 넓히는 길을 모색하는 것이다. 이 목적을 이루기 위해 우리는 특별히 경관 생태학적인 관점에 초점을 맞추기로 했다.

4. 이경회, 1986. 손장렬 등, 1986. 백용규 등, 1986. 구재오와 이경회, 1987. 임호진 등 1991. 신지웅 등, 1994. 정동원 등, 1994. Lee et al., 1996. 박현장 등, 2000. 공성훈, 2002. 공성훈과 안병욱, 2003. 이주동 등, 2003. Yeo et al., 2003.

생태학의 한 분야인 경관 생태학은 경관의 구조와 기능의 상호 작용을 연구한다.[5] 아마존 열대림의 훼손(구조의 변화)이 지구 범위의 수문 순환(기능)에 영향을 끼치는 예처럼 전 지구 범위를 대상으로 연구할 수도 있지만, 작게는 유역 단위, 더 작게는 주거 공간 안에서도 생태적인 의미를 해석할 수 있는 유용한 해석의 기법을 제공해 주는 학문이다. 박재철(2002)은 비보 숲이 유역 내의 미기상에 미치는 효과를 분석했고, Park et al.(2003)은 비보 숲의 구조가 조류의 행태에 미치는 효과를 연구했으며, 이도원(2004)은 전통 경관 내의 각 요소들이 담고 있는 생태적인 의미들을 해석했다. 이러한 생태학적인 관점을 전통 가옥에 적용한다면 그동안 보지 못한 부분들을 새롭게 해석할 수 있으리라 본다.

우리의 문제의식을 현장에서 검토하기 위해 2003년 9월부터 2004년 8월까지, 1년간 충청남도 논산시 노성면 윤증 고택에서 미기상 자료들을 조사하고 가옥의 구성과 배치에 관련되어 있는 생태적인 의미들을 분석했다. 기온과 지온, 열플럭스, 난류, 풍향, 풍속 등의 기상 변수들을 측정했으며, 결과와 논의 내용을 Ryu(2005)과 Ryu et al.(2008) 논문에서 발표했다. 이 글에서는 위의 두 논문 내용과 함께 다루지 못했던 내용을 보충하고 독자들이 읽기 편하도록 우리가 가졌던 의문에 대답하는 형식으로 기술했다.

1. 윤증 고택에서 미기상 측정은 어떻게 진행되었는가?

명재(明齋) 윤증(尹拯) 선생은 소론의 수장으로 노론의 송시열과 어깨를 나란히 한 예학의 대가이다. 그는 조정의 고위 관직 임명을 계속 거절했으며 급기야 우의정에 임명되는 영광도 누렸지만 모든 관직을

5. Pickett and Cadensasso, 1995.

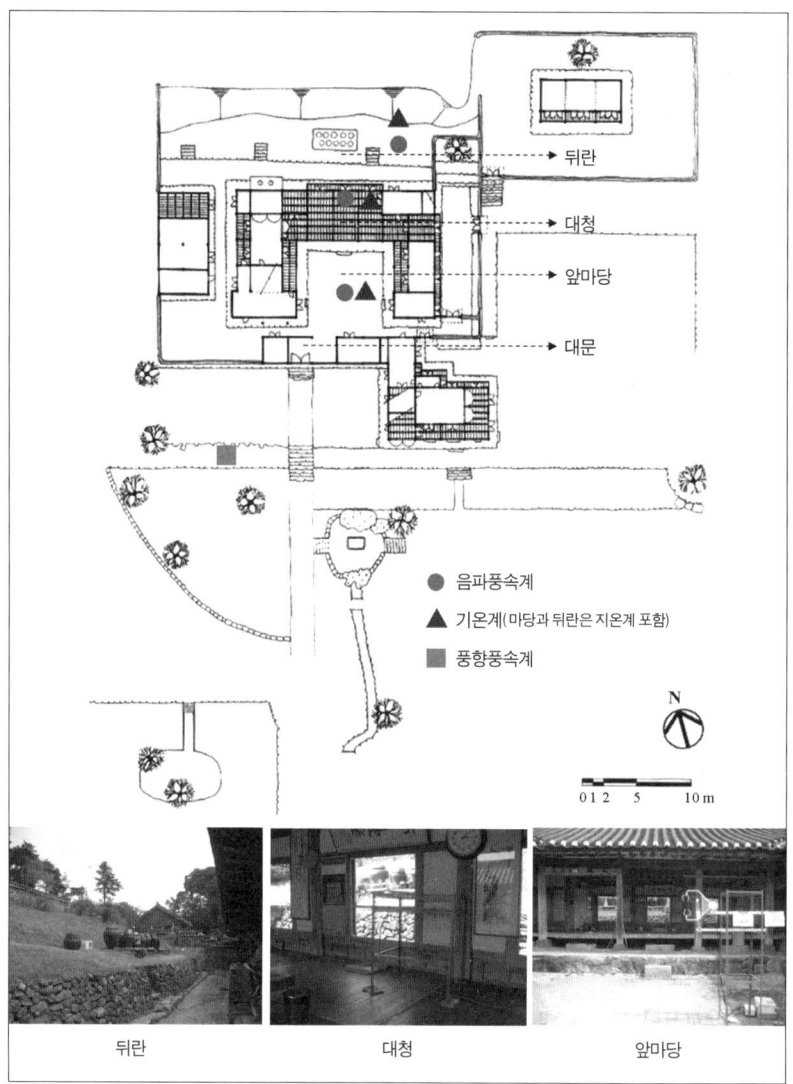

○──── 그림 1. 윤증 고택 평면도(김봉렬, 1999), 및 실험 계획도(출처: Ryu 등 2008)

사양해 백의정승(白衣政丞)으로 추앙될 정도로 명성이 자자했다.

윤증 고택은 윤증 선생의 명성에 걸맞지 않게 매우 단출하다. 양반 댁에 흔한 행랑채조차 없다. 윤증 고택은 남서향을 하고 있고 뒤란은 뒷산인 노성산과 연결되어 있다. 고택이 건립되었을 때는 사랑채 밖으로 우물과 정원을 아우르는 바깥담이 있었으나[6] 선대 한 분이 향촌 백성들에게 숨길 것이 집 안에 없다는 이유를 들어 허물게 하고 내부 공간을 공개했다. 안채는 ㄷ자형이고 10칸 대청이 자리 잡고 있다. 고택의 동북쪽에는 조상을 모시는 사당이 있다. 뒷산은 소나무 숲이 지금도 울창하고 뒤란에는 얼마 전까지만 해도 대나무 숲이 있었다. 저자의 한 사람은 2003년 8월 윤증 고택에서 한옥문화원 주체로 개최된 "한옥과의 만남" 행사에 참여해 윤증 고택과 인연을 맺게 되었고 이후 주인의 허락을 받아 실험을 수행할 수 있었다.

그림 1은 윤증 고택의 평면도와 실험 장치들의 위치를 보여 준다. 음파 풍속계(sonic anemometer)[7]를 마당과 뒤란에는 1.7미터 높이, 그리고 대청에서는 50센티미터 높이에 설치해, 10Hz 간격으로 자료를 집록했다. 마당과 뒤란의 기온과 지온을 측정하기 위해 각각 1.5미터 높이와 0.1센티미터 깊이에 온도계를 설치해 10분 간격으로 자료를 모았다. 또한 대문 앞 5미터 지점에는 AWS를 설치해 풍향과 풍속을 1분 주기로 측정했다. 이 글에서는 측정한 자료 중에서 연구 목적과 가장 잘 부합되는 한 여름, 곧 2004년 8월 5일부터 8월 8일까지를 분석했다.

---

6. 명제 윤증 선생의 후손인 윤완식 선생과의 대화를 통해 알게 된 내용이다.
7. 음파 풍속계는 난류를 관측하는 장비로서, 10Hz의 시간 해상도를 가지고 x, y, z축 성분의 바람 성분을 관측한다.

2. 나무가 없는 마당과 뒤란의 기온 차이로 뒤란의 시원한 공기가 대청으로 불어올까?

높은 뒤울안에는 화계가 꾸며지기도 하고 나무가 울창해 언제나 음습한 곳이나 낮은 앞마당에는 백토만 깔고 풀 한 포기 심지 않는다.[8]

큰 나무가 마루 앞에 있으면 질병이 끊이지 않는다. 큰 나무는 마루에 가까우면 좋지 않다. 뜰 가운데에 나무를 심는 것은 좋지 않다. 집 뜰 가운데 나무를 심으면 한 달에 천금의 재물이 흩어진다. 뜰 가운데 있는 나무를 한곤(閑困)이라 하는데, 뜰 가운데 오래 심어 놓으면 재앙이 생긴다.[9]

전통적으로 한옥의 마당은 흙으로 남겼다고 한다. 이에 대한 해석은 다양한 관점에서 이루어지고 있다. 困자의 형상으로부터 마당(口)에 나무(木)를 심으면 곤궁해진다는 해석이 있고,[10] 또한 안마당은 탈곡한 곡식을 말리기도 하고, 여름밤 멍석을 깔고 모깃불을 피우며 더위와 모기의 극성을 피하는 곳으로 이용했기 때문에 나무를 심기 곤란했을 것이란 견해도 있다.[11] 그리고 햇빛의 살균력과 채광 효과를 이용하기 위해 나무 심기를 삼가했을 것이라는 해석도 있다.[12] 한편 마당을 비우는 것을 마당과 뒤란의 온도차로 바람을 유도하는 것으로 해석하는 경우들도 있다.[13]

이러한 다양한 의미 중 본 연구에서는 마지막 가설에 주목하고자 한다. 즉, 마당은 나지로 내버려 두고 뒤란은 풀과 나무로 피복함으로

---

8. 김대벽 외, 2001.
9. 민족문화추진회, 1989.
10. 권삼윤, 1999.
11. 김광언, 2000.
12. 임석재, 1999. 신영훈, 2000.
13. 이경회, 1986. 신지웅, 1994. Lee et al., 1996. 이도원, 2004. 최성호, 2004.

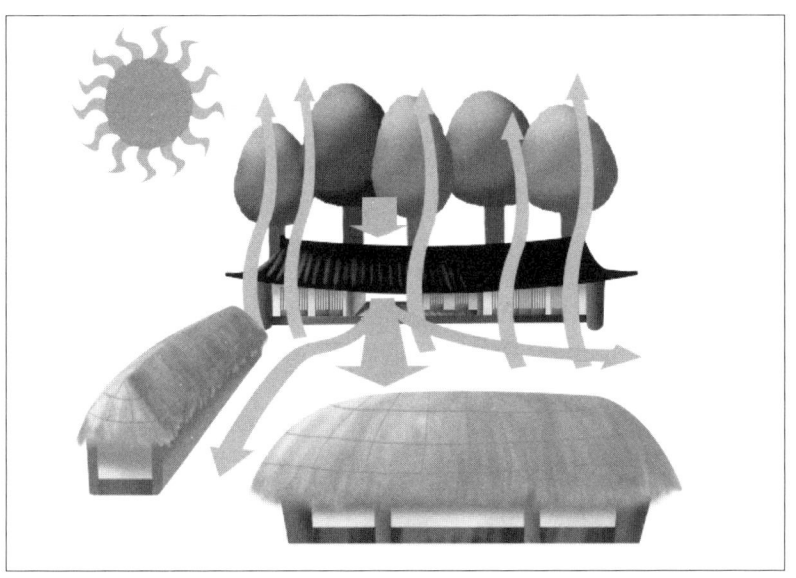

○──── 그림 2. 마당과 뒤란의 기온 차이에 의해 생길 것으로 예상하는 공기 흐름(이도원 2004, 이윤선 그림.)

써, 한여름 마당은 가열이 되고 뒤란은 냉각이 되면서 뒤란의 시원한 공기가 바라지창을 통해 대청으로 유입된다는 가설에 대한 실증적인 분석을 수행하고자 한다.

기존의 연구들에서는 그림 2에서 보는 바와 같이 실증적인 분석보다는 대부분 추론에 의한 가설을 제안하는 수준이었다. 실제로 그러할까? 결론부터 말하자면 우리의 연구에서 마당의 상승류는 확실히 관측이 되었으나, 이러한 상승류가 뒤란의 바람을 대청으로 유도하는 효과는 매우 미비했다.

먼저 마당과 뒤란의 열 환경을 분석해 보자. 마당과 뒤란의 토지피복의 차이가 미기상의 차이를 유도하는 것을 확인할 수 있다. 한낮에 뒤란 기온이 마당 기온보다 1.3도가량 낮고(그림 3), 토양 온도와 기온의 차이가 마당에서는 9도까지 나는 반면에 뒤란에서는 3도 정도 난다. (그림 4) 8월 4일에 국지성 호우가 내린 까닭에 8월 5~6일보다 7~8일에

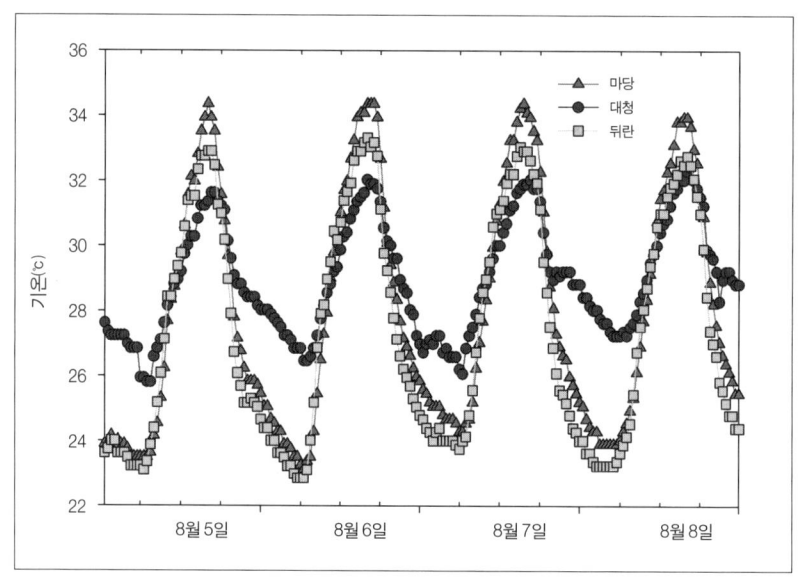

○── 그림 3. 2003년 8월 5일부터 8월 8일까지 뒤란, 대청, 마당의 기온 비교(출처 : Ryu 등 2008)

토양 온도가 높았다.

한편, 그림 5는 마당과 뒤란의 연직 풍속[14]의 변화를 나타내고 있다. 뒤란은 한낮의 연직 풍속의 평균이 0에 가까우며 부호의 변화가 종종 나타나지만, 마당의 경우 한낮에 뚜렷한 상승 기류가 관측되고 있다. 특히 8월 7일과 8일 이틀의 경우 마당에서 연직 풍속이 더 높게 관측되고 있는데 이는 그림 4에서 나타난 마당의 토양 온도와 비슷한 경향을 보여 주고 있다. 8월 4일의 국지성 호우 이후 지표가 다시 가열되면서 토양 수분이 서서히 감소해 8월 7일과 8일에는 토양 온도와 기온의 차이가 더욱 커져서 상승 기류가 더 높게 관측된 것으로 분석된다.

그림 3부터 그림 5까지의 관측 결과를 고려해 보면, 그림 2에서 제시된 가설이 설득력 있어 보인다. 기대했던 대로 마당에서 강한 상승류

14. 음파 풍속계에서 관측된 z축 바람 성분을 의미하며, +는 하늘 방향을, -는 지표 방향을 의미한다.

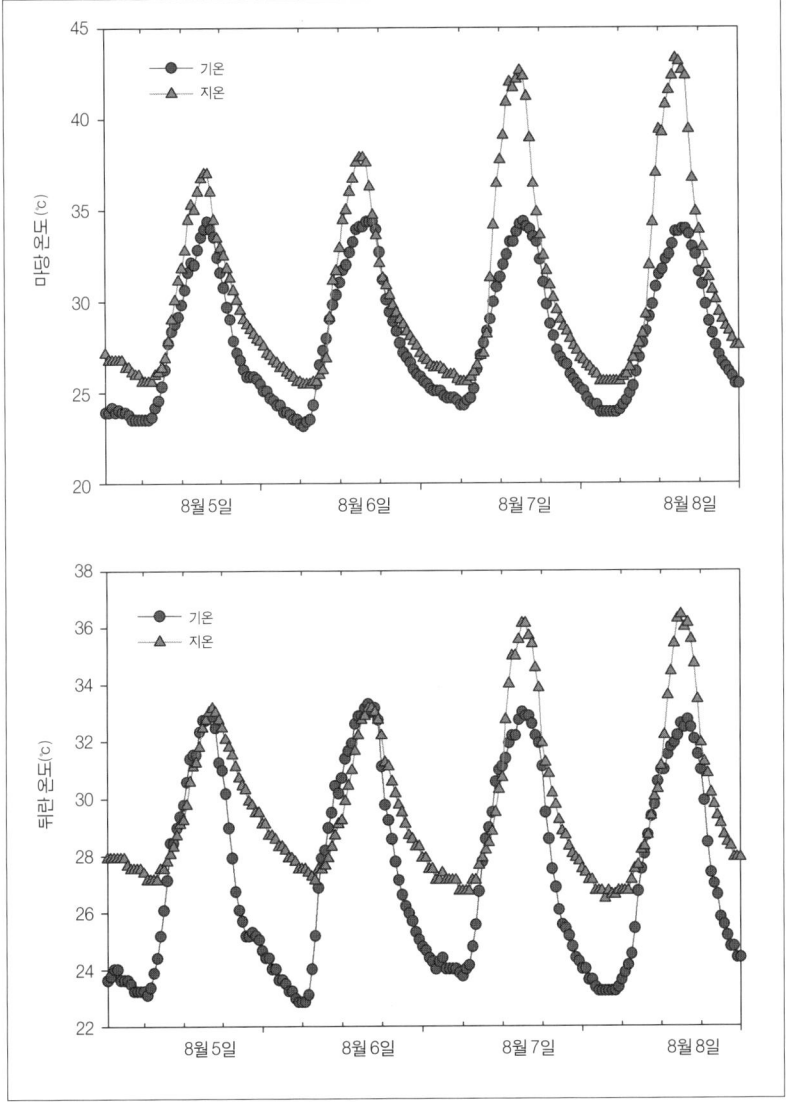

○ ── 그림 4. 2003년 8월 5일부터 8월 8일까지 마당과 뒤란의 토양 온도와 기온의 일변화 비교

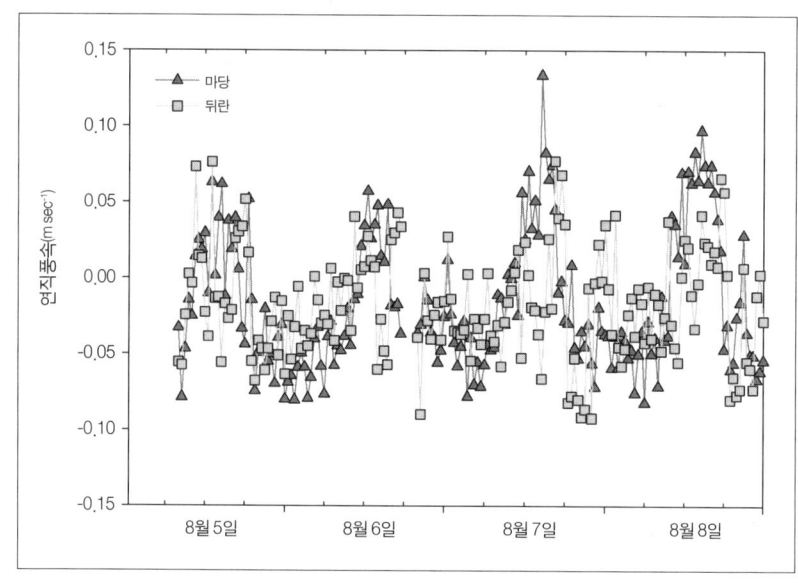

○ ── 그림 5. 2003년 8월 5일부터 8월 8일까지 마당과 뒤란의 연직 풍속 변화

가 나타났다. 실제로 이러한 마당의 강한 상승류가 뒤란의 시원한 공기를 대청으로 유입시킬 수 있을까? 그림 6을 보면, 마당의 상승 기류가 강할수록 오히려 대청에서는 바람의 방향[15]이 마당에서 뒤란을 향하는 것을 확인할 수 있다. 이것은 기존의 가설과 정반대이다. 우리가 어떤 점을 간과한 결과일까? 가옥 규모를 넘어선 유역 규모의 바람장을 살펴볼 필요가 있다.

3. 집 안의 바람은 유역 규모의 바람에 어느 정도 영향을 받을까?

기존 가설들에서는, 가옥을 하나의 닫힌 계 또는 닫힌 상자로 가정

---

[15] 대청에서 관측된 음파 풍속계의 바람 성분 중 v 성분은 바라지창에 수직인 성분을 의미하며, +는 마당에서 뒤란 방향, -는 뒤란에서 마당 방향으로 바람이 부는 것을 의미한다.

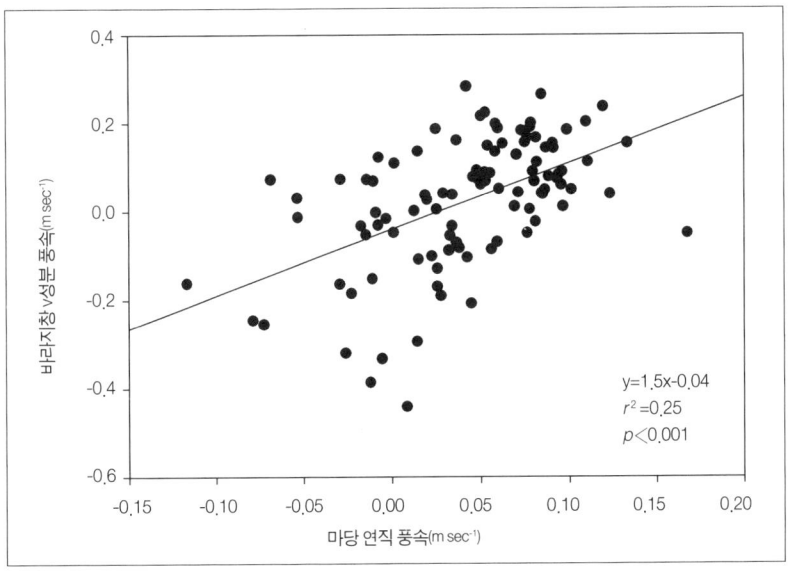

○ ── 그림 6. 8월 7일 12시에서 17시까지 마당의 연직 풍속과 대청의 바라지창에서 관측된 바람 성분의 산포도

을 했다. 즉 마당의 공기가 상승하면 마당의 공기 밀도가 낮아지고, 뒤란의 밀도 높은 차가운 공기가 마당으로 유입된다는 것은 주변의 바람장을 배제하고 가옥 내부의 순환에만 주목을 한 것이다. 그러나 가옥 주변의 바람장을 고려한다면 새로운 해석이 가능하다.

그림 7로부터 한낮에는 주로 남풍과 남서풍 계열의 바람이 불고 풍속은 1m/s 정도 되는 것을 알 수 있다. 한낮에 주로 남풍 계열이 부는 것은 두 가지 측면에서 생각해 볼 수 있다. 첫째는 종관 기상 규모에서, 한여름에는 남태평양 고기압의 영향을 받아 주로 남풍이 불어온다. 두 번째는 유역 규모로서, 한여름 산을 등지고 앞에 농경지가 펼쳐져 있으며 남향인 가옥의 뒷산에 태양의 입사각이 직각에 더 가까우므로 먼저 가열된다. 뒷산이 가열되어 공기가 상승하고 상대적으로 시원한 평야의 바람이 산으로 불어 올라가게 된다.

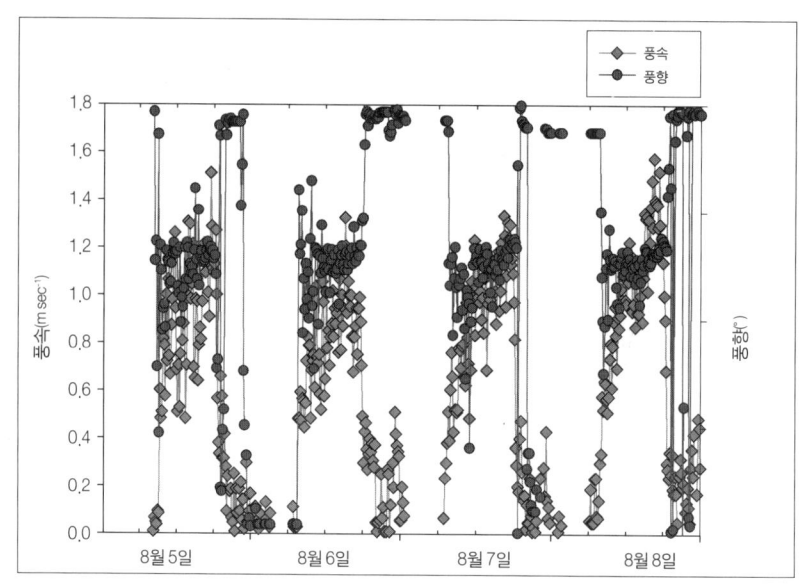

○──── 그림 7. 대문 앞의 AWS에서 관측된 풍향과 풍속의 변화

한편, 윤증 고택은 1년 내내 낮에는 대문을 열고 밤에만 대문을 닫는다고 한다.[16] 이는 윤증 고택의 개방적인 성격과 연관이 있는 것으로 추측되며, 대문을 열어 놓음으로써 주변의 바람장에 쉽게 노출된다. 이러한 상황을 고려할 때 고택의 뒤란-대청-마당을 연결하는 공간에서 바람의 이동을 모사하기 위해 그림 8과 같은 개념 모형을 만들었다. 마당이 안채와 대문에 의해 폐쇄된 ㅁ자형이기 때문에 대문을 통해 유입된 바람이 모두 마당으로 들어오고 질량 보존 법칙대로 수지 균형(mass balance)이 적용된다고 가정했다.

그림 8은 다음과 같은 식으로 표현될 수 있다.

$$A_f \times \overline{w} = (A_{bd} \times v_{bd}) + (A_g \times v_g)$$

16. 윤완식 선생과의 개인 면담.

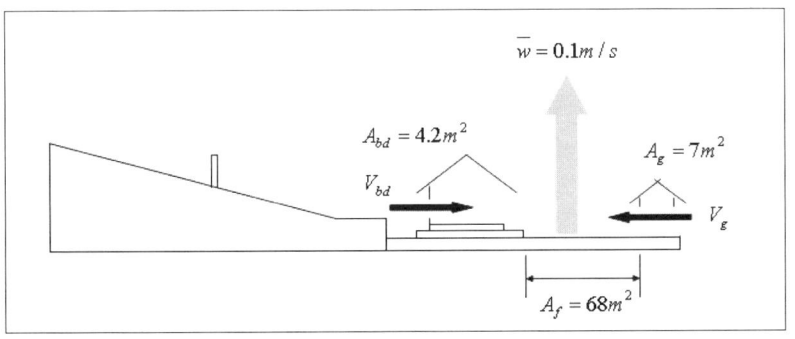

○──── 그림 8. 개념 모형

각 항은 A_f: 마당 면적, $\overline{w}$: 마당의 연직 방향 풍속, A_{bd}: 대청의 바라지창 면적, v_{bd}: 바라지창에서의 풍속, A_g: 대문의 면적, v_g: 대문에서 풍속을 나타낸다. 마당, 바라지창, 대문의 면적은 실측값을 사용했으며, 마당의 상승류는 관측한 값 중 가장 높은 경우의 값을 사용했다.(그림 5)

집 주변으로 바람이 하나도 없고 $\overline{w}$=0.1m/s이라고 가정하면, v_{bd}=0.8m/s, v_g=0.5미터/s의 바람이 유도된다. 그러나 윤증 고택의 경우 한낮에 대문을 통해 바람이 불어오기 때문에, v_g의 크기에 따른 v_{bd}의 효과를 고려해야 한다. 그렇다면 v_g가 v_{bd}의 방향을 바꾸는 임계치를 주목할 필요가 있으며 계산을 해 보면 1.1m/s이다. 쉽게 풀어 쓰면, 마당에서 0.1 m/s의 상승류가 발생하더라도 대문을 통해 들어오는 바람의 크기가 1 m/s 이상이 되면 그 강도 때문에 대청에서도 바람은 마당에서 뒤란 방향으로 일어난다. 집 규모에서만 보면 마당의 상승류가 뒤란의 찬 바람을 대청으로 유도할 수 있지만, 집보다 큰 공간 규모에서 일어나는 바람장의 영향력이 우세하면, 집 규모에서 열 환경에 의해 유도되는 바람은 효과를 나타내지 못하는 것이다.

이로부터 우리는 다음과 같은 결론을 내릴 수 있다. 윤증 고택은 한여름에 대청으로 바람을 유입하는데 두 종류의 시스템을 지니고 있

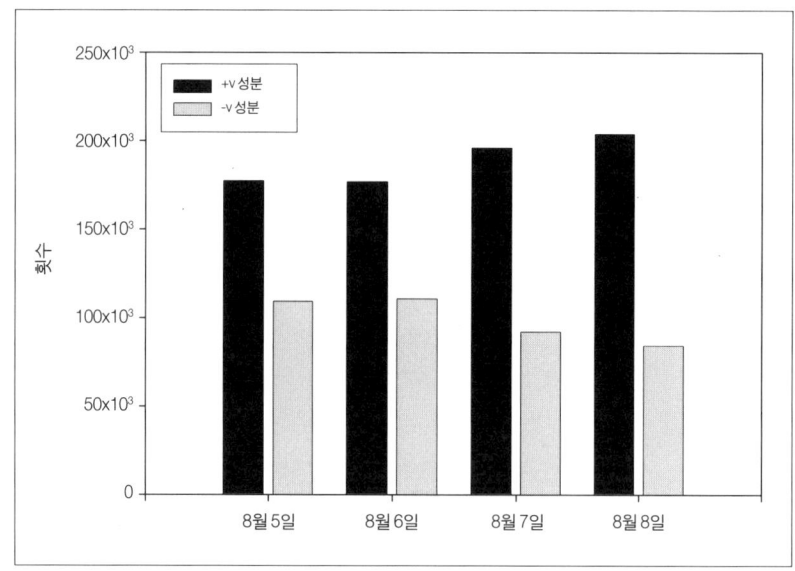

○ ─── 그림 9. 오전 10시부터 오후 5시까지 대청에서 관측된 기류의 방향별 횟수(+v성분은 마당에서 뒤란 방향을, -v 성분은 뒤란에서 마당 방향의 풍향을 가리킨다.)(출처: Ryu 등 2008)

다. 첫째, 대문을 통해 들어오는 바람이 셀 경우에는 이 바람을 대청에서 받아들이고 뒤란으로 보낸다. 두 번째, 대문을 통해 들어오는 바람의 크기가 약할 경우, 즉 매우 덥고 바람 한 점 없는 날의 경우, 마당의 상승류에 의해 뒤란의 시원한 공기가 대청으로 유입될 수 있다.

4. 대청이 시원한 이유는 무엇일까?

대청은 시원하다. 그림 3에서 볼 수 있듯이 대청은 뒤란이나 마당보다 2~3도 정도 기온이 낮다. 쉽게 생각할 수 있는 이유로, 대청은 지붕이 태양 복사를 막아 주며 그늘을 제공하기 때문에 주변보다 시원할 것이다. 그러나 경험적으로 대청에서는 시원한 바람이 분다는 것을 알고 있다. 시원한 바람의 정체는 무엇일까.

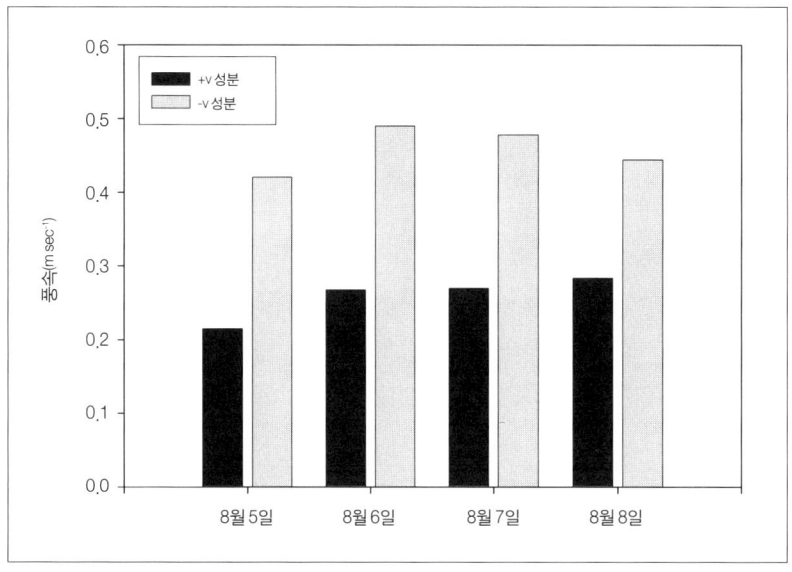

○──── 그림 10. 대청에서 풍향별 평균 풍속(출처 : Ryu 등 2008)

그림 9는 대청에서 음파 풍속계로부터 관측한 바람 성분 중 바라지창에 수직 방향인 v 성분의 부호별 횟수를 나타낸 것이다. 나흘 내내 마당에서 뒤란 방향으로 부는 바람의 횟수가 2배 정도 많은 현상을 볼 수 있다. 이는 그림 7에서 한낮에 바람이 대문을 통해 주로 유입되는 것과 연관이 있는 것으로 판단된다. 그렇다면 방향별 풍속은 어떠할까.

그림 10으로부터 뒤란에서 마당으로 부는 바람의 풍속이 2배가량 센 것을 알 수 있다. 그림 11은 오전 9시부터 오후 5시까지 풍향별 풍속을 보여 주는데, 전반적으로 뒤란에서 유입되는 풍속이 더 높고 특히 한낮에 더 크다.

즉 대청에 부는 바람의 횟수는 마당에서 불어오는 것이 2배가량 많지만, 바람의 세기는 뒤란에서 불어오는 것이 2배가량 세다. 우리가 대청에 앉아 있을 때 시원함을 느끼는 것은 이처럼 횟수는 적지만 강도가 센 바람으로 인한 것이리라 추측된다. 이런 바람은 관측 주기가 짧

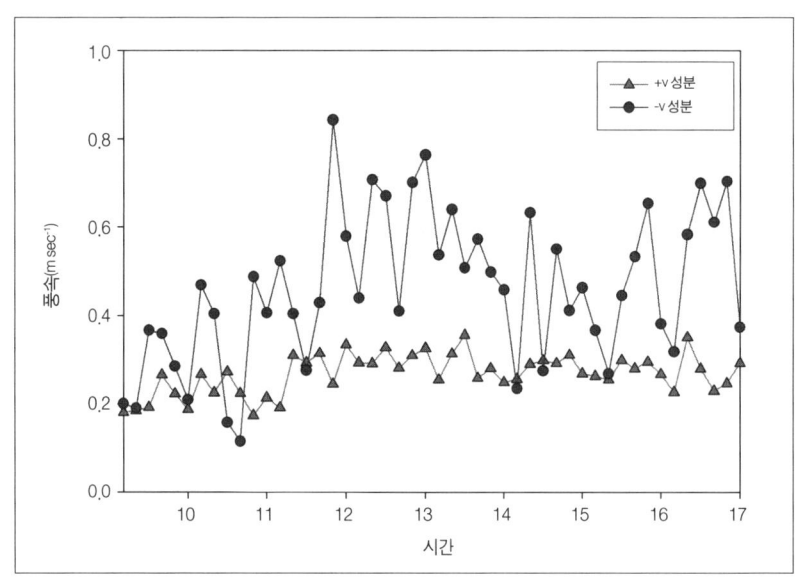

○ ── 그림 11. 풍향별 10분 평균의 일변화(2004년 8월 7일 09:00~17:00)(출처 : Ryu 등 2008)

은 장비를 사용할 때 관측할 수 있으며 그림 12는 관측 주기에 따른 풍속의 변화를 보여 준다.

10분 평균 풍속 자료에서는 풍향 별 풍속의 차이가 별로 눈에 띄지 않지만, 1분, 10초 해상도로 관측 주기가 짧아질수록 -부호의 값이 커지는 것이 확인된다. 10Hz의 관측 주기에서는 이러한 경향이 확연히 나타나는데 전반적인 횟수는 +방향이 많고, -방향의 바람은 가끔씩 불지만 강하다. 즉, -부호의 바람을 통해 우리가 대청에서 시원함을 느끼는 것이며, 이러한 바람을 관측하기 위해서는 이에 맞는 정밀한 해상도를 지닌 장비가 요구된다.

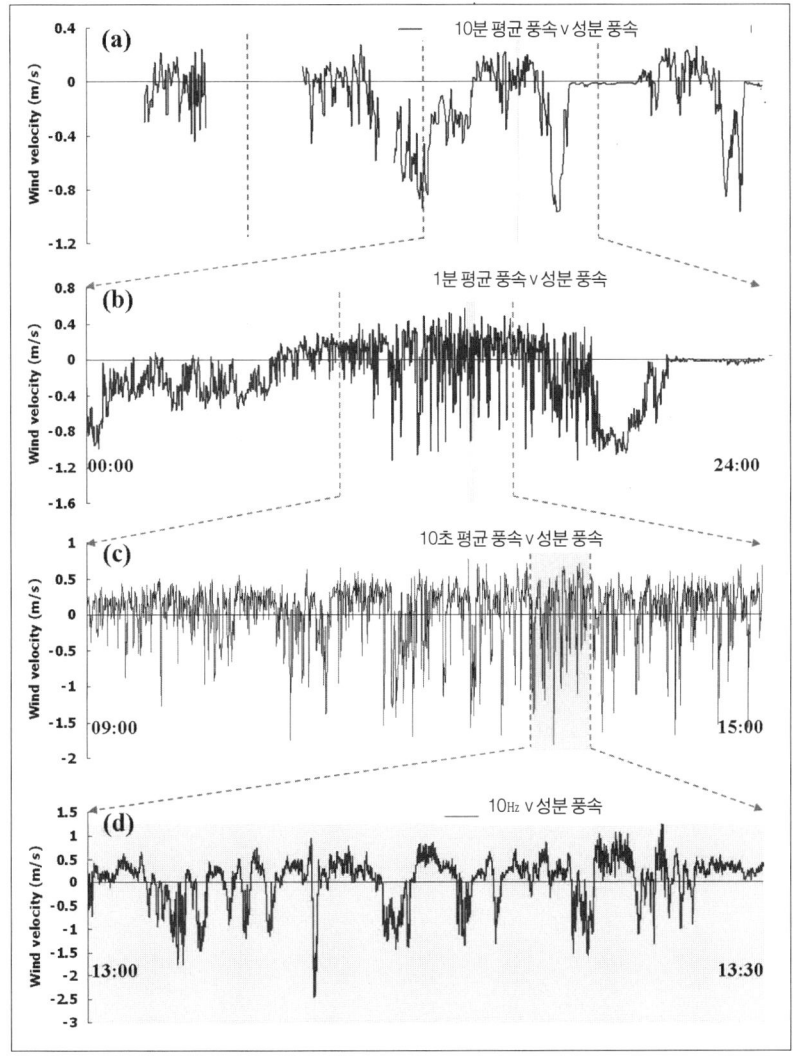

○ ── 그림 12. v 성분 벡터들의 평균 시간에 따른 변화 (a) 10분 (b) 1분 (c) 10초 (d) 10Hz (a: 2004년 8월 5일~8월 8일, b: 8월 5일, c: 8월 5일 09:00~15:00, d: 8월 5일 13:00~13:30)(출처: Ryu 등 2008)

5. 가옥 내의 바람장은 어떤 특성을 지니고 있을까?

풍수는 말 그대로 바람과 물이다. 전통 주거 공간에 풍수 사상이 담겨 있다는 소리를 종종 듣지만 어떻게 적용했는지 밝힌 실증적인 경우는 찾기 어렵다. 고택 내부 공간의 바람장을 분석해 봄으로써 풍수 사상이 실질적으로 어떻게 반영되어 있는지 분석해보자.

그림 13은 ENVI-met[17]을 사용해 대문이 열린 경우와 닫힌 경우 바람장의 변화를 예측한 것이다. 그림 13(a)와 (b)는 윤증 고택을 단순화해 모형으로 구축한 것이며 하나는 대문을 열어 놓고 다른 하나는 대문을 닫은 것이다. 아래쪽(남쪽)에서 높이 10미터에서 1m/s의 바람이 부는 초기 조건을 설정하고 모사(simulation)했다. 본 모사 작업은 정확한 풍향과 풍속을 예상하기보다는 대문의 열고 닫음에 따른 가옥 내의 바람장의 변화를 보기 위해 수행한 것이다. 화살표는 바람 벡터를 나타내며 길이는 상대적인 크기를 나타낸다. 격자 해상도는 가로, 세로, 높이 각각 1미터인 정육면체를 기본 단위로 했다. 피복의 효과는 제외하고 구조물에 의한 효과만 고려하여 지상 0.8미터 높이의 바람장을 계산했다. 그림 13(c)는 대문이 닫힌 상태에서 바람장을 보여 준다. 마당의 기류는 매우 잔잔한 상태이고 안채와 광 사이 공간에서 풍속이 가장 높게 나타났다. 그림 13(d)는 대문이 열린 상태일 때의 바람장을 보여 준다. 대문에서 풍속이 가장 높고 다음으로 안채와 광 사이 그리고 대청 순서로 낮아졌다. 대문이 열림으로써 마당의 바람장은 풍속이 강해지고 와류도 발생했다. 대청의 바라지창을 통과하는 풍속의 경우 대문이

---

17. ENVI-met 모형은 토양과 식생, 대기 사이의 상호작용을 모사하기 위해 독일 Bochum 대학의 Michael Bruse 교수가 개발한 것이다. 입력 자료로는 Main configuration 파일과 Area input 파일이 있다. 전자는 모형 시뮬레이션 시간, 주풍향, 주풍속, 식생 정보, 토양정보 등을 포함하고 있으며 후자는 건물의 높이, 식생의 종류, 토양의 종류 등을 입력하는 공간 자료이다. 이러한 입력 자료들은 유체 역학 방정식과 생물 기상 모형을 통해서 3차원의 바람장, 표면 플럭스, 토양 특성 등의 결과물을 생성한다.

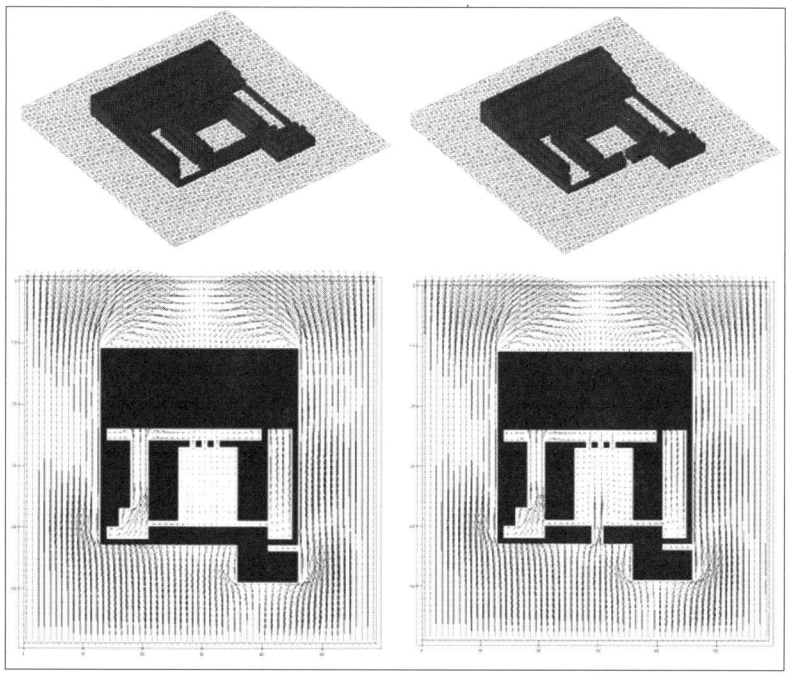

○ ── 그림 13. 대문이 있는 경우와 없는 경우의 모형의 구조와 결과 ⒜ 대문이 닫힌 모형 ⒝ 대문이 열린 모형 ⒞ 대문이 닫힌 상태의 바람장 ⒟ 대문이 열린 상태의 바람장

열려 있는 경우 더 강했다.

    위 모형의 예측 결과와 관측값을 비교해보자. 2004년 7월 말부터 8월 초까지 윤증 고택에서 열선 풍속계를 사용해 기류 측정을 했다. 측정지점은 그림 14와 같다. 7월 30일 각 지점의 오전 9시부터 오후 5시까지의 평균 풍속은 그림 15와 같다. 대청과 뒤란을 이어 주는 바라지 창(1번 지점)에서 측정한 풍속은 상대적으로 강했는데, 이는 벤추리 효과의 영향인 것으로 추측된다. 한편 사당으로 이어지는 건넌방 옆의 공간(2번 지점)은 가장 풍속이 낮았는데, 이는 이곳의 공간 특성과 부합한다. 사당으로 가기 위해서는 이곳의 쪽문을 통과해야 하는데, 조상을 모시는 공간으로 가기 위해서는 정숙한 마음가짐을 가져야 한다. 이런 곳에서 바람이 세게 분다면 분위기와 어울리지가 않을 것이다. 이곳은 담과

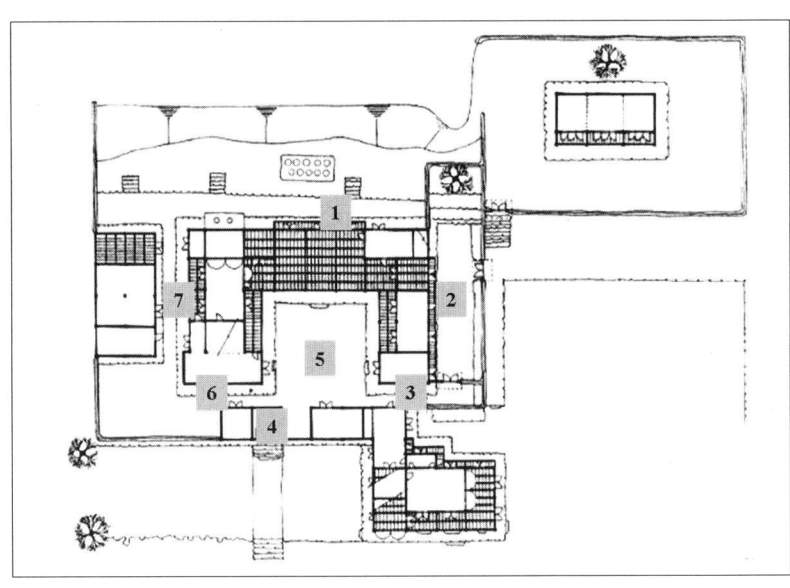

○ ―― 그림 14. 윤증 고택의 기류 측정 지점

건넌방, 사랑채로 위요되어 있기 때문에 풍속이 약할 수밖에 없다. 다음으로 3번과 6번 지점은 대문에서 마당으로 들어오자마자 좌측과 우측에 위치한 곳으로, 이곳들의 풍속은 서로 비슷하다. 이 두 지점은 좁은 관의 가운데 위치하고 있기 때문에 상대적으로 마당(5번 지점)의 풍속보다 강하다. 마당의 풍속은 대문을 통과한 바람이 개방된 곳으로 나오면서 약해지기 때문에 가장 낮았다. 한편 가장 풍속이 센 곳은 윤완식 선생의 말씀대로 대문간(4번 지점)으로, 다른 지점의 1.5~2배에 이른다. 낮에 주풍이 평야에서 산으로 불어오기 때문에 대문은 그 바람을 직접 받게 되며, 담 가운데 뚫린 대문으로 바람이 들어오면서 벤추리 효과가 나타나기 때문에 세진다.

가장 흥미로운 공간은 7번 지점으로 광과 안방 툇마루 사이의 부분이다. 이곳은 매우 독특한 구조를 지니고 있다. 그림 16과 같이, 7번 지점 앞 전면부의 담은 상대적으로 낮다. 윤완식 선생의 말씀에 따르면

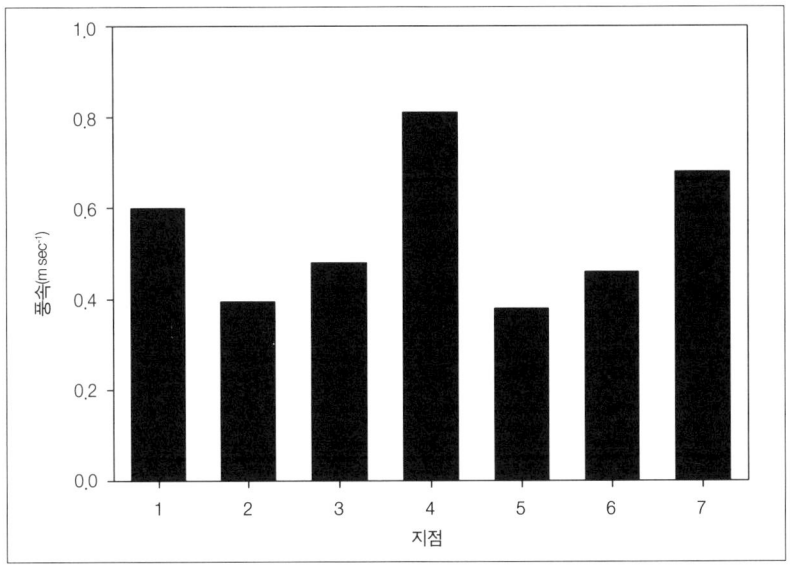

○──── 그림 15. 지점별 평균 풍속(2004년 7월 30일 09:00~17:00)

이곳의 담을 낮게 함으로써 부엌에서 일하던 옛 여인들이 바깥 경관을 볼 수 있었기 때문에 숨통도 트였을 것이라고 한다. 이곳은 실제로 윤증 고택에서 바깥 경관을 내다볼 수 있는 가장 편한 공간이다. 그러나 이것을 바람과 관련해 생각해보면 재미있는 부분들이 보인다. 일단, 전면부의 담이 낮기 때문에 평야에서 불어오는 바람은 상대적으로 세게 들어온다. 또한 안채와 광이 약 2미터 간격으로 인접해 있고 위로는 처마가 덮고 있기 때문에 그 자체로 벤추리 효과를 일으키는 관이 되어 풍속이 강할 수밖에 없는 구조이다.

그렇다면 왜 이 지점의 풍속을 강하게 건물과 담을 배치했을까? 그 해답은 부엌과 관련이 있는 것으로 판단된다. 이 벤추리관의 입구 부분에 부엌이 있고 부엌에서는 끼니 때마다 연기가 나왔을 것이다. 연기뿐만 아니라 음식물 냄새, 그을음, 음식물 냄새를 맡고 찾아오는 벌레 등 사람의 입장에서 봤을 때 성가신 것들이 나타났을 것이다. 사당

○ ── 그림 16. 윤증 고택 전면부 (동그라미 부분은 7번 지점 앞, 2004년 8월 7일 찍음.)

으로 진입하는 2번 공간과는 달리, 이 지점에서는 바람을 최대한 받아들여 해로운 것들을 바람과 함께 배출하는 것이 중요하다. 저녁이 되어 풍향이 산에서 가옥 쪽으로 바뀐다고 해도 이곳의 풍속은 여전히 셀 수밖에 없는 구조이다. 측정 결과를 보면 이곳의 풍속은 대문간 다음으로 높다.

여기서 유의할 점은 윤증 고택의 사례를 일반화시키기에는 무리가 있다는 사실이다. 경상북도 어느 산골 마을에서 사랑방 뒤쪽에 있는 앉은뱅이 굴뚝에서 연기가 풀풀 올라오는데 주인은 이를 통해 풀벌레와 모기를 다스릴 수 있고 거미줄도 없앨 수 있었다고 한다.[18] 집에서 나오는 연기를 내부 시스템에서 활용할지 또는 외부 시스템으로 방출할지를 결정하는 것은 목적에 따라 다를 것이라 여겨진다. 윤증 고택의 경

18. 신영훈, 2000.

우는 전형적인 양반집인 데다가 검소하고 단아한 가옥이기 때문에 연기를 그윽하게 집에 가두는 것보다는 방출하는 것이 더 어울렸으리라 추측해본다.

6. 우리 연구의 의의와 한계는 무엇일까?

우리는 1년에 걸쳐 수집한 미기상 관측 자료를 바탕으로 윤증 고택에 담겨 있는 생태적인 의미를 찾아보았다. 특히, 주거 공간 내부 요소들의 배치와 구조가 어떠한 기능을 지니고 있는지 알아보기 위해 현장관측 자료와 개념 모형으로 그 동안 가설 수준에서 머물러 있던 몇 가지 질문들의 의미를 해석했다. 전통 주거 공간의 바람에 대한 연구는 향후 전통 가옥과 풍수 사상을 실증적으로 연계시키는 작업에 기여를 할 것으로 기대한다.

연구로부터 우리는 다음과 같은 사실을 확인했다.

① 전통 가옥에서 마당에 나무를 심지 않는 것은 마당과 뒤란의 기온과 연직 방향 풍속의 변화에 영향을 끼친다. 기온이 맨 땅으로 큰 나무가 없는 마당보다 뒤란에서 1~2도가량 낮고, 마당에서는 한낮에 뚜렷한 상승기류가 형성되었다.

② 그러나 이러한 미기상의 차이가 뒤란의 시원한 공기를 대청으로 일으키는 정도는 집 주변의 바람으로 인해 영향을 받았다. 대문을 통해 유입되는 풍속이 1m/s 이상이면 주변 바람장의 효과가 더 크게 작용해 뒤란의 시원한 바람이 대청으로 유입되지 못한다. 반면에 대문을 통해 진입하는 바람의 속도가 1m/s 이하로 약할 경우에는 마당의 상승류에 의해 뒤란의 시원한 공기가 대청으로 이동할 수 있다.

③ 대청의 기류 분석 결과로 보아 바람은 주로 마당에서 뒤란 방향

으로 불지만, 풍속은 뒤란에서 마당으로 부는 경우가 2배가량 높다. 대청에서 시원함을 느끼는 것은 이러한 기류의 영향도 어느 정도 기여했으리라 추측된다.

④ 가옥 내부의 여러 지점에서 풍속을 측정한 결과 대문을 통해 들어오는 바람이 가장 강했다. 그 다음으로 높은 곳은 안채와 광 사이에 있는 통로 공간이다. 이곳은 부엌의 연기가 나오는 곳으로 각종 냄새 및 오염 물질을 신속하게 집 밖으로 배출하는 작용도 할 것이다.

아울러 다음 질문에 답할 수 있는 향후 연구 과제가 필요하다.

① 뒤란에서 대청으로 부는 바람이 왜 더 풍속이 강할까? 이러한 현상을 만든 원동력은 무엇일까?
② 기와의 경우 한여름 낮에 온도가 섭씨 50도까지 상승하는 것으로 관측되었는데 기와에서 발생하는 열이 마당의 상승류와 어떤 관계가 있을까?

이 글은 윤증 고택에서 수행한 제한된 실험의 결과로 구성되어 있다. 따라서 이 결과로부터 한국 전통 주거 공간의 열과 난류 환경을 일반화할 수는 없다. 앞으로 다양한 전통 주거 공간 양식에 대한 실증적인 연구가 수행되고 충분한 자료가 축적되길 희망한다. 이 과정으로 우리 조상들의 주거 공간에 담긴 생태적인 원리들을 밝혀내고 오늘날에도 활용할 수 있는 길을 찾게 될 것이다.

7. 감사의 글

이 글을 가능하게 했던 연구는 서울대학교 한국학 장기 기초 연구

사업(과제 번호 03-03-211-39)의 지원을 받았다. eddy covariance system 과 tether sonde 장비는 서울대학교 자연대 기초과학연구공동기기원과 서울대학교 농업생명과학대학 농업과학공동기기센터에서 지원을 받았다. 유체 역학과 대기 모형에 대한 조언으로 연구를 구체화시키는 데 많은 도움을 준 볼트 환경연구소장 김석철 박사와 현장 실험을 적극적으로 도와준 고인수에게 감사한다.

참고 문헌

공성훈, 2002, 「'ㅁ'자형 한옥에서 안마당. 마루의 봄철 건구온도. 상대습도 및 기류의 측정」, 『한국생활환경학회지』 9(4): 285~289.

공성훈·안병욱, 2003, 「'ㅁ'자형 한옥에서 안마당의 겨울철 미기후 조절효과에 관한 연구」, 『한국생활환경학회지』 10(1): 47~52.

구재오·이경희, 1987, 「전통민가의 열환경 특성에 관한 조사연구(I)」, 『대한건축학회학술발표논문집』 7(2): 299~302.

권삼윤, 1999, 『우리건축 틈으로 본다』, 대한교과서주식회사.

김광언, 2000, 『우리 생활 100년(집)』, 현암사.

김대벽·관조·한석홍·안장헌, 2001, 『아름다운 우리 문화재』, 열화당.

김봉렬, 1999, 『앎과 삶의 공간』, 이상건축.

홍만선, 민족문화추진회 옮김, 1989, 『산림경제 1』, 재단법인 민족문화추진회.

박이문, 1985, 『동서의 만남』, 일조각.

박현장·공성훈·이중우, 2000, 『뜰집 안마당의 자연환경적 요소측정 및 분포에 관한 연구』, 『대한건축학회논문집』 16(5): 87~92.

박재철, 2002, 『마을숲의 바람과 온습도 조절 기능에 대한 실증적 연구-하초 비보 숲과 고사포 비보 숲을 중심으로』, 국민대학교 대학원 산림자원학과 박사 학위논문.

백용규·허정호·손장렬, 1986, 「전통민가의 온열환경에 관한 측정연구」, 『대한건축학회학술발표논문집』 6(2): 275~278.

손장렬, 허정호, 김홍식, 1986, 『조선시대 전통민가의 온열환경에 관한 측정연구』, 『대한건축학회논문집』 2(4): 177~190.

신영훈, 2000, 『한옥의 고향』, 대원사.

신지웅·안병욱·임호진·윤재욱·이경회, 1994, 「전통민가의 자연형 냉방 디자인 원리와 기법에 관 한 연구(II)」, 『대한건축학회학술발표논문집』 14(2): 365~370.

이도원, 2004, 『전통 마을경관 요소의 생태적 의미』, 서울대학교출판부.

이경회, 1986, 『자연환경조절측면에서 본 한국전통주거의 환경특성』, 『대한건축학회지』 30(3): 14~18.

이주동·박현장·공성훈·이중우, 2003, 『한옥 안마당의 계절별 건구온도 분포 및 상관도에 관한 연구』, 설비공학논문집 15(6): 489~494.

임석재, 1999, 『우리 옛 건축과 서양 건축의 만남』, 대원사.

임호진, 정재국, 이경회, 1991, 「제주도 전통 민가의 온열 환경에 관한 연구」, 『대한건축학회학술발표논문집』 11(2): 353~356.

장회익, 1998, 『삶과 온생명』, 솔.

정동원·최영준·김성관·배상환·이경회, 1994, 「전통민가의 자연형 냉방 디자인 원리와 기법에 관한 연구(I)」, 『대한건축학회학술발표논문집』 14(2): 359~364.

최성호, 2004, 『한옥으로 다시 읽는 집 이야기』, 전우문화사.

최종덕, 『인문학 어떻게 할 것인가』, 휴머니스트.

Lee, K.-H., Han. D.-W., and Lim. H.-J., 1996, Passive design principles and techniques for folk houses in Cheju Island and Ullng Island of Korea, *Energy and Buildings* 23 (3): 207~216.

Park. C. R., Shin. J.H., and Lee. D., 2003, Vegetation structure and patch use of birds at the biboosoop of Korean traditional rural landscapes. Proceeding of joint meeting of IUFRO working groups. Genetics of Quercus and Improvements and Silviculture of Oaks. Tsukuba. Japan.

Pickett. S. T. A. and Cadensasso. M. L., 1995, Landscape ecology: spatial heterogeneity in ecological systems, *Science* 269:331~334.

Ryu. Y., 2005, Horizontal wind flows over Daechungas affected by spatial differentiation of thermal and turbulent environments within a traditional Korean dwelling, A thesis for MS at Graduate School of Environmental Studies, Seoul National University.

Ryu. Y., Kim. S., and Lee. D., 2006, The influence of turbulence on dwellers' thermal comfort in the Daechung of a traditional Korean home. *Building and Environment* [in review].

Ryu, Y., Kim, S., and Lee, D., 2008, The influence of wind flows on thermal comfort in the Daechung of a traditional Korean house, *Building and Environment* [In press]

Yeo. M.-S., Yang. I.-H. and Kim. K.-W., 2003, Historical changes and recent energy saving potential of residential heating in Korea, *Energy and Buildings* 35(7): 715~727.

● 류영렬(미국 캘리포니아 주립 대학교 버클리 분교 박사 과정)
● 이도원(서울대학교 환경대학원 환경계획학과 교수)

한국의 전통생태학 2
경관과 생활공간 읽기

1판 1쇄 찍음 2008년 5월 1일
1판 1쇄 펴냄 2008년 5월 8일

엮은이 이도원, 윤순진, 성종상, 박수진(서울대학교 환경계획연구소)
펴낸이 박상준
펴낸곳 (주)사이언스북스

출판등록 1997. 3. 24.(제16-1444호)
(135-887) 서울시 강남구 신사동 506 강남출판문화센터
대표전화 515-2000, 팩시밀리 515-2007
편집부 517-4263, 팩시밀리 514-2329
www.sciencebooks.co.kr

값 25,000원

ⓒ 서울대학교 환경계획연구소, 2008. Printed in Seoul, Korea.

ISBN 978-89-8371-216-5 04470